电力安全 365

——二十四节气中的安全供用电

■ 刘庆才 刘明岩 孔建华 刘明涛 编著

中国电力出版社
CHINA ELECTRIC POWER PRESS

内 容 提 要

为了增强电力安全工作的规律性、计划性、规范性和可操作性，提升安全管理水平，特编写本书。本书依据国家电网公司"二十四节气表"的内容，对十二个月的节气与安全工作进行分析和探讨，注重超前预控，明晰每个月的节气与安全工作重点。

本书共 12 章、365 项内容，分别对应 12 个月、365 天，巧妙的将输电、变电、配电、调度、试验及客户服务等专业知识与工作实际相结合，适用于电力企业生产专业各岗位员工、营销专业人员、农电员工、各级管理人员以及用电检查等专业人员深化安全管理、提升安全技能学习和业务研究的实际需求。

图书在版编目（CIP）数据

电力安全 365：二十四节气中的安全供用电/刘庆才等编著. —北京：中国电力出版社，2014.8
ISBN 978-7-5123-5685-6

Ⅰ. ①电… Ⅱ. ①刘… Ⅲ. ①电力安全－基本知识 Ⅳ. ①TM7

中国版本图书馆 CIP 数据核字（2014）第 053139 号

中国电力出版社出版、发行

（北京市东城区北京站西街 19 号　100005　http://www.cepp.sgcc.com.cn）
汇鑫印务有限公司印刷
各地新华书店经售

*

2014 年 8 月第一版　　2014 年 8 月北京第一次印刷
787 毫米×1092 毫米　16 开本　25.5 印张　556 千字
印数 0001—3000 册　定价 **68.00** 元

前　言

一年有 24 节气、365 天。

电力企业预先对每一个节气的安全生产工作做出精益化安排，积极推进"二十四节气表"工作，有利于在安全工作中增强规律性、计划性、规范性和可操作性，提升安全管理效能。全面掌握安全生产的主动权，日积月累，能够提高每个单位、每个专业、每名员工的安全素质，提升安全生产的管控成效。

本书注重融合"二十四节气表"深化细化安全管理，突出典型性、规范性、系统性，每一天都有安全提示、展示、警示，与总体安全"二十四节气表"相衔接，兼顾和处理好突发性、临时性工作。对十二个月的节气与安全进行分析和探讨，注重超前预控，明晰每个月的节气与安全重点工作。结合新的发展趋势、新的工作情况、新的业务课题，对每个月的每一天提出具体的安全实践内容，阐述与实际工作相关的安全工作方法和安全经验。

通读本书，既能够整体了解电力安全实际业务，又可全面掌握安全供用电管理流程和安全工作要点，并有利于保障每个节气及每天工作的安全开展，助力于有效地延长每个单位、专业、班组的安全生产记录和周期。

本书共计 12 章、365 项内容，对应十二个月、三百六十五天。本书集约融合输电、变电、配电、调度、试验及客户服务等专业安全工作方略于一体，适用于电力企业生产专业各岗位员工、营销与客户服务专业人员，农电员工、电力企业管理人员以及用电检查等专业人员深化安全管理、提升安全技能等学习与业务研究的实际需求。

全书以员工每天的实际任务和攻坚课题为"点"，以节气时令工作为"线"，以保障整体安全供电等实际成效及目标为"面"。实行丰富"点"、连接"线"、拓展"面"，深化安全生产的集约管控，以新的方式、方法促进"点上带动"、"线上拉动"、"面上联动"的电力生产安全工作。构建"点上出经验、线上促延伸、面上求突破、整体提效能"的阅读和联动新境界。本书注重集自然节气规律与员工的行为科学于一体，探索人员与环境、设备等疑难问题的解决，防范季节性、特殊性等原因产生危险点。为电力企业各单位、班组、专业员工和各级电力工会组织开展安全活动提供参考，服务于广大电力员工的日常业务学习、阅读及实践参考。

在本书编写过程中，对提供工作资讯及特殊作业经历的专业同仁，表示衷心感谢！由于作者水平有限，存在不足和不当之处，敬请读者批评指正。

二十四节气表

一月小寒接大寒，安全工作细排版。
二月立春雨水连，高峰春节保供电。
惊蛰春分在三月，春检五查开好篇。
清明谷雨四月天，施工作业严把关。
五月立夏和小满，检修技改紧相连。
芒种夏至安全月，突出主题促发展。
小暑大暑三伏天，度夏抗洪早防范。
立秋处暑忙秋检，工程项目不容缓。
白露秋分晴朗天，林区施工防火患。
十月寒露连霜降，迎峰度冬送温暖。
立冬小雪十一月，冲刺指标保安全。
大雪冬至迎来年，总结经验以利战。

目 录

前言

第1章 1月节气与安全供用电工作

第2章 2月节气与安全供用电工作

❀第3章　3月节气与安全供用电工作

❀第4章　4月节气与安全供用电工作

❈ 第5章　5月节气与安全供用电工作

❈ 第6章　6月节气与安全供用电工作

❀第7章　7月节气与安全供用电工作

❀第8章　8月节气与安全供用电工作

❀ 第9章　9月节气与安全供用电工作

❀ 第10章　10月节气与安全供用电工作

❀ 第11章　11月节气与安全供用电工作

❀ 第12章　12月节气与安全供用电工作

小寒

第1章

大寒

1月节气与安全供用电工作

一月份 有两个节气：小寒和大寒。

每年公历的1月5～7日之间，太阳达到黄经285°时，即进入小寒节气。

每年公历的1月20日左右，太阳达到黄经300°时，即进入大寒节气，大寒节气也是全年二十四节气中的最后一个节气。

二十四节气与黄经息息相关。黄经是什么？黄经指太阳经度或天球经度，是在黄道坐标系统中用来确定天体在天球上位置的一个坐标值及黄经圈所交的球面角。在这个系统中，天球被黄道平面分割为南北两个半球，地球绕太阳运转一圈约 365 天 5 小时，运转 94000 万 km。这个公转轨道就称之为太阳黄经。

360°划分成 24 等份，每份 15°为一个节气，两个节气之间相隔日数约 15 天，全年即二十四个节气。

小寒节气处于"三九"的寒冷天气里，"三九"是在公历 1 月 9 日～17 日之间，也恰在小寒节气之内。有道是"三九四九冰上走"。

大寒天气寒冷至极，故名大寒。大寒与立春相交接，临近春节，在公历 1 月 20 日前后。

1. 分析节气特点 掌握安全要点

进入小寒节气，标志着进入一年中最寒冷的日子。小寒前后，强冷空气及寒潮冷锋活动频繁。南北地域跨度大，气温的差异也很大。应当做好防寒工作，注意添衣保暖，门窗、管道、变压器、电力线路等构件应当做好防寒防冻等措施。集中力量打好迎峰度冬关键阶段的战役，相关应急处置专业人员应当随时准备启动应急预案。

大寒节气时寒潮南下频繁，中国大部分地区处于一年中最冷时期，呈现出冰天雪地等严寒景象。故有"小寒大寒冷成一团"的谚语。应当注意及早采取预防大风、大雪等灾害性天气及加强人员及设备的防寒防冻措施，防止因低温冷害而引起的感冒、身体不适及设备故障和事故。

在整个 1 月份、小寒及大寒节气中，根据天寒地冻实际情况，安全管理的重点应当以人为本，务实开展"送温暖"等活动。注重工作人员的防寒保暖，配置相应的劳动保护保暖用品。人员巡视及行走在冰雪路面上，应当注意穿上具有防滑性能的棉鞋或棉靴，保持重心平稳，注意防止滑倒摔伤。这个季节因滑倒摔伤造成骨折的几率骤增，"一失足"往往导致"百日痛"，所以，对于走路这种平常小事切莫大意。员工在登杆作业时，如果电杆表面上裹有冰霜，则应当采取防滑措施。小寒及大寒节气中，易发生低温冷害、导线覆冰等灾害，需要注意及早防范。在冰天雪地中，北方变电站的架构基础地面容易被冻鼓，导致立柱支架倾斜、设备结构变形、开关拒动等故障。因此，应当加强预先防范和设备巡视，及早采取相应措施，防患于未然。

"小寒大寒，准备过年。"电力行业员工们应当根据时令和习俗，提前检查和维护供电设施，对各接点进行红外测试，及时发现接点过热等隐患。调整负荷，抓紧时间在春节前处理各类设备缺陷，保障供电设备安全可靠运行，保证城乡居民群众春节期间正常用电。为广大群众欢度春节，深入开展优质供电服务活动。主动协助偏远农村居民客户敷设临时电线开关及安装节日彩灯等设施,向城乡居民客户广泛进行新春佳节期间的安全用电宣传,普及安全知识、预防用电事故。

2. 维护设备送温暖　迎峰度冬保平安

伴随1月份小寒和大寒节气的来临,气温持续降低,供热和采暖用电的安全问题十分突出。供电公司集中力量协助客户维护供热和采暖用电设施,排除故障,重点预防火灾及人身触电事故。

供热部门的换热站是冬季供热的枢纽环节,换热站的配电设施往往容易出现故障,导致大面积停止供热。集中供热出现问题,单位及居民使用电炉、电暖风采暖等现象会大大增加,导致线路超负荷运行,引发导线过热及火灾险情。因此,主动协助供热部门检修换热站用电设施,成为安全供电关口前移的重要有效举措。主动进行安全走访,与供热值班人员交换"联系卡",保持通信联络畅通。当接到供热公司的紧急求援电话时,应当立即伸出援手,及时帮助排除用电设备故障。

在冬季高峰负荷期间,供热客户换热站配电室的开关突然跳闸断电的情况时有发生。通常情况下,一个换热站的供热面积10多万平方米,直接供热的客户数万户。如果90分钟内换热站无法正常运转,极易发生管线爆裂,导致供热全部中断。供热设备损失惨重,严重影响居民生活。长时间不恢复供热,必将造成供热区域的群众患病增加,威胁健康。所以,对于换热站配电室开关跳闸等故障问题应高度重视,完善安全互动协作机制,及时安排供电专业人员前往故障地区检查处理故障。

供电检修人员在奔赴到达换热站配电室现场时,由于室内光线等条件的限制,不可急于行动。应当认真了解换热站配电室的设备状况,征求和尊重换热站工作人员的安全意见,防范协助操作中的安全责任风险,及注重掌握抢修中的危险点。在明确得到客户的协助认可和了解清楚现场实际情况后,方可进入隐患排查等工作。

换热站配电室跳闸仅仅是一种表面现象,供电人员应当透过现象,探寻到故障的本质"病根"属性。注意查找换热站配电室电气设备的接地或短路等具体故障点,接地或短路故障往往是由于电气设施破损、设备环境潮湿、绝缘不良、外力损坏、开关烧损等"病因"所致,找出"病因",可利于除去"病根"。实施检修过程中应充分考虑供热安全用电的特殊性,尽快排除故障及隐患,迅速恢复供电,使供热管道温度及时回升。

供电人员日常应当加强走访供热客户企业,帮助超前排查换热站等用电安全隐患,立足于防患未然,并制定设施应急保电预案。

除重视集中供热设施的安全用电问题,居民群众取暖用电的安全隐患也不容忽视,供电人员应注重为居民取暖用电提供安全技术服务。

严冬时节,居民群众取暖用电的负荷高峰往往持续攀升。城市里虽然实行集中供暖,但仍有供热效果不佳的小区居民楼以及没有集中供热的部分城镇居民和农村家庭,在寒冷中需要使用空调制热及利用电暖气、电炉子、电褥子等电热器具取暖,用电量陡增。

供电公司专业人员应当提前组织做好配电变压器台区负荷预测,制定相应的应急预案,并对取暖用电情况进行摸底检查。加强取暖用电安全监管,增强客户安全防范和自我保护意识。认真组织员工深入小区、乡镇、村庄宣传安全用电常识,提醒居民不可违章用电。指导居民家中安装可靠的剩余电流动作保护器,以便在发生短路时能及时切断电源。

对于老年居民客户,需要细致纠正其不正确的用电习惯,提醒其在用电取暖时不要靠电暖风过近,也不要连续使用电暖风时间过长,睡觉时不要忘记关掉电源。若发现冒烟或闻到异味,应当立刻关闭电源。

在寒冷季节,供电员工开展"安全供电送温暖"活动,注重主动协助客户检查用电线路及开关,热诚指导居民群众注意取暖用电中的安全注意事项,防止触电及线路过热和取暖设施烘烤物件而发生火灾。把取暖用电隐患消灭在萌芽状态,关爱群众安全用电,播洒光明温暖过冬。

3. 巡视雪中行　配网护安宁

寒风劲吹,刺骨寒冷,供电人员巡视配电线路。

1月初开展巡线工作,应当针对气温降低、用电负荷攀升等不利因素,采取安全措施。需要注意防寒防滑,工作人员应当穿好御寒衣物,防止冻伤;巡视配电线路的应特别监控接点,防范覆冰等危害。配电线路大多在城区及乡镇,员工们巡线中需要注意附近车辆交通环境,严防车辆碰撞及交通事故的发生。

风雪中巡线,需要注意随时变换观察角度、找焦点、寻异常。因为光线与角度的不同,才能形成对比、比较和鉴别,从而作出准确的了解与正确的判断,进而全方位查清线路设备的隐患。

巡视中供电员工应当注重监测导线接点是否存在过热"发高烧"等症状,通常使用红外线成像设备将走过的线路检查一遍。观察每条导线,各连接点的温度,过亮的点表明温度过高,存在隐患。对此,需要及时报告,进行线路"退烧"诊治,防止接点"病情"扩大。在导线出现覆冰情况时,巡线的项目应当增加,注重观测冰点。进行覆冰在线监测,对线路覆冰形成的气象条件、形成过程和严重程度进行全过程技术数据监控。

巡线人员需要正确使用望远镜,做好详细巡视记录。既要一基一基电杆仔细察看设施,也要察看线路周边的环境。看清金具导线、电杆变台、交叉跨越等每一项事关线路安全运行的细枝末节,一件金具、一个绝缘子、一段导线上的细微缺陷,都会影响整条线路的正常运行。因此,要提高线路的健康运行水平,应当坚持巡视到位、检查到位,需要有高度的安全责任心和巡视技能,发扬顽强的工作作风。冬天里,每条线路都需要做到抗寒保电工作,现场做好巡视记录,填写缺陷单,及时发现和处理隐患,才可保障客户的安全用电。城区巡线检查配电线路,注重及时发现线路过负荷、元件过热等缺陷。

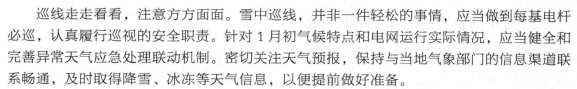

巡线走走看看，注意方方面面。雪中巡线，并非一件轻松的事情，应当做到每基电杆必巡，认真履行巡视的安全职责。针对 1 月初气候特点和电网运行实际情况，应当健全和完善异常天气应急处理联动机制。密切关注天气预报，保持与当地气象部门的信息渠道联系畅通，及时取得降雪、冰冻等天气信息，以便提前做好准备。

供电专业人员针对配电巡视发现的问题，应当制定综合解决方案。抓紧组织消除各类缺陷，防止大范围停电。对于过负荷线路跟踪监测，及时督促电力客户采取避峰、错峰等措施，对冲击性设备建议用户采用适宜的启动方式。根据巡视掌握的配电线路实际运行情况，着手完善台区改造和配网建设规划，按先急后缓及负荷增长预测等因素实施线路改造计划，推进配网运行安全。

4. 夜间设备"体检"　动态保健"驱寒"

1 月份的气温很低，夜里更低，供电公司组织专业人员对各变电站、配电变压器台区的重点设备进行夜间"体检"工作，注重坚持技术标准，掌握设备运行情况，确保设备在严寒天气能够可靠运行。

夜间对设备进行"体检"，各有关专业人员需要事先做好充分准备工作。认真备齐相应的安全工器具和测试仪表，且保障夜间有充足的照明，人员分组行动，明确安全责任和"体检"的标准及流程。按照要求，每组人员严格执行标准化技术规范，对变电站、配电变压器台区的电气设备进行夜间最冷状态的"体检"。有针对性地对所有 500kV、220kV、66kV及 10kV 线路隔离开关闸口、两侧引线接头、变压器、电缆接头等设备逐一测量"体温"，并做好详细的"体检"记录。对测温过程中出现的发热点进行重点分析，及时发现和掌握设备发热和放电等安全隐患，从而降低设备事故率，确保设备安全运行。

变电专业人员应当注重检测变电站易冻鼓的操作机构基础等部位，根据寒冷情况，及时采取覆盖防寒物品等防寒措施，防止夜间极冷时基础发生冻鼓导致机构变形，也超前防止因机构变形而引发的误操作、误动作及操作机构失灵无法操作而造成的严重事故。

配电专业开展夜间设备"体检"工作，需要结合天气变化趋势，重点对 10kV 线路大负荷接点实施红外测试"体温"，细致开展重要客户及重要保供电场所的设备接点监控。在夜幕背景中，实施夜间线路"体检"，较容易发现电力线路、配变站的放电、冒火等异常隐患。夜间开展设备"体检"工作，紧密结合防外力破坏、落实"三违两源"排查治理等安全管理部署，在恶劣气候下主动查清危险点，及时排除影响设备健康的各类"致病"隐患，确保严冬里配电线路的安全可靠运行。

适时开展冬季夜间电力设备"体检"测试，需要保证夜间电力设备"体检"的质量，严密监控和分析电力设备与温度的变化关系，认真做好检测信息记录，并将测得数据及时上报、汇总。实行夜间设备运行状况的动态掌握，对异常情况早预测、早预防。为确保冬季和春节期间的设备安全稳定运行奠定可靠基础。

5. 安全防护联动　客户用电无忧

针对 1 月份低温及高峰负荷情况，供电公司需要开展安全检查专项行动，对重要及高危电力客户进行安全检查，大力宣传迎峰度冬、科学用电等安全理念及管理规定，对于发现的电力客户安全用电等问题及时纠正。主动实施安全立体防护举措，用供电安全措施"暖冬"，化解冷空气的频繁影响，指导电力客户在低温中高峰负荷下安全用电。

供电专业人员需要规范检查客户企业用电的实际情况，走进电力客户企业的变电站、配电室及生产车间，对主要用电设备进行重点检测。及时协助消除重大安全用电隐患，防止因电力用户设备故障造成"越级跳闸"等事故发生，确保电网及工矿企业用电的安全。

安全检查中需要注重测试电力客户各变电站的设备状况，加强安全技术监督与服务，帮助查找安全薄弱环节。检查变电站系统运行方式、万能钥匙的使用、设备的主要参数、故障处理流程等安全管理工作。注重对入网作业电工进行安全规程等考试及测验，检查操作票的实际应用等情况，检查客户企业各项安全用电制度的落实情况。对于大用电客户电气运行人员在实践操作中存在的重点和难点问题，由供电公司专业技术人员为客户进行实际操作培训与指导。加深对"两票三制"的理解与领会，促进入网作业电气工作者提高安全风险辨识能力和安全倒闸操作的执行能力。

安全管控，求真务实。供电人员应当会同电力客户有关负责人检查其客户自行维护的变电站等设备基础有无冻裂、变形等异常现象，查看高压室有无因积雪而导致的渗漏现象，对残雪进行及时清理。需要细化检查开关箱、隔离开关机构箱、端子箱密封情况，核对充油、充气设备的油位、压力等是否正常。

安全互动联动，加强交流沟通。供电人员应当注重了解迎峰度冬期间电力客户企业的生产情况和用电特点，共同签订相关安全管理协议。帮助制定实施安全方案及措施，指导电力客户企业提高终端设备用电的安全效率，降低企业生产风险。供电工作人员还应当从增强客户安全用电意识入手，将有关电力安全管理及安全技能书籍读本发放到企业有关负责人及电工手中，对客户电工加强电力安全和安全文化的教育，帮助客户电工掌握和应用电力安全知识及安全作业经验，主动接受电力客户在安全技能等方面的咨询。坚持执行安全用电常态机制，保证大客户企业安全用电持久可靠，积极提供、推广安全新技术、新工艺、新经验，协助客户企业，当好安全用电的参谋。

在进行电力客户企业用电安全检查中，供电专业人员需要注重为电力客户企业的用电安全"把准脉"、把好关。从安全发展的大局重视客户端的安全用电管理，根据广大客户企业用电情况进行"会诊"。通过延伸安全服务，将"大安全"的触角拓展到客户端，增强电力客户用电安全的稳定性，提高安全用电的技术与管理水平，确保企业冬季用电无忧。

6. 雪中准确判断　细节保障安全

在寒风刺骨的天气中，山区村民报修村里突然停电，95598 工作人员立即详细记录，并将工单传给故障抢修班。抢修人员立即按照相关程序，带上工具和材料，驱车前往报修村庄。

山区冰雪路面，坡陡路滑，道路曲折，行车需要谨慎控制速度，当需要转向时，应先减速，适当加大转弯半径并慢打方向盘。尽量采用降低挡位来控制车速，用低挡位让轮胎转速降下来，谨慎操作，避免紧急刹车，防止车辆放横失控滑落堕入山沟。

抢修车抵达报修的山村，工作人员规范使用安全工器具，采取可靠的停电、验电、接地、悬挂警示牌等安全措施，循序对线路进行分段排查。

针对节气与环境情况，隐患排查的重点放在被冰雪压断的树枝及与导线接触之处。抢修人员对冰雪压断树枝附近的导线进行仔细检查及"解剖"，很快查出故障点。经现场分析，停电故障原因是当天普降大雪，树枝被压断，砸在导线上。导致导线绝缘层表面外伤痕迹不明显，电线却受了"内伤"。

诊断清楚"内伤"的缘由及位置，问题便迎刃而解。抢修班人员将受了"内伤"的旧绝缘导线掐掉，重新更换新的导线，合闸送电，电流畅通，为村民们恢复正常供电。

抢修班人员充分利用深入山区的机会，顺便了解村里安全用电情况，倾听村民反映。进而得知村中有一户留守老人的家中用电设备接触不好、时常断电。抢修人员现场商议决定，虽然村民家中的电气设施属于自行维护范围，但为了留守老人安全用电，应当帮助老人维修家中用电设施。供电抢修人员经过仔细检查，发现留守老人家里的负荷开关出现破损故障，导致断电。立即义务为留守老人家里更换了空气开关，恢复供电。

针对农村的留守老人生活不容易问题，供电抢修人员延伸安全服务范围，帮助留守老人整理室内外的用电布线，确保供电可靠安全。注重简洁规范地安装开关和用电器具等设施，加装防护罩、防漏电及触电设施，让留守老人更加安全便捷地使用电器设施，通俗易懂地向老人讲解安全用电常识，对每一路插座、开关等设施标注清晰的名称，使留守老人易于辨识和安全顺利使用。

抢修人员返回供电公司召开班后会，认真总结当天的安全工作经验：

　　处理报修填工单，工具材料带齐全。
　　冰雪路面控车速，慎踩刹车防跑偏。
　　现场防范危险点，停电验电挂地线。
　　观察分析应仔细，顺线排查寻疑点。
　　联系环境与变化，物证判断故障点。
　　更换导线调驰度，接点紧密是关键。
　　留守老人应关爱，调整布线换开关。
　　标明回路宜操控，安全可靠且方便。

7. 举行反事故演习　提升防控能力

在寒冷的天气和迎峰度冬的关键阶段，供电公司随机举行"反事故演习"，检验安全预案的完善及执行情况，检验应急抢险工器具及物资保障情况，并且综合开展消防演练等安全防范工作。

变电运维专业的微机安全监控系统突然出现了"事故"跳闸的警报信号。面对突如其来的"事故"，运行值长立即将"事故"现象和情况报告给值班调度员及专业领导，马上组织运行值班员按照调度员操作指令进行"事故"紧急处理。

当现场设备布置的安全措施完备后，检修专业人员迅速赶到现场排除故障。整体检验和提高值班人员及检修专业人员对电网系统故障的应变处置能力，在寒冷恶劣天气和设备紧急故障状态情况下，及时维护电网的安全稳定运行。

安全工器具是保证人身安全和设备操作过程的基本安全保障，因此，在反事故演习中注重加强安全工器具的检测与促进严格管理。根据"事故"情况，供电公司对基层单位应当使用的安全工器具进行检查。重点检测"安全监督及管理系统"内"工器具管理模块"录入的安全工器具台账是否与实际台账内容相符、安全工器具是否按统一要求进行编号，是否按标准粘贴编号牌。检查安全工器具出入库管理记录簿是否与实际工作使用情况相符，对安全工器具开展全面检查和应用监督。实地检验核对工具库内账、卡、物是否对应一致，工具库内是否定置摆放并清洁整齐。

反事故演习指挥人员现场安排员工打开工器具柜，检验员工是否能够正确使用，且抽查工器具状况及性能，重点防止存在不合格及超期未试验的工器具进入现场。督查、指导基层一线人员严格遵守安全工器具的管理规定，加强安全工器具的保管和使用，严把安全工器具试验、使用、每月检查等关口，使安全工器具真正成为保护现场作业人员安全的一道坚实屏障。

冬季负荷攀升，存在火灾隐患。在反事故演习中，供电公司注重增设火警火灾的应急处理演练。通过现场模拟险情处理，加深员工对《消防法》、《消防条例》和消防安全知识等理解与应用。通过消防演练，注重引导员工掌握产生火灾的主要原因及火灾的防范方法。明确火灾发生时应如何救援、电气火灾的主要预防措施以及灭火器的使用方法，做到演练和实际安全培训相结合。善于查找火灾危险点，促进完善实施安全防火制度，明确防火责任人。并且对基层单位的办公室、设备控制室、电缆夹层、电池室、低压配电室、值宿室等用电设备及消防器材逐一检查、整改。改善消防器材的放置地点及条件，利于及时启用、主动排除安全隐患。居安思危，务实防范，增强消防意识和安全保障能力。

8. 风大雪大　防患排查

风雪弥漫，气温下降。面对严寒，供电公司启动灾害天气蓝色预警，实施应急预案，全力确保主配网及主网设备运行平稳。

　　大雪飘落，持续时间长、覆盖范围广，员工应全力做好安全用电保障工作。运行人员冒雪开展设备特巡，检修专业冒雪检修线路，进行实时沟通，确保电网运行平稳。加强生产值班和运行设备的监视工作，应急抢修人员和应急车辆紧急待命，随时应对电网可能出现的紧急情况。供电公司与市气象台建立了实时沟通机制，随时跟踪未来天气变化，加强设备监视，对电网进行计划管理。根据电网负荷变化，随时与热力集团和发电厂进行联系，合理调配供热、供电，满足电力客户的供热与供电需求。力保群众供暖用电安全，全面掌握各供热点的基本情况，组织用电检查人员对供暖机组加强监控，加强地区负荷监测和应急抢修工作。

　　供电公司对高压客户加强供电设备监控，对客户自管变电站加强检查、检测负荷情况。大风天气，雪压树枝，对于有架空线路的 10kV 高压用电客户，指导及时清除树障，防止树枝刮蹭架空线路。开展安全宣传，提示广大群众发现有树木压断电线等情况，应远离断线，迅速反映，避免危害。提示电力客户注意避免用电设备负荷过高，及时调整负荷，发现问题及时整改。指导高压客户在雪中安排电工密切关注用电设施，保持配电室门窗封闭，防止大风将雪刮到配电设备上造成短路。高压用电企业、商业、工业等客户，在极端天气里，保持用电负责人的通信畅通，发现不能自行解决的故障时，及时与供电公司联系，确保抢修及时到位。

　　为确保高危客户、重要客户安全用电，需要加强大雪天气等不利情况下的用电隐患拉网式排查。供电专业检查组应当有针对性地制定隐患排查工作方案，检查正在运行的变压器、线路等电力设施、备用电源设备是否符合要求，绝缘工器具配备是否齐全，重点检查客户供电方案、应急预案、设备运行管理以及《供用电合同》和《双电源协议书》签订及履行情况。在大雪中实时排查高危电力客户隐患，及时发现高压用电设备绝缘保护试验超期、低压线路和变压器台严重老化、电动操作开关失灵、分合闸指示灯不亮等隐患，及时签发整改意见书。

　　随着严冬用电负荷高峰期的到来，对于高危及重要客户供用电隐患排查应当成为供电企业安全供电的重中之重。需要集中时间排查治理，防止发生供用电事故；注重解决个别用电客户对用电安全工作不够重视、安全意识不强、客户变电站值班人员配备不足等问题，注重将对于存在用电隐患的客户逐一登记在册，将隐患情况上报政府相关部门，并配合相关职能部门进行追踪整改，直至彻底消除用电隐患。建立客户重大隐患排查治理台账，对排查中发现的重大安全隐患，及时通知企业相关负责人。对不符合安全用电要求的企业，印发整改通知书，并将发现的问题以书面形式上报政府有关部门，履行用电安全告知义务，引起企业客户对安全用电的重视。监督企业落实整改，为企业客户的安全生产及电网安全稳定运行打下坚实的基础。

9. 共建电力平安，开展群众护线

随着小寒大寒节气的纷至沓来，需要注意保障电力设施不受破坏，防止冬季和春节前发生窃电和行车误撞电杆等设施而引发事故，保护电力设施的安全。供电公司注重不失时机地结合季节性变化，适时开展冬季和春节前"共建平安电力"的宣传与有关安全防范工作。

在春节前夕，供电专业人员利用节前赶集、赶会、群众办年货等人员集中的机会，走向闹市街头，开展保护电力设施、遵章安全用电等内容的宣传，主动面向社会提供安全防范咨询工作。

保护电力设施工作是面向社会的安全系统工程，是平安电力的宣传工作，需要因地制宜、因时制宜、因人施教，采取的方式方法应当注重灵活多样。一些基层单位采用出动宣传车、在主要街道路口悬挂电力设施保护的宣传条幅、张贴及设置《电力安全宣传挂图》等灵活有效、简明易懂的方法进行宣传、贯彻。注重大力普及安全用电及保护电力设施的科学知识，落实有关保护条例和《电力法》等法律法规。注重认真为群众讲解用电设备维护知识和安全注意事项，警示损坏电力设施所造成的危害及严重后果，增强安全防范意识。认真向群众提供一旦遇到倒杆断线等突发现场的安全监护办法，准确公布护线监督举报的电话及联络方式，让广大群众便于积极参与到护线活动中。

春节前，许多乡镇的农贸市场人来人往，人员密度大，是开展安全用电和保护电力设施宣传的最佳地点和时机。供电员工将《电力安全宣传挂图》发放到群众手中，让群众回去后仔细阅读观看，逐项理解翔实的电力安全知识与切实可行的安全措施，能够收到很好实际效果。实践验证，这种发放和奉送"电力安全宣传挂图"等安全知识和安全科学技术的举动，深受广大群众的欢迎。

供电人员认真做好安全用电和护线宣传工作，务实引导群众增强对电力设施的保护意识，群众便会配合加强护线工作。许多群众义务护线志愿者担起任务，在冰雪封山等情况下，主动给供电公司打电话，报告树木压倒及接近导线等紧急险情，供电员工闻讯及时处理避免发生事故。尤其是偏远区域的电力线路与群众护线工作有着更多意义和作用。在偏僻地区当线路发生故障时，群众护线员看到线路异常后，及时将信息反馈给供电人员，以便更准确及时地处置与抢修。

发挥群众义务护线志愿者，从长远的安全生产趋势来看，具有许多优势。群众义务护线志愿者十分熟悉当地环境，易于在第一时间、就地、就近发现和报告线路情况。"保障安全用电、开展群众护线"，这种密切联系群众的安全管控模式具有很大的效能潜力及管理拓展的空间，应当注重深入开发和利用。

10. 雪中配变测体温　掌控数据护安康

天气寒冷，负荷攀升，配电变压器大多置于室外，极易受天气、环境、温度和用电负荷变化而影响安全运行。供电公司组织人员针对复杂因素加强对台区配电变压器的监视、监听，随时进行调整维护。

专业人员根据降雪等天气因素，在寒冷的风雪中，注意观察配电变压器的一次和二次侧引线是否有松动及放电等现象，判断接头是否因松动而发热。详细观察绝缘套管等部件是否有裂纹迹象，积雪融化后出现水浸是否有拉弧及闪络放电现象。风雪中，注重检查高、低压线路上及变压器台架上有无搭挂杂物。

冬季夜间与中午的温差较大，供电专业人员注意掌握变压器的温度变化。变压器在迎峰度冬的过程中，特别是满负荷及过负荷运行时，其自身温度一般体现变压器的上层油温，这和环境温度及过负荷运行时间有密切关系。变压器的"体温"，直接关系到变压器的健康及安全。认真执行技术安全标准，对于油浸风冷变压器上层油温不允许超过95℃，并且不宜经常超过85℃运行。因为温度增加10℃，氧化速度增加一倍。所以，变压器在高温下运行，会加速油质劣化，造成绝缘下降而损坏变压器。因此变压器在运行中，特别在满负荷或过负荷状态运行中，应密切监视其温度，必要时采取降负荷等措施降温。当实际使用负荷超过变压器额定容量时，应考虑更换大容量配电变压器或并列一台同型号同容量变压器。在环境温度很低的情况下，变压器的温度过高且继续上升，则表明内部有短路故障，应立即退出运行进行检修。变压器的油位与运行温度和环境温度相关，冬季油位下降，在油标无显示时，供电专业人员注重及时将油添加到油位线。而变压器的运行温度则与负荷大小有关，一般变压器的油位在−30~30℃范围内变化，如果在与以往相同的负荷和环境温度下，油位上升超过指示的最高位置并继续上升，同时变压器的声音出现异常，三相电流、电压不平衡，说明变压器内部有局部短路故障。这时应停止运行，进行吊芯检查，故障排除后方可投入运行。

严冬时节，运行中的配电变压器负荷电流数据是关系到运行安全的重要指标，因此供电公司专业人员注重在满负荷和过负荷的状态下，加强负荷电流的监视。配电箱中装有电流表的，可直接观察，配电箱中没有装设电流表，则用钳形电流表进行测量。认真观测三相电流是否平衡，若不平衡，应当将三相负荷电流调整平衡；三相电流若相差很大，会造成三相电压也不平衡，导致中性点位移，使中性线带电，引起剩余电流动作保护器不能正常投运，导致电动机、家用电器的外壳带电，威胁人身安全。三相电压不平衡，三相负荷电流产生的零序电流分量，会在变压器铁芯中产生零序磁通，二次侧产生零序电压，负荷侧中性点位移，零序磁通产生较大铁损，加剧温升，损害变压器的安全运行及降低运行效率。配电变压器的中性线电流不得超过低压侧额定电流的25%，同时需注重检测变压器整体是否超过额定电流，若超过，必须折算出过负荷的百分数，按超过负荷的百分比来确定过负荷允许运行的时间。如果长时间过负荷运行，将影响变压器的安全增大变压器损耗，则需考虑再装一台同型号、同容量的变压器并列运行。

11. 处理电缆故障　协助技术指导

室外气温零下 28°，商场的电缆突然发生故障断电。商场负责人立即安排电工查找故障点，但该商场电工缺乏相关安全经验，没有处理过电缆故障，不知道该如何处置，故障点查找及排查遇到困难。

商场负责人将求助电话打到供电公司，供电公司立即安排专业工作人员赶到故障现场。供电专业人员采取安全措施后，迅速排查故障点，查找和分析故障原因。电力电缆由于机械损伤、绝缘老化、过电压、绝缘油流失等都会发生故障；根据故障性质可分为低电阻接地或短路故障、高电阻接地或短路故障、断线故障、断线并接地故障和闪络性故障等。供电人员采取使用绝缘电阻表的方法查找电缆故障，在线路一端测量各相的绝缘电阻，经过测试，准确找到了电缆故障点，电缆中出现断线故障。

供电专业人员顶着寒风登上电杆，将电缆拆下，将故障点处的电缆锯断，重新制作接头。由于温度过低，电缆被冻得很硬，供电员工用喷灯为电缆加温。平时半个小时就能完成的电缆头制作，天寒地冻中，供电员工用了一个小时才完成。电缆头制作完成，经过试验没问题后，供电员工重新将电缆安装在电杆上，核对其他情况都正常后进行合闸，商场恢复用电，群众继续购物。

事后，商场负责人及商场电工请求供电专业人员现场进行安全技术指导和培训。

供电专业人员结合实际故障，现场提示查找和判断电缆故障的方法，演示如何正确使用绝缘电阻表确定故障类型：当遥测电缆一芯或几芯对地绝缘电阻，或芯与芯之间绝缘电阻低于 $100k\Omega$ 时，为低电阻接地或短路故障；当遥测电缆一芯或几芯对地绝缘电阻，或芯与芯之间绝缘电阻低于正常值很多，但高于 $100k\Omega$ 时，为高电阻接地故障；当遥测电缆有一芯或几芯导体不连续，且经电阻接地时，为断线并接地故障；当遥测电缆一芯或几芯对地绝缘电阻较高或正常，进行导体连续性试验检查是否有断线，若有即为断线故障。闪络性故障多发生于预防性耐压试验，发生部位大多在电缆终端和中间接头，闪络有时会连续多次发生，每次间隔几秒至几分钟。测试电缆故障的方法，还可以采用冲闪法。冲闪测试精度较高、操作简单、安全可靠，其设备主要由两部分组成，即高压发生装置和电流脉冲仪。高压发生装置是用来产生直流高压或冲击高压，施加于故障电缆上，迫使故障点放电而产生反射信号。电流脉冲仪用来拾取反射信号测量故障距离或直接用低压脉冲测量开路、短路或低阻故障。当故障点电阻等于无穷大时，用低压脉冲法测量容易找到断路故障，通常断路故障为相对地或相间高阻故障及相对地或相间低阻故障并存。当故障点电阻等于零时，用低压脉冲法测量短路故障容易找到；当故障点电阻大于零小于 $100k\Omega$ 时，用低压脉冲法测量容易找到低阻故障。闪络故障可用直闪法测量，这种故障一般存在于接头内部，故障点电阻大于 $100k\Omega$，但数值变化较大，每次测量不确定。高阻故障可用冲闪法测量，故障点电阻大于 100kΩ 且数值确定。一般当测试电流大于 15mA，测试波形具有重复性及可相互重叠，同时一个波形有一个发射、三个反射且脉冲幅度逐渐减弱时，所测的距离为故障点到电缆测试端的距离。否则，为故障点到电缆测试对端的距离。

商场负责人及商场电工感谢供电专业人员的技术指导，且表示一定要认真整改用电设施，加强商场用电设备的维修和维护，共同维护电网的安全运行。

12.　电器老化存隐患　防患未然须更换

天气寒冷、临近春节，一些家用电器的使用率和家庭用电量增高。城乡结合部区域的居民客户在用电中出现了危险情况，在供电报修业务中，及时了解和处理了有关问题。

据供电服务热线 95598 统计数据显示，城乡结合部区域的居民客户发生多起因电器超期使用，造成电线短路起火等险情。供电公司对居民客户接户线进行了改造，然而居民家中的电线其线缆的荷载量往往被居民所忽视。市区居民家的布线相对规范，城乡接合部和农村地区的家居布线相对杂乱，发生故障的几率较大。使用二手家电及旧电器的数量较多，发生用电故障的隐患相对多。家电超期服役，隐患很大。一居民使用本该淘汰的旧洗衣机时，因插座漏电引发了火险。许多居民客户未意识到家电也有保质期，由于家电一般属于大件耐用消费品，常常存在超期使用现象。供电人员在处理居民客户报修故障过程中，看到一些"高龄"家电仍在使用。

供电人员提醒用电客户，使用家用电器应电注意使用年限，超过安全使用年限会引发一系列问题。电视机、空调、冰箱等电器超过使用年限后，性能下降，是非常不安全的。长期使用会使得家电内部的线路短路、老化以及一些内部元件腐蚀，如洗衣机由于内部电器元件老化，很容易漏电，从而导致洗衣机的外壳或洗衣桶内水带电。因此，不要超期使用家电，应当有按期更新家电的意识。电热毯等家电已经有明确的使用年限规定，因为家电产品推陈出新速度太快，容易产生规则方面的空当，更需要注重"安全第一"，应当根据具体家电的特性安全使用各电器。常用家电安全使用年限为彩色电视机 8～10 年；电冰箱 12～16 年；空调 8～10 年；电热水器 8 年；洗衣机 8 年；个人电脑 6 年；微波炉 10 年。适时更新电器，方能保障安全。

13.　电机外壳带电　查找原因除患

春节前夕，供电公司组成联合检查组，奔赴到工厂，检查用电安全情况，提出安全整改指导建议。"贵单位低压线路和部分电动机等用电设备老化，建议对老化线路和存在隐患的电动机等设备进行安全整改和维修。"用电检查专业人员对厂矿企业细致检查，当场签发事故隐患整改通知书。对高危客户、重要客户进行用电隐患拉网式排查，注重及时发现隐患，签发整改意见书。以确保高危客户、重要客户在春节、元宵节"两节"期间安全用电。

用电检查专业人员在对厂矿企业电气设备排查中，注重有针对性地制定督导整改工作方案。认真检查正在运行的电力设施，及时发现车间个别电动机外壳带电等危险情况。电动机外壳一旦带电，便会对附近人员的生命及车间设备等物资构成了严重的威胁。

供电专业人员在现场指出，电动机正常运行时，外壳不允许带电，否则在工作中接触到电动机外壳时，便可能会发生触电事故。认真帮助电力企业客户检查电动机外壳带电原因，分析及提出处理办法。检查时注意电动机接线盒和引出线等部位，观察重点环节。当电动机接线盒受到磕碰时，会损坏接线盒的绝缘，局部过热时也会烧坏接线盒处的绝缘，电动机引出线在运行中的磨损或者老化，接线盒连接电源线时接触不牢，也会使电动机外壳带电。除了接线盒是重点部位，定子绕组绝缘损坏也会造成电动机外壳带电。主要原因是电动机使用时间过长，定子绕组绝缘老化；有的则是异物进入电动机内部，导致定子绕组绝缘损坏；还有电动机长期过载，定子绕组烧坏，电源电压过高，也能击穿电动机定子绕组绝缘；如果电动机周围环境潮湿或受到雨雪侵袭，很容易使水浸入电动机内部，这些都会使三相定子绕组绝缘性能下降，从而使电动机外壳带电。对于受潮的电动机，供电专业人员指导及时进行烘干处理，对于老化的绕组应指导及时更新。

在车间现场，供电专业人员测量发现有的电动机接地保护工作未到位，及时向工厂客户指出电动机外壳保护接地或保护接零不符合要求，没有采用保护接地或保护接零的安全措施，会导致电动机外壳带电。如果没有采取末级剩余电流保护的安全措施，更是十分危险，需注意防范。特别注意纠正在同一供电系统中使用的电动机存在保护接地和保护接零混用的现象。从技术上分析，若采用保护接地的电动机碰壳短路时，所产生的短路电流没有使熔断器或其他保护电器动作，则中性线电位升高，会使与中性线相连接的电动机的金属外壳带上危险电压。告诫用电客户在同一供电系统中，电动机的保护接地和保护接零绝对不能混用。发现电动机外壳有电，应当立即关闭电源、停机检查，隐患问题排除确认安全后方可运行使用，以保障人员和设备的安全。

14. 气温降低负荷升　功率增大须调控

小寒节气以后，不少家庭用上了电暖器、空调等大功率电器，导致用电安全问题突出。供电人员针严寒季节用电量呈上升趋势，提示居民家庭用电不要超负荷。

寒冷的冬季，居民用电取暖诱发火灾的潜在因素逐渐增多。有些居民因忘拔"热得快"引发火灾，还有些居民区因用电暖器引燃周围可燃物引发火灾。针对冬季安全用电频发的问题，供电人员开展用电安全检查，重视冬季防火，加强家庭电气线路的安全检查，避免疏忽大意酿成无法挽回的损失。

供电人员针对实际情况，仔细向群众讲解：把允许连续通过电线又不会使其产生过热的电流量称作安全电流，当电线中通过的电流量超过安全电流量时，表明电线超负荷运行。此时，有可能引起电线外层的塑料、橡胶或其他绝缘材料过热起火燃烧，起火的电线又会引燃附近的可燃物，从而酿成火灾。因此，认真提示居民群众使用家电注意安全方法。尤其注意控制用电负荷，家用电器越来越多，住宅电气设计负荷水平还是多年前的标准，这会导致发生使用电器与设计不匹配的现象。居民在使用电暖器、空调等采暖器前，应当注意电器标注的最大电流、电阻值，并将家中所用电器的这些数值相加后与自家电能表的电流标注值做比较，前者应小于后者才可放心使用；如果前者数值大于后者，以及使用功率较大的电器，应当错开使用，以防引发事故。大功率电器不要合用一条电线，例如电炒锅、电烤箱、取暖器等大功率电器，应当单独走线方能保证安全。

随着气温的降低，用电量上升，注意安全用电细节显得尤为重要。供电人员提醒广大居民，抽时间多学一些安全用电常识，以免因麻痹大意导致意外事故。使用电器时不要用湿手接触灯口、开关和插座等电气设备，严禁站在潮湿的地面上触动带电物体或用潮湿抹布擦拭通电的家用电器，灯泡及电热器具不能靠近易燃物，防止因难以散热导致温度升高而起火。导线的接头必须用绝缘胶布包好，凡带电的金属不得外露，线头必须妥善处理，谨防人体触及。一位居民在家中因电闸落下突然断电，直接伸手带水去推电闸，一瞬间电闸冒出火花，脸部、颈部等多处被烧伤，被电击伤者，大都是用电不慎造成。因此，不能湿手推电闸，避免触电及烧伤。使用电器时，电器的电线不要被重物压住，否则可能会造成电线折断或绝缘外表破损，易使电线短路或漏电。插拔插头时要着力于插头，不要用力拉扯电线，否则损坏电线易引发触电及火灾。配线不要细，电器的电线不能过细，特别是临时配线，至少以手感无温度为限。出现用电事故前，电器一般都会出现异常情况，应当格外注意。如电器马达过热、电线超负荷会有烧焦气味等，应当及时关闭电源，保障其安全。

15. 输电线路覆冰，应急抢险行动

节气变换，气温骤降，纷纷扬扬的大雪形成了冰冻灾害。局部电网出现覆雪覆冰，对电网运行造成较大影响，引起多条电力线路故障跳闸。

供电公司电力调控中心专业人员注重对跳闸线路的正确判断，果断下达调度令，保障电力安全供应。采取灵活调整电网接线方式、统调用电负荷、调剂余缺等措施，将负荷维持安全高位运行。

针对输电线路覆雪覆冰情况，供电公司应急指挥中心快速组织人员对重点线路地段进行特殊故障巡视。

情况复杂、任务紧迫，应急指挥中心高度重视险情，集结大量人员力量将输电检修专业、变电检修专业及配电检修专业人员统一调配形成合力，实行集中排险作业。

应急指挥中心组织抢险突击队，对于因覆冰故障已经停电的输电线路开展紧急除冰。员工们登上铁塔，清除绝缘子等部件上的厚厚冰雪。而对于导线上的覆冰，则在覆冰的导线兜上绳索，绳索引至地面，两人一组，分别拽动绳索的一端，用拉动绳索除掉线导线上的冰雪。沿线一边行走，一边

除冰。

在冰雪侵袭中，一条 66kV 同塔架设的双回线路覆冰严重，由于导线垂直排列，上层覆冰的导线驰度急剧下垂，对下层的导线放电，将一条导线烧断落地。特巡人员到现场勘察，且根据山区群众义务护线志愿者的耳闻目击介绍，为覆冰线路断线原因提供技术分析依据。应急指挥中心马上部署处理断线，调集力量更换新的导线。

抢险换线工作负责人安排人员对该线路验电，确认已经停电、工作地段确无电压后，工作班立即在线路工作地段两端挂上接地线。现场人员明确现场换线的主要工作内容和作业流程即放线、新旧导线压接、紧线、调整驰度、定位安装绝缘子线夹固定导线、接引流。明确及采取安全措施，注意防范放线和紧线环节等危险点。

雪山放线，步步艰难。山坡陡、积雪厚、导线重，抢险人员在雪地上深一脚浅一脚行进，注意步调一致，防止摔倒及被导线碰伤。

当放线环节完毕，工作班人员将线的接头部分用钢丝刷处理得干干净净，确保压接处接触良好，防止接点脱落，保障压接的导线电流畅通。

工作负责人在各个铁塔上安排了工作人员，进入紧线抢修的关键环节。紧线时，部分人员沿线在地面看护导线，防止导线被障碍物刮倒及导线在拉紧时出现硬弯而损伤。有的看线人员在忙碌中站在了导线的内角侧，构成了危险点，原因是导线张力随时变化，看线人员会被突然拉紧的导线兜到身体的部位，而产生人身伤害等后果。所以，安全员及时提醒、纠正看线人员保持站在导线的外角侧。随着牵引紧线，导线逐渐从地面升起到半空，导线越拉越直、越紧越高，渐渐地，工作班成员发现新紧起的导线与塔上原有的导线形成了交叉点异常现象，显然是放线穿线出现了方位上的错误。原因是在放线时由于山区树丛多，视线不直观，放线及穿线过程中没有理清导线方向，也没有仔细检查核对放线穿线的走向是否正确无误。新换的导线本应该在垂直排列的中间层，但紧起来却发现与最下层的导线相交叉，把最下层的导线兜住了。

安全实践表明，每一个重要的抢险作业步骤都需要从容应对，谨防急躁出错。并且，现场缺乏核对与检验的流程，易造成失误。放线穿线位置反了，返工是必须面对的严酷事实。

冬季天短，返工重新紧线结束后，天色已黑，接下来调整驰度、安装线夹金具。借助几台汽车打开的远光灯照明，并启动了小型发电机做照明电源，灯光照射到铁塔上，提供安全作业的照明条件。塔上的"海拔"较高，风较大，十分寒冷，由于返工，塔上人员延长了高空作业的时间。

山区寒风呼啸、冰天雪地的现场，工作人员入夜完成了线路断线抢修任务。经过履行相关程序和手续，该线路当夜恢复了正常供电运行。

查找当天的不安全现象及主要问题，举一反三记取安全教训如下。

（一）

放线环节勿草率，走向正确越障碍。

避免返工添烦乱，穿线提线分里外。

（二）

紧线过程危险多，张力很大胜拔河。

理顺硬弯防伤线，人员须站外角侧。

（三）

塔上作业时间长，人员手脚有冻伤。

施工力量应调好，轮换上塔保安康。

16. 异变于声 知音见著

在寒冷的室外，滴水成冰，有时睫毛不知不觉就会挂上冰霜，造成巡视检查配电变压器，往往视线不佳。供电专业人员通过仔细监听变压器的声音，认真判断变压器是否存在隐患。

声音，往往来于内质，外发于音，声音能够反映出变压器运行正常与否。变压器在正常运行时，往往会发出连续均匀的"嗡嗡"声；如果声音不均匀或有其他特殊的响声，则需要根据具体声音具体分析判断。

当电网发生过电压时，电网发生单相接地或电磁共振时，变压器声音比平常尖锐。这种声音出现时，应当结合电压表计的指示来综合判断。当变压器过载运行时，负荷变化大，又因谐波作用，变压器内会瞬间发出"哇哇"或"咯咯"的间歇声。监视测量仪表指针发生摆动，且音调高、音量大。当听到变压器的声音比平常大，而且有明显的杂音，但电流、电压又无明显异常，往往是变压器内部夹件或压紧铁芯的螺丝钉松动，导致硅钢片振动增大。如果变压器的跌落式熔断器或分接开关接触不良时，会有"吱吱"的放电声。变压器的变压套管脏污、表面釉质脱落或有裂纹存在，则会发出"嘶嘶"的声音。变压器一旦发出"吱吱"或"噼啪"声，表明变压器内部局部放电或接触不良，而这种声音会随离故障的远近而变化，听到这种声音，应当立即停用变压器，做进一步检测。在变压器发出的声音中，如果夹杂开水的沸腾声，且温度急剧变化，油位升高，往往是变压器绕组发生短路故障，严重时会有巨大轰鸣声，随后可能起火。这时，应立即停用变压器，进行检修，避免出现更大的损失和危害。

供电专业人员检查运行中的变压器，认真判断随着负荷的增大和输入电压的升高，其声音会相应增大。巡查时注重和以往运行情况进行比较，如果在同等条件下声音增大，则注重观察三相负荷电流、电压是否平衡，油位、油温是否上升。如果油温、油位变化不大且稳定，三相电流增大且较平衡，三相电压平衡且略有下降，主要是由于负荷增大而引起的。如果三相电流较平衡、略有下降，三相电压明显升高、超过额定值很多，原因则是系统电压过高引起的。如果声音时大时小，声音大时两相电流同时升高、两相电压同时下降，且时间长短不定，原因是二次侧有单相大负荷断续启动使用。如电焊机等用电设备，应当摸清具体情况，掌握确切的原因。如果声音异常大，三相负荷电流、电压极不平衡，且持续不停，往往是低压线路间接短路或断路后接地引起的。这种情况应当断开负荷总开关进行鉴别，有时断开总开关变压器声音便可恢复正常，表明低压线路存在故障。如果断开负荷开关声音仍无变化而且一相电压较低，表明变压器内部一次侧或二次侧绕组有局部短路。如果一相电压接近于零，说明一次侧缺相，应当检查高压侧跌落式熔断器这一相熔体是否熔断或有无接触不良。如果熔断器正常，系统供电线路也正常，有可能是变压器内一次侧或二次侧导电杆与绕组接头烧断，可用万用表欧姆挡检测，确认是内部故障后，则需要作吊芯处理。供电专业人员要及时听声诊断故障，居安思危，做好安全管控工作。

17. 电动机引发火灾　细排查控制根源

机械加工厂在春节前赶制配件，加快完成订单合同项目，加班加点开工。可是，事与愿违，偏偏在工期紧迫的关键时期工厂发生了用电设备故障，不仅耽误了订单工期，还险些酿成火灾事故。供电公司接到求援电话后，派专业人员协助排除用电设备故障，加快恢复用电、恢复生产，帮助工厂如期完成订单合同。

供电专业人员在现场检查发现，该厂的电动机存在隐患，以及使用维护不当引发火灾险情。现场指导该用电客户重视安全用电工作，注意控制和避免电动机引发火灾的原因。今后注重防止过载，电动机因被拖动的机械过重或电压过低，会使电动机的出力降低、转速减少、电流增加，从而引起绕组发热而燃烧。提示电动机轴承的润滑油不足或很脏，以及轴承损坏不能顺畅转动，卡住转子，电流陡然增加容易引发火灾。电动机拖动的机械被杂物卡死或使用的皮带过紧，同样会增大电流，造成绕组过热而导致火灾。

现场分析，突出重点。三相电动机在运行时电源回路中如果有一相断线，电动机转速会降低，在其余两相中电流将升高，引起绕组温度升高或绝缘损坏，导致火灾。电动机的定子绕组匝间短路、单相接地短路和相间短路，都会使绕组局部过热、使绝缘烧损。在绝缘损坏处，由于对外壳放电而形成电弧和火花，引起绝缘层起火。在电动机的接线端处，由于安装不当或振动过大，使接线松动，造成接触电阻过大，产生高温或火花，会引起绝缘或附近可燃物燃烧。

针对问题，指出危害。电动机的维修、保养做得不好，通风槽被粉尘或纤维物堵塞，以及风叶损坏了不能起到很好散热作用，使绕组过热。电动机散热不良，从而造成火灾。当电压过高时，造成电动机定子绕组绝缘被击穿而烧毁。另外，电动机质量差，安装场所通风不良，出现频繁启动等现象，同样会引发火灾事故。

处理缺陷，提示安全。机械加工厂的电动机等设备故障排除后，恢复送电。供电人员现场指导该客户加强线路和电动机的维护，采取切实可行的措施预防电动机火灾事故。安装电动机必须注意符合防火安全要求。在潮湿、多灰尘的场所，应当选用封闭型电动机；在比较干燥的场所，注重选用防护型电动机；在易燃、易爆的场所，必须选用防爆型电动机。电动机应安装在非可燃性材料的基座上，不允许安装在可燃结构内，与可燃物间应保持一定距离，周围不得堆放杂物。每台电动机必须装置独立的操作开关和适当的热继电器作为负荷保护。电动机电源回路上选用的熔丝、熔芯应适当，过小容易缺相，过大则不能很好地起到保护作用。

分清设备，区别防范。对容量较大的电动机，在三相电源线上宜安装指示灯，当发生一相断电时，能够立即发现，防止缺相运行。对于电动机应当经常检查、保养，及时清扫，保持清洁。润滑系统应当保持良好状态，散热用风叶保持完好，电刷应当完整。加强日常巡回检查，发现电动机故障，应当及时断电排除。电动机附近配备必要的灭火设备，一旦电动机着火，应当使用 1211、二氧化碳等灭火器灭火。不宜用干粉、水、砂子及泥土灭火，以免损伤电动机的绝缘和机件。机械加工厂负责人和电工对于供电人员的及时帮助排险和提供安全技术指导连声致谢，并且表态抓紧整改线路和用电器具，落实工厂安全用电的技术标准和要求。

18.　助力农村用电　检测短路漏电

临近春节，用电量增加，农村低压线路故障时有发生。供电公司组织用电检查人员走村串户，热忱为农民安全用电服务。

一些农村居民在安全用电方面的知识往往比较欠缺，触电事故和电气故障时常发生。最主要的原因是家中电线布设不专业，电线年久老化现象较多，容易出现短路、断路和漏电的故障及隐患。

用电检查人员针对容易出现的问题，重点提示安全方法，并且帮助检查并指导农民家里的用电布线符合安全要求，确保内线完好无损。其线径的选用注意与电器功率相匹配，避免出现私拉乱接等现象。检查人员提示熔丝不能随意更换，严禁绕过熔丝直接将进线与内线相接，避免内线及家用电器失去保护。低压线路发生短路时，电流会突然增大，隔离开关熔丝迅速熔断，导致电路切断，如果使用直径比较粗的熔丝，有可能导致导线过热引起火灾。造成线路短路的原因往往由于接线错误及导线绝缘损坏，相线与零线直接相接触或接地。检修时应先找出短路点，使用万用表的电阻挡，在断电情况下进行电路分段、分区域检测。排除短路故障点后，装接合格的熔丝方可送电。当照明灯不亮，用电器具不能正常工作，测量电路无电压时，往往是线路出现断路。熔丝熔断、导线断线、线头松脱、开关损坏、导线接头锈蚀等都有可能造成线路断路。如果同一线路中的其他电灯都亮，仅一个不亮，检修时应注意检查灯具、灯头及开关，一般大多为灯具内部烧断。日光灯则应检查镇流器和启辉器，如果同一线路所有电灯都不亮，应检查该回路熔丝是否烧断及有无电源电压，如果熔丝没断而相线上无电压，则应检查前一级熔丝是否烧断。线路如果发生漏电，用电量会增多，人员接触漏电处会感到发麻，在测绝缘电阻时阻值变小。其原因往往是绝缘导线受潮、污染或电线及电气设备长期使用造成绝缘老化。

供电人员热情帮助农民查找线路漏电等异常情况，注意采取安全可靠的方法。在总开关上接一只电流表，接通全部开关，取下所有灯泡及拔下电器插销，若电流表指针摆动，则表明线路漏电。判断相线与中性线间是否漏电以及相线与大地间是否漏电，或两者兼有。采用切断中性线的方法，如果电流表指示不变，则表明相线与大地间漏电；如果电流表指示为零，则是相线与中性线间漏电；当电流表指示变小但不为零时，则表明两种情况都存在。供电人员对于判断漏电范围而采取的方法是取下分路熔断器或拉开隔离开关，若电流表指示不变，则是总线漏电；如果电流表指示为零，则是分路漏电；若电流表指示变小但不为零，则表明总线、分线都有漏电现象。

用电检查人员帮助农村居民找出线路中的短路、断路和漏电故障，及时帮助检修处理，有效防止事故发生。

19. 节日负荷增加 加强用电消防

春节期间是各种家电使用的高峰期，更是用电事故多发阶段。供电公司开展春节期间安全用电、预防事故专题宣传活动，提醒城乡群众春节注意用电安全，严防各种用电事故的发生。

供电人员提示广大家长，在节日期间教育孩子不要玩弄或乱摸电器设备，以防触电。多用插座应当固定，要有接地装置，不要带电移动电器。对于经常使用的电热淋浴器、取暖器等电器，要经常用电笔测试金属外壳是否带电。若发现保安器跳闸，表明客户用电线路设备存在漏电现象，必须及时排除，严禁强行送电。春节期间用电量大，应当尽量避免用电设备同时使用，防止因电流过大造成室内线路短路引发火灾。如果室内线路老化严重，应当请有证电工进行更换改设。一旦发现有人触电，应立即切断电源，或使用干燥的木棒将电源断开。千万不能用手直接去拉触电者，切断电源后应立即施救，避免耽误时机。针对一些用电客户表后电线起火等事故，供电人员应及时进行用电安全分析、找出原因、提出安全建议和对策。

某些客户消防安全意识淡薄，对供电企业和消防部门发出的隐患整改通知没有引起足够认识，敷衍了事，缺乏安全用电知识，随着经济的发展，用电客户的用电负荷明显增加，供电公司根据需要，对线路和表计进行了增容改造。但因表后线路部分为客户资产，客户需自行维护。某些用电客户没有更换成与负荷匹配的电线。往往表前的电线改得再好，表后的电线不及时更换也无法满足用电负荷增长的需要。容易引发电线短路等事故，如果旁边有易燃物，则极易引发火灾。

供电公司专业人员参与消防安全排查工作，下达有关整改通知书。某些用电客户私拉乱接，使用质次价廉的电线和电器元件，某些擅自用铜丝代替熔丝，使电路失去保护，还有一些客户用电负荷增长后，不及时增容，造成电线长期过载运行等。供电公司专业人员对火灾隐患加强排查工作，对客户进行走访调查，一旦发现电线老化等火灾隐患，立即进行登记备案，督促及时整改。供电公司人员提醒客户，要多学习用电常识，安全用电、远离火灾。还应经常检查电线状况，一般家用电线可正常使用 10 年左右，电线老化后，绝缘性能下降，容易发生短路，尤其在潮湿环境，电线外表虽完整，但绝缘性能已降低，容易发生电线短路导致火灾。一旦发现电线有老化、破损现象，应当及时更换。普通照明电线截面小、负荷量低，私拉乱接超负荷使用，往往会造成电线发热，引发绝缘层起火。所以，当大功率电器增多时，应当提前到供电公司办理增加负荷增容手续，更换大功率电表；及时更换相应的电线，使之与负荷匹配。用电客户应合理配置熔丝，不允许用铁丝、铜丝代替，另外可加用空气开关等设备，对室内电路进行有效保护。

20. 线路中性线　忽视则不中

风雪飞扬，驱车前进，紧急处理山村工厂断电故障。

供电人员抵达现场，经过检查找出故障原因。山村工厂一台自行维护的变压器因中性线断线发生故障，导致电压升高，烧坏一些用电器具。供电人员立即帮助抢修，并指导山村工厂负责人和电工注意对变压器中性线的日常检查和维护。

工厂负责人和电工询问中性线断线的主要原因，供电人员认真协助分析，指出变压器中性线断线的相关情况和症状。变压器中性点的桩头是铜质的，而与之连接的零线往往是铝质的，当零线电流过大，铜铝接头过热后膨胀，因两种金属膨胀系数不一样，时间一长会导致接触点接触不良，有可能出现打火现象。如果发现或检修不及时的话，则可能会烧断零线，造成变压器中性点和零线连接处断开。这时，中性点对地电压不为零，即出现零序电压。零序电压的出现，将造成三相电压中性点电位偏移，使负荷轻的一相电压升高，出现电灯过亮、用电器具冒烟等现象，而负荷重的一相电压降低，照明灯和电器都不能使用。还有一种主要情况和症状是从中性点引出的中性线为铝绞线，而接地体为铁质连接处材质不同，时间过长也会发生氧化，使电阻增大。中性点的电流不能完整流入大地，中性线上就会产生电压，导致变压器中性线与接地体的连接点断开而引发故障。平时对于变压器中性线缺乏重视维护检修，不能及时发现电能计量箱内的中性线桩头引出线氧化或发热松动的情况，或在供电设备周期巡视检修中，忽视接地线与接地体连接的检查及接地体周围过于干燥或接地体严重锈蚀、接地电阻过大，就会导致中性点电压位移而引发故障和危险。

供电人员提示，对于变压器中性点应当加以足够的重视，并且加强低压线路维护，认真检查和维修。不可忽视中性点在安全运行中的作用。应当经常对配电变压器进行全面检查，检查接地体和计量箱内的各个桩头有无接触不良等现象，三相负荷是否基本平衡；经常测量接地电阻的阻值的，发现超过规定值时需查明原因，然后消除缺陷。为减少故障，设备连接处应当使用铜铝过渡线夹，避免在长期运行中产生铜铝电化腐蚀。工厂应当注意均衡配置负荷，在冬季用电负荷高峰时，对三相电流进行监测，并测量每条线路节点的电流。发现差别较大时，随即进行负荷调整，确保每相电流基本平衡。如果三相负荷严重不平衡便会造成中性点电压偏移，这样既增加了供电的危险性，也增大了电能损耗。日常注重对剩余电流动作总保护器零序电流加强检测，剩余电流动作保护器不仅是安全用电的重要技术措施，也是监测线路是否剩余电流动作的技术手段。供电人员提示，台区剩余电流动作保护器的运行情况，经常检测剩余电流动作保护器的零序电流，发现数值较大时，应当迅速查明原因，尽快消除隐患，维护用电安全。

21. 防控配变过负荷 "察颜观色"细监测

一些工厂企业在春节前，安排加班加点生产，超负荷用电，突击完成生产任务。造成工厂企业的配电变压器"小马拉大车"，产生安全隐患。供电公司针对此类情况，及时开展检查和纠正不安全用电现象。

供电人员深入工厂企业，加强安全用电管理。提示工厂企业电工对电气设备注重巡视维护，重视变压器的安全运行。指导安全技术方法，及时发现和处理变压器设备隐患。现场辅导变压器故障分析要点，传授对变压器"察颜观色"安全检查经验及方法。指出变压器如果内部发生故障或内各部件发生过负荷过热现象时，将会引起变压器油与器件等的气味和颜色的变化。如果套管接线端部紧固部分松动，接触面发生严重氧化，使接触过热，颜色会变暗失去光泽，表面镀层遭到破坏。如果变压器漏磁的断磁能力不好及磁场分布不均，会引起涡流，造成变压器油箱局部过热，引起油漆变色。如果变压器防爆管的防爆膜破裂，会引起水和潮气进入变压器内，导致绝缘油乳化及变压器的绝缘强度降低。如果套管因为污损产生电晕、闪络放电现象，套管闪络放电会造成发热加剧老化，绝缘受损甚至引起爆炸，而且会产生臭氧味。冷却风扇、油泵烧坏，则会发出烧焦气味。如果变压器吸湿剂变色，则表明吸潮过度、垫圈损坏、进入油室的水量过多，形成隐患。对变压器的故障现场快速判断，有利于及时消除缺陷。

变压器在冬季过负荷运行时，严重威胁变压器的安全运行。一种为工厂企业合理调整生产班次，实现过载与调整有机结合，可以相互补偿而不降低变压器的安全使用寿命，这种情况下的短时过负荷属于正常过负荷。变压器的过负荷能力，一般通过最大允许电流可达额定值的 1.2 倍。另一种是事故过负荷，指并联运行的变压器其中一台退出运行或其他情况下变压器所承受的过负荷，严重损害变压器的健康与寿命。因此，应当注重减少和避免事故过负荷，对于过负荷的时间加强限制。

供电人员提示工厂企业负责人和值班电工，应当加强设备巡视，变压器在运行过程中，定时抄录各类仪表指示数据，定期做好变压器过负荷保护装置的检查、维护、试验等工作。一旦发现变压器过负荷，应当立即采取安全措施，迅速启动全部冷却装置，随时观察变压器的运行温度和变压器过负荷等保护仪表。及时做好变压器运行温度记录，使变压器三相负荷趋于平衡。听从供电调度部门的指令，随时做好拉闸限电准备。认真执行拉闸顺序，切掉不重要的分路负荷，确保变压器安全正常运行。

22. 检查车间配线 助力工矿安全

过了大寒，春节气氛渐浓。工矿企业大都抢在节前突击完成各项生产任务，因此，做好春节长假之前的用电安全工作尤为关键。供电公司督促工矿企业客户加强节前用电安全

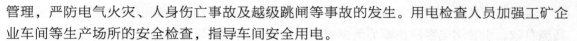

管理，严防电气火灾、人身伤亡事故及越级跳闸等事故的发生。用电检查人员加强工矿企业车间等生产场所的安全检查，指导车间安全用电。

工矿企业车间的供电方式比较复杂，具有多样性。照明及工作电流小于 30A 的小型电气设备多采用单相供电，工作电流大于 30A 的电气设备一般采用三相四线制，即三相线和一中性线供电，同时敷设一根保护接地线则属于三相五线制供电，而三相平衡的动力线路经常采用三相三线制供电。车间内配电线路有明敷线、暗敷线、电缆、电气设施器具连接线等，组成了车间的电气线路。

用电检查人员注重区分类别，因地制宜，因型制宜，突出安全管理工作的重点。认真协助工矿企业进行车间配电线路的安全检查，注重全面了解车间配电线路的布线情况、结构形式、导线型号规格及配电箱和开关的位置等，细致了解车间负荷大小及车间配电室的情况。有针对性地提出安全用电指导建议，提醒工矿企业对车间配电线路应该定期巡视，巡视周期根据设备实际情况具体掌握。1kV 以下的室内配线，建议每月应进行一次巡视检查，对重要负荷的配线应增加夜间巡视；1kV 以下车间配线的裸导线及母线，以及配电盘和闸箱，应每季度进行一次停电检查和清扫；500V 以下可进入吊顶内配线及铁管配线，每年应停电检查一次。如风雪或系统发生单相接地故障等情况下，需要对室外安装的线路及闸箱等进行特殊巡视。尤其应当注重落实安全检查的各项具体内容，避免巡视走过场。明确车间配电线路的重点检查内容，查清导线与建筑物等是否有摩擦、互蹭现象。绝缘、支持物是否有损坏和脱落问题，车间导线各相的弛度和线间距离是否保持相同，车间导线的防护网或防护网板与导线的距离有无变动，明敷设电线管及塑料线槽等是否有被碰裂、砸伤等现象，铁管的接地是否完好，铁管或塑料管的防水弯头有无脱落等现象，敷设在车间地下的塑料管线路上方有无重物积压。

供电人员特别提示，对于三相四线制照明回路，应当重点检查中性线回路各连接点的接触情况是否良好，是否有腐蚀或脱开现象，是否有私自在线路上接电气设备，以及乱接、乱扯线路等现象。重点强调，车间配电线路如果有专门人员维护时，一般要求每周进行一次安全检查。其检查项目应当逐项落实，认真检查导线有无发热情况，检查线路的负荷情况，检查配电箱、分线盒、开关、熔断器、母线槽及接地接零等运行状况。需要着重检查母线接头有无氧化、过热变色或腐蚀，接线有无松脱、放电现象，螺栓是否紧固等状况。日常注重检查线路及周围有无影响安全运行的异常现象，绝对禁止在绝缘导线上悬挂物体，禁止在线路旁堆放易燃易爆物品。对于敷设在潮湿、腐蚀性环境的车间线路，应当做好定期的绝缘检查，绝缘电阻一般不应低于 500kΩ，以确保线路的安全运行。

23．节日保供电　企业排隐患

安全生产是企业一切活动的基础。时值新春佳节，能否正常安全工作引起了电力企业的高度重视。供电公司针对节日期间的安全问题，协助不同行业及企事业单位共同采取安全措施，加强安全用电管理。

供电公司在春节到来之前，积极策划节日安全保电工作，做到组织健全、措施完善、实施有效。引导用电客户在春节前夕对各变电站重点设备进行地毯式排查。发现问题时妥善整改处理，以确保节日期间供电设备安全平稳运行。对所有用电客户进行安全用电大检查，消除、整改安全隐患，针对重要客户开展技术服务，指导客户开展电力设施定期试验，帮助客户开展电气工作人员专业技术培训。节日期间严格执行电气工作值班制度，严禁电工酒后上岗。用电客户的值班电话与供电公司电力调度电话保持 24h 通畅。变电站在岗人员对进入变电站人员一律执行登记制度，问清事由，并由值班人员陪同，直至其安全离开变电站，避免人为蓄意破坏供电设备等突发事件发生。值班期间，各变电站在岗人员对供电设备特别是重点设备开展巡检工作，用红外测温仪监控重点设备关键部位的温度，发现异常要及时上报，以保证设备事故隐患在第一时间得到有效处理。组织各变电站人员进行防火预案和事故预案的演练，做到遇到突发事故不慌乱，能够有效地应对处理。针对变电站附近居民区楼体施工的锡箔纸和居民装修材料等飘落物对安全供电产生严重威胁的现象，加强与有关人员及居民区业主的协商，并增加巡检次数，防止相间短路事故的发生。密切关注变电站内的开关设备，避免停电事故的发生。协助用电客户对检查出的隐患进行整改和消除，同时缩短监察周期，增加巡查密度。对部分重要客户派驻高压监察人员现场值班，为客户解决问题。供电公司的安全监察员深入重要客户检查，帮助值班员查找用电隐患，不漏下任何一处，包括防鼠板、设备室漏洞、标示牌位置、天花板缝隙，切实解决实际问题。加强企业配电室的管理，参照供电企业变电站有关标准，保持安全工作井然有序，确保电力设备的安全平稳运行。

用电企业配合供电公司对电气设备进行专项检查，特别针对燃放鞭炮可能引起的火灾的地方加强防范，检查消防工器具是否完备，排除消防隐患，针对可能出现的严寒检查防冻设备是否完善。节日期间严格执行 24h 值班制度，严明值班纪律，坚守岗位，不论上班下班，保持全天通信畅通，做到随叫随到，以防万一，保证节日期间安全生产不受影响。用电企业修订工作票证管理规定，使安全管理制度更规范。开展"无违章班组、无故障班组"活动，定期开展多种培训、技能比武以及各种安全知识竞赛，组织员工进行电力安全规程学习考试和消防培训。供电车间举办停电事故模拟演练，形成安全用电"比学赶帮超"的热潮。在提高工作人员安全技能的基础上，不定期开展综合性现场检查，组织相关管理人员进行多次综合性检查，认真查找故障问题。对于故障发生率较大的设备进行分析研究，专门成立专题安全用电课题小组，即变频器检修及维护小组、电机检修质量小组、电气保护装置问题小组，强化设备的故障问题分析，积累经验，争取在最短的时间内解决问题，推进安全生产可靠用电。

24. 购置年货电器　注重配套合格

供电公司用电检查人员在走访客户及开展安全用电调研中了解到，一些用电客户在购买家用电器过程中，缺乏安全意识和配电线路常识，往往购置了劣质电器，这样的年货实际更容易造成"年祸"。而且家装市场生意红火，但一些住宅低水平的配电线路和高速发展的居民用电需求极不相符，导致电气火灾和人身电击事故隐患逐渐增多。

有些用电客户选购低压配电用品时，只考虑其实用性，并不考虑电器产品的安全性、可靠性和耐用性。在现实居民用电中，往往由于电源插座、开关、断路器短路和接触不良以及劣质电暖气、电热风、电水壶、充电器等因素引发的火灾和触电事故时有发生。低压电气设备的安全性尤为重要，在确保电源供给及各种复杂环境下，其应用的安全可靠性应当引起用电客户的重视。用电客户购置家用电器，应当综合考虑购买成本、维护成本和使用成本，树立理性消费观念。从电器产品的发展趋势看，电器产品不仅要有好的性能，更要从安全、可靠、耐用等概念中体现出电器的真正价值，不能忽略隐性配电设备即各类低压电器用电过程中的安全问题。

供电公司用电检查人员认真分析客户购置电器存在的误区，宣传引导客户树立"大安全"理念。结合实际，提示用户家居配电系统是由多个环节组成的连贯体系，从终端电器到插线板，每户配电箱中的其他保护元件，以及每层、每单元、每小区的配电箱，都是家居配电系统的组成部分。如果对任何一个环节缺乏重视，都会容易造成"瓶颈效应"，从而影响整个系统的安全应用。用电客户选购安全的家用电器是重要的基础，但如果配电箱中的断路器是伪劣产品，整个楼道单元的用电系统就会存在安全隐患。因此，应当全方位、全系统购置安装合格的电器，方能保障居民区的整体安全。

许多居民在过年时购置了一些灯具。购置灯具看似简单，实际却涉及许多安全知识，在灯具选购中，也容易出现误区。供电公司人员指导用电客户购置灯具时应当认清标志，提示客户如何辨别灯具级别。灯具级别表明其不同的安全性能。0 类灯具的电线一般只有一层外皮，剥开外皮就可看到里面的铜丝，电线的插头也没有接地端口。Ⅰ 类、Ⅱ 类、Ⅲ 类灯具在产品包装上会有明确标志，Ⅰ 类灯具有接地标志；Ⅱ 类灯具有"回"字符号；Ⅲ 类灯具有一个菱形块，菱形块里面有罗马数字Ⅲ。通过观察这些标志，清楚地分辨出灯具的类别，以便根据配线环境及条件，正确、安全地使用灯具。

25.　配变设计安装　安全方法多样

根据迎峰度冬和春节高峰负荷实际情况，供电公司应及时调整配电台区，对一些配电变压器进行更换，增设安装相对容量大的变压器，以满足供电负荷增长、供电安全可靠等需要。

冬季施工，天气寒冷，作业中有诸多不便。因此，供电公司注重采取安全措施，保障施工安全和安装质量。为便于更换和检修设备，配电变压器应尽量靠近负荷中心，以减少电能损耗、电压损失及有色金属消耗量。安装的地点应注意满足安全技术要求，高压进线、低压出线安全方便，尽量靠近高压电源。充分考虑高低压出线杆位的设置，以及导线对周围建筑设施的水平、垂直安全距离等因素。考察附近无腐蚀性气体、运输方便、容易安装的地方，尽量远离车辆通行的地方，防止车辆碰撞而发生外力破坏事故，尽量避开污秽地带，减少污染侵蚀。400V 供电半径，一般不超过 500m。

在农村安装配电变压器，一般采用杆上式、台蹲式、配电室落地式三种安装方式。杆上式具有占地面积小、安全、不易受外力破坏等优点，其缺点是不能承载较大容量的配电变压器；台蹲式和配电室落地式安装方式的共同特点是具有操作方便，能承载较大容量的配电变压器，但占地大。杆上配电变压器分为单杆式和双杆式两种，单杆式适用于 30kVA 及以下配电变压器安装，双杆式适用于 50～315kVA 配电变压器的安装。为了方便变压器的运行和检修，不宜在某些电杆上安装变压器，如在转角杆、分支电杆、设有线路开关的电杆、设有高压进户线或高压电缆的电杆、交叉路口的电杆，以及低压接户线较多的电杆均不宜安装配电变压器。

台蹲式安装配电变压器以及配电室落地式安装配电变压器，周围用固定围栏保护，变压器台应保持水平。柱上式安装变压器台，应当注意符合有关技术要求。

电网末级变电，应当采用柱上式变压器台，包括单柱式变压器台、双柱式变压器台以及三杆式变压器台。适合于城镇非热闹区、农村和大型工矿企业中，结构简单、投资少、布点方便、便于施工。但是，变压器容量较小，一般不得超过 400kVA。

对于 100～400kVA 的配电变压器，应当采用双柱式变压器台。双柱式变压器台由一根主杆和一根副杆构成支柱，两杆间用条槽钢夹住，形成安装配电变压器的承座。承座底面距地面的垂直距离应不小于 2.5m，一般为 2.5～3m。承座两端高度差与两端水平距离的比值，即平面坡度应小于 1/100。

柱上式变压器的一次和二次引接线，采用架空绝缘线，其截面积按变压器的容量来选择。一次侧所用的导线截面积不小于安全技术规定，铜芯导线 16mm^2，铝芯导线 25mm^2。一次和二次安装熔断器保护，高压跌落熔断器底部距地面的垂直距离最小为 4.5m，低压侧的熔断器距地面高度不应小于 3.5m。严格执行具体技术标准，安全施工安装配电变压器，达到安全可靠运行的技术性能。

26. 调整运行方式　春节安全保电

春节是重要的传统节日，保障安全供电是重要的工作课题之一。需要认真践行科学发展观，遵循供电各专业的技术特点和规律，全面安排部署，关键细节管控。

电网运行方式的科学合理安排，是实现可靠供电的基础保障之一。因此，应当提前做好负荷预测，全面分析潜在的负荷增长点。节日期间，负荷将明显增加，将迎来用电最高峰。应当提前调整运行方式，将一些线路及主变压器均满足 N-1 供电准则。制定周密的春运保供电方案和应急预案，加强供用电形势的预判预控和电网运行管理，确保线路和客户的用电安全。结合电网情况提前开展专项安全检查，对线路、变电站等设备运行情况进行拉网式排查，全面消除安全隐患和设备缺陷，提前检修，避免设备"带病上岗"。供电公司统一组织人员对设备、线路进行全面的检查，及时消除隐患。另一方面，高度重视与政府有关部门联合开展安全用电大检查，对发现的隐患和问题，组织专业人员协助制定整改方案并定期回访，确保整改到位。与此同时，注重建立科学完善的应急管理体系，应急管理体系一旦响应，可实现最短时间内恢复供电。

供电公司加强春节安全供电的管理，健全应急机制，成立春节安全保电工作领导小组。严格实行领导干部带班制、重大事项报告制和 24h 值班制度，确保及时处理突发事故。95598 客户服务平台与抢修队伍的高效配合，注重迅速有效地处理可能出现的供电故障，杜绝人身、设备事故和大面积停电等情况的发生。

介于节日期间安全供电压力较大，需要做好应急抢修和客户安全用电等工作。供电员工需要时刻把客户的用电安全记挂心上，落实在行动上，履行社会责任。供电公司除在人员密集的村镇、集会场所等输电线路途经之处，实施电网绝缘改造，提升电网抵御外力破坏能力外，还应组织基层供电所集中制作发放《电力安全宣传挂图》等宣传资料，发至客户家中和中小学校，引导客户正确选用取暖器，燃放烟花爆竹及放风筝时远离输变电设备。

供电公司抽调精干力量，增加配电抢修班组，24h 值班，保证做到"闻警即出，出之即胜"。除加强抢修力量外，还对挂接在 10kV 公用线路上的用电企业纳入有序用电管理，并充分发挥 95598 服务热线的作用，迅速处理供电故障和服务中出现的问题。提升安全服务质效，组织供电服务队深入客户家中，检查剩余电流动作保护器使用情况，发放安全用电宣传单，帮助更换有故障的电器设备。由于大量农民工返乡过年，客户用电报装及用电安全问题凸显，应当认真组织供电所人员深入乡镇，义务检查客户家中的线路和家用电器，排除用电隐患，让用户平安渡过新春佳节。

27. 深入工矿检查 维护节日安全

春节气氛渐浓，供电公司高度重视工矿企业的安全用电管理，保证春节长假期间安全运行。分析以往节假日期间工矿企业因用电管理不善引发的电气火灾、人身伤亡事故等情况，供电公司组织开展专项安全检查督导工作。供电公司人员有针对性地协助工矿企业强化春节期间用电安全管理，采取具体安全措施。

对于春节期间全停产放假的用电企业，指导其所有的生产用电线路进行断电。对于多台变压器供电的企业，实行停用部分变压器，保留一台变压器以保证厂区正常照明及保安用电，可减少安全隐患、减少变压器自身损耗。督促所有断开的室内外断路器上锁，并挂上"严禁合闸"的警示牌，以防误合闸引发事故。无功补偿电容退出运行，防止在零负荷下运行产生自热而烧毁设备。对生产用的电梯除断电停运外，其他电梯口贴上封条，注明"电梯停电，禁止使用"的警示，在有条件的情况下，实行在各楼层电梯口设置安全围栏，防止有人强行打开电梯发生事故。节日放假前做好有关通知，人员离开前应当切断所有办公电脑、电热水器等电源，防止电器在无人情况下长期通电发热引发火灾，除必要防盗保卫照明供电线路外，其他所有供电线路尽量停运切断电源。

供电公司人员协助客户在节日前对配电室电缆沟等情况进行安全检查，查找薄弱环节，检查排水沟等进出口防小动物隔离网状况，发现问题、及时维修。防止外来小动物在假期窜入配电室，咬坏配电设施中的二次线路。指导用电客户在长假结束前，提前对全厂的用电设施进行逐一通电试验，一旦发现长假期间用电线路和设施有问题，立即留有时间余地进行检修，以保证节后开工时顺利用电。

部分用电企业借助节假日，利用停产机会对设备进行检修。供电人员详细指导客户在电气设施检修中注意安全问题，正确遵守电气设施的停产检修原则，可停电检修的一律停电检修；不能停电检修的设备，应当严格执行低压带电操作规程来操作。供电人员提示室外登高检修应当注意天气变化，操作人员应做好保暖防冻措施，遇电杆表面霜冻有冰时，必须等表面冰层溶化后方可登杆，以防止发生高空滑落事故。室内外登高用梯必须有人监督和保护，禁止有人在梯上时移动梯子，梯脚需做好防滑措施，防止梯子移动发生坠落事故。对于带油电器设备的检修作业，尤其应当注意采取可靠的安全管控方法，注意在干燥天气进行检修，防止油受潮影响绝缘效果。检修工具应当先进行编号登记，系上白纱带，白纱带一端固定在检修工具上，另一端固定在油容器外固定构件上。检修结束前需核对编号工具是否齐全，防止检修时工具遗留油容器内。油容器上方应搭建遮棚，防止灰尘和异物落实油容器内。保障工矿企业用电客户的安全，事关方方面面，需要认真落实具体安全防范举措，注重抓早、抓细、抓实，才能取得预期的安全效果。

28. 防止私拉乱接 引导安全用电

天气寒冷，郊区用电客户为取暖以及过年增加了用电器具，出现私拉乱接电线等现象。

电线逐渐发热极易起火，引燃附近的易燃物，因此，出现多起用电不当引起的事故。

供电公司组织人员在检查中发现，某用电客户在一间面积不足 20m² 的老房内装了 8 个插座，很多电线直接拖在地上，电线破损，电暖气的容量很大，为事故埋下了隐患。对此情况，应引起高度重视，采取安全防范措施。

1 月以来，城乡供电区域发生多起电气故障，严重的还引发了局部火险。由于房屋内的线路属居民客户所有，供电员工很难随时对其进行检查。如果居民忽视用电安全，随意乱接电线，任意增加用电设备造成超负荷，这些情况极有可能造成电线短路、发热起火，有的还会引发爆炸，甚至酿成触电伤亡事故。

供电公司强化安全用电宣传工作，加大指导安全用电力度，引导督促用电客户，掌握安全用电方法。提示注意经常检查家里的电线，防止电线老化后绝缘性能下降而造成短路。尤其在潮湿环境，电线外表虽完整，但绝缘性能降低后，水分浸入，容易造成电线短路导致火灾。发现老化的电线及电线破损情况，用电工作小组应及时更换维修，注意不要超负荷用电。普通照明电线截面积小、承载负荷量低，私拉乱接超负荷使用，会造成电线发热，引发绝缘层起火。所以，当家里大功率电器增多时，应当提前与供电公司联系，进行增容，更换大功率电能表，居民及时更换室内电线，所换的电线与负荷达到匹配。重视加装安全用电的保险装置，用电客户需要合理配置熔丝，不准用铁丝、铜丝等代替，使用空气开关等设备，对室内电路进行有效保护。

用电检查人员针对一些老旧住宅的开关，提示客户旧型号开关不具备剩余电流动作保护功能，建议居民客户更换户内安全开关，以及在购买电源插座时，选择质量好、带剩余电流动作保护器的插座。结合以往发生的问题，指导客户学习处理异常情况的安全方法，提示用电客户在用电过程中，如果发现异常情况应当立即断电，当发现用电设施的电压异常升高，或者用电设备有异常的响声、散发出异常的气味等情况，应当立即关闭电源，及时进行检查和维修。注重养成良好的用电习惯，做到人走电器关闭。维护检查时，关闭电源，断电要有明显断开点，确保人身安全。一旦发生电气火灾应当采取正确的方法快速应对、处理，及时拉开家中的电源总开关，防止发生二次触电事故。遇到电器起火，无法断电的情况下，不能用水和泡沫灭火器扑救，因为水和泡沫都能导电，应当选用二氧化碳、干粉灭火器或干沙土进行扑救，防止事故扩大及保障救火者的自身安全。

29. 燃放烟花爆竹　远离电力设施

燃放鞭炮烟花是春节特有的习俗，应防患于未然。加强春节期间安全细节工作，提示群众不要在电力设施附近燃放鞭炮及烟花，以免因燃放烟花爆竹不当，造成电力线路跳闸、损坏电力设施等后果。

如果在电力设施周围燃放烟花爆竹，很可能导致变压器燃烧、炸断电力线路引发人身触电等事故发生。所以，春节燃放烟花爆竹应当注意安全，增强对电力设施的保护意识。依据《电力法》等有关规定，破坏电力设施将受到相应处罚，燃放鞭炮者若造成电力设施损害，将承担全部责任。因此，春节期间燃放烟花爆竹在保证人身安全的同时，需远离电力设施。

为保护电力设施，避免事故发生，加大电力安全宣传力度，供电人员走上街头，进村入户，向群众讲解在电力设施附近燃放鞭炮的危害性，讲解如何避免引发电力事故及人身事故。遵守《烟花爆竹安全管理条例》，在输变电设施安全保护区内严禁燃放烟花爆竹。遵守有关法律、法规和规章制度，安全燃放烟花爆竹。

爆竹的主要成分是黑火药，含有硫磺、木炭粉、硝酸钾，有些还含有氯酸钾。制作闪光雷、电光炮、烟花炮、彩色焰火时，还要加入镁粉、铁粉、铝粉、锑粉及无机盐。加入锶盐火焰呈红色、钡盐火焰呈绿色、钠盐火焰呈黄色。当烟花爆竹点燃后，木炭粉、硫磺粉、金属粉末等在氧化剂的作用下，迅速燃烧，产生二氧化碳、一氧化碳、二氧化硫、一氧化氮、二氧化氮等气体及金属氧化物粉尘，同时产生大量光和热而引起鞭炮爆炸。烟花爆竹的化学成分第一类是氧化剂，如硝酸盐类、氯酸盐类等；第二类是可燃物质，如硫磺、木炭、镁粉和赤磷；爆竹内的火药是以1硫2硝3碳的黑色火药为基础发展而来的。第三类是火焰着色物，如钡盐、锶盐、钠盐和铜盐，焰色来源于高温下金属离子的焰色反应，如果这些重金属被人大量吸入，将可能使人重金属中毒，严重的可能致人死亡；第四类是其他特效药物，如苦味酸钾、聚氯乙烯树脂、六氯乙烷、各种油脂和硝基化合物，这些物质会造成有机污染。临近除夕之夜，加强电力设施的维护与巡视。加大夜巡力度，对变电站、高低压线路、重点电力设施及周围环境等情况认真巡检，及时宣传和制止在电力设施附近燃放烟花爆竹，消除一切隐患死角，确保群众欢度光明、安全、祥和的新春佳节。

30. 除夕值守保电　节日安全供电

除夕当天，供电公司组织各专业人员全面履行值班应急制度，全面实施春节安全供电方案和相关措施。

输电线路专业对重点线路地段进行巡查，严控异常和隐患。使用望远镜、红外测距仪、红外测温仪等设备检查导线和杆塔情况。检测耐张线夹三相温度正常，绝缘子没有爆裂损坏等现象。每检查完一段线路和一基杆塔，专业人员会在巡检项目栏里打上对钩。当巡检项目栏都打满对钩，巡检任务方可结束，这样可以避免遗漏。

在乡村，配电专业人员对于新增容安装的变压器细致检测，认真开展农村低电压综合治理工作，改善设备状况，消除设备隐患，开展设备隐患查找、线路特巡等工作，对于每一台区、电杆都一一检查。积极适应村民添置自动控温锅炉等新增电器的用电需求。不少村民也新购置了空调、电暖气，除夕用电负荷大幅增加，及时为乡村变压器安全增容，满足广大村民暖和过大年的安全用电需求。

坚守在值班岗位上的供电员工，密切注视着电网的负荷变化。通过短信平台，把负荷情况发送给所有保电的各专业员工，提醒大家防范事故发生。

纷纷攘攘的大雪飘落在城乡大地，平添了"瑞雪兆丰年"的景象，但这却为安全供电造成了隐患。一些树枝被厚厚的积雪压弯、压断，缩短了与高压电力导线之间的安全距离。险情就是命令，供电人员分组行动，敲掉积雪、剪除树枝、排除隐患。

大雪压断树枝造成一些低压线路断线，供电人员加快抢修，抢修车穿越大街小巷，奔赴小区及时抢修。用电客户介绍听到树枝压断的声音，随后家里就没有电了，随即拨打了 95598 报修电话，抢修人员在屋前后巡视，变压器台上引出的 0.4kV 线路垂掉在树枝间，显然是断线了，供电抢修人员在周围仔细巡视一番，看是否还有其他故障点。确认没有问题后，回到车上取出导线，采取停电验电等安全措施后，背上工具包登高作业。供电员工使用绝缘柄的钢钳，将旧线拆除，系好安全带登上低压杆，用干布熟练地擦掉电线上的粘雪，清理折断的树枝，将导线剥去一节绝缘皮，与新的导紧密连接好，合闸送电。

城乡大地，供电抢修车穿梭般奔忙，供电人员陆续接到报修电话，连续奋战，接连处理由于大雪造成的用电故障，排查客户开关、线路，查清故障点。根据实际情况，对于某些线路故障，实行带电作业抢修，减少故障影响范围，做足做好安全防护工作。除夕之际，保障群众安全用电无忧。

除夕之夜是用电负荷的高峰期，更是保障供电最关键的时刻。傍晚及入夜时分，负荷开始进入高峰，供电设备及线路经过仔细摸排和维护，及早消除了隐患。供电公司注重增强节日应急和值守力量，各专业人员配备齐全。值班人员坚守在各自的岗位，准备好各种安全预案、应急工器具和相关物资，共同与运行中的电力设施经受住高峰负荷的考验。输电、变电、配电、继电保护等专业人员，不时地出没在风雪夜幕中，规范巡查电力设备，仔细查找存有隐患的蛛丝马迹，及时做好消缺工作，防患于未然。在除夕夜采取安全措施，保障城乡群众平安用电。

31. 值班实时监控　春节用电无忧

春节用电负荷增长，调度指挥中心人员坚守岗位一刻不离，电力调度指挥值班室的值班人员不停地查看负荷情况，记录和分析各种数据。

零点，钟声响起，农历进入又一个新年。调度指挥中心人员盯着调度台上的电脑屏幕，关注监控着电网运行情况，承担着安全用电的重任。

春节零点 11 分，值班人员突然发现电脑上的变电站自动化系统告警窗内跳出"220kV 变电站 10kV 8183 线 A 相电流越上限"的信息，这表明该条线路已经接近满负荷，需要马上进行负荷转移，否则会危及线路安全运行，影响到群众春节用电。

值班人员立刻放下餐盘，与当值的值长一同进行处理。经过查看相关线路剩余负荷后，立刻对线路负荷进行"三遥"操作，并且同步对整个操作过程进行监护。认真查询线路所送范围内开关站负荷的遥测数据，果断将末端开关站负荷倒到对侧线路转送，接着仔细核对开关设备的分合位置，确定转送不会出现问题，随即开始实施遥控操作。零时 16 分，负荷线路经过遥控操作，成功进行调整。复查变电站自动化系统，原来的警告窗已经消失，该条线路负荷降至 80% 以内，消除了安全隐患。坚守在调度室，5min 实现负荷安全转送，掌握了电网自动化的遥测、遥信、遥控的"三遥"技术，遇到故障或电流异常，带有定值功能的负荷开关自动能迅速作出反应，自动化系统自动判断，为春节安全提供了保障。

时间进入农历正月初一，零时 29 分，值班调度员注意时刻与最高负荷进行比对，发现负荷继续上升，准备改变运行方式；发现断路器拒动，经过调试，仍未成功，值班调度员立刻通知检修班到现场查看设备异常情况。

正在值班的变电检修部人员接到调度指令，立即赶往现场，通过细致排查与测量，发现一相继电保护与触动开关的分离处接触不好，导致动作不一致。抢修人员迅速对设备进行修复，10min 后，故障排除，变电检修部人员将情况向电力调度报告，可进行试送电。值班调度员再次进行遥控操作，开关动作恢复正常。调度值班员们长吁了一口气，节日值班应当一丝不苟，千万不能马虎，高峰负荷期间的供电工作，直接关系到千家万户的欢乐和安全。

2月节气与安全供用电工作

二月份有两个节气：立春和雨水。

每年公历2月4日或5日，太阳到达黄经315°时，即进入立春节气。立春标志着春季的开始，俗称「打春」

每年公历2月18或19日，太阳到达黄经330°时，即进入雨水节气。

立春

第2章

雨水

立春后，天气将总体向温暖过渡，但数九寒天还没有完全结束，乍暖还寒的天气距离真正温暖的春天还有一段距离。在许多地区大风低温仍是主要天气，以及处在强冷空气影响的间隙期，需要警惕大幅度降温的出现。在此节气中，昼夜温差仍很大，应当随天气变化加适量减衣服。

当太阳到达黄经 330°，开始进入雨水节气。从每年的 2 月 18 日或 19 日开始，到 3 月 4 日或 5 日结束。

雨水季节，天气变化不定，是全年寒潮过程出现最多的时节之一。寒潮入侵时可引起强降温和暴风雪，危害极大，应当特别注意预防。

1. 根据节气特点 把握安全重点

时值新春佳节期间，应当全力以赴做好春节和元宵佳节的安全供电工作。加强节日的值班应急等管控，及时做好报修排除故障工作，保障城乡群众安全、亮堂欢度春节，认真为元宵节灯展等活动安全保电，妥善应对高峰负荷，加强灯展现场的设备巡视和检修维护工作。立春标志是天气开始回暖，最严寒的时期基本过去，气温、日照、降雨，常趋上升或增多趋势，但防范低温冷害工作仍不能放松。

在立春节气里，应当注重预防低温和雨雪天气对安全工作的影响。进入电力线路、变电站等巡视及作业现场应当注意保暖。立春后，万物开始复苏，各种病毒也开始滋生，聚集在空气中的污染物不易散去，易出现雾霾天气，需要防范恶劣气象对人员及安全供电工作的影响。

日照时数和强度都在增加，气温回升较快，来自海洋的暖湿空气开始活跃，并逐渐向北挺进。与此同时，冷空气在减弱的趋势中并不甘示弱，与暖空气频繁进行较量，依旧占据主导地位。这时的大气环流处于调整阶段，各地的气候特点，总趋势是由冬末向初春过渡。

春意萌发，春寒料峭。高原山地仍处于干季，空气温度小，风速大，容易发生森林火灾，应时刻警惕山火对输电线路等电力设施的侵袭。

气温回升、乍寒乍暖，雨水节气的涵义是降雨开始。在春风雨水的催促下，农村开始呈现出备耕及春耕的繁忙景象，应及时做好服务于备耕及春耕的安全供电工作。

2. 浓雾来袭 安全应急

根据雾霾天气情况，供电公司及时备好恶劣天气处置预案，及时以短信形式发布预警信息，采取有效措施积极应对恶劣天气，提示相关人员做好应急抢修准备，防止发生因大雾引起的供电设备及电网运行故障。

针对大雾天气，供电公司紧急安排专人加强对输变电设备的现场特巡，重点监测输电线路绝缘子积污情况。积极加强与气象部门的沟通联系，密切关注异常天气下电网运行情况，及时了解雨雪天气分布及雾区的变化趋势，接收气象专报和预警信息，做好应对恶劣天气的各项应急准备工作。全面加强安全值守工作，提前做好应急物资配送的准备工作，确保发生故障时物资能够及时调用。做好服务应急准备工作，确保 95598 服务热线畅通，加强路灯管理，根据天气情况调整路灯开启时间，为城市道路照明提供保障。

供电公司注重提高设备绝缘的配置水平，在线路上大量加装在线监测设备，对积污情况进行取样判断，有针对性地开展清扫。全面规范、加强防污闪管理，确保每条输电线路、每座变电站的防污工作皆有专人负责，明确事故处置相关规定，加强对污源、气象资料的搜集分析和现场污秽度测量工作。定期开展输变电设备外绝缘配置评价，动态调整防污监测点的布点，建立和完善电网污闪事故应急处理预案。

为确保恶劣天气下电网安全稳定运行，供电公司加强组织领导，增强大雾期间各专业的安全责任意识，严格执行恶劣天气期间带班、值班等各项工作制度，认真贯彻落实安全生产工作各项要求，确保电网及设备运行安全。各专业迅速行动，加强电网运行监控，严格控制各断面潮流，结合电网运行方式认真开展安全调整工作，全面主动做好事故预想，切实降低并有效控制电网运行风险。深入开展安全风险分析，根据天气和负荷变化情况，注重科学安排恶劣天气时期电网供电方式，确保电网运行结构完整，提高电网安全运行裕度和供电可靠性。

供电人员针对春节期间一些线路和变压器长时间高负荷运转情况，注重排查潜伏的事故隐患，突出关注的重点，迅速开展特巡。冒着大雾和凛冽的寒风，对线路进行测温和夜巡，认真对大负荷线路、设备健康状况进行全面检查，并及时进行缺陷消除工作。

春节期间，供电量显著增长。面对重负荷和恶劣天气的双重考验，供电人员注重做好春节安全保电工作不放松、不松懈，在大雾天气中振奋精神投入抗击大雾保安全的业务工作。随着恶劣天气的不断升级，随时发布预警信息，及时启动相应应急预案，严格落实各级领导到岗带班制度，加强设备监控，提升应急处置能力，确保电网安全并为城乡居民提供优质电力供应。集中力量加强线路防污闪、防覆冰舞动，对于易发故障的线路加强监控，就近储备抢修物资、部署抢修队伍，合理调配抢修队伍。及时补充抢修所用的铁塔、混凝土杆、导线等备品备件，做好充分应急准备，并确保抢险车辆、工器具工况良好，抢险人员 24h 做好随时到现场抢修的各项准备，确保在恶劣天气中全面完成安全保供电的任务。

3. 深究故障原委　指导选购电器

春节期间，持续严寒，取暖用电负荷剧增。很多居民用电客户缺乏安全用电知识，频频引发意外断电，甚至火灾。供电公司针对用电故障情况，加强安全用电宣传指导工作。

供电公司 95598 客户服务中心信息统计，从初一到初三，该中心接到的 30 多起报修电话中，约 80% 为室内低压故障。供电人员主动上门帮助排除故障原因，保证家用电器的正常使用。客户同时使用多台大功率电器，导致负荷过载，引起断路器跳闸。如果断路器不合格不能正确跳闸，则会引起室内线路严重过热，有可能导致火灾发生。

在安全用电宣传服务中，用电客户特别需要专业化的安全技术指导。因此，用电检查专业人员应当注重规范讲解安全知识。现在市场上各种家用电器品牌、型号较多，质量良莠不齐，专业人员指导客户购买时应当认准 "3C" 认证标识，看清使用功率、电压、电流等技术参数，认真阅读使用说明和安全注意事项，严格按规定程序操作使用。出现故障及时切断电源，拨打指定维修电话，千万不要自己动手打开、拆卸和检修家用电器。低压电器使用量大且应用面广，与企事业单位和千家万户关系密切，而市场上假冒伪劣的低压电器难免混入其中。劣质低压电器是以回收塑料和劣质铜材为原材料，通过偷工减料加工而成，完全达不到国家标准规定要求，轻则频繁断电跳闸，重则引起短路，严重的还会引发火灾或触电伤亡事故。

供电人员注重结合实际开展安全用电宣传活动，指导用电客户鉴别真伪低压电器产品的安全选购方法。提示用电客户注意验看电器产品的包装，真货的包装上标明有产品型号、规格、数量、出厂日期、检验员号；有使用技术参数的产品均附有使用说明书和检验合格证，包装盒印刷制作工整；而假冒产品包装多数大小不一，所附印刷品的印刷质量差，有些还没有说明书和合格证，甚至不标注生产厂家。提示用电客户注意检查电器产品的外观；冒牌货由于受加工条件限制，大多外观不良，塑壳歪扭、表面有缺陷、厂牌型号等字体不工整；金属外壳则大小不一、喷漆不匀、标牌制作粗糙。提示用电客户仔细对电器产品称重量，同型号产品的真货单个重量都是一致的，而仿冒产品由于偷工减料或采用代用材料，所以重量与真货有差别，只要查阅国家技术标准和生产厂的技术文件，然后称重量就可以辨别真伪；提示用电客户注意检查电器产品的内在质量，真货严格按照技术要求选用材料，一经定型，绝不使用代用材料，而假冒产品，往往使用廉价劣质材料。如空气开关或交流接触器中，真货所有的触头材料都采用银合金，而假冒产品用铜镀银代替，有的假冒产品以黄铜代替紫铜，本来制造弹性零件应该用紫铜却改用黄铜。这样的假冒伪劣产品不能保证电器的正常导电和耐热，往往会导致事故的发生。

认真指导用电客户正确选购电器产品，是安全使用电器的前提。供电报修人员宣传提示安全选购电器的常识和方法，对保障居民客户安全用电，起到关键的作用。

4. 雾霾天　防污闪

连日来，出现持续不断的雾霾天气，严重影响供电区域内线路及设备的安全运行，也影响供电员工的作业维护等安全工作。

雾霾天气中，空气湿度增大，粉尘污染物质容易在线路设备表层凝结，使设备绝缘能力下降，产生局部放电甚至电弧闪络，容易导致污闪事故。

供电公司注重科学应对雾霾天气的影响，制定和实施防范雾霾事故应急处置预案，加强电网运行监视，确保信息及时传递。所属各单位进入应急抢险状态，开展应急演练和事故预想，随时准备应对突发情况。组织特巡小组对设备加强巡视，检查线路和设备防污闪措施是否到位、缺陷是否消除。对于设备污秽较严重的变电站和可能发生事故的线路，采取红外测温检测等手段，检查在巡视中不易发现的导线接触点过热等隐患、缺陷。重点监控前段时间发生污闪放电的线路及变电站设备运行状况，注重检查和排除隐患。根据雾霾越来越严重的情况，组织人员拉网式检查电力线路绝缘子。对于查出缺陷的绝缘子立即登记分析，及时采取更换等措施。加强对电力线路设备的红外测温，对重点设施、重载设备、新旧线路以及客户专用变电站进行逐项检查。对于发现的危险点及安全隐患，及时采取消缺处理措施。注重加强对绝缘子的清扫工作，加强生产专业班组的安全应急管理。派出线路运检人员，出动车辆紧急应对雾霾天气，加强有关地段的线路防污闪特巡，重点巡视受雾霾天气影响较大的电力线路。

供电专业人员在巡检设备现场中，注重应用安全实践经验，仔细倾听被雾气笼罩着的设备区里发出的放电声音，认真进行判断。在雾霾天气的影响中，应当特别仔细听清放电声是不是有变化，如果听到了不均匀的"劈啪"声，则应当是异常的污闪放电声音。除了认真听，还需要仔细看。注意正确使用红外成像检测仪，仔细查看设备接头等重点部位，一旦发现问题，就必须及时处理。

应急指挥中心根据一些设备所受雾霾污闪的程度，果断对于一些电力设备采取带电清扫等措施，及时控制污闪危害苗头。组织带电作业人员对相关 66kV 变电站设备开展带电清扫工作，及时控制污闪隐患的危害，保证设备的安全可靠运行。供电公司重点强化管理人员的"到岗到位"要求和现场安全管控措施。为保证人身安全和清扫质量，公司部署员工在作业前认真检查和试验带电清扫工具，保证工器具的良好。提前查勘现场，根据工作任务、变电站现场环境、气象条件等特点，制定安全措施和技术措施。实行全过程监护作业现场，确保带电清扫工作的安全进行。

供电公司针对雾霾笼罩、电网设备运行环境严峻等实际情况，利用红外线成像检测仪进行隐患排查，检测一些变电站设备采取喷涂防污闪涂料等防护措施的实际效果。经过检测对比，已经喷涂过防污闪涂料的 220kV 设备，没有发生污闪放电现象。由于一些变电站与产业区相邻，周围重工业生产污染物排量较大，粉尘污染严重。供电公司高度重视防止雾霾加重发生电力设备污闪，超前谋划，在迎峰度冬前期对有关变电站 220kV 设备开展了防污闪检修工程。在 220kV 设备一次设备绝缘子表面喷涂防污闪涂料，并同步开展检修消缺工作，提高变电站设备抗污闪能力，确保电网安全稳定运行。

5. 绝缘载体　呈现变异

中午，村委会的用电设施突发故障，供电抢修人员到现场处理报修故障。供电抢修人员在村委会的房前屋后巡查线路断电的原因。配电箱里的保护器正常，开关也完好无损，也没有明显的断线迹象。但家里没有电，断电的问题究竟出在哪里？

在村委会工作人员的协助下，继续顺线巡查。供电抢修人员登上专用绝缘梯子，爬到了进户线附近查看。供电抢修人员仔细查看，认为绝缘胶布里面很有可能存在导线接触不良的现象。推测故障断电的原因就在这里绝缘胶布里面。供电抢修人员继续打开缠着绝缘胶布，当露出导线接头，谜底才真正揭开。发现导线接头松动，并且有氧化现象。氧化形成的结块有半绝缘作用，用钳子碰动，就出现一会接通、一会断开的症状。

供电抢修人员采取停电安全措施后，清除处理导线氧化膜，重新将两根线头紧密缠绕绞扎在一起，保持接触及导电性能良好，对村委会恢复了供电。

村委会工作人员感谢供电人员的帮助维修，并且请教相关安全用电的知识和经验。

供电人员热忱讲解提示，在日常生产和生活中，对于不容易导电的物体称为绝缘体。橡胶、塑料、玻璃、陶瓷、云母、油、干燥的木头、干燥的棉布等都是绝缘体。绝缘体能否绝缘，与其承受的电压高低有直接关系。在不同电压作用下，物体的绝缘程度不同。在较低电压作用下是绝缘的物体，在较高电压作用下就可能没有绝缘了。电动机用的开关底座、外壳和操作手把、电灯开关和灯头的外壳、电灯线的外皮，分别是用陶瓷、胶木、橡胶、塑料等材料制成的，目的是为起到绝缘、隔电的作用。

绝缘体在正常情况下，能起到绝缘的作用。如果绝缘体破损，将失去绝缘能力。对于完好的绝缘导线，即外包橡胶皮或塑料皮的导线，其外层包皮是不导电的。如果导线使用了多年，外包的绝缘皮已经老化或破损，就很可能起不到绝缘作用，使用这样的导线非常危险。因此，发现电线的外皮严重老化或破损，发现灯头、开关、插座的胶壳有裂纹或破损时，应当及时更换新的电器产品。有些绝缘体在干燥时绝缘，受潮后就会导电。木头、棉布等干燥时是绝缘体，如果受潮后就起不到绝缘作用了，进而成为非绝缘体。如果用手拿受潮的木棍去碰带电的物体，电就会从带电的物体经受潮的木棍传到人的身上，人就会有触电的危险。绝缘体根据情况而发生变化，有时并不绝缘。缠绕导线接头的绝缘胶布，经过风吹雨淋冰冻，早已降低了绝缘性能，对里面的导线起不到隔离、保护的作用。对于电气绝缘材料千万不能麻痹大意，应注意检查和更换，以保证安全的绝缘性能。

6. 大风线路跳闸　应急保障安全

大风寒潮天气，造成电网 220kV 及以上线路多次跳闸，10～110kV 线路故障跳闸多次。面对紧急情况，供电公司迅速启动应急预案，指挥中心指挥协调、迅速行动，采取强有力措施，全力以赴保障电网安全。

供电公司采取有效安全措施抗击恶劣天气影响，确保电网安全供电。提前做好寒潮防范工作，各有关单位密切关注天气变化，及时加强设备巡视，落实电网安全措施，做好防寒防冻工作。

供电专业人员克服困难，坚守岗位，合力开展应急行动。注重监控设备运行和电网运行状况，及时抢修处理用电问题，加强调度运行控制，全力确保电网主网的安全。电力调度中心进入应急工作状态，增强电网调度值班力量，各专业人员各司其职、各负其责，迅速研究线路跳闸对电网的影响，协助当值调度员开展故障处理，通过采用应急调度指令、对无人值守变电站采取远方遥控开关等方式，尽量缩短故障处理时间，力保主网安全。及时调整电网运行方式，保持与气象部门的密切联系，及时跟踪了解天气变化趋势。针对电网故障发展，迅速研究临时方案，调整电网运行方式，对电网联系薄弱地区，采用 220kV 线路临时合环运行方式，保障各地电力供应。

供电公司加强重要输电线路的特巡工作，迅速部署安排专人对主要供电线路，特别是易发生导线舞动的区段进行特巡，落实电网安全措施，确保电网设备安全运行。电网调度密切监控变电站及线路运行情况，合理安排电网运行方式，落实电力需求侧管理措施，按照有保有限原则，严格执行有序用电方案，确保重要客户和居民用电。注重全力做好供电抢修服务。迅速集结电力应急抢修人员、物资、车辆，确保接到报修电话后，可及时组织开展供电抢修工作，及时恢复电力供应。增加 95598 客户服务热线值班人员，做好向电力客户的解释说明工作。供电公司组织人员对受损线路铁塔、导线及金具等附件设施进行全面排查评估，对掉闸的线路开关设备、站用电设备和直流系统进行普查，掌握技术数据资料，注重设备维护的研究工作。完善应急预案体系和应急管理机制，完善应急指挥中心支持系统，改进事故情况下应急处理方式。成立技术专家攻关小组，详细分析自然灾害对电网损害的影响及处理情况，制定反事故措施，研究特殊地理位置条件下电网的差异化设计。电力员工顶风冒雪紧急抢修，针对大风寒潮导致的各种故障，抓住关键环节加快排除。保障电网不发生倒塔断线和电网解列事故，保障继电保护动作率达到 100%，保障重要用户和居民用电。

7. 天冷使用电热毯　正确选用暖平安

天寒地冻，气温下降，许多居民用电客户使用电热毯。由于部分居民选购的电热毯存在质量问题以及使用方法不当，造成隐患，并且出现一些不安全现象。某些居民因为睡前忘记关掉电热毯电源，质量有问题的电热毯起火，造成全身大面积烧伤；某些居民使用电热毯过程中，引燃被褥，家中发生火险，床上的电热毯和被子发生燃烧，幸亏发现和扑救及时，否则会导致更严重的后果。

供电公司组织人员到小区宣传安全用电知识，帮助群众检查电热毯及在使用中是否存在的隐患现象。用电检查人员专项指导居民用电客户正确选择合格的电热毯，以及在使用中采取安全方法，避免发生漏电、火灾等事故。热忱为群众安全用电过冬服务，认真向群众传授选购电热毯的安全知识和重点安全使用方法：选购电热毯应当到正规商场购买，并辨别电热毯是否有国家强制认证标识 QS，只有在显著位置标注有 QS 标识和生产许可证编号的电热毯，才是通过国家质量安全检验的安全产品，不能贪图便宜，购买一些小厂商生产的"三无"产品。正规厂家生产的电热毯都应该配有与产品型号、规格相符合的产品说明书，标识明晰、印刷规范，说明书中不但应该详细说明产品的使用方法、注意事项，还应该标注有该产品的执行标准、使用年限、生产日期等信息。居民用电客户在购买时应仔细验看电热的的实际外观状况，质地结实、平整、无断裂等现象；电源插头和电线应当无破损、无裂纹。电热毯的开关应该灵活，加热指示灯应清晰，通电检查电热毯各个挡位的升温效果和速度。以最高挡为例，通常在对电热毯选择挡位和接通电源后，大约 3min 左右便能够感觉到明显的温升效果，且合格的电热毯在运行中没有噪声。

顶风雪、冒严寒，供电公司人员深入居民区指导群众使用电热毯需要注意的安全方法，在铺电热毯时，注意在床上先铺软垫，之后铺电热毯，上面再铺褥子和毛毯等，不能将电热毯铺在有尖锐突起的物体上使用，以免损坏电热丝；电热毯应当平铺在床单或薄褥子下面，不能折叠电热毯。大多数电热毯接通电源 30min 后，温度会上升到 38℃左右，这时应将温度调控开关调至低温档或关掉电源。电热毯不宜长期使用，一般情况下，应当用电热毯对床铺被褥等进行预热，人躺下后应关掉电源开关，若长时间使用，须选用恒温型电热毯。切忌将金属制品刺进电热毯，以防电热丝短路，造成危险。孕妇、高龄老人、中风病人及过敏体质的人不宜使用电热毯，使用电热毯者应适当多饮水。电热毯不可直接用水清洗，不可揉搓洗涤，应用软毛刷轻轻刷洗，待晾干后方能使用。使用中若出现故障，应请专门人员维修，切勿自行拆卸修理。电热毯的平均使用寿命一般在 5 年左右，需要注意维护，正确使用，方能达到安全舒适取暖等效果。

8. 节后巡查企业　化解安全误区

春节过后，低温、雨雪天气及人为因素使企业安全生产遭受考验，供电公司注重对市区规模企业及重要客户进行走访，帮助企业检查变配电设备及相关器材维护情况，上门服务，消除企业的用电隐患。针对企业节后全面开工生产，确保节后企业安全用电。供电公司注重加强对设备的巡视检查，谨防设备因超负荷运转或误操作而引发事故。分析低温天气容易使电气设备出现故障，对于工矿企业应当检查配电变压器、跌落式熔断器、隔离开关、熔断器等运行状况是否正常，并采用红外测温手段对承载大负荷的设备进行红外检测。及时发现异常，让设备安全度过低温天气。

供电专业人员注重在检查中提示用电客户，在节后开工前，及时调试生产设备和电气设备，防止因设备故障引发安全事故。特别是一些应急发电设备，因春节长假期间冰雪覆盖和积雪融化浸泡存在安全隐患，相关企业应当对设备进行试运行和维护。针对新投运设备，则应当开展正规的电气试验，试验合格后方能送电。

冬春过渡及交替之际面临的气候和干湿度变化很大，在为一些企业专用配电台区进行检查时，供电人员注重查看变压器的吸湿器运行情况。在一些企业检查中，发现变压器的吸湿器没有运行，企业的一些电工不了解变压器吸湿器的用途，认为如同摆设。为使客户电工了解吸湿器的重要性，供电人员把吸湿器清理干净，认真讲解变压器安装吸湿器的重要意义及作用。

在变压器上，吸湿器通常与储油柜配合使用，内部充有吸附剂、硅胶或活性氧化铝。过去曾用过氯化钙，下部带有盛油器，用以过滤、清除吸入空气中的杂质和水分。吸附剂采用硅胶时常在其中放入一部分变色硅胶，当变色硅胶由蓝色变为淡红色时，则表明吸附剂已经受潮，必须更换或干燥。一旦变压器与大气直接接触，吸入了空气中的杂质和水分后，变压器油就会变质。特别是100kVA以上的变压器，其体积相对要大，接触面也广，变压器油更容易受潮。这时，吸湿器上的吸附剂就会把潮气吸干，以保证变压器的正常运转。否则，供电应急抢修人员就无法在第一时间观测到变压器油色的变化。一旦变压器油受潮，供电应急抢修人员可以听到变压器内发出的异常声音，用单、双倍电桥，绝缘电阻表对变压器进行检测，发现其绝缘油未达标，立即对变压器作吊芯处理。否则，如果长期得不到正确处理，不仅会烧坏变压器，还会影响其他带电线路的安全稳定运行。因此，为保护变压器的安全，供电专业人员提示企业电工应当重视吸湿器的安装和应用。以及对其他电气设备认真检查和维护，指导企业客户制定完备可行的节后供电方案措施，确保企业安全顺利开工，强化安全生产用电管理。

9. 冰灾造成倒杆　抢修考虑全面

在高寒山区，雪时断时续，电杆和导线落雪积冰很严重，给电网安全运行带来了严重威胁。覆冰越来越厚、越来越重，很快造成一条10kV线路断线及倒杆。供电公司立即组织应急抢险队伍，急赴山区倒杆现场实施抢修。

由于冰灾导致的断线、倒杆出现在山区，进山道路的积雪不能及时清除，抢修车辆注意加装防滑链，谨慎行驶。到达受损线路后，应急抢险人员及时了解线路情况，迅速制定具体的抢修方案。由于积雪较厚，且在山区，给线路巡视带来了较大困难和风险，因此，请当地的群众护线员协助供电专业人员进行巡视，每两人一组相互策应。

应急抢险队伍注重全面了解线路受损程度，包括断线、倒杆的具体位置，抢修需要的材料、数量，未倒的电杆有无受伤变形，杆塔基础是否有异样等情况。摸清具体损毁情况后，有针对性地实施更换设备及部件。抢修材料特别是大件材料运输困难，因此，机动灵活、因地制宜，创新制作雪橇搬运设备材料，可省力省时，提高功效。细化制定实施抢修方案及组织措施，明确抢修总指挥、总负责人、总许可人、安全监督人员，确定专业人员、施工人员数量和责任，通过事故应急抢修单予以具体分工，做到忙而不乱。循序制定实施抢修作业的技术措施，根据巡视了解的线路受损状况，确定哪里需要换线、换杆，哪里需要补打临时拉线。对于受损导线的卸线、新放导线的展放、受损杆上金具的拆除、新立杆塔等环节制定具体的施工步骤。

现场注重加强危险点的预控，采取严密的安全措施。施工作业认真使用施工作业票，进行全面、细致的安全技术交底。施工前对个人安全工器具及施工设备进行检查，确保完好无损，安全使用。经许可人许可，根据事故抢修单要求履行挂接地线的安全程序。停止所有自发电，对于交叉跨越线路经运行单位许可，验电并挂好接地线后方可开始作业。对于跨越公路的线路地段搭设跨越架，在撤线、放线和紧线过程中设专人看管。

由于天气寒冷，杆上有冰雪，登杆作业人员在登杆、横担上转位、移动时注意防滑，严禁脱离安全带保护。导线在卸落、提升过程中，注意应缓慢均速，碰到树木立即停止，严防损伤导线。在抢修过程中，线路受力情况较复杂，各小组负责人对所有施工人员，明确位置和任务，提示注意安全。

冰灾无情，造成损失，却提供了线路应需改进的安全数据及经验。应急抢险队伍根据山区风向、地形等因素影响覆冰情况，对于新换的杆位注意避开风口及容易生成覆冰的地方，以减少及避免日后冰害的发生。注意充分考虑新换的电杆采用高抗弯矩及弯矩较大的电杆，且增设防风拉线、十字拉线，以增强电杆的稳固性。抢修充分考虑长期的安全性，对原有线路适度改善。提升 10kV、0.4kV 线路以及低压台区装置的安全标准，线路尽量缩短档距，增设耐张段。从而可以增加杆塔支持力，减少弧垂、减少电线悬挂点拉力。也能够在发生事故时缩短事故范围、减小抢修难度。由于山区电力负荷相对不大，对于新换的铝导线截面积，注重增加钢芯截面积，从而增强导线的安全拉力，以提高抵抗冰雪灾害的能力。抢修既注重应急增强紧迫感，也注重线路的长期安全稳定性。两者有机结合，既立足于现实，也着眼于长治久安，从而取得最佳的抢修安全与质量综合效果。

10.　生产开工前　检测配电盘

立春过后，许多工厂开工恢复生产。一些电气设备闲置一段时间，供电专业人员走访车间，及时提示客户注意电气设备的安全性能是否出现变化，在通电开工之前，应当进行安全测试。

供电公司组织人员深入工厂用电客户厂房，指导测试电气设施，其中最为常用的配电盘成为安全检测的重点项目之一。因为配电盘是用电设备中供电与配电的中间环节，按其控制的设备不同，分为照明配电盘和动力配电盘；按其结构形式分为配电板、配电箱及配电屏等。简单的配电盘也需要由闸刀开关和熔断器组成，电能容量较大的配电盘，则由盘板、开关、熔断器、剩余电流保护器和电器仪表等组成。所以安全检测配电盘，应当成为工厂用电客户开工前的重要工作环节。

用电检查专业人员为工厂客户讲解配电盘引发火灾及事故的原因，并提出预防事故的安全措施。引起工厂客户的赞同和重视，紧密配合，防范配电盘引发事故。

配电盘引发事故的原因多种多样，需要根据实际情况，认真排查隐患。使用木质配电盘，没经过防火处理，容易引发火灾。配电盘布线零乱，布线与电器、仪表等接触不牢，容易造成接触电阻过大、过热而烧毁设备起火。断路器、熔断器、仪表的选择与配电盘的实际容量不匹配，则会存在隐患。长期过负荷运行，则构成危险因素。熔断器的熔丝选择不符合规定，甚至用铜、铁丝代替熔丝，故障情况下不断开电源，则会扩大事故危害。配电盘的开关在拉、合闸时产生电弧，或熔丝熔断时产生火化，容易引发火险。配电盘周围存放可燃、易燃物，威胁配电盘安全运行。配电室耐火等级不达标等，势必存在火灾危险。

供电人员与工厂客户电工共同检查配电盘，分析各种实际存在的危险点，进而提出和采取预防配电盘事故的有效措施。注意选用合格的配电盘且可靠接地，低压配电盘应当选用钢板焊制的定型产品，某些工厂使用木质配电盘，需用铁皮包覆，涂上防火漆。盘面上外露的金属导体，包括配电箱、箱内开关的铁壳、电缆外壳等，应当有防触电的保护措施。检测保护接地设施，接地电阻不大于 4Ω。户外配电盘应设有防雨雪、防风沙设施，并且加锁，防范其他人员乱动及误操作。配电盘应当正确选择安装场所及合适位置，室内配电盘宜安装在单独的干燥房间内，有爆炸危险的场所应当采用防爆配电盘以防可燃粉尘和可燃纤维侵入箱内，防止遇电火花或电弧而引起火灾。仓库用电的配电盘宜安装在室外或其他建筑物内。配电盘安装在建筑物的走廊或楼梯间等显而易见的地方，易于操作和维护。应当保持配电盘的清洁，禁止在配电盘附近堆放杂物，严禁在配电盘周围堆放易燃或易爆物品。注重规范布置配电盘上的部件，在配电盘上安装各种隔离开关及断路器，处于断电状态时，刀片和可移动部分均应不带电。垂直装设的隔离开关和熔断器，上端接电源，下端接负荷；配电盘的左侧接电源，右侧接负荷。配电盘的接线应采用绝缘导线，导线不应有铰接接头，并应防止接错、漏接和接触不良等现象。破损的导线应当及时更换或重缠绝缘材料，盘内布线尽量避免交叉、跨越，凡有导线交叉处应当加强局部绝缘。配线穿过木盘时应套上瓷管头，穿过铁盘时应套橡皮圈。配电盘后尽量减少接头，安装注重符合规程要求，应当稳固，保持横平竖直，其偏差角度不能大于 5°，在拉闸或开合柜门时，配电盘的盘身不能产生晃动。配电盘的出线回路应当有标示，其一次母线尽可能用铜排连接，如果用多股塑铜线连接，应压接铜鼻子，二次控制线应当集中布线，并用塑料带及绑带包扎固定，不能漏接互感器、电动机保护器等小件元件，保持安全性能良好。掌握配电盘合格的标准，安全生产才能有基础和保障。

11. 筹备灯会灯展　实施安全预案

供电公司高度重视元宵节确保电力安全供应工作，在节前采取安全措施，及早做好各种安全供电的准备，确保城乡居民欢乐度过元宵佳节。

供电公司注重抓早、抓细、抓实元宵节安全供电工作，认真做好元宵节保电的思想动员；避免人员安全思想上的松懈，确保将元宵节保电作为阶段性重点工作来落实。尊重传统文化和习俗，在大多群众的心目中，元宵节代表着新春佳节的结束；对于供电企业来说，做好元宵节保电工作，是春节安全保电工作的重要组成部分。节日供电工作无小事，保电工作应当耐心细致注重细节，提前做好准备。往往细节决定成败，因此，供电公司在元宵节之前主动走访沟通，与有关部门及时联络，提前介入灯会、灯展用电设施的整体安全设计工作。预先提出科学合理的供电方案和保电措施，及早成立元宵节安全保电队伍，开展当地灯展、灯会的线路安装和巡视等工作。对于有关变压器、环网柜和配电箱以及电缆等设备进行安装和安全性能检测。提前制定元宵节供电服务值班排序，严明值班纪律，要求令行禁止，明确保电岗位责任。

元宵节保电专业队伍注重对于当地部门设置的灯会、灯展等电气设施，及早协助开展临时用电隐患排查。充分利用白天光线好等条件认真对供电设备外观检查及试验。每到一盏花灯处都仔细查看花灯用电线路、配电箱、保护器，尤其对各种冰灯以及摆放在水里的花灯线路进行严格检查，对于每一个漏电保护开关进行多次试验。针对没有经过地埋处理的易受外力破坏的临时线路，认真检查临时敷设的线路，采取防护措施。

供电公司总结除夕以来的保电经验，及时查找元宵节供电面临的突出问题，认真梳理元宵节供电需求反映出来的薄弱环节。针对低电压和设备安全隐患等问题，及早采取各种行之有效的办法，抓紧整改。对于暂时难以在短时间内解决的问题，则通过采取临时增容、转移负荷、需求侧管理等多种手段，在元宵节前一同处理。细化完善应急预案，加强预警工作，务实防范电网事故风险，主动与元宵节灯展活动的主办单位开展安全文明共建活动，注重根据灯会特点，提前安排人员和设施、工器具，采取安全方法，对灯会布线、运行实施全过程管控，引导灯会科学布展和安全、节约用电。实施政企联动、互动，提前解决影响元宵节保电的各种不利因素。加大元宵节安全用电宣传力度，提醒广大群众燃放烟花爆竹务必远离电力线路、远离电气设备，避免烟花爆竹等外力破坏造成电力设施的损害，提前防范，保障元宵节期间电网的安全运行。

12.　安全培训　力求实效

春节刚过，供电公司抓紧做好人员收心及状态调整工作，开展安全思想教育等活动，各专业认真组织加强学习。输电运检专业人员接到供电公司的紧急通知，一条 220kV 线路跳闸、重合不成功，要求迅速到现场查找故障点。

工作班成员迅速整装出发，前往现场进行巡查。当一路巡视赶到故障点范围时，检查发现铁塔上贴着一张纸条，印有"故障告知书"，拿下来仔细看，原来并非真发生故障，而是一次安全培训演练。这次演练意在通过"实战"状态，考察班组成员的应急反应速度和处置能力。针对具体表现情况，有针对性地"查漏补缺"，从而确定安全培训的业务主攻方向和具体内容。不仅是输电运检专业，变电、配电等专业也经历类似的"突然袭击"式的"摸底"及培训。经过两个小时的故障巡视，所有人员都到达了指定集合地。培训考评小组对全体人员的各方面表现一一进行了评价，在肯定优点的基础上，深挖薄弱环节，不顾情面狠瞭"短板"。加强冬季培训，准确把握员工的素质差距，有的放矢地深化培训工作，避免"大帮哄"走过场，务求安全培训工作的有序和有效。

供电公司注重将初春安全培训活动科学谋划，分成启动部署、整体推进和分析提高三个阶段。全面盘点培训计划的执行情况，对下一步培训工作提前部署。采取的培训形式不拘一格，通过技术问答、技术讲座、网络学习活动，对基层班组成员开展以解决技术难题、普及新技术为主要内容的现场培训，并着力增强班组成员的安全意识和安全技能。冬季培训组织开展了工作票签发人、工作许可人和工作负责人的强化培训。对各岗位人员进行安规及补充规定实施细则和消防安全知识方面的培训。针对作业过程中的关键环节，突出要点，消除以往工作中存在的疑问，保证自身安全职责能够执行到位，进一步提高工作人员对安全管理规定的理解力和执行力。

在循序渐进开展培训的基础上，供电公司注重充分发挥各类培训资源的作用，安排各专业在寒冬期间充分利用实训基地开展岗位技能轮训。组织召开安全培训座谈讨论会，员工们踊跃发言，亮出安全观点和心得。务实强化安全教育培训工作，把各专业人员全部纳入培训范围。拓展培训内容，包括安全生产法律法规、安全工作规程、典型事故案例分析、岗位职责和运行、检修规程规定及应急预案、生产现场各项安全措施要求、事故应急处理与演练以及其他安全知识。

安全培训注重互动交流、辅导讲座、专题探讨。将集中培训和个人自学相结合、理论培训与实际操作相结合、技能比武与岗位练兵相结合。通过现场示范、模拟操作、课堂答疑、座谈讨论等方式，将安全理论知识生动化、形象化、具体化，促进员工的学习兴趣和积极性，增强员工安全意识，确保设备和人身安全。适当组织培训考试，以考促学，增强安全培训的实效。

13. 攀登杆塔　注意防滑

寒潮不断，易结冰霜，供电人员需要经常登杆作业检修，或进行线路工程施工。这些电力工作项目，往往都离不开攀登电杆的主要工作环节。但风雪中，电杆铁塔的表面经常附有冰霜，这给攀爬杆塔的电力施工作业人员带来了安全隐患。供电公司重视攀登电杆的作业环节，积极探讨和总结有关安全经验，加强有关安全技能训练，提升员工登杆过程中的安全技能素质。

铁塔上的冰霜较为容易发现，可是在混凝土电杆上的冰霜如果不仔细看，似有似无，如果用手接触，方知其光滑异常。正因为杆塔表面的这层冰霜不明显，而且时有时无，容易麻痹登杆作业人员，易引起登杆事故。冬季天气寒冷野外线路施工难以取暖，作业人员依靠增添衣物御寒，笨重的衣物和严寒造成作业人员手脚不灵活，应对危险的本能大大降低。

现场工作负责人注重根据实际情况，认真组织登杆采取的安全防范措施。工作负责人仔细查清杆上的冰雪状况，在清晨及上午发现杆塔表面有冰霜，且天气晴朗，则相应推迟调整作业人员的登杆时间，先安排进行地面工作。待阳光照射、气温上升、杆塔表面冰霜融化后，再安排人员登杆作业。对于天气阴沉、电杆表面冰霜长时间不消退的情况，基于安全考虑，取消当日的登杆作业任务，或使用绝缘斗臂车，人员利用斗臂车登高作业施工。

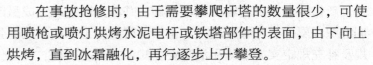

在事故抢修时，由于需要攀爬杆塔的数量很少，可使用喷枪或喷灯烘烤水泥电杆或铁塔部件的表面，由下向上烘烤，直到冰霜融化，再行逐步上升攀登。

施工作业人员在登杆过程中，应当注重采取相关安全措施。除进行常规的安全检查和采取必要的安全措施外，在攀爬杆塔之前，应当检查电杆表面或铁塔脚钉、爬梯处的冰霜是否严重、表面是否光滑。若冰霜轻微，应谨慎攀爬，攀爬铁塔时，所穿棉鞋鞋底应柔软且防滑。

使用脚扣登杆，应当仔细检查脚扣胶皮垫是否完整，防滑橡胶垫磨损情况，如果超过 1/3，应及时更换，并注意保持胶皮垫的清洁和干燥。登杆时系上安全带，登杆的过程戴上手套防冻防滑，随着高度上升逐步擦去电杆上的冰霜，为防滑"扫清道路"。从电杆底部到上部的攀登过程不应当失去安全带的保护，及时调整脚扣伸缩杆的长度以适应登杆过程中变化的杆径。如果平时攀爬 4 步调整一次伸缩杆，在这种情况下为防滑，则需 2 步就调整一次。登杆的过程中注意腿部与电杆尽量增大剪切角度，这样可增加脚扣与电杆的摩擦力，从而起到防滑作用。如果腿部和电杆处于平行的角度，脚扣则与电杆的摩擦力相对减小，容

易发滑造成脚扣从杆部向下脱落。所以，冬季登杆需要掌握蹬力的角度，避免腿脚与电杆形成直上直下的角度，以防攀登的中途滑落。如果一旦发生滑落现象，切忌恐慌，两手抱住电杆，两脚踩着脚扣夹住电杆，身体的重心则倾向电杆，并且有安全带的保护，保持匀速向下滑落，只要保持一定的摩擦力和缓慢的滑落速度，就不会造成损伤。情绪调整完后，可重新登杆，在杆塔上作业时间过长过于寒冷时，应及时更换人员，防止冻伤，保障工作人员安全。

14.　建设安全文化　创新安全管理

春节刚过，供电公司注重进一步强化安全生产管理，明确实现长周期安全生产的目标。注重细化安全管控，层层落实安全责任，注重在现场发挥人员时时处处讲安全、保安全的积极作用。关注细节，认真检查安全带是否牢固，及时把钳子放入工具包，防止掉落伤人。监护人员坚守现场，紧盯工作人员的每一项操作。在每个作业现场，领导干部和各级管理人员严格到岗到位，逐级履行职责，实行层层把控安全。供电公司采取强化流程抓闭环、突出管控抓过程、紧盯现场抓执行的安全管控方法，全面、全员、全过程、全方位抓安全，实现安全生产全过程管控。制定实施各级人员现场到岗到位规定，建立单位领导、工作负责人、现场人员三级安全控制体系，全部按照到岗到位规定，主动到岗、到位、到责，严格把控作业节奏，保证施工现场安全有序。现场负责人明确安全措施，把控重点，及时发现开、收工等关键环节存在的问题，杜绝违章行为。加强现场安全技术交底，突出抓好"两票三制""两卡一书"等规制和细则的执行。加强安全督导，建立生产一线安全督导队、青年安全监督岗，对各个现场进行检查，将典型不安全行为汇编成安全督导简报，在单位网站主页开辟专栏发布。加强违章考核和整改工作的监督检查，实行严格考核、考评。

面对新春到来，供电公司注重培育和弘扬新的安全文化气息，启发员工高度重视安全问题，认真总结安全管理经验，从安全文化建设着手，促进员工从"要我安全"到"我要安全"的转变。开展"零违章员工"擂台赛，时刻提醒严格遵守规章制度，确保安全。组织开展"一封平安家书"、"家属看现场送安全嘱托"等活动，把安全教育从工作现场延伸到家庭，建立"全家保安全、安全为全家"的亲情文化。建设电力安全教育网络展室，构建内容丰富的事故案例展室和违章案例库，引导员工加强安全学习，提交安全心得感想，交流安全生产经验。开展对照安规条款征集安全案例活动，通过典型案例加深对安规理解，提高现场的安全执行力。

供电公司注重结合实践，创新管理保安全。发动员工结合安全工作遇到的困难，开动脑筋研发小发明、小革新、小创造，简约实用，提高安全工作效率，有效促进安全生产。员工围绕安全工作思考问题，实行创新，找寻新点子、新办法提升安全生产的整体素质。针对接地线杆子在安装时容易砸到手，地埋深度往往只凭目测的问题。通过安全方法创新，在接地线杆子上端安装铁环，增加了受力面积，避免了员工手被砸伤，而在距底端 60cm

处涂上红漆，地埋深度够不够，标准一目了然。

供电员工注重在现场实施标准化作业，提高安全文明作业水平。针对电力施工范围大、环境复杂等情况，供电人员在施工现场深入开展标准化作业，保障作业安全，保持作业场地干净整洁、工器具和材料摆放有序。设置施工信息展板，标注作业时间、作业内容、危险点分析、预控措施等安全管理信息。将施工中不需要接听电话人员的手机统一保管，确保现场人员集中精力，全力以赴投入于安全工作中。在现场明确设置有关区域，让施工人员在指定位置休息，以免误入带电区域或误碰带电设备。督导施工人员严格执行标准化作业规定，将当天施工项目、时间、地点及安全提示通过手机短信发送到安监人员的手机上，便于现场检查。灵活开设安全宣教和沟通平台，切实增强人员的安全生产意识和现场风险辨识能力。

15. 元宵节保电　巡查除隐患

从春节前到元宵节，供电公司保电员工认真准备 1 个多月，深入开展灯会安全保电工作。

元宵节的夜晚，供电公司组织专业人员抓紧时间对电力设施加强巡视，注意仔细查看线路的绝缘层是否有破损。灯会展出的花灯遍布大街小巷。用电风险点大大增加，用电设备巡视任务量也随之增加。不仅要巡视供电设施，还要将临时增加的客户配电箱和线路纳入巡视范围。

当花灯及景观灯全部亮起来，晚上灯光全部打开时，负荷达到最大。供电人员对每个配电箱、每条线路的测温成为重点，为做好数据对比，认真记录线路的实际负荷，对负荷增加的线路进行仔细排查，对检查出的隐患及时进行整改。灯会区双主变压器"上岗"，保电设备、人员全部到位，供电人员对灯会主灯展区各保电场所的客户设备进行特检，指导客户做好安全用电和及时消缺。所有设备按规定提前做好预防性试验，全部正常运行。1000kVA 的主变压器，瞬时电流达 1400A，满负荷但确保不超负荷。检查完主变压器，再逐一测量各出线柜的用电负荷情况，认真查看配电房设备，若发现接头有破损情况，及时用绝缘胶布包好消缺。灯展区域供电设备保证安全正常，灯火辉煌，热闹非凡。

而在郊区的某用电客户家中突然断电，一时间小院漆黑一片，霓虹灯都没有了光亮，该用电客户仔细研究也未找到断电原因，及时联系 95598 报修。

供电抢修人员迅速赶到现场，仔细检查计量装置，没有发现停电原因，接着又细致地检查用电情况。经过排查，发现故障原因是由于这家用电客户用电负荷大，在节日期间同时使用，所用的熔丝不合格，出现过流危险时导线烧断。供电抢修人员帮助更换连接新导线，又帮助该客户更换好了熔丝，恢复送电。顿时，家里和院落灯光闪烁，喜气融融。供电抢修人员提醒该用电客户，不能同时使用大功率的电器，防止再次出现过流断电。节日期间用电千万不可大意，尤其是郊区旧房，线路导线截面积小，线路中接入过多的或功率过大的用电设备，同时使用电暖器、电热水器、电磁炉，还安装许多灯具，给用电安全带来了隐患。供电抢修人员提示客户杜绝私拉乱接，对线路要定期检查，应当根据家庭线路承载能力来使用电器，以防线路过热烧断或者起火。如果家庭电器总负荷超过线路承载能力，需对用电线路及相关配套设施进行改造；线路穿墙部分应设置导管，防止线路磨损而造成漏电、短路。线路未穿墙部分应设置阻燃导管，避免因线路起火而引燃室内其他可燃物。导线截面积和导线种类，应当留出一定余量，以备增容。电暖气、电热水器、电磁炉、电火锅等不要同时使用，多种电器不要共用一个插座，以免插座过载发生危险。主线路和各分支线路都应安装相应保险、自动开关或剩余电流动作保护装置，以便及时切断电源，控制事故范围。

16.　调度管控创新　保障安全运行

一年之计在于春。电网调度的调控工作注重与时俱进，深化"大运行"体系建设，探索构建新型电网运行管理体系，加快集控系统建设，提升集中监控水平。

电网调度控制专业部署加强技术支持系统新建及升级改造，对于具备集中监控条件的变电站全部纳入调控机构实现集中监控。具备无人值守条件的变电站加快按照无人值守模式进行调控，供电公司积极推进实施变电站无人值守工作方案，及时接入变电站监控信息，统筹遥控传动和停电改造计划安排。深化调度一体化管理，统一规范各级调控机构岗位职责，健全调控组织体系。健全"大运行"标准体系，明确和实施技术标准、管理标准和各项规章制度，实行集约化管控。全面加强电网运行管理，注重健全电网运行控制体系。调控机构实行综合智能分析与告警、在线安全分析、调度计划与安全校核功能上线。实施计划联合量化校核，低频减载实切量和旋备在线监视等功能上线。完善电网运行技术支撑体系，推进调度技术支持系统在线监视、在线消缺，保障在线应用可靠运行。

针对政府部门、社会各界和发电企业对"三公"调度的高度关注和要求，电力调度工作规范性和调度安全优质服务面临许多新的课题。因此，电网调度控制专业注重加强"三公"调度安全服务工作。开展培训活动，加强思想作风、能力素质等建设，提升调度队伍的整体素质。根据恶劣气象和突发事件增多的趋势，居安思危，认真举行电网备用调度切换等安全演练活动，检验和提高电网备用调度应对突发事件的能力。演练工作注重实际，设立导演组、备调启动评估组及备调应急指挥组，模拟电网调度自动化支持系统故障中断等异常情况，"地区主调"与"省调端备调"、"备用值班场所备调"相互切换，检验和提升协作处理电网故障的能力。深入进行备调"日常状态转入预警状态"、"预警状态转入应急状态"、"解除备调应急状态"等专项演练。实行省为地备、应急切换、应急调度，提高电网调度员实际操作能力，提高电网抗风险能力。

日常注重推进技术和管理创新，务实增强运行控制能力、专业管理能力、资源配置能力和安全优质服务能力。深化调控业务在线化、精益化转型，全面强化安全保障工作。根据"二十四节气表"，不失时机地落实年度等重点工作任务，统筹加强主网稳定管理，强化电网运行风险预控，深化调度安全内控机制。完善启动预案，强化继电保护等装置等安全管理。深化调度一体化举措的实施，健全电网运行管理体系及运行控制体系。规范并网运行管理，认真开展监管指标评价，加强发电进度管控，主动接受服务监督。认真落实电网安全稳定运行和调控工作任务，保障电网安全稳定优质运行。

17. 水分超标危害大　控制气体含水量

冬春交替之际，供电专业人员关注电力设备的潜在变化。由于六氟化硫断路器的内部构造较复杂，在环境变化中应当加强巡视及检查，根据实际情况，有针对性地注重排查六氟化硫断路器中六氟化硫气体含水量是否超标等。

六氟化硫断路器内水分发生严重超标时，势必危害绝缘，影响灭弧，并产生有毒物质。断路器含水量较高时，很容易在绝缘材料表面结露，造成绝缘下降，严重时发生闪络击穿。含水量较高的气体在电弧作用下被分解，六氟化硫气体与水分产生多种水解反应，产生三氧化钨、氟化铜等粉末状绝缘物。其中氟化铜有强烈的吸湿性，附在绝缘表面，使沿面闪络电压下降；氢氟酸、亚硫酸等具有强腐蚀性，对固体有机材料和金属有腐蚀作用，导致损害及缩短设备的寿命。

六氟化硫断路器出现水分超标故障，往往有多种方面的现象及原因，应注意区分，分别检修，具体问题具体分析和解决。现象之一是六氟化硫断路器新气水分不合格，其故障排除处理方法是应当对于放置半年以上的气体，充气前检测新气含水量不超过64.88ml/L。现象之二是六氟化硫断路器在充气时带入水分，这种故障的原因主要是由于工艺不当所造成，充气时气瓶未倒立，管路及接口未干燥，装配时暴露在空气中时间过长，对此需要改善工艺装置及方法，装配时避免在空气中暴露时间过长。现象之三是绝缘件带入的水分，故障原因则是在长期运行中有机绝缘材料内部所含的水分慢慢释放出来，导致含水量增加，应当加强运行中的检测，防范有机绝缘材料内部所含水分的释放。现象之四是六氟化硫断路器吸附剂带入水分，其原因是吸附剂活化处理时间过短，安装时暴露在空气的时间过长，解决的主要措施为适度调整吸附剂活化处理的时间。现象之五是六氟化硫断路器透过密封件渗入水分，主要原因是大气中水蒸气分压为设备内部的几十倍甚至几百倍，在压差作用下水分渗入。应当注重采取控制压差措施避免事故发生。现象之六是六氟化硫断路器设备渗漏，原因是充气接口、管路接头、铸铝件砂孔等处空气中的水蒸气渗透到设备内部，造成微水升高，此现象应当防范渗漏，保持密闭。

供电专业人员针对六氟化硫断路器投入一定的时间运行，根据有关标准、规程、制造厂家的规定和运行条件及六氟化硫断路器的运行状况，开展临时性检修、小修及大修等项工作。六氟化硫断路器本体的大修，会受检修设备及现场条件限制，一般委托制造厂家或专业检修单位实施，在条件具备的情况下，则在制造厂家的指导中进行大修工作。争取做到及时检修，以确保六氟化硫断路器的安全可靠运行。

18. 初春设施　严防破坏

初春季节，往往是电力设施遭破坏的高发时期。供电公司有针对性地加强电力设施的保护工作，主动采取安全防护措施。

针对盗窃及破坏电力设施案件时有发生等情况，供电公司认真做好电力设施安全防护的宣传工作，努力营造良好的用电环境和秩序。组织人员加强检查巡视，为电网正常安全运行打造坚实基础。天寒路滑，车辆撞坏电力设施的几率增加，应根据天气变化，加大对设备的巡视检查力度，增设杆塔、变台等防护标示，通过安全巡视和增加有效措施，呵护电力设施的安全，重点做好关键地段的电力设施防外力破坏工作。加大保护电力设施的安全教育力度，通过报纸、网络、电视等新闻媒体，及时宣传电力设施保护的有关政策，宣传在打击破坏电力设施斗争中取得的典型经验，努力营造良好的外部环境。注重动员全社会的力量，发挥群众护线的重要作用。鉴于供电企业人手有限，加上供电企业供电范围广泛，各类盗窃及破坏电力设施的行为随时都可能发生。所以，注重依靠全社会的共同努力，防范和打击外力破坏行为。注重提高群众的安全思想认识，阐明保护电力设施不仅是供电企业的工作，也是每个用电客户应尽的义务。用电客户除配合供电企业做好日常保护外，还应当对有损于电力设施安全运行的行为进行阻止，对情况严重的立即向供电企业和公安部门报告。

供电分公司认真开展防外力破坏集中整治活动，采取宣传有关法规、险情动态跟踪、防护技术改造和依法惩戒等多种措施，务实做好防外力破坏工作。在宣传送法中，引导用电客户及群众提高保护电力设施意识，组织各供电所宣传队通过宣传车流动宣传、集市摆放展板、发放宣传图册等多种方式，加强宣传教育。开展调研和走访，沟通和普及电力设施保护常识和方法。对于重点易发险情的线路、地段加强动态跟踪，主动防范外力破坏事故的发生，认真开展线路防护区及周边大型施工机械作业的专项整治活动。对已有大型施工机械的现场，实行供电属地动态管理，加强与车主、驾驶员的联系，掌握其进入线路防护区作业的时间和范围。对于威胁线路安全运行的作业，安排人员重点蹲守。对线路防护区附近新出现的大型施工机械，供电公司与施工方签订《安全协议》。对大型机械操作人员加强安全教育，在线路下方设置醒目的警示标识，并实行动态跟踪管理，随时进行巡视督察，注重加强技术改造，提高设备抵抗危险能力。供电公司对于已经投入的设备，通过逐步加装绝缘护套等方法提高线路的绝缘化水平，对新、改、扩建工程采用带钢芯的绝缘线，提高线路对工程施工、大棚地膜、线下树等外力破坏的防护能力，以保证安全可靠用电。加大依法惩戒外力破坏的力度，有力打击和震慑各类涉电违法犯罪行为。对发生的各类外力破坏事件相关责任人，按照相关法律法规，依法对其追究责任，并将各类涉电违法犯罪行为在地方媒体进行曝光。实行电力设施安全立体防护，构建平安电力。

19. 雨水雨夹雪 巡检保安全

雨水节气，突降雨夹雪，气温骤变，严重影响电网的安全运行。供电公司针对雨雪冰冻等劣天气情况，迅速采取有效措施，做好应对防范工作，确保春节期间安全供电。

供电公司加强同气象部门沟通，完善应急预案，做好人员、车辆、材料等临阵准备工作，确保及时抢修。加强对高危企业供电线路特巡，重点巡视容易覆冰的线路，对线路附近隐患认真进行排查，确保电网设备以良好的状态安全运行。做好负荷预测工作，优化电网调控方式，对变电设备、充油充气开展全面巡查测温。雨雪天气里，加强安全优质服务工作，排查政府部门、医院等重要客户电源及设备隐患，做好故障预判，协调抢修队伍及时高效解决供电突发事件。

变电运维专业人员当晚在巡检行动中，及时发现 66kV 1 号主变压器 10kV 侧套管至穿墙套管间母线排对支持绝缘子放电，且有明显的蓝色放电点。突发故障立即上报，现场立即实施全程监控，有关专业保持密切联系，变电运维站相关人员赶往故障现场增援处理。

鉴于放电点严重威胁设备运行安全，一旦停电将影响大部分电力客户正常用电。现场人员仔细分析后立即请求应急指挥中心进行带电紧急处理，并得到同意。变电运维专业人员将现场照明设备全部打开，抢修人员立即做好安全措施，将早已准备好的绝缘杆绑上干燥洁净毛巾擦拭母线排。经过紧急带电处理，放电点消失，设备运行恢复正常。

现场人员收拾工器具，准备收工撤离，雨夹雪情况突然加重。室外气温骤降，设备极易发生覆冰现象，而该变电站属于无人值守变电站，为防止出现隐患，应急指挥中心决定派专人驻守、值守。

变电运维专业人员每隔 20min 对设备巡视一次，对于发现的隐患及时上报。根据实际情况，组成数个特巡小组，分别行动，赶往其他变电站巡检。现场人员分工明确，落实安全责任，在工作中注意防寒保暖。

凌晨，气温降至零下 19℃，在强冷空气的影响下，夜雨再次急转成强降雪，同时伴随 5 级大风。值守在现场的工作人员经现场监视，设备暂时没有出现结冰现象。但针对天气和气温动态变化，供电专业人员对所有设备再次进行巡回检测，实施新一轮巡视检查。对重点设备做好防寒、防冻、保温措施；检查端子箱内的加热器是否正常，保证开关机构加热器运行状况良好；加强对设备进行压力检查，防止压力变化导致设备异常；检查每一组柱上开关绝缘子，当发现有的绝缘子上有覆冰，立即使用绝缘操作杆，谨慎敲除所有绝缘子上的冰凌；认真检查导线弛度，防止导线覆冰致绝缘子受力倾斜；检查绝缘子表面积雪有无放电情况，根据设备接点积雪异常情况对设备进行红外测温，及时发现设备过热情况；实时监测电网负荷有无异常变化，协同应对雨雪转冰冻恶劣气象的影响，保障电网安全运行。

20. 试验高压耐压   调控泄漏电流

　　春季渐渐来临，用电企业客户陆续开展春季安全大检查工作。对电气设备进行检查、检测、检修，以确保电气设备的安全稳定运行。某些工厂用电客户在检测电气设备中遇到一些技术问题，需要及时排解，其中 10kV 高压柜是许多用电企业客户常用的电气设备，遇到的问题也具有共性特点。供电公司对此进行认真调研和走访，组织人员重点协助企业客户检测，与企业客户共同在现场研究和解决高压柜存在的相关安全测试问题，促进广大企业客户的安全用电及安全生产。

　　供电公司专业人员走访工厂客户，用电客户对于 10kV 高压柜进行检查。该工厂客户共有高压柜 8 屏，分别有进线柜、电压互感器柜、出线柜，全部配有电压及电流互感器，带电显示器其中出线柜还配有避雷器。在做交流耐压试验时，将全部高压柜整体连接好，未焊接接地网，将全部柜体和避雷器接地和带电显示器接地，使用 4mm 裸铜线，并与附近接地网连接好。进出线柜的开关处于手动合闸状态，电流互感器二次侧已经短路，二次回路断开。直接对整体铜排进行交流耐压试验，电压升至 18kV 时，泄漏电流相当大，到达实验设备的保护值，断开电压互感器、断开避雷器，问题依然如此。当断开出线柜断路器仅对母排进行试验时，电压可升至厂里规定的 32kV，泄漏电流处于安全值，当合上一台断路器时，泄漏电流明显加大，再合一台断路器，泄漏电流继续加大。出线柜断路器下端连接有电流互感器、电压互感器接地开关装置处于分开位置。

　　用电客户向供电专业人员咨询泄漏电流很大现象的原因是什么，供电专业人员在现场结合实际进行分析和讲解，指出交流耐压时泄漏电流过大，实质是带了一些"用电设备"加耐压引起的，当将这些"用电设备"去除后，泄漏电流值就能够达到要求。

　　电压互感器是一种"用电设备"，当加耐压时，等于加上一次电压，它必然将能量向二次传送，设备会消耗掉一些能量，引起泄漏增大。避雷器也是一种"用电设备"，虽然耐压加的幅值不高，但会使避雷器电导电流增大，泄漏电流必然增大。电流互感器也是一种"用电设备"，当一次施加电压后，虽然一次回路没有稳定电流，但由于电压高，内部及外表面放电加剧，虽然电流很小，但由于二次回路是闭合的，会引起损耗增大。带电显示器同样是一种"用电设备"，由于其从系统中取工作电源，一加电压，等于带上三个小灯泡，耗电较大。更重要的是交流耐压机容量有限，只有电压，再加上"用电设备"泄漏着，电压就更加不上去，使泄漏加剧。

　　供电专业人员分析提示，电气设备整体交流耐压不能将上面设备一起加载，有些设备承受不了上面的高压，有些设备容易饱和，有些设备又带着其他设备。如果确实需要加耐压，应该对其接线进行处理，可解除二次线等设施之后，方可进行。循序做好 10kV 高压柜的检测等工作，掌握耐压等数据和性能，保持高压柜的安全健康"高素质"。

21. 分闸线圈 防范烧毁

冬春交替，状态变异，供电公司专业人员警惕电力设备低温结冰，以防出现电气线路故障。供电公司与工矿企业加强巡视检查，对于常用的断路器设备，防范其分闸绕组及中间继电器触头烧毁而不能及时切断电力故障，从而引发扩大事故范围等严重后果。认真解决断路器分闸绕组烧毁等疑难问题，防止工矿企业电力设备故障而影响电网系统的安全运行。

工矿企业所用的断路器，在过电流和停电操作过程中，往往出现不能分闸等严重故障，经检查其主要原因是断路器线圈及中间继电器触头烧毁。对此，供电公司专业人员为工厂客户提供专项安全技术服务，协助解决断路器分闸线圈烧毁等疑难问题。

供电专业人员向工厂客户讲解有关技术理论问题，指出断路器是负荷开关的一种，具有短路和过载保护功能，其短路保护功能靠电磁绕组实现。因其保护功能完善、维修、使用方便，在电力系统应用广泛，所以应当重视分析断路器分合闸绕组烧毁的原因，并且相应采取预防措施。

当工厂电气设备发生事故时，如果因断路器分闸回路断线出现断路器拒动现象，将使事故扩大，造成越级跳闸致使大面积停电，甚至造成电力设备烧毁、火灾等严重后果。而合闸回路完整性遭到破坏时，虽然所造成的危害比分闸回路完整性破坏时要小一些，但它也使线路不能正常送电，妨碍供电可靠性的提高。所以很有必要对断路器绕组烧毁原因进行分析，应用事故处理经验，提出防范措施和技术改进，促进及时、正确检修断路器。

供电专业人员针对断路器分闸线圈烧毁的现象，分析其主要具体原因。当线圈松动时，会造成断路器分闸电磁铁位移，铁芯卡涩而造成线圈烧毁。往往由于铁芯的活动行程短，当接通分闸回路电源时，铁芯顶不开脱扣机构，分闸电磁铁机械出现故障，导致线圈长时间通电而烧毁线圈。在控制回路正常时，断路器出现拒分的故障均为连杆机构问题，有时顶点调整不当将导致断路器分闸铁芯顶杆力度不够，不能使机构及时脱扣，或由于防护闭锁机构未动作，致使线圈过载，断路器拒分，造成分闸线圈烧毁。在断路器分闸状态时，应当调整辅助开关使其在分闸状态的行程范围内。然而，实际调整断路器开距和超行程等参数时，会改变断路器分闸的初始状态，而未做相应的调整，将导致辅助开关不能正常切换分闸回路。辅助开关分闸状态的行程调整不当，使分闸线圈烧毁。分闸控制回路上接有一对延时动合触点，其作用是保证断路器在合闸过程中出现短路故障时能完成自由脱扣。当断路器合闸时间极短，远小于断路器的分闸时间时，断路器未来得及脱扣就已合闸到位，此时延时触点的延时作用失去意义。相反，该延时触点在分闸过程中，由于辅助开关动静触头绝缘间隙较小，经常出现拉弧现象，久而久之使辅助开关的触头烧毁。分闸控制回路辅助开关触点使用不当，继而引起分闸线圈烧毁。分闸指令由保护控制装置发出的，当装置内的分闸继电器有故障，或分闸控制回路辅助开关触点动作行程较大，则造成分闸指令不能及时退出。保护控制装置出现故障，就会使分闸线圈长时间带电而烧毁线圈。当分闸线圈回路绝缘降低，或控制回路线径过小造成电阻偏大，使分闸控制回路电压降较大，导致电压达不到线圈分闸电压的动作值。分闸回路电阻偏大，也是分闸线圈长时间带电而烧毁的主要原因。

在查明分闸线圈烧毁的具体原因后，有的放矢采取相应的防范对策，实施有效的安全措施。注重将分闸回路的延时动合触点改接为一对动合触点，经常检查辅助开关的触点及辅助开关的拐臂螺丝，正确调整辅助开关的位置，使辅助开关与断路器分合闸位置正确，从而达到协调配合。应当注意固定好分闸线圈，经常检查分闸线圈的铁芯有无卡涩现象，及时维护，保持顺畅。注重掌控保护控制装置发出的分闸指令时间，既应当使分闸线圈能够工作，也应当注意在很短的时间内退出分闸指令。在每年的检修工作中，应当注重正确调整好断路器的连杆机构及经常检查断路器的自由脱扣是否正常，检测低电压动作试验是否能在 30%～65%额定电压时可靠跳闸。掌握精确的技术数据，方能保障断路器及其分闸线圈的安全可靠运行。

22. 低压侧接线　标准并不低

严寒时节，供电公司加强对电力设备的检查和维护，高峰负荷中，配电变压器的低压二次侧故障时有发生。

供电专业人员往往在排查故障中发现，运行中的配电变压器二次侧电流很大，是一次侧的 25 倍。对于配电变压器低压侧接线柱发热及烧损故障进行分析，其主要原因往往是过流连接部位接触面积过小、接触不良、触头氧化、螺丝松动以及负荷侧三相电流分配不平衡等原因所致。

配电变压器的二次侧低压导线连接的技术要求与高压侧相比其实并不低。低压导线接触不良，会导致接触电阻增高。相当于在连接部位串联一个电阻，势必引起发热。由于配变低压侧触点接触电阻大，接触电阻增高，温度也会增高，容易造成发热量大于散热量，如此长时间恶性循环会导致接头烧坏，以及长期超过导线本身的允许工作温度，则造成绝缘损坏，甚至使瓷套管上的小油封急剧老化出现漏油、渗油现象。这种现象的存在，既增加了维护工作量，又增大了维护成本，同时还降低了电网的安全可靠性。

处理导线端子与设备连接处接触不实的问题，应当选用合适的接线鼻或设备线夹，保证接触点有足够大的过流截面。在过流连接件双面垫足够厚的铜垫片，保证不变形且有较大的接触面积。接线螺栓上应当配置弹簧垫，保证螺母能够拧紧不易松动。应当注意紧固螺栓时必须配防松垫圈，紧固时力度适当，过松过紧都会减弱防松垫圈的作用。接线鼻或设备线夹接触面上的毛刺应当彻底清除掉，保证触点部位平整光滑、无异物且受力均匀，在接触点表面涂上导电膏，改善过流条件，提高设备抗氧化能力。

在处理导线接头时，需要严格执行导线连接安装技术标准。供电检修人员在维护中，注重严格执行有关技术规范和工艺标准。对于新安装设备认真进行验收检查，通过目视、手触初步判断其是否合格。对于重要部位接头，在交接时应当做电气试验，进行导体接头接触电阻测试和温升试验。无论铜或铝接头，连接后电阻值均不应大于同长度的原金属电阻值的 1.2 倍。且通过额定电流时，接头温升不应超过 10℃。线夹螺丝因振动、碰撞等原因容易松动，应当采取双螺母、纤维缠绕或者采取开口销、顶丝螺母等止退法。对于长期发热导致接头材质塑性变形、断裂，以及铜铝直接连接的部件，则应当更换线夹等设备。

在冬季加大对配变的巡视力度，及时加固接线柱因负荷过大发热导致的螺母松动现象。调整线路侧用户负荷，就地平衡三相电流，保证配电变压器 A、B、C 三相出力均匀。加强二次侧低压导线的维护，及时发现并处理缺陷，提高二次侧低压设施的安全健康运行水平。

23. 春灌安全用电　提前检修配变

春节过后，农业生产进入小春管理、大春备耕的关键时期。供电公司将保障农业春灌安全用电列入重要的工作日程，及时检修用电设备，按时浇水，提高农业收成。对农民春灌所用变压器逐一进行巡视排查和维护，开展消缺工作，确保变压器达到健康状态，保障安全可靠用电。

供电人员提前巡视春灌线路和变压器，对临时用电线路加装开关和剩余电流动作保护装置，在春灌配电室认真排查隐患。为保证灌溉高峰期安全可靠用电，专业人员深入田间地头进行拉网式排查，检修春灌变压器，安装临时用电设备和安全接电。供电公司人员克服低温恶劣天气，抢赶工期，对变压器进行巡视维护，更换改造低压线路。

变压器是春灌中重要的电气设备，专业人员加强变压器的安全运行管理。对变压器进行细致检查，随时了解和掌握变压器的安全健康状态，发现问题及时采取有效措施，防止出现故障或扩大事故范围。在春灌之前，要进行变压器关键安全性能的检查，根据预防性试验规程进行定期试验、巡检变压器。巡视突出重点，逐项检查变压器的套管是否清洁、有无破损和裂纹、放电痕迹。检查冷却装置的运行是否正常，散热排气管的温度是否均匀。检查变压器油温不得超过 85℃，油位少时应及时添加新油。放油阀要求密封完好，不渗油、漏油。如果硅胶结晶体个别呈现粉红色则应加强监视，若大部分呈现粉红色，则需全部更换。检查防爆管的玻璃是否完整无裂纹、无存油，呼吸小孔的螺丝位置是否正常。检查吸湿器是否堵塞，气体继电器是否清洁完整，仔细监听变压器的嗡嗡声有无异常，监视变压器高、低压桩头连接处有无发热现象，必要时要求进行红外测温。检修维护不能忽视细微的不正常情况，注重充分做好变压器的清洁工作。在对变压器清洁时，需要仔细清扫变压器器身、瓷套管、散热管和储油柜中的污泥和不洁物。检查油温计、油阀门和密封衬垫，将各部位的螺丝加紧加固。在检查变压器外壳接地情况时，必要时应当测量绕组的绝缘电阻。在相同温度下，其绝缘电阻不应低于上次测量值的 50%，也不应低于运行规程规定的在相同温度下的阻值。在检查吸潮器及冷却装置时，视需要及时更换干燥剂和加补变压器油，在对变压器绝缘油质进行化验时，对于不合格油及时更换。检查变压器储油柜油面时，注重保证封闭处无漏油现象，少油或漏油将影响变压器铁芯和绕组的散热及绝缘。

供电人员严格执行安全技术标准和措施，针对春季天气变化频繁等特点，注重不失时机地做好变压器的安全检修工作。检修的过程采取严格安全措施，供电专业人员注重认真执行工作票制度、倒闸操作程序、安全用具及消防设备管理制度等各项制度规定。使用绝缘操作杆拉合熔断器，停电时切断各回线可能来电的电源。变压器与电压互感器必须从高低压两侧断开，电压互感器的一、二次熔断器都应当取下。对变压器安全规范实施检修，确保变压器在春灌中安全正常运行。

24. 检测断路器　风险查仔细

严寒低温，防范断路器操动失灵等故障，成为冬春之际的重点安全措施之一。供电公司根据多年冬季对断路器的故障统计，发现操动失灵、开断及关合性能不良、导电性能不良等故障现象占有较大概率。

供电专业人员深入现场认真分析，探寻断路器的故障原因。操动失灵往往表现为断路器拖动或误动，由于高压断路器最基本、最重要的功能是正确动作，从而迅速切除电网故障。如果断路器发生拖动或误动，对电网构成严重威胁，主要是扩大事故影响范围，可能使本来只有一个回路故障的扩大为整个母线，甚至全停电。如果延长故障切除时间，将要影响系统的运行稳定，加重被控制设备的损坏程度，造成非全相运行。其结果往往导致电网保护不正常动作、振荡，容易扩大为系统事故或大面积停电事故。

高压断路器的操动机构，包括电磁机构、弹簧机构和液压机构。以往故障统计表明，操动机构缺陷是操动失灵的主要原因，大约占70%。对于电磁和弹簧机构，其机械故障的主要原因是卡涩不灵活，卡涩既可能是因为原装配调整不灵活，也可能是维护不良所致。造成机构机械故障的另一个原因是锁扣调整不当，运行中的断路器自跳闸往往是此类原因导致。断路器各连接部位松动、变位，多半是由于螺钉未拧紧、销钉未上好或原防松结构有缺陷。应当注意的是松动、变位故障远多于零部件损坏。因此，应注重防止松动。对于液压机构，其机械故障主要是密封不良造成的，保证高油压部位密封可靠尤为关键。

断路器的辅助开关、微动开关如果存在缺陷，故障时辅助开关多数不切换，由此往往造成操作绕组烧坏。发生故障由于切换后接触不良而造成拒动。微动开关主要是液压机构上的联锁、保护开关。除辅助开关、微动开关缺陷外，机构电气缺陷中比例较大的为二次回路故障。

造成断路器本体操动失灵的缺陷，都属于机械缺陷。其中包括绝缘子损坏、连接部位松动，零部件损坏和异物卡涩等。油断路器检修工艺中，对导电杆的拨出力允许范围作了规定，只要认真执行断路器本体检修工艺，运行中便不会发生"晚动"等事故。

断路器的操作电源及控制电源缺陷，也是造成操动失灵的原因之一。在操作电源缺陷中，操作电压不足是最常见的缺陷。其原因多半由于采用交流电源经硅整流后作操作电源，在系统发生故障时，电源电压大幅度降低，虽有蓄电池组，但操作电源至断路器处连线压降过大，使实际操作电压低于规定下限值。某变电站因一条配电线路发生故障，断路器在重合闸时爆炸，另一变电站线路相位接错，合闸并网时断路器爆炸。这都是由于硅整流器电源由本变电站供给，当线路故障时，母线电压降低所致。因此，应当注意采用蓄电池和储能式操动机构，对已有变电站进行操作电源改造和完善，并加强管理。

供电专业人员分析和掌握断路器操动失灵的主要原因，明晰防止出现故障的重点安全工作。在严冬加强对断路器的检测，采取调整锁扣、防止部件松动及密封不良、改善操作电源等重点安全措施，对于断路器操动失灵等疑难问题，在认真实践中迎刃而解。

25. 家电安全有标准　摆放位置循规律

春节以来，用电报修工作人员经常遇到居民用电客户在使用各种电器的过程中发生故障及安全问题，加强居民用电客户的电器设备的安全使用问题。

供电公司人员利用各种时机，认真向居民用电客户讲解使用电器的安全技术和日常使用中科学知识。

各类家用电器均有安全标准，用电客户应严格按使用要求操作，才可避免家庭用电事故的发生。购买家用电器时，应该认真查看产品说明书中的技术参数，应当清楚耗电功率与家庭已有的供电能力是否相匹配，当家用配电设备不能满足家用电器容量要求时，应予更换调整。对于发热的电器设备注意远离可燃物，电炉子、电暖气、电熨斗和超过 60W 以上的白炽灯等，都不可直接搁放在木板或可燃物材料上。常用的电器按照安全要求分为 0 类、0 I 类、I 类、II 类、III 类五大类。0 类电器指只靠工作绝缘，使带电部分与外壳隔离，没有接地要求的电器。这类电器主要用于人们接触不到的地方，如荧光灯的整流器等，所以安全要求不高。0 I 类电器指有工作绝缘，也有接地端子，既可以接地使用也可以不接地使用。如用于木质地板室内等干燥的环境，可以不接地；如环境不干燥，则应予接地。I 类电器指有工作绝缘，有接地端子和接地线规定必须接地和接零的电器。接地线必须使用外表为黄绿双色的铜芯绝缘导线，在器具引出处应有防止松动的夹紧装置，接触电阻应不大于 0.1Ω。II 类电器主要采用双重绝缘或加强绝缘要求，没有接地要求，所谓双重绝缘指除有工作绝缘外，尚有独立的保护绝缘或有效的电器隔离。这类电器的安全程度高，可用于与人体皮肤相接触的器具，如电推剪、电热梳等。III 类电器指使用 36V 以下的安全电压，如剃须刀、电热梳、等电器，在没有安全接地又不干燥绝缘环境的情况下，必须使用安全电压型的产品。根据使用环境和功能要求，认真区分电器的安全标准，正确选择适当的电器，奠定安全基础。在使用中，应当做好定期检查工作。

电器除了有严格细致的安全标准，在使用中位置的摆放也涉及安全性能。各种各样的小家电不仅应当注意自身安全说明书，还应当注意电器与电器的位置关系，重视放置方面的安全与性能问题。冰箱不应放在空气不流通的角落，因为冰箱平时需要散热，如果散热不畅，将影响冰箱的安全和使用寿命。冰箱也不可放在较热的环境，较热的环境会造成其压缩机频频开动，使冰箱耗电量增加而费电。电冰箱是制冷的，根据其特性，冰箱的摆放位置应当远离取暖器、火炉等热源环境。天气冷，一些客户常常使用电热毯，但应注意不要把电子表放在枕头下。电子表不耐高温，电热毯的温度会影响其准确性，其表面的液晶遇高温也会变成黑色。在电视机旁，不宜摆放花卉，因为电视的辐射会加速花卉细胞的新陈代谢，造成花卉的萎缩及凋谢。在音响设备上不宜放手表，因为，机械表或电子手表都会受到音响设备磁场的影响，会出现磁化，导致计时不准。家用负离子发生器，不宜放在空气不流通的地方，因为室内空气不流通，容易使细菌及病毒滋生，不利于人体健康。洗衣机应放在干爽的地方，干爽的地方可使洗衣机避免潮气腐蚀其金属，防止洗衣机在潮湿的工作环境里易发漏电而造成危险，洗衣机在潮湿的环境容易锈蚀影响安全寿命。所以，应当正确摆放电器的安全位置，利于保证用电安全。

26.　抓紧忙备耕　安全不放松

根据当地节气情况，供电公司组成春耕安全保电服务队奔赴乡村，向村民了解春耕生产情况，宣传安全用电知识，协助检查农用低压线路、配电变压器、排灌站等用电设施。

供电公司春耕安全保电服务队人员在走访检查中，对于农业排灌站室内线路严重老化等问题，引起高度重视，实行重点隐患分析和排查治理。发现一些乡村的排灌站室内线路不安全因素较多，存在各种各样的隐患问题。主要隐患体现在线路陈旧、老化，线径过小、接头老化，排灌站缺少安全用电设备，没有安装漏电保护装置，隔离开关破损，没有配置合格的保险丝，排灌站私拉乱接，临时线、拦腰线、铜铝线混用、使用不合格用电设施等方面。排灌站的种种不安全现象，列入安全保电服务队人员的工作重点，及时向村民讲解线路老化、不安装漏电保护装置对于春耕春播及人身带来的安全隐患，集中协助实施安全整改措施。

为促进春耕安全用电，安全保电服务队人员针对较突出的排灌站室内线路安全隐患，指导农民学习和掌握用电设备安全知识，提高用电安全意识。提示用电客户使用经国家认证的合格电器材料，谨防劣质材料引发漏电、火灾和触电事故。加大安全用电管理力度，指导帮助农民规范用电和装、拆临时用电线路，严禁私拉乱接线路。认真帮助村民更换破旧导线，敷设和安装新的导线，更换闸刀开关，检测调试水泵等设备。针对没有漏电保护装置的问题，耐心为村民讲解漏电保护装置的作用，可保证总漏电保护装置正常投运，供电可靠性增加，保证人员安全。因此，引导重视农村排灌站的安全用电设施。注重利用各种有效途径向农民宣讲安全用电的有关规定，引导村民有针对性地改造春耕线路设施，提高农民客户春耕安全用电意识和自我保护意识。

供电人员认真排查春耕用电育苗等设施的隐患，检查有关用电情况。某些村民进行电热育苗，电热育苗技术是将专用的绝缘发热线铺设在地表，电线两头分别接入火线和零线，用闸刀开关控制电源，在育苗阶段，把育苗营养杯直接放置在电线上加热。安全保电服务队人员拿出工具测量线路电流与电压，提示村民电加热技术对电依赖大，特别是在育苗期，供电稳定很重要。万一断电，温度下降，秧苗将被毁。保障电热育苗用电的安全可靠十分关键，不可因电器故障而导致耽误节气和农时。为帮助农户安全采用电热育苗技术，保证供电的稳定性，供电人员加强安全用电指导。遇到恶劣天气，注重检查电热丝有无保持恒温。提示村民一旦出现用电故障，及时拨打 95598 客户服务热线，切不可盲目拆装设施，注意避免设备和人身触电事故，维护春耕安全用电。

27. 六氟化硫　严密防漏

初春，供电公司开展电力设备检测工作，其中六氟化硫断路器是重要设备之一，许多变电站都装有六氟化硫断路器。在电网安全运行中，六氟化硫断路器十分重要，供电专业人员对六氟化硫断路器等运行设备进行带电检测，排查六氟化硫断路器的安全隐患，防范电网设备的安全风险。

供电专业人员认真开展检测工作，主要采取红外热像检测、六氟化硫气体分解物及六氟化硫气体湿度分析等专业技术手段，检测变压器、断路器及组合电器等设备。细化进行测试作业，重点对各变电站的变压器套管及接头、油枕、冷却器进出口等接触部位进行红外测温，以便准确查找缺陷。其中六氟化硫断路器具有断口电压高、开断能力强、允许连续开断次数多、噪声低和无火花危险等特点，且断路器尺寸小、重量轻、容量大，不需要维修或少维修。这使传统的油断路器和压缩空气断路器无法与其相比，因此，在超高压领域中六氟化硫断路器几乎全部取代了其他类型的断路器。供电专业人员在认识六氟化硫断路器本身优点的同时，还应注意清醒认识影响六氟化硫设备安全运行的诸多因素。由于有些因素影响是隐性、不可预见的，因此，供电专业人员对于六氟化硫断路器存在的隐患引起高度的重视。

运行中的六氟化硫断路器，往往存在六氟化硫气体压力低的问题。供电专业人员注意检查六氟化硫气体压力表的压力，并将其换算到当时环境温度。如果低于报警压力值，则应当判断为六氟化硫气体泄漏，否则可排除气体泄漏的可能。总结以往的工作经验，分析导致六氟化硫气体压力低的主要情况及原因。

供电专业人员查明六氟化硫气体是否泄漏，仔细检查近日气体填充后的记录。如果气体密度以大于 0.01MPa/A 的速度下降，则必须用检漏仪检测，更换密封件和其他已损坏部件。认真采取具体的安全操作方法，如果泄漏很快，可充气至额定压力。查看压力表，同时用检漏仪查找管路接头漏点，另外采用包扎法逐相逐个密封部位查找漏点。

对于六氟化硫断路器主要泄漏部位，应当及时采取安全可靠的处理方法。实施焊缝工艺，具体处理方法为补焊。采取加固支持瓷套与法兰连接处及法兰密封面等方式，为更换法兰面密封或瓷套。认真检查灭弧室顶盖、提升杆密封、三连箱盖板处，操作方法为处理密封面、更换密封圈。检测管路接头、密度继电器接口、压力表接头，仔细处理接头密封面更换密封圈，或暂时将压力表拆下。如果发现六氟化硫气体泄漏，则应检测微水含量。同时，供电专业人员重视检查和及时处理六氟化硫断路器二次回路或密度继电器的故障，依次检查密度继电器信号接点及二次回路相应接点。由于部分厂家生产的密度继电器在密封上处置不当，往往出现受潮或进水现象，导致内部节点短路。检修处理方法是应当注重改变密度继电器安装位置，对密度继电器接头部位涂密封胶。及时检测和处理六氟化硫断路器泄漏、二次回路及密度继电器的故障，从而保障六氟化硫断路器的安全可靠运行。

28. 走进小区校园　引导安全用电

寒假临近结束，学校陆续开学上课，中小学生及儿童安全用电和安全教育的问题便开始突出。供电公司针对存在的安全用电问题，组织人员走进小区、走进校园，专项开展为少年儿童安全用电服务宣传排除隐患活动。

供电人员针对儿童触电事故时有发生等问题，在小区加强安全用电知识宣讲教育活动，讲案例、查隐患、促安全。针对有些儿童不用大人教自己就学会打开电视机、电暖器等好动和好奇特点，应以防范为主，根据儿童天性，提示一旦用电不慎会造成伤害。注意指导用电安全，及早教会儿童掌握必要的用电安全知识，学会自我保护，以免发生意外。提示家长和老师，对于儿童的用电安全问题不容忽视，共同指导儿童了解电的特征及危险，做好一系列防触电工作，为儿童提供安全的环境。提示家长应当充分考虑到儿童自保意识和能力低等特点，注重从硬件设施着手消除隐患。儿童房内的电器不宜过多，避免使用落地电器，防止儿童绊倒后发生触电事故。电器设备用完后立刻放回安全的地方，如电烫斗、电水壶等。所有孩子能接触到的插座应当套上专用的塑料罩，移动的电源插座用完应当立刻收拾归位，不能放在孩子伸手可及的地方。家用电器应在尽量远离孩子经常玩耍和活动的地方摆放，教育儿童了解电对人体的危害，不能接近、触摸带电物体。

供电公司组织人员来到中小学校和幼儿园，对配电设施进行全面检查和维护。针对用电负荷大、近期雾霾冰冻恶劣天气严重等现状，供电员工们对学校、幼儿园的供电线路、变压器进行了检查、测试，及时维修和更换设施。对教室、学生宿舍内不规范的线路进行排查和清理，对所有的剩余电流动作保护器进行试验，确保用电安全、准确、可靠。每到一个教室，仔细检查灯管、开关总闸以及剩余电流动作保护器的情况。巡视插座接头有无裸露导线，是否存在漏电现象，并做详细记录。对存在问题和安全隐患，应立即排除，对于不能现场解决的问题，当场记录，约定时间，再行处理，确保学生用电安全。在课间，供电人员耐心回答了学生们关于安全用电的问题，指导学生们遇到触电事故时的紧急处理措施，将安全用电的意识落实到每一个学生的心里。对于线路绝缘老化、用电设备安装和使用不规范等隐患进行拉网式排查，发现线路因负荷过大导致绝缘层损坏，立即进行更换。检查学校配电室，发现堆放杂物、门口也没有警示标识等问题，及时指出危险，促进赶快整改。供电人员在校园里张贴《电力安全宣传挂图》，教育学生们千万不可以湿手触碰电源，放风筝时要远离空中的高压线，向学生普及安全用电知识，提高安全用电意识和能力。

3月节气与安全供用电工作

三月份 有两个节气：惊蛰和春分。

每年公历3月5日或6日，太阳到达黄经345°时，即进入惊蛰节气。惊蛰的意思是天气回暖，春雷始鸣，惊醒蛰伏于地下冬眠的昆虫。

每年公历3月20日或21日，太阳到达黄经0°时，即进入春分节气。

惊蛰

第3章

春分

这个季节，因冷暖空气交替，天气不稳定，气温波动较大，西北、东北地区有小到中雪或雨夹雪，局地有大雪。云南最高气温已达 22～23℃，最低气温 0～3℃。

惊蛰为公历每年 3 月 5 日或 6 日，太阳达到黄经 345°，惊蛰节气天气回暖，春雷始鸣，惊醒蛰伏地下冬眠的昆虫。

春分，太阳位于黄经 0°，每年 3 月 20 日或 21 日。春分时，太阳直射点在赤道上，此后太阳直射点继续北移。春分指一天时间白天黑夜平分，各为 12 小时，春分正当春季三个月中间，平分了春季。在气候上，也有比较明显的特征，春分时节，我国除青藏高原、东北、西北和华北北部地区外都进入明媚的春天。北方会出现连续阴雨和"倒春寒"天气，但是严寒逝去，气温回升较快。江南的降水迅速增多，进入春季"桃花汛期"，但在东北、华北和西北广大地区降水依然很少，往往需要抗御春旱。

1. 掌握节气特点，管控安全关键

惊蛰前后，伴有雷声，是大地湿度渐高而促使近地面热气上升或北上的湿热空气势力较强与活动频繁所致。应当注意检查防雷设施，加强防雷工作。

按照气候规律，惊蛰前后各地天气已开始转暖，雨水渐多，大部分地区都已进入了春耕。因此应当注重加强春耕安全供电工作，检查、维护及安装春耕用电设备，支援春耕用电，严防人身触电及设备运行等事故。

春分时节应当加强春灌安全供电工作。同时风大物燥，应加强警惕山火对电力设施的危害，加强防范山火工作。电力系统春季安全大检查工作纷纷拉开序幕，需要根据当地的气候情况，不失时机地开展春检工作。

春分之际，乍暖还寒，强度冷空气常常流连徘徊在东北、华北等地区，西部地区出现扬沙或浮尘天气。需要做好恶劣天气的供电设备安全防护等工作，提前做好应急预案，主动应对气象灾害侵袭，保障人身和电网运行的安全。

一年四季中，气温、气流、气压等气象要素变化最无常的季节便是春季。

"倒春寒"是在 3 月初春天气回暖过程中出现温度明显偏低的一种冷害，长期阴雨天气或频繁的冷空气侵袭，持续冷高压控制下晴朗夜晚的强辐射冷却易造成"倒春寒"。初春气候多变，如果冷空气较强，可使气温猛降至 10℃ 以下，甚至出现雨雪天气。此时经常是白天阳光和煦，早晚却寒气袭人，这种使人难以适应的"善变"天气，就是通常所说的"倒春寒"。"倒春寒"时当及时掌握天气变化情况，防范对电网设备安全运行造成的不利影响，加强巡视和检修，确保安全供电。

2. 检修隔离开关　预防事故蔓延

大风起兮，沙尘迷茫，矿山开关站内一声巨响，造成上级变电站断路器跳闸。矿山开关站为箱式双电源单母线分段，开关柜为高压固定柜及隔离开关。供电专业人员顶着大风前往矿山客户的事故现场，紧急排除及处理隔离开关造成的运行设备事故。

供电专业人员打开进线柜后门发现，下侧进线隔离开关 A 相烧毁，B、C 相动、静触头、动触头损伤严重，无法修复。上端电流互感器和铜母线排连接固定处附近三相各有 1cm 深浅不等的融化缺口，其他部位的母线排表面套有辐射交联热收缩管，也都受损。开关柜底部进线电缆头表层绝缘烧焦，间隔两侧的钢板上布满了金属屑和烟尘。经过细致检查，对断路器、进线电缆和电流互感器分别进行相关试验。然后决定对损坏的隔离开关、铜母线排进行更换，重新做进线电缆头。

针对现场实际情况，供电专业人员认真分析事故原因。矿山开关站各开关柜均装有防误操作闭锁装置，经询问矿山有关负责人及电工，当时电力调度没有下达停送电操作任务，这样便排除操作人员带负荷误拉合隔离开关的可能。查看分析该型隔离开关断口侧静触头，设计成摆动式多触片触头。进线隔离开关在多次分、合闸后，A 相动、静触头错位，部分触片触头与圆柱形动触头接触不上，造成整个接触面减小，导致接触电阻值偏大。在通过大电流时，接触面温度上升，发热大于散热，温度高促使动、静触头进一步氧化，使接触电阻急剧增加。恶性循环最终导致动、静触头打火，产生电弧，使周围的空气游离变成导电体。开关柜内相间距离小，三相之间又没有装设绝缘隔板，从而电弧波及邻相造成相间弧光短路。变电站出线断路器整定的保护动作值较大，且有延时，未能瞬时跳闸。两相弧光短路后又发展到三相弧光短路，造成线路跳闸、进线隔离开关和铜母线排烧毁。

供电专业人员对矿山有关负责人和电工进行安全技术指导，结合事故原因，认真讲解。隔离开关是电力系统中的重要设备之一，在变电站主设备中占的数量多，运行操作量大。随着电网中其他设备可靠性的不断提高，隔离开关存在的问题日益突出，必须引起重视。应当注重检查维护，提高隔离开关的健康水平，才能有利于提高系统可靠性，保证电力系统安全、稳定运行。所以，应当转变思维方式，由事故后被动抢修转变为主动预防，采取有效措施降低发生故障的概率。针对该开关站，除保证停电检修时可靠装设临时接地线外，在母线排与互感器的连接部位，使用绝缘热缩套管，以降低弧光短路的危害。巡视检查应当注重解决难点问题，趋利避害。隔离开关安装在钢结构柜体内，内部空间狭小，而且高电压也不利于巡视人员直观检查。在对开关柜隔离开关动、静触头的检查中，如果通过观察窗，使用强光手电筒照明观察不能完全看清楚，则可以打开后门查看，如果观察效果同样不明显，就应当使用红外测温仪检测。选好角度，避开开关柜内部金属支架的遮挡，准确测温。巡视中不可麻痹大意，任何一个小的疏忽都是重大事故的苗头，巡视人员应当细心观察，不放过任何可疑隐患的蛛丝马迹。利用计划停电检修，认真对每一组隔离开关拉合数次。详细检查分合闸是否灵活、操作机构的传动及转动部分是否沉重与卡涩。尤其应当重点加强对导电回路的检修，检查有无扭曲变形，附件是否齐全良好，接触部位动、静触头有无氧化层及过热痕迹。动、静触头位置应当保持对称，摆动式多触片触头与圆柱形动触头接触压力应符合要求。将隔离开关缓慢合闸，动触头应当对准固定触头的中心落下，无偏卡现象。检修结束时，应当用接触电阻仪器测量隔离开关的接触电阻，其值与其他隔离开关相比不应有较大变化，一般为几十微欧。加强对隔离开关维护、风险防范、事故隔离，以保证连接安全。

3. 检查电能表　循序排故障

结合春检，协同工作，供电公司计量专业人员开展电能表安全检查。根据相关安全经验及方式方法，注重循序渐进观察和检测电能表存在的安全隐患。

计量专业人员进入变电站等现场后，注重全面观察电能表的基本状况。先对表计检查，查看有无失压、失电流指示的现象。检查三相电压、电流是否平衡，功率因数、频率是否正常。然后查看电能表接线、互感器二次线、接线端子等是否正常，有无松动、打火甚至烧毁的痕迹。

在电能表常见故障中，电压互感器的二次接线端子松动会造成二次回路电阻增大，接入电能表的二次电压值减小，从而使电能表计量数值变小。特别是在端子轻微松动的情况下，电能表接入的电压值稍微变小，对电能表盘转速的快慢的影响是不易发现的。如果电流互感器的二次接线端子松动，会造成端子处打火，进而烧毁端子或导线。现场采用校验仪、相位仪、万用表等仪器，实测电能表所接的电压、电流二次回路的相位、功率因数等是否正常。查看电能表的相序是否接错，进线与出线是否反接。按照有关规定，电压互感器"二次压降"对于Ⅰ类计量装置不能大于额定电压的25%，现场的二次回路压降往往超出此范围。如果计量二次回路中的环节、触点较多，容易发生问题。因此，对二次回路的测量应当精细，不可认为某一环节一定是可靠的，即使是接线端子，其两侧存在较大阻值的情况也会时有发生。

计量专业人员在安全检测中，注意采用横向比较的方法。鉴于现场影响计量的环节多，容易发生一些比较隐性的故障。某变电站母线电能量不平衡率正常，但该站电能计量数据和以前相比有轻微下降。经过对计量装置、二次回路检查，并未发现异常现象。比较查看该站的上级变电站提供的电量数据，线损率有时偏高。再通过调度自动化系统查看该站10kV电压曲线，从而发现问题。经检查，该站电压互感器由于老化使二次电压不稳定，更新后数据恢复正常。从这种故障来分析，如果只看站内母线电量，看不出异常，应当与其他指标进行横向比较，进而查出故障所在。

春检期间，一座新变电站投运，母线电量不平衡率一直稍微超标。该站日供电量为5万kWh左右，日不平衡电量1500kWh左右，母线电量不平衡率为3%~5%。计量专业人员到现场查看，对电能表进行现场校验，检查二次回路，均未发现异常。经过认真核对，发现了蛛丝马迹，一条10kV线路电能表显示三相电流不平衡率偏大，有一相偏低10%左右。该站无专用电流互感器、专用线，二次侧引线先进入保护装置后再进入计量表计。计量专业人员测量计量表的接入电流，再对不平衡电流进入装置前的进线电流和进入保护装置后的出线电流进行测量，经过比较发现差10%左右。改为将二次回路电流先进计量装置后再进保护装置，发现保护装置端子有氧化现象，对此及时处理，排除故障。新建变电站改为远程自动抄表，计量专业人员采取自动抄表系统分析方法，提高安全检查效率和准确度。认真分析远程抄表系统采集的有功电能量表码、无功电能量表码、电流、电压、功率因数等数据，及时发现计量安全隐患，增加科技含量，保障电能计量装置的安全运行。

4. 隐蔽电力电缆　明确措施防患

春季来临，工程渐多，敷设及安装的电缆线路得到广泛应用。由于电缆线路埋入地下比较隐蔽，运行环境复杂多样，容易引发故障。一旦出现故障，故障点不易查找，影响面较大。供电专业人员结合安全实践经验，认真开展电缆安全运行检查工作。

供电专业人员深入各有关使用电力电缆的客户现场，指导开展电力电缆故障排查防范工作，分析电力电缆故障的主要原因。电力电缆直接受外力损坏、施工损伤、自然损伤等现象时有发生。电缆终端头或中间接头密封不良或密封失效、电缆制造不良、电缆保护层有孔或裂纹、金属护套被异物刺穿或被腐蚀穿孔，导致绝缘受潮。一些电力客户对于电缆选型不当，使电缆长期过载，电缆线路靠近热源，使电缆局部或整个电缆线路长期受热而过早老化。电缆工作在与电缆绝缘起不良化学反应的环境中过早绝缘老化变质。平时对电力电缆运行维护不善、导体连接不良、封铅漏水、电缆终端头浸水变质。过负荷引起接头内绝缘膨胀，电缆中间接头爆炸。

针对存在的具体问题，供电专业人员指导电力客户采取加强电缆运行管理的安全措施，认真提高电缆的施工质量，建立好安全运行的基础。应当从改变其敷设方式和提高电缆附件制作工艺方面入手，严格落实电缆在路径选择、设备材料质量、施工工具等方面的安全要求。企业在电缆敷设时，应在投资少、检修更换电缆方便等前提下，尽量采用穿管敷设方式。注重采用玻璃钢电缆保护管，因其价格适宜、性价比高，非常适合在城镇电网建设和改造中推广使用。

重视电缆终端和接头等电缆附件的安全选用，电缆终端和接头在电缆端部制作，与电缆结合为一个整体，在施工现场安装制作。电缆施工中必须按照相关的设计制作工艺要求进行安装，保证工艺正确、严谨，认真提高电缆的安全运行管理水平，严格实行电缆线路施工的验收制度。电缆线路在投运前应按照电缆工程验收制度细化验收，特别注意隐蔽工程的验收。对电力电缆运行实行统一管理，做到人员专业化，日常维护措施落实到位，从而切实提高电缆的安全运行水平，加强电缆线路的巡视检查，健全线路管理制度，进行定期巡查。注意电缆路径附近是否有挖掘现象，周围有无腐蚀性物质，电缆路径上有无临时设施及堆放重物等。做好电缆线路技术档案管理，及时修正相关的电缆数据，确保数据的准确性。增强员工队伍的技术素质，加强对电缆专业理论和实际操作技术的基本功学习与培训，提高电缆专业理论和实际操作技术水平。注重对新材料、新技术、新工艺、新方法的推广应用，使有关专业人员及时掌握先进的电缆网络的作业技术及管理经验。

强化督促检查和实际典型案例的学习，提升人员分析问题和解决问题的能力。积极研究电缆线路故障探测技术，通过开展电缆专业全面质量管理小组（QC 小组）活动，不断探讨快速准确处理不同性质故障的方法，并应用到实际工作中。建立常态机制，有计划地、经常性地开展技能竞赛，促进电力电缆安全可靠运行。

5. 低压验电笔 误用与巧用

春检之际，供电公司用电专业检查人员深入电力客户检查电力设施情况。在 10kV 高压柜后面，用电客户的一名电工从兜里摸出验电笔，伸向高压设备。用电专业检查人员发现后，当即阻拦其手握的验电笔伸向高压设备，避免了人身触电事故。供电公司专业人员和客户电工来到该单位的工器具柜前，拿出高压验电器与低压验电笔进行比较，认真向客户电工讲解两者的共同点与不同点，加深理解和认识，避免再次发生误用危险。

在各种验电时，应使用电压等级合适且合格的验电器。10kV 有 10kV 专用的验电器，66kV 及 220kV 的电力设备各自有相应等级专用的验电器，切不可错用及误用，否则用低等级的验电笔及验电器检测高等级的带电体，会造成验电笔及验电器被击穿或者与带电体的安全距离不够而发生人身触电事故。如果用高电压等级的验电器去验低电压等级的带电体，则会发生误判断，有电会被误显示为没电，同样会造成检修及操作中的人身触电伤害。

低压验电笔的应用范围比较广泛，除电工等专业人员使用，家庭及办公场所也经常备有低压验电笔。低压验电笔的外形通常有钢笔式和螺丝刀式两种，验电笔由氖气泡、电阻、弹簧、笔身和笔尖等部分组成。低压验电笔的内部构造是一只有两个电极的氖气泡，一极接到笔尖，另一极串联高电阻接到笔的另一端。当氖泡的两极间电压达到一定值时，两极间便产生辉光，辉光强弱与两极间电压成正比。当带电体对地电压大于氖泡起始的辉光电压，而将验电笔的笔尖端接触它时，另一端则通过人体接地，所以验电笔会发光。测电笔中电阻的作用是用来限制流过人体的电流，以免发生危险。

低压验电笔用于检验低压线路、500V 以下导体或各种用电设备的外壳是否带电，以及判别低压电路是否有电。使用低压验电笔之前，必须确认低压验电笔是否正常，低压验电笔应先在确定有低压电之处测试，证明验电笔确实良好，方可使用。在未确认低压验电笔是否正常之前，不得使用，以免发生误判断。应当掌握低压验电笔验电的正确使用方法，使用低压验电笔验电时，一般用右手握住验电笔的绝缘柄部分。此时人体的任何部位切勿触及周围的金属带电物体，用手指触及验电笔上端金属体，低压验电笔测带电体时，电流经带电体、低压验电笔、人体、大地形成回路。只要带电体与大地之间的电位差超过 60V，低压验电笔中的氖气泡就发光，电压高发光强，电压低发光弱。验电笔下端的金属部分不能同时搭在两根导线上，以免造成相间短路。如果验电笔需在明亮的光线下或阳光下测试带电体时，应避光检测，以防光线太强不易观察到氖气泡是否发亮，避免造成误判断。

　　低压验电笔除可以判断物体是否带电外，还有多种用途，可灵活巧用。还能够进行低压核相，测量线路中任何导线之间是否同相或异相。具体方法是站在一个与大地绝缘的物体上，双手各执一支验电笔，然后在待测的两根导线上进行测试，如果两支测电笔发光很亮，则两根导线为异相。反之，则为同相。这是利用测电笔中氖泡两极间电压差值与其发光强弱成正比的原理来进行判别。

　　巧妙使用低压验电笔，可以用来判别交流电和直流电。在用验电笔进行测试时，如果验电笔氖泡中的两极都发光，则是交流电；如果两极中只有一极发光，则是直流电。利用低压验电笔，能够判断直流电的正、负极。将验电笔接在直流电路中测试，氖泡发亮的那一极就是负极，不发亮的一极是正极。

　　低压验电笔还可用来判断直流系统是否接地。在对地绝缘的直流系统中，可站在地上用验电笔接触直流系统中的正极或负极，如果验电笔氖泡不亮，没有接地现象，如果氖泡发亮，则说明有接地现象；其发亮如在笔尖端，说明为正极接地，如发亮在手指端，则为负极接地。例如变电站的直流系统，是对地绝缘。人员站在地上，用验电笔触及正极或负极，氖管是不应发亮的，如果发亮则说明直流系统有接地现象，若发亮点在靠近笔尖的一端，是正极接地，发亮点在靠近手握的一端，则是负极接地。但是，在带有接地监察继电器的直流系统中，则不可采用验电笔判断直流系统是否发生接地。验电笔在使用完毕后应当保持清洁，放置干燥处，严防摔碰。

　　对于低压验电笔防止误用，善于巧用，方能发挥其重要的作用，从而达到安全的效果。

6. 油断路器 严防爆炸

　　在春季安全检查中，供电专业人员针对运行的油断路器加强检查，防范油断路器造成的事故隐患。

　　油断路器也称油开关，是电力系统中的控制电器，用来切断和接通电源。供电企业的油断路器大多已经由六氟化硫断路器取代了，六氟化硫作为绝缘材料，体积只有油的四分之一，切除故障的能力却得到提高。但是，油断路器还在一些范围的应用，因此，不能忽略对其安全检测。油断路器具有很强的灭弧能力，无论系统在什么状态，如空载、负载或短路故障，当要求油断路器动作时，应当有可靠的动作，或接通或断开电路，发挥其安全作用。

　　供电专业人员在现场应注重排查油断路器故障，对各种故障及时查清原因，妥善检修。

　　油断路器如果维护不当，往往会发生爆炸。油断路器有多油断路器和少油断路器两种，主要由油箱、触头和套管组成。多油断路器中的油起灭弧作用，以及作为断路器内部导电部分之间及导电部分与外壳之间的绝缘，而少油断路器中的油仅起灭弧作用。造成油断路器发生火灾和爆炸有多种原因，当油断路器油面过低时，油断路器触头的油层过薄，油受电弧作用而分解释放出可燃气体，这部分可燃气体进入顶盖下面的空间，与空气混合可形成爆炸性气体，在高温下就会引起燃烧、爆炸；当油箱内油面过高时，析出的气体在油箱内较小空间里会形成过高压力，也会导致油箱爆炸；油断路器内的油杂质和水分过多，会引起油断路器内部闪络。

油断路器操作机构调整不当，部件失灵，会使断路器动作缓慢或合闸后接触不良。当电弧不能及时切断和熄灭时，在油箱内可产生过多的可燃气体而引起火灾。油断路器遮断容量对供电系统来说是很重要的参数。当遮断容量小于供电系统短路容量时，油断路器无能力切断系统强大的短路电流，电弧不能及时熄灭则会造成油断路器的燃烧和爆炸。油断路器套管与油断路器箱盖、箱盖与箱体密封不严，油箱进水受潮，油箱不清洁或套管有机械损伤，都可能造成对地短路，从而引起油断路器着火或爆炸。

供电专业人员在对油断路器检修中，严格采取安全措施。注意保持油断路器的转动部分灵活，纠正卡涩及变形现象。注重对油断路器的灭弧系统安装合理到位，确保上下不错位，灭弧室应当无电弧烧伤开裂等现象，中心孔径直径符合具体要求。静触头的方位应安装正确。仔细分析静触头铜钨合金块的烧损程度，对于烧损大于三分之一的有效面积则应当更换。动触头的行程必须符合规程要求，注重维护动触头表面光滑平直，镀银层完好，铜钨合金头应拧紧，触头不出现严重烧损现象。油断路器的三相不同期距离应当小于规程要求，断路时间及合闸时间需要符合规程要求。跳闸连杆调整合理，油断路器保持所需的工作状态且能可靠跳闸。绝缘筒注重保持完好、不变形，胶木环保持完整。断口各部分密封垫圈维护完好，达到不渗油。触指弹片调整完好、接触压力适当、弹片定位可靠。维护触座上的逆止阀良好，达到动作灵巧。

在油断路器运行中，注意观察油面必须在油标指示的高度范围内。对于发现漏油、渗油、不正常声音等异常情况，应立即采取措施，必要时停电检修。严禁在油开关存在各种缺陷的情况下强行送电，保障油断路器不发生爆炸等事故。

7. 入春防雷　雷厉风行

入春之后，雷电现象逐渐多起来了。供电人员应注重及时开展防雷工作，防范雷电对安全危害。

雷电是一种自然放电现象，进入惊蛰节气以后，雷电现象逐渐增多。往往发生雷击房屋、电力线路等设备，严重损害设备并危及人身安全。供电人员认真分析雷电分类，注重相应防护并采取措施。雷电主要有直接雷、雷电感应、雷电侵入波三种方式。

直接雷主要表现在直接击中电力线路、避雷针、建筑物或构筑物，直接雷的危害最大，放电时往往会产生高达几百万伏的电压和数百千安的电流。雷电感应则分为静电感应和电磁感应。静电感应是由于雷云接近时，使架空线路感应出与雷云电荷相反的电荷，当雷云放电后，感应电荷失去束缚，产生很高的电压，并以雷电波的形式高速传播。电磁感应是由于发生雷击时，雷电流在周围空间产生迅速变化的强磁场，在附近的金属导体上感应出很高的电压形成的。雷电侵入波的主要状态是由于雷击、在架空线路或空中金属管道上产生冲击波电压，在沿线路或管道的两个方向迅速传播，危害也很大。

供电专业人员及时提示用电客户，提前安装和维护防雷装置，主要防雷装置包括接闪器、引下线和接地体。避雷针、避雷线、避雷网、避雷带等构成防雷装置，其中避雷针主要用来保护露天下的配电设备、建筑物和构筑物，避雷线主要用来保护电力线路，避雷网和避雷带主要用来保护建筑物，避雷器则主要用于保护变压器。其中避雷针尖应当为紫铜质，与钢管连接均采取热镀锌工艺。引下线采用 φ8mm 以上圆钢或 12×4mm 以上的扁钢，装置在厂房等建筑物上的引下线用 φ12mm 以上圆钢或 25×4mm 以上的扁钢，引下线也可采用暗敷，但截面积应加大一倍。接地体的接地电阻不应大于 10Ω，内部金属物等也应接地，其接地电阻不应大于 5Ω。安装避雷器时应当尽量靠近变压器，要求其接地线和变压器低压中性点、金属外壳的接地线连接在一起。为便于检测和维修，避雷器通常装在隔离开关或跌落式熔断器后面，一般安装的跌落式金属氧化物避雷器，为方便专门机构检测时操作用。

供电公司认真组织变电运维专业、输电运检专业以及配电运维专业开展电气设备和电力线路杆塔防雷电工作，检测、检查接地网、电力线路杆塔防雷器等装置，规范防雷减灾安全管理，最大限度减少雷电灾害事故发生。对于一些变电站、线路等设备位于雷电多发的山坡地带、春季雷电频繁等情况，供电公司与该气象部门加强沟通，提前谋划，成立防雷电袭击保电网安全领导小组，并制定年度雷雨季节运行方式、防雷电措施和预案以及雷击事故抢修预案。实行电网全过程防雷预控措施的跟踪管理，做好防雷保护设施的维护、预试、测量和投运，及早实施防范雷害的安全准备工作。

8. 细节避雷　全面行动

随着气温回暖，山区春雷不断，极易导致电力设备遭遇雷击，影响正常电网设备安全运行。一阵春雷过后，工厂用电客户一台变压器被雷击坏，导致全厂停电，造成停产3天。经供电公司帮助调查得知，此次雷击事故的主要原因是该工厂用电客户的10kV配电变压器台上的避雷器长时间未检验，加上运行维护条件差，造成避雷器失效，导致变压器失去保护而发生事故。

供电公司深入进行春季电力设备防雷设施专项检查，加强设备排查工作，防止雷击损坏设备。加大防范雷电的检测力度，按照预案对变电站、线路、配电变压器等设备进行巡视、检测、维护和检修。加强对用电客户防雷工作的安全技术指导与督促，组织人员对线路等设备进行接地电阻测试和高低压避雷器检查。根据收集的数据及时判断设备健康水平，确保设备安全运行。

供电专业人员针对10kV配变避雷器现场检验存在的不利因素，注重合理安排检验时间，避开生产检修高峰期，防止检验超周期或漏试，分点、分面协调安排。配变避雷器在检验过程中，容易受到空气湿度、表面脏污等外界情况影响，对检验分析、判断带来困难。因此应选择晴好天气进行检验。检验中注意保持避雷器表面的清洁干燥，避免外瓷套表面泄漏电流影响检验结果，防止误判断。认真选择合适的限流电阻，在普通阀型避雷器的工频放电检验回路中，注重选择合适的限流电阻来控制放电电流，避免避雷器因不能自行灭弧而导致间隙烧坏。对其阻值的选定以放电电流控制在0.7A左右为宜，如果限流电阻阻值选取过小，会导致放电电流过大，容易损坏避雷器间隙；若限流阻值选取过大，则易导致将工放电压偏低的避雷器误认为合格。对于同一避雷器前后两次工放检验间隔时间不宜过短，从而让间隙有充分的时间游离。在应用机械表计测量工放电压时，控制升压速度不宜过快，防止因表计惯性造成读数误差。

供电公司加快进行电力线路等设备氧化锌避雷器的检测及维护安装工作，通过技术改造，努力减少雷击对电网安全运行带来的危害。氧化锌避雷器因其优良的电气性能，逐步取代了普通阀型避雷器。新投运的氧化锌避雷器的第一次检验周期不宜过长，防止出现缺陷的氧化钵避雷器继续运行，危及电网和配变安全。10kV配变氧化锌避雷器一般密封相对简单，防潮能力相对薄弱，一些质量及工艺较差的避雷器，受潮性质缺陷的概率较高。对于无间隙氧化锌避雷器，采用直流1mA下的临界动作电压及75%该电压下的电流两项指标检验，及时发现避雷器是否受潮而存在的隐患。

防雷工作，全体行动。供电专业人员认真落实电网防雷整治计划，采取全面防雷技术措施，着重在"防"字上狠下功夫。针对山区线路在雷雨季节易受雷击导致线路跳闸的实际情况，采取技术措施提高线路的防雷、耐雷水平。有针对性地制定实施线路防雷方案，主动出击避免雷电对输电线路造成伤害。规范安装避雷器，减少线路雷击跳闸次数，在作业前开展现场勘查，工作负责人结合现场实际情况，分析施工过程中的危险点。实施专业化接地装置降阻改造，开展线路防雷整治，结合春季检修，对易遭雷击段的线路杆塔进行

"立体式"防雷整改，检查设备的接地电阻是否符合标准、避雷装置是否运行正常。及时遥测接地电阻，对不合格、严重锈蚀的线路接地网进行开挖和改造及更换。通过落实设备责任制、编制防雷卡，逐一对设备开展全面检查，将所有工作情况的防雷工作信息及时录入管理系统，推动防雷工作向纵深推进。

9.　灯具有隐患　使用应规范

灯具经过使用一段时间后，出现安全隐患问题，在处理客户报修中，因灯具造成的用电故障，占有一定比例。

用电检查人员对于用电客户使用灯具的安全问题，加强调研和检查指导，提醒如果灯具安装、使用不当，会伤害人的眼睛、引发火灾、触电等事故。购灯具后，应当仔细看清灯具的标记，阅读安装使用说明书再进行安装。应严格按说明书的规定安装使用灯具，否则会有发生危险的可能。若灯具的安装复杂，为避免出现安全事故，最好请售后服务人员或请专业电工安装。厨房和卫生间是家庭的易潮湿场所，普通灯具在这样的场所使用，易导致生锈、掉漆，还会缩短使用期限。家庭卫生间、浴室的灯具及厨房的灶前灯，应安装防潮灯罩，以防止潮气入侵，避免出现锈蚀损坏或漏电短路。对于可能直接受外来机械损伤的场所，应采用有保护网罩的灯具。功率在 100W 以上的电灯，不准使用塑胶灯座，必须采用瓷质灯座，灯具附近导线应采用瓷管、石棉、玻璃丝等非燃材料制成的护套保护，不能用普通导线，以免高温破坏绝缘，引起短路。灯具镇流器与可燃物应当保持距离、注意通风、干净。日光灯的安装应当与可燃吊顶等物保持一定的安全距离，良好的散热通风条件。经常清扫镇流器、启辉器等部位的灰尘。镇流器与灯管的电压和容量必须相同、配套使用。不准将镇流器直接固定在可燃天花板或板壁上。控制灯具的开关应装在相线上，螺口灯座的螺口必须接在零线上。开关、插座、灯座的外壳均应完整无损，带电部分不得裸露在外面。需接地或接零的灯具金属外壳，应有接地螺栓与接地网连接。农村及城镇公用电网客户接地，其余客户接零。各种照明灯具与可燃物之间的距离不应小于 50cm，电灯距地面高度一般不应低于 2m，如果必须低于此高度时，应采用必要的防护措施，如在灯上套装金属网罩等保护。严禁用纸、布或其他可燃物遮挡灯具，电灯的正下方，不应堆放可燃物。对各种照明灯具、灯座、挂线盒、开关等零件经常进行检查，发现接触不良、漏电、过热等现象，立即请专业电工维修。暗装灯具及其发热附件周围应用石棉板或石棉布等不可燃材料，做好防火隔热处理。安装条件不允许时，应将可燃材料刷以防火涂料。

灯具使用一段时间后，若发现灯管启动不亮、灯管两端发红、灯管发黑或有黑影时，应及时更换灯管，更换的灯管光源参数必须与原管完全一样，否则不但发光效率降低，出现镇流器烧坏等不安全现象，而且还会因灯光不停闪烁，伤害人的眼睛。所有灯具在启动瞬间，通过灯丝的电流都远远大于正常工作时的电流。因此灯具启动时，会使灯丝温度急剧升高加速升华。如果频繁开关灯具，会大大减少其使用寿命，因此要尽量减少灯具的开关次数。注重定期清洁和保养，如果不对灯具及时进行清洁、保养，灯具和灯罩上面会聚积大量灰尘，造成危害，导致亮度降低，灯罩蒙尘而日渐昏暗若不及时处理，平均一年降低约 30% 的亮度。灯具上的灰尘过多，影响灯具及灯具配件的正常散热，导致温度升高，破坏灯具配件的绝缘，造成短路，产生高温，使积聚在灯具配件上的灰尘以及周围可燃物烤焦，缩短使用寿命甚至引起火灾。因此灯具和其他电器相同，只有定期清洁和保养，才能保持灯具的亮度，延长灯具寿命。清洁保养灯具，需要注意安全，灯具不能用水清洗，以干抹布沾水擦拭即可，若不小心碰到水要尽量擦干，特别小心不能让灯具配件内进水，否则会引起短路。切忌在关灯后立即用湿抹布擦拭，因为电灯高温遇水易爆裂。清洁维护灯具时，应注意不要改变其结构，不能随便更换灯具部件。清洁维护结束后，应按原样将灯具装好，不要漏装、错装灯具零部件。正确维护使用灯具，确保灯具在使用电过程中的安全。

10. 部署春检　集约管控

随着春季的来临，春检工作逐步展开。基建施工项目陆续复工，现场作业安全风险增大。供电公司召开春季安全生产大检查动员会议，通报近期安全生产情况，分析面临的形势，强调近期安全生产工作要求，部署春季安全生产大检查重点项目，切实维护安全生产稳定局面。

各专业人员迅速行动，深入开展安全大检查，全面排查风险隐患，加强"三集五大"体系建设安全保障。以防止大面积停电、人身伤亡、重大设备损坏和恶性误操作为重点，强化安全组织、责任落实、监督管控和闭环治理，确保春季安全生产有序、安全局面稳定，为迎峰度夏和全年工作奠定基础。加强春检工作的计划安排和组织落实，强化各专业协同配合，统筹技改、检修、预试和施工。减少电网停电时间，减少和避免临时工作，杜绝无计划作业。巩固深化作业风险全过程管控，完善计划编制、承载力分析、现场查勘、标准化作业等环节措施。合理安排检修作业任务，严格执行领导干部和管理人员到岗到位要求。

供电公司针对检修作业、基建施工、电网运行管理等实际情况，注重严格执行检修作业"两票三制"，加大现场违章查纠力度。明晰变电站无人值守工作界面，加强倒闸操作管理，落实防误操作管理规定。落实基建施工现场防高空坠落、防坍塌措施，强化工程建设、农网改造、配电网等建设。注重完善施工现场安全技术措施，严格执行安全规程。强化电网运行方式风险分析和安全校核，梳理电网薄弱环节，抓好风险预控，合理安排城市电网及重载变电站供电方式，加强运行变电站作业看护，强化变电站安全隐患排查。

针对春季天气特点，各专业认真落实设备运维管理责任制，强化归属地化责任防护机制，加大春季防外力破坏治理力度。落实人防和技防措施，有效减少外力破坏引发的电网和设备事件。梳理迎峰度冬设备运行暴露的问题，深化设备隐患治理。加强春季变电站、输电线路、通信系统防雷接地、保护设备检查。抓住春检有利时机，充分利用带电检测和监测技术手段，开展设备隐患深度排查。

在春检中注重加强安全教育培训工作，组织人员进行春检开工前安全教育，结合春检工作计划和安排，有针对性地开展《电力安全工作规程》培训。强化安全警示教育，开展典型事故案例分析，结合"五大"体系建设和变电站无人值守改造，加强对转岗、换岗、新上岗人员的安全教育和技能培训。推进安全管理能效提升活动，抓好春检预试阶段工作，适时开展专项安全督察。加强电网、基建、农电、供电等各领域风险管控，加大安全组织、责任落实、督导检查和闭环整治力度，确保各项措施和要求严格执行落实。集约化实行电网运行管控，防止大面积停电。实行安全生产"五个加强"即加强现场作业安全管理，防止人身伤害；加强设备运行维护，防止重大设备损坏；加强工程建设安全质量控制，防止工程遗留安全质量问题；加强营销供电安全管理，防止用电客户故障影响电网安全；加强农网改造和农电企业安全管理，防止发生农村触电等事故。春检工作周密安排，统一行动，忙而不乱，有序推进，确保安全和质量效果。

11. 预先准备　细化春检

春分之际，乍暖还寒，春检工作拉开了帷幕。春检实行早调查、早培训、早准备的方法，促进春检现场作业的安全顺畅。

供电专业人员进行变电站 3 号主变压器设备的检修试验和防污作业，更换高压侧 B 相避雷器的钢杆。供电专业人员在现场认真更换变压器吸湿器的硅胶，注重细节和检修质量，供电公司就提前部署，早做准备。运维专业人员对设备进行了地毯式记名巡视检查，建立了春检设备隐患数据库，把全部安全隐患编号入库，做到有备而战。需要调查主变压器储油柜的吸湿器是否受潮，为保证变压器油不受潮变质，需要定期更换吸湿硅胶。提前对设备调查摸底，保证春检作业有的放矢。

在主变压器高压套管附近，供电专业人员身系安全带，熟练操作。某些新员工经过扎实的安全生产培训，解决了技能生疏、经验不足等问题。春检前组织签订师徒协议，开展"安全结对传帮带"等活动，年轻员工加快提高了安全业务技能，纷纷成为检修现场合格的多面手。试验专业人员准确接线，细致检查电源，操作能力过硬，许多新员工成为春检现场的主力。

在高压侧避雷器附近，供电专业人员紧张进行更换 B 相避雷器钢杆基础的施工。一台吊车进行起重作业，吊臂将陷入地面 3m 深、重达 13t 由钢筋混凝土制成的钢杆基础逐渐吊离地面。在供电公司春检之前，巡视中发现这根避雷器的钢杆有冻裂迹象，进行临时加固，利用春检停电的机会，对避雷器钢杆及基础实施更换，避免造成更大的危险。春检作业前 15 天，检修人员就联系厂家建造基础，春检作业中只需把新钢杆换上去便可。提前预置，极大缩短了停电工作时间，提高春检安全效率和效能。

供电公司加强春检安全生产管理，细化分解安全供电任务，层层落实人员目标责任，注重为全年安全生产工作奠定扎实基础。针对各项生产工作陆续展开、安全生产任务繁重等实际情况，注重以人为本，做好源头工作促安全，细化预案提效率。认真查找员工队伍中安全思想薄弱环节，从强化安全教育入手，认真开好班前会，组织员工预先上好安全课，提高员工安全及风险防范意识，从思想源头上筑牢安全生产堤坝。注重加强施工现场的安全管控，做好危险点分析与预控，严格实行到岗到位制度，检查督导现场作业的标准化、规范化执行情况。尤其注重掌握作业人员的思想状态，主动揭示"安全短板"，实行安全技术措施融合思想政治工作，形成合力，确保施工作业的安全。增加巡视、测温次数，预先掌握设备运行状况，春检中注重精确消除安全隐患。认真结合往年负荷高峰时段电网运行情况，梳理安全生产方面存在的问题。从现场执行规制、现场安全管理等方面深入分析和防范不安全现象。科学安排春检的进度、停电计划、质量监督等管理流程，确保春检期间安全生产可控、能控、在控。

12. 完善配电网　精益化检修

春检任务繁忙，电力设备点多线长面广，尤其是配电网分布错综复杂，重要客户多而分散。供电公司在春检中认真总结安全经验，确保重要客户和居民安全用电，强化检修计划刚性管理，实施标准化春检作业，充分利用监控系统强化安全监督管理。加大检修力量和检修装备的投入，尽最大可能缩小停电范围，减少施工时间。对公用配电线路实施超声波检测，实施 10kV 架空线路状态检修和设备单元评价。充分利用科技手段，注重解决线路故障查找时间长、难度大等问题。

供电公司结合地域和气候特点，在春检中着重抓好配电网防雷、防污闪和防汛抗台风等工作。春季雷雨天气多发，集中开展春季设备防雷、防污闪排查专项活动，对重点部位的防雷设施进行预防性实验，全面普测线路接地网。抓好组织领导、强化防御措施，开展设备隐患自查消缺整改工作。重点对位于风口段、低洼处、河道边、半山坡等易受雨水冲刷的杆塔进行检查。尤其对线路和杆塔防风拉线进行加固，并组织人员及时对线路走廊内的超高树木进行清理。

在配电网春检中，供电公司注重打造"高效型、集约型、平安型、节约型"春检现场。严格按照电网运行风险管控要求，梳理、分析、评估春检主要风险点，逐项制定管控措施。对作业风险进行全过程管控，对每个作业现场进行风险分析和风险评级，加强计划编制、班组承载力、现场查勘等措施分析，合理安排检修作业。对技改、检修、预试和施工进行统筹，并规范临时停电，提高检修效率，减少停电户数。春检中引入"二十四节气表"，增强春检计划刚性管理，促进精益化检修。

供电公司针对春检中的重点、难点、热点，结合配电网人员"素质提升"活动，加强安规和标准化作业全员培训与考核。按照上级部署，对事故隐患排查治理工作开展情况进行严格督查。加强对重要线路通道的巡视，通过智能一体化现场管控平台加强稽查，提高安全管控频度和力度。推进安全管理职责、流程、制度、标准、考核"五位一体"要求的有效落实。配电网春检任务多、现场复杂、安全监督难度大，对此供电公司成立安全巡查队，开展督导和检查，及时对一些安全违章行为进行告诫和查处。严格落实各级人员安全生产责任制，强化管理人员到岗到位，着力推进安全生产标准化建设，加强安全技能培训，综合运用调考、竞赛、比武等形式，提升培训的质量和效果，切实增强各级人员安全生产意识和素质。结合春检特点，加强作业人员安规培训和典型事故案例分析，找出差距、拓宽视野、部署学习、自查整改、督查验收。通过设备状态评价、检修决策等手段，按照"应修必修，修必修好"的原则，适时开展巡检、维护工作，推广状态检修方法。适应广大用电客户对供电可靠性和优质服务的更高需求，注重完善配电网架结构，提升整体安全供电能力。

13.　检测工器具　配置急救箱

春检在即，供电公司安排提前进行安全工器具试验工作。高压试验室里各种各样的试验仪器排列有序，电气试验专业人员开始编制春检安全工器具试验工作计划，及早落实试验工作任务。试验专业人员将准备试验的绝缘操作杆依次挂在设备上，准备工作就绪，红灯亮起，所有人员撤离到安全区，设备开始加压，绝缘杆发出"嘶嘶"的声音。随后试验专业人员拿起一台红外热像仪，对着设备观察试验，每试验一批结束后，试验专业人员便贴上相应的电子标签，实行严格规范试验管理。

在试验过程中，偶尔会检测出不合格的工器具。这些不合格的工器具，如果流入到春检操作现场，就会发生人身触电等严重的事故。对于检测不合格的工器具，一律停止使用，禁止进入春检现场。由于试验专业人员的严格把关，春检才能安全顺利开展。试验专业人员用锯条将不合格的安全工器具锯成很多小条，逐一进行比较，不合格的绝缘杆，表面看不出来，对其加压后，瞬间便炸开。试验专业人员注重分析，不合格的安全工器具由很多种原因造成，有的因为含有杂质，有的因为制作工艺不精，应注重研究其中内在因素，延伸源头控制。高压试验专业工作人员对于数万件绝缘手套、绝缘靴、绝缘杆等安全工器具进行"体检"，不让任何一件不合格的安全工器具在春检现场"带病上岗"，以保障现场作业人员的安全。

供电公司制定、完善、实施工器具安全管理办法，并明确规定工器具的使用和维护制度。在对工器具的实施检测中，组织专业人员严格按照相关安全规程规定，对不同电压等级、不同用途的各类安全工器具逐一试验检测。试验专业人员通过试验排查，对不合格的安全工器具按照规定进行淘汰，认真消除安全操作隐患，为实现安全春检奠定基础。

除认真做好安全工器具的检测及排查工作，供电公司还专门为春检现场准备和配置急救箱及医药保健箱，分别发送到生产专业一线班组，认真落实安全工作规程总则中的相关规定。供电公司在配置急救箱的基础上，还增加了一些保健用品，配备了电子血压仪、感冒药、消炎药、创可贴、医用棉签、纱布、脱脂棉及消肿止痛等药品。针对春检现场环

境气候恶劣、员工野外工作条件艰苦等情况，为基层员工提供安全健康服务，关爱与呵护基层班组员工，主动为安全健康排忧，补充和完善备品，增强春检安全工作的装备实力和凝聚力。

14. 预防破坏 关口前移

正值春季，随着天气转暖，一些工地陆续开始施工，各类施工作业明显增多，外力破坏事件时有发生，威胁电网安全运行。

供电公司组织人员认真分析造成电网设备外力破坏事故的原因，将防范外力破坏作为一项系统工程，注重从控制、预防和减少日常不安全行为做起，且从机制建设和供电环境方面入手，加强相关配套工作。组织专业防外力破坏队伍，明确目标、落实责任、完善预防机制。主动与地方政府形成沟通协调机制，积极争取地方政府支持。建立健全护线机制，将防范外力破坏举措纳入政府部门的重点工作。积极协助相关职能部门开展专题研讨会、座谈会，提高防外破协作能力，实行政府与企业高效联动。建立防外力破坏预警机制，积极主动与在输电线路防护区内施工作业单位、相关集体企业等开展座谈、现场勘察分析，强化防范意识，签订安全协议。供电公司通过联动、互动，提高防外力破坏工作的实效性。

在营造良好的供电环境方面，供电公司增加特巡、夜巡次数，缩短巡视周期，提升巡视质量。组织专人对重点线路、地段、施工现场进行排查，并有专人监护，与工地施工方签订施工安全责任协议书。增设警示牌、警示标语，遏制大型作业车、吊车、搅拌机、挖掘机、翻斗车等车辆和机械在线路下方违章施工作业。加大保护输电线路、防外力破坏宣传力度，在全社会努力营造良好的供用电秩序。

供电公司实行防外力破坏管理工作关口前移，注重着眼全局，构建"大安全"格局。针对春季农村一些群众对电力线路防护意识淡薄、在电力设施保护区内植树等行为，供电公司与各乡镇签订"电力设施保护安全责任状"，各乡镇与各村委会签订"电力线路通道安全运行协议"，把各方保护电力通道安全的责任和义务用合同的形式确定下来。强化管理，认真履职，采取主动防护措施，变被动清障为超前防范。强化政企联动，规范内部管理。各基层供电站按照归属地管理的原则，与各台区管理员签订"供电线路通道树障、房障属地管理安全责任状"，强化内部考核，兑现奖惩。积极发动广大群众，加大对电力设施保护的宣传力度。层层行动，形成全民参与、上下联动、齐抓共管的态势。各村由村委会主任牵头，安排群众护线员组成巡查小组，发现威胁供电线路安全等情况立即制止。防外力破坏实行常抓不懈，强化电力通道安全管理，形成一项常态工作，在平时和特殊阶段都得到高度重视。供电员工充分利用平时抄表和巡线的时机，深入居民区和田地，会同乡镇及村干部，广泛宣传《电力法》、《电力设施保护条例》以及《电力安全宣传挂图》等内容，为村民植树等活动当好安全参谋，最大限度避免危害电力线路安全的事件发生。

15. 特巡小组行动 动态防范外破

供电公司组成特巡小组展开春季安全巡查工作，严防供电线路遭受外力破坏。公司为特巡小组配备专用巡视车，特巡小组对跨越高速铁路、高速公路的施工现场以及线路下方的大棚、树木、建筑工地等重点地段，建立隐患排查"一患一档"工作制度，保留影像档案资料，及时更新线路防护区隐患排查表，实行动态管理。特巡小组负责人每周到现场抽查和处理重点防护区问题，随时监督考核班组防护区管理情况，及时发现多个隐患点，现场紧急制止施工机械车辆，避免多起吊车碰线事故，及时送达隐患整改通知书，对存在隐患的单位加强督导，签订安全协议，在现场安装警告等标志。在流动巡查中，特巡小组及时发现线路堆放杂物等危险情况，对于经销商堆放的化肥把变压器台圈起来的危险行为及时制止，避免发生人身触电及设备停电事故。

特巡小组每到一处，都注重开展线路防护宣传，提醒广大群众注意保护电力线路，以免引发人身触电事故，保障电力线路的安全稳定运行。特巡小组将中国电力出版社出版的《电力安全宣传挂图》在闹市区和村镇展示宣传，简便易行、内容规范、通俗易懂，吸引广大群众观看和咨询，将安全知识普及到群众中。特巡小组还在《电力安全宣传挂图》上标注特巡小组人员工作联系电话，粘贴在各个施工场地的大型机械、车辆上，增强宣传与联络沟通效果。

防外力破坏特巡小组加大对电力线路的防外力破坏工作力度，深入线路防护区附近的施工工地、工厂、特种车辆集散地以及线路周边的大棚、火源区域等，广泛开展电力设施保护宣传活动。针对棚户区实施改造，周围搬迁的居民越来越多等情况，不断加强沟通和联络，及时掌握电力设施附近的动态状况。上门和拟建、在建房的居民、企业用电客户及时沟通，认真讲解安全用电知识并签订电力设施安全保护责任书。

对于大型开挖工地，特巡小组指定工地电力设施保护安全责任人，签订安全协议，并且注重巡查督促。将电力设施保护宣传车开进现场，悬挂宣传挂图，讲解安全要点，让施工人员通过直观的画面了解破坏电力设施的危害及应当采取的安全防护措施。特巡小组走上街头、小区、走进校园社区，开展安全宣传防护效果。

16. 督察现场 安全操作

春季检修作业点多面广、项目复杂，供电公司加强施工现场管理，集中治理违章操作等隐患。

供电公司召开现场会议，分析总结施工现场作业情况，强化施工现场安全标准化管理，推进春检项目按时保质完成。供电公司成立检查组，加强施工作业现场的安全督察和安全督导，全面加强春检现场安全管理。针对现场安全细节中的不足之处，及时制定有效措施，促进落实人员安全，确保各项作业安全有序开展。注重做好现场前期准备工作，把好施工现场资质、安全措施审核关。做好队伍的现场安全培训工作，提高人员安全意识。

　　针对春检任务繁重等实际情况，以安全规程为依据，细化设施安全举措，有针对性地制定安全管控方法，明确打好临时拉线、在特殊地形条件下无立杆补充措施不准立杆等具体控制措施。根据实际情况，因地制宜采取安全施工方法，注重针对性。检查组对于违章作业及时阻止，开展作业现场安全隐患排查治理，认真做好春检安全工作。

　　供电公司注重健全作业现场安全管理体系，细化落实关键环节的安全管控细则；现场作业严格执行"两票三制"安全规定，落实停电、验电、装设接地线、使用个人保安线、装设安全遮栏、围栏及悬挂警示牌等安全技术措施。尤其加强分散、小型作业现场安全组织管理，严格履行现场勘察等制度，针对春检倒闸操作频繁等实际情况，重点防范发生误操作事故。在电力系统的春检等工作中，倒闸操作是一项经常性和常规性的工作，也是易出现事故的工作。倒闸操作过程中，一旦发生事故，就会造成人员伤亡、设备损坏、电网瓦解等各类事故发生，因此供电公司采取一系列有效措施，加强对电气安全操作的"可控"、"能控"、"在控"，重点控制人的素质和行为，保证措施规定有效可行。供电公司着重防止电网倒闸操作的误操作事故发生，完善制定实施运行安全操作管理流程。在操作票上统一编号，未经编号的操作票不准使用，领发操作票时，工作负责人认真做好登记，班组填写操作票按照编号顺序依次使用。在执行倒闸操作中，对于操作一项或多项因故停止操作的情况，实行在已执行项右边空白处注明中断操作的原因，并盖"已执行"章，按已执行的操作票处理。作废的操作票则盖"作废"章，并在备注栏内写明作废原因。采取电气操作具体安全管控方法，电气操作人员提前在雷雨天、大风天等恶劣气象以及线路开关跳闸等情况时，分别按照防范事故的预案，对于发现的问题及时采取措施消除。对于发现有可能或已经威胁设备安全运行时，果断采取措施。实行安全操作管理流程及细则，组织运行专业人员开展"反事故"演习及竞赛等活动，提高运行值班人员安全处理能力，增强运行人员的安全操作技能。供电公司有计划、有目的、有针对性地对运行人员加强安全教育，维护春检及日常电网的安全稳定运行。

17. 创新管理方法　推进安全高效

　　春检期间，电网倒闸操作和检修作业频繁，临时方式、检修方式较多，检修、预试等现场涉及的安全问题增多。供电公司针对变电和配电线路等检修作业特点，开展"设备档案"验收监督、印制应用"安全提示"手册、评选"安全标兵"等安全活动，安全工作方法新颖务实，提高安全管理成效。

　　在春检现场，供电专业人员有条不紊地更换跌落式熔断器，安装隔离开关，认真进行春检计划表核对及现场检查确认工作流程，实行春检项目达标交接制度。相关人员在春检工作评估表中写下鉴定意见，实行设备档案交接。供电专业人员在现场建立"设备档案"，成为春检工作的一个必备环节，供电公司设立春检"设备档案"，由运行专业对检修专业的春检结果进行鉴定。将检修过程各环节及结果评估情况记入鉴定表，由工作负责人、各环节责任人、鉴定人签名确认，并记入"设备档案"。确保春检工作一环扣一环，每项业务有复查、每次复查出鉴定、每份鉴定有效力。

　　"设备档案"起到了春检现场的详细记录和严格监督等作用。对评估方和被评估方实行责任追溯制度，增强安全责任心和安全技能，发现了一些原来很难发现的细节问题。供电公司还通过自动化办公系统、悬挂提示牌等方式，确认春检安全生产细节，规范检修作业流程，时刻提醒员工注意安全检修，严格管控作业风险，认真分析危险点，落实全过程执行专人监护制度。做到事前分析、事中监督、事后总结的有机结合，以刚性管理确保各项安全措施落到实处。

　　供电公司在实行"设备档案"流程的同时，配套印发《安全提示手册》，春检现场，检修专业人员每人携带一本《安全提示手册》。《安全提示手册》包括安全保障工作要点、现场安全工作要点等内容。针对新设备投运多、设备状况复杂等实际情况精确修订，对所有电力线路的交叉跨越、临近带电线路、接地线夹安装位置、重要客户联系方式及供电方式等数据逐一修订完备。准确提供、提示线路的运行方式、负荷匹配等技术参数，成为春检中一线员工在现场的安全帮手。《安全提示手册》的内容注意十分重要的细节，确保检修的时候解疑释惑，规避风险，作业时便于员工带在身边，实用、管用、好用。

　　在变电站设备区内，检修人员正确判断一处发热点。进行隔离开关检修的员工，发现隔离开关母线侧线夹有过热变色现象。经过初步检测，立即进行拆除、清扫、打磨等工序，妥善处理故障点。这名员工凭借娴熟的技巧和准确的判断，被评为当天的"安全标兵"。在春检工作现场，能够及时发现和处理好缺陷，需要高度的责任心和过硬的技术。在春检工作中，供电公司推出了春检现场"安全标兵"评选活动，每个春检现场在每天的收工会上，根据检修人员当天工作量、缺陷发现率和缺陷处理效果等指标的综合成绩，评出"安全标兵"。供电公司根据推广安全管理经验，鼓励员工安全、优质、高效完成各项施工作业任务，促进提升队伍安全生产整体素质。

18. 安全多措并举　履责到岗到位

　　春检期间，电网运行方式变化大，安全生产和有序供电的风险高、压力大。因此，供电公司强化安全风险管控，严格落实安全生产责任制，确保每个生产现场组织到位、措施到位、责任到位。强化综合检修全覆盖，统筹安排基建、技改、大修、反措等工作，综合协调发供电和客户设备之间、一次、二次设备层次的检修工作。统筹安排停电检修和到位监督等各方面力量配合，实行每项春检工作监督到位、不留死角。

　　供电公司注重强化计划刚性管理，加强对非计划停电的控制与考核，避免临时停电和追加停电等非计划停电。强化检修质量管控，应用电网安全诊断分析结果，深入排查电网运行的薄弱环节和安全隐患。落实隐患排查治理措施，明确实施设备"零缺陷"等目标，推广使用标准化检修工艺卡，提高安全检修质量。

现场专业人员根据春检计划中倒闸操作、安全布防、安全措施、人员管理等多个环节，认真做到到岗到位，突出抓好春检现场安全技术管理，消除一线安全作业隐患。做到提前勘察现场到位，根据停电计划认真分析作业危险点，有针对性地制定实施安全组织措施和技术措施。实行"两票"执行到位，规范安全布防措施。实行现场操作监护到位，确保操作任务清楚、危险点清楚、作业程序清楚、安全措施清楚。实行现场安全把关到位，充分发挥监督体系作用，强化检修现场标准化作业。实行技术培训到位，组织员工进行岗位培训，将培训实效化。实行消缺检修复查到位，检修工作结束后全面复查修试设备，并对设备运行情况进行摸底，全面掌握设备运行状况。

春检中认真对 220kV 主变压器、线路等设备进行试验、防污闪、消缺工作。组织运维人员深入开展了春检专项隐患排查工作，确保输电、变电、配电等电力设备安全运行。注重全面排查管理违章、装置违章、行为违章等行为，严格落实安全规章制度和措施。针对春季动物活动频繁特点，对变电站控保室、电缆室、电缆沟、端子箱等生产区域封堵严密，不留死角。对各变电站电围栏、红外报警装置、消防报警装置的运行状况，进行细致检查。对消防器材进行及时维护、更新、补充，防范火灾发生。在春检现场结合实际，及时进行安全生产培训。积极开展"防人身事故、防误操作、防火、防污、防线路对树木放电"的安全防范工作。提炼安全工作经验，推进安全教育入脑、入心、入亲情，提升全员安全意识，增强安全生产的软实力。采用工作现场提前勘察和看板管理，主要负责人和分管负责人注意科学安排各项春检工作、审查各项停电方案和安全措施，到施工现场组织工作。各级管理人员与现场工作人员同时到达现场、同时参加开工会、同时离开现场。现场检修人员在工作前认真检查是否误走带电间隔或运行线路、接触的设备或导线两端是否悬挂接地线、工作所用工器具检验是否合格。供电专业人员按照春检计划，多措并举，保障安全。

19. 清理树障　源头治理

一年一度的春季植树高潮渐渐到来，供电公司提前与供电区内各乡村签订"保护电网、和谐绿化"安全协议，认真解决电力线路保护区内的线树矛盾，共同保护电网安全稳定运行。针对田间、路旁生长着很多茂盛的树木情况，供电公司开展电力线路通道清障工作，注重与群众深入沟通，修剪违章树木。在新闻媒体上发布清障通告，组织宣传小分队到乡镇、集市及树苗买卖市场进行电力设施保护宣传，从源头入手，做好群众的思想工作，避免群众在线路走廊栽种树木。

供电人员注重从源头化解树线矛盾，主动向卖树苗商贩和前来购买的群众发放《电力安全宣传挂图》，宣传《电力设施保护条例》有关内容，讲解线下植树的危险性。在总结以往解决树线矛盾经验的基础上，及时掌握植树造林和道路绿化动态，结合电力线路走向，协商修订植树方案，将隐患消除在萌芽状态。

供电公司组织员工对线路通道内的超高树木，进行全面修剪，清理出线路运行安全走廊。制定详细的超高树木修剪计划和方案，并与市政绿化队、园林等有关部门积极合作实施。坚持对电力线路通道加强巡视，发现违章植树坚决制止。广泛宣传线下植树的危害，做好解释工作，增强市民保护电力设施的意识。

供电人员采取真情劝说、义务帮助移栽、挂牌温馨提示等方法，引导和教育群众自发及主动配合该电力线路的清障工作，共同维护线路的安全稳定运行。供电员工深入田间地头、房前屋后、沟渠路旁，检查电力线路下违章植树情况。对于发现的违章植树现象，及时通知村民进行移栽。同时重点巡视电力线路有无异物搭挂等现象，注重清除障碍、不留死角。

乡村曾经突然遭受龙卷风和雷暴雨袭击，千余棵杨树或被连根拔起或拦腰折断，齐刷刷地砸在电力线路上，致使数千户居民家中断电，数十名供电员工协助抢修一天一夜才恢复供电。在植树季节，村干部主动担当护线员等有关工作，吸取以往教训，积极参与电力设施保护工作，主动登门走访沿线群众，摸清树障情况，并配合供电所做好电力设施保护的宣传，切实让沿线村民了解线下植树的危害。把村民违规植树纳入村干部绩效考核，签订电力线路通道维护责任书，分片包干、关键点跟踪检查。现场指导村民科学植树，制止和纠正违规行为。

供电公司在植树季节，通过报纸广播电视提醒群众，禁止在电力线路下方及保护通道附近植树，及时制止和举报违章植树等行为。在地方媒体上开辟专栏，让群众能在大众媒体上了解保护电力设施的重要性。供电人员除做好日常巡视工作，注重不断加强与政府及群众的沟通。政府、群众和供电企业达成共识，在规划绿化之初，优先考虑避开电力线路通道；在植树时考虑与电力设施的安全距离，从源头排除事故隐患。

20．车辆损毁线路　多措并举防范

一辆大型载重货车将 10kV 电力线路的转角电杆从根部撞断。电力线路瞬间跳闸停电，造成许多电力客户的用电中断。报修电话打进供电公司 95598 服务热线，供电公司组织抢修人员火速赶到现场。经勘察事故现场后，很快制定出抢修方案。需要将撞断的混凝土电杆拔出，在原址旁新组立一根混凝土电杆，还需要重新更换该转角电杆向北、西过路的两档距的损断高压绝缘架空导线。

抢修方案制定后，现场工作负责人立即电话联系吊车并且召集人员火速增援。现场采取停电等安全作业措施后，在施工作业的两端认真做好验电、挂接地线等安全保护措施。现场工作负责人指挥专业人员在抢修现场附近装设安全围栏，开挖新杆坑。联系交警部门派出交警人员，赶往现场疏导交通。供电抢修人员快速拆除断杆上连接的高压线路及金具附件，新换的电杆和所需材料迅速运到现场。

供电抢修人员利用吊车拔出并移开被撞断的电杆，新组立转角混凝土电杆。安装杆上金具附件，制作钢绞线将混凝土电杆加固，施放新高压绝缘架空线。实施紧线，转角线路T接，垒砌电杆保护礅，抢修过程，注重安全，紧张秩序。配电专业人员派出高压带电操作车，带电T接主线路，大大缩短了停电抢修的时间。经过5个小时紧张抢修，在当夜21时，抢修完毕，恢复送电。

肇事车辆撞断电杆，造成巨大损失，危害安全，后果严重。供电公司依法追究肇事车辆人员的责任，沟通公安部门加大对破坏电力设施行为的打击及惩罚力度，对于车辆的安全预控工作，列入专项保护特别行动。结合以往一些工地的施工铲车挖断地下电缆等实际问题，供电公司进一步采取防范车辆破坏电力线路的安全防护措施。在重点道路地段的路边设置警示标示；在道路旁的电杆底部涂上醒目的斑马线，警示车辆减速及保持与电杆的安全距离；在某些电杆根部加设护桩，构筑混凝土保护礅，防范车辆的撞碰。

供电公司组织专业人员，与交警部门沟通协调，联合深入各工地及拥有大型车辆的单位及业主，主动宣传督导，预防破坏电力设施，对于特种车辆司机和大型货车司机进行安全教育。举办电力设施保护和防外力破坏事故安全教育课，组织司机学习和考试。引导提示在输电线路下方施工，必须与带电导线保持安全距离，110kV安全距离为5m，220kV安全距离为6m，500kV安全距离为8.5m，防止吊车吊臂等部件刮碰电力线路。进行地下挖掘施工前必须与供电部门联系，防止铲车误挖地下电缆。行车临近电力设施，必须减速慢行，保持足够的安全距离，主动防范吊车、挖掘机、大货车等车辆违章作肇事而引发的电力设备事故。从源头治理外力破坏，深入工地一线宣传安全知识、悬挂警示牌。安排安全专家为特种车辆司机开展安全施工专题培训，现场宣贯电力设施保护相关法律、法规，剖析因违章施工而导致的线路跳闸案例，讲解高压线路附近施工注意事项，提高司机的安全守法意识，掌握施工行车等与电力设施的安全距离，共同注重保护电网的安全。

21. 调度控制　规范管理

春检期间，电力调度中心工作十分繁忙，供电公司电力调度控制中心调度员认真根据操作票下达调度指令，协同落实春检的每一项任务。对于变电站母线等停电检修作业，确保操作票条理清晰、内容完整，按照标准化操作指令票模板填写后下发，注重实施各项操作，有票可依，防范风险，有章可循。在"大运行"体系中，认真开展电网调度标准化管理。把"无差错"安全理念融入调度日常工作，加快提升调度员规范化、标准化操作水平，确保电网安全稳定运行。

供电公司实施电网调度运行风险防范管理，以深入推进调度标准化管理为主线，注重优化和规范调度运行作业流程。强化电网风险分析和预控，促进电网调度运行管理水平的全面提升。采取具体安全措施，认真完善调度标准化指令，编写标准化操作指令票，涵盖所有变电主设备，经过层层审核后作为模板执行。注重做到所有操作均有票可依，确保调度指令标准化管理的稳步推进。在操作过程中，调度员可直接从典型票中打印使用，做到调度操作指令票内容准确、格式统一和术语规范，避免填写的随意性和不规范性。加强电网设备参数动态管理，结合电网实际运行情况，将各电压等级线路、变电设备基础数据及运行数据按月统计。做到简洁直观，为电网运行方式调整提供了详细可靠的依据，杜绝因对设备参数不了解而引发的误操作事故。

　　调度控制专业人员注重深化电网风险预控标准化管理，根据电网整体和局部接线方式以及各种运行保护方式，充分考虑电网可能发生的各种故障，细化编制电网运行事故应急处置方案。注重对每一条输电线路、重要城区配网线路、变电站主要元器件，部分类制定相应应急处置方案，并根据方案制定对应的操作预案。注重事故应急处置上下联动，实行电网调度风险防范有章可循、有案可依、有票可行，加强电网调度标准化、"无差错"安全管控。对于运行值班人员交接班期间，协同执行"调度交接班制度"及"接班后的汇报制度"，认真履行交接班手续和汇报程序。电力调度管辖范围内的联系对象在正式上岗前经过电力调度管理知识培训，考试合格后方可正式上岗值班。加强对无人值班变电站调度管理，标准化实施运行监视、信息记录、设备操作等工作。专业人员认真对春检现场设备运行状态的正确性负责，根据现场设备的实际情况，认真审核操作票，确保正确无误。

　　供电公司根据电网发展趋势，注重加强配网调度安全管理工作。改变以往靠手工加电话完成调度的模式，改善办公自动化系统文字、表格录入、邮件传输等方式，注重提升效率、防止出错。推进配网调度运行值班系统安全管理与建设，构建和启用配网调度运行值班系统。强化交接班记录、方式信息、停送电调度管理、一次系统图管理等功能。达到效率高、责权分明、查询统计速度快，促进电网的安全可靠运行。

22．防控山火　综合整治

　　气温日渐回升，森林植被干燥，放火烧荒等原因极易引发山火，威胁电网的安全稳定运行。供电公司输电运检中心接到护线员报告，在 500kV 线路杆塔周围发现火情。供电公司负责输电线路的运维检修人员赶赴现场，紧急处理山火对线路的威胁。

　　由于村民放火烧荒，引起火险，山火被扑灭后，输电运维班组人员实地检查了沿线预防山火工作情况，进一步采取防范措施。加强山火高发期电力设施的安全保护工作，认真分析线路特征，划分山火防控重点区域，依靠当地聘请的护线员，广泛发动群众力量，加强线路日常巡护，及时发现和消除各类隐患。

　　供电公司针对山火高发的情况，高度重视输电线路山火防控工作。主管领导负责，成立组织机构、编制工作方案、制定针对性防控措施、落实各级人员责任、落实输电线路防山火工作。加大通道清理和防火宣传力度，强化群防群控和群众护线工作机制，加快推广山火预警新技术，提高输电线路防控山火能力，维护特高压和跨区等重要输电通道安全。专业人员加强输电线路走廊通道的运维工作，针对近期烧荒备耕以及清明节期间山火易发时段和区段，提前制定针对性预防山火措施。密切关注气温变化，根据山火影响程度，合理缩短巡视周期，确保通道巡视质量。加强与政府有关部门建立畅通的信息沟通渠道工作，全方位开展输电线路防山火宣传工作，建立群防群控机制，逐线逐档落实设备负责人和护线员。供电专业人员与护线员保持联系，随时掌握线路运行状态，对山火频发区安排护线员蹲守。加大线路通道的清障力度，疏堵结合，及时发现和制止线路通道范围内的山火。

输电运维专业人员注重建立输电线路山火预警系统，组织开展专项隐患排查，完善山火故障处置应急预案，严格执行信息报送制度。加强输电线路在线监测装置的质量提升和运维管理，动态开展山火预警工作。深入开展线路防控山火专项隐患排查，组织对山火易发段进行特巡。重点排查各运维班组防控山火工作落实情况，在线监测装置运行情况。检查特高压及跨区输电线路等重要通道状态巡视执行情况，督导设备负责人和护线员工作的落实。检查应急队伍组建、各项保障措施落实情况，通过特巡和细致排查走访，及时发现并处理线下易燃火源和不安全用火行为，做到防患于未然。

供电公司及时配备小型实用的灭火设备，对灭火装置的使用方法进行培训。在保证人员安全的前提下，有效控制线路附近小范围山火，避免山火蔓延。加强应急值班管理，做好备品备件、抢修人员、物资和材料的准备。开展山火处置工作的应急演练，注重处置过程中的人员和设备安全。严格按照电网运行事件报送的相关要求，明确专人负责，对重大山火故障隐患、因山火导致的重要输电线路故障或重大经济损失等事件，立即报告。及时跟踪和汇报隐患处理、山火发展趋势、故障抢修等进展情况。采取系列安全防控措施，确保电网安全稳定运行。

23. 扑灭山火险情　消除山火隐患

春分之际，气温升高，大风天气，气候干燥。在山上 220kV 线路附近，供电公司巡线员发现山火正在熊熊燃烧。山火最近处距输电线路不足 100m，火势蔓延将直接威胁正在运行的输电线路。情况危急，供电公司立即启动相关防火应急抢修预案，速派附近供电员工组成抢险队伍，赶赴现场扑灭山火。

春耕将至，野外用火明显增多，电力线路防山火形势严峻。供电公司针对山火时有发生的情况，加大对线路特巡力度。组织专人奔赴山火易发地带，开展隐患排查及防山火宣传。负责线路的运维工作技术人员及群众护线员组成防山火特巡小组，对处在山区的输电线路深入开展特巡。巡线员重点监察线路所在的灌木区、林区等山火易发地段。同时，供电公司建立山火隐患档案，落实山火安全隐患责任人，加大防山火的安全基础管理工作。注重做好线路通道树木清理，进一步提高群众的电力设施安全保护意识，尤其注重加强大风天气防范山火等工作，细化落实安全措施。

输电线路及配电线路专业人员加强线路运行维护工作，充分发挥群众护线员作用，加大防山火工作的宣传教育力度及巡视力度，对电力线路进行全面火灾隐患排查。对线路走廊内不满足规程要求的树木、杂草实施彻底砍伐和清理，全面清理输配电线路保护区内堆放的易燃易爆物品。

供电公司加强与气象、林业、119 信息台建立火险、火警信息互递机制，确保及时、准确获取山火信息。深入开展防山火破坏工作，彻查和消除线下存在的山火等外力破坏安全隐患,预防电力设备事故。组成防范山火巡查小组,全天候监控可能引发山火的线路和重点区段。

对于重点地区安装输电线路视频图像在线监控装置,用可靠手段加强运维管理。安排专人每天实时查看,及时掌握线路运行状况。加快线下灌木等清理砍伐工作,注重清理容易造成跳闸的边坡特殊地形的植物。构建隔离地带,保证线路和树木之间留有足够的安全距离。

供电专业人员主动排查山火隐患,积极构建防火网络。注重实行超前预控,对山火多发区段及烧山、烧荒等重点区域,进行拉网式山火隐患排查,提前做好预防火灾的相关工作。加强与地方政府的沟通协调,完善林区防火通道,严防山火引起的电力线路跳闸等事故。大风天气期间,供电专业人员实行特殊时段线路巡视机制,缩短线路巡视周期,建立多部门协调联动机制,认真做好预防山火应急响应和抢修准备,有序应对突发事件,保障电网安全稳定运行。

24. 班组安全信息 集约规范建立

利用春检,供电公司加强各班组建设及安全信息管理。根据实际业务,梳理规范班组业务,统一班组职责、流程、业务指引,注重集约化、规范化建立健全班组业务资料管理机制。

供电公司针对各专业班组迎检及迎检资料准备,实行已存在于系统中或电子文档中的资料,不再检查纸质资料。在业务支持类工作方面,针对内容重复、要求不清的资料整理、报表填报等问题,实行班组业务梳理整合,将现场督察记录与工程管理作业表单合二为一。针对临时工作次数频繁、时间紧急、下达流程不规范、要求不明确、随意性大等问题,建立班组工作准入机制,由统一归属部门严格控制班组业务资料,禁示随意增加。

在核心业务类工作方面,针对信息系统速度较慢、信息化支持不足等问题,采取提高通信网络及信息化支持能力的相关措施。注重建立班组记录的标准化平台,实行班组信息共享。近可查询,远可对标,建立务实高效的信息化管理系统。针对班组数量较多、专业划分复杂、有生产班组和营业班组、内容相同的记录在不同班组的记录格式不统一等问题,认真采取措施解决。找出不同专业班组的共性记录,如安全教育、民主管理记录等,针对此类记录明确制定固定的填写格式和填写要求。组织各专业人员对本专业要求填写的记录进行理顺、规范,设计统一的填写格式和填写标准。对班组生产、安全、综合管理涉及的规程、制度、标准,统一修订,打包成“模板”在网上发布。促进班组安全信息、管理资料标准化建设,化简繁琐的记录和文山会海,务实管理,减轻班组不必要的工作负荷,提高安全管理工作效率,量化班组的考核工作。

供电公司成立班组标准化建设领导小组,加强组织领导,明确管理专责。各班组结合实际制定实施切实可行的方案,周密部署,层层落实,有序推进班组安全质量资料信息达标及应用工作。加强培训，提高资料整理水平，提升班组安全质量达标和系统应用效率。注重务实开展班组建设信息化管理系统的培训活动，组织班组建设管理专责学习、实践操作软件模块。提高思想认识，强化掌握班组建设信息化管理系统的操作，为推广运用工作奠定坚实的基础。细化达标考核，确保应用实效，不定期抽查基层单位班组建设信息化管理系统推广应用情况，将该系统应用情况列入各班组建设考核、班组定级考评及评选先进班组的内容。加强对各班组的检查督导工作，推进班组安全信息资料在"管理求新、质量求精"方面加大科技含量，带动班组在检修维护等质量上各项基础数据准确、科学管理水平高。达到班组建设安全信息管理系统翔实有效，稳步提升班组安全管理素质和电网安全运行能效。

25. 开展 QC 活动　提升安全质量

供电公司高度重视安全质量管理工作，并把员工群众性的 QC 攻关活动作为推进安全质量管理上台阶的重要方法。广泛开展以"小、实、新、活"为特征的员工群众性安全质量改进活动，并逐级评选、推荐、应用安全管理 QC 成果，推进创建"安全质量管理信得过班组"。

调度专业安全质量管理 QC 攻关活动小组探索编制出电力调度综合管理系统及检修计划管理流程上线，完善"检修票管理规定"及相关预控措施，加强规范检修票管理，解决有关疑难运行管理问题。实行检修计划管理流程上线运行，大幅度提高检修计划的工作效率和检修准确性。

在完成检修计划管理流程上线后，调度专业安全质量管理 QC 攻关活动小组注重简化检修票管理流程，对检修票管理工作进一步规范。在检修计划管理流程运行初期，采取流程与纸质打印检修票同步运行，流程运行稳定后，取消纸质打印检修票。对新投设备送电，由运行方式专工编制送电方案，同时简化检修票附页。对于涉及生产、技改工程对电网运行方式影响较大的计划，严格实行相关人员制作详细的电网运行方式变化说明书。由调度员按运行方式变化制作操作票，对有线路作业的检修计划，严格实行在线路各端装设接地线。

配电专业安全质量管理 QC 攻关活动小组，注重加强配电线路编制原始资料流程的优化。对所有 10kV 配电线路的巡检工作，制定资料整理和归档模板，编制线路单线图和线路条图，为电网规划和建设提供可靠的依据。

根据 QC 活动探索出的成果，全体配电专业员工均衡人力资源配置，合理分别到各区、乡 10kV 线路责任区，在规定时间内开展全线巡视。巡线人员对线路的杆、线、变台进行现场拍照，登记 10kV 线路条图，并将其制成电子文本，确保线路数据和技术资料的完整性和准确性。深入开展了线路排查和树障清理工作，及时记录和处理发现的问题和隐患，达到消缺降损的目的。

配电专业安全质量管理 QC 攻关活动小组注重探索春检中有关状态检修新的课题，深化配网状态检修研究，强化设备状态管理。及时发布运维检修 QC 管理成果，全面推进配网状态检修，完善配网安全管理制度和业务流程。统一配网抢修装备及工器具标准化配置，加快建设高效实用的配电网抢修指挥平台，提升故障报修到达现场时间兑现率达 100%。

推进深化设备状态评价，充实现场技术人员。推广应用成熟设备监测技术，变压器、开关柜超高频、超声波、地电波等带电检测仪器仪表投入使用，实行状态评价常态化、规范化。把状态化运维延伸其他生产专业，依照不同季节、运行环境和运行工况，明确设备检测巡视的重点运维内容和标准。动态调整设备检测巡视的周期，调控设备运维周期更趋合理，隐患辨识更加清晰，季节性工作重点更加明确，安全管理基础更为牢固。

26.　技能提升　务实考评

供电公司注重加强春检期间的安全培训工作，结合现场施工作业，讲实例、练实务、重实效。

供电专业员工注重增强安全生产技能，以此作为确保安全生产和电网平稳运行的重要前提。专业班组重视落实员工技能培训计划，对于岗位培训，进行现场实际操作培训。解决纸面考试及格而到实际操作就手忙脚乱、丢三落四等问题，注重培育真才实学，练就真本领、掌握真功夫。

供电公司有针对性地对前期参加过岗位操作知识培训的员工进行复查、复试，实行现场再测试和再考评，以检验前期现场培训的真实情况及效果。注重检验实际操作技能的掌握程度，把握重点，增强员工学习和掌握本岗位操作技能的感悟性，提升员工操作技能水平。供电公司组织人员对于班组培训方法进行评估和检测，纠正偏差、完善方式方法。对于班组负责培训的人员加强培训，增强班组"内训师"及专业师资力量的底蕴。对于被培训者和培训者进行复查、复试及再培训，准确了解员工仍需继续加强培训的技能方面以及培训方法和培训人员存在的问题，据此更新制定实施更加符合实际的培训计划和方案，并采取行之有效的培训方式及对策。使员工切实加深对岗位操作知识的理解，从而真正掌握本岗位的安全操作技能，增强培训工作的针对性和实效性。针对培训对象的层次、岗位、年龄不同，分层次设置培训科目，结合"大检修"等特点，编制培训人员明细登记册。逐一分析培训对象特点，合理制订培训计划，因材施教，确保培训的针对性、有效性。

因地制宜、因人施教。供电公司加强安全培训管理工作，注重充分利用现有资源，开设"固定课堂"，在培训中及时开展"四个一"活动，即每日一问、每周一课、每月一试、每季一赛活动。培训准确个性化业务技能，全面提高员工综合素质。将每一个春检操作现场当做学习培训的课堂，开辟"流动课堂"，随时就春检安全技术难题在班组集中培训，方便员工掌握和探索技能，确保"小课堂"取得"大丰收"。通过科学组织策划，对同类知识和技能，安排适量新人参加培训，以"小灶式"培训确保每名新员工都能受益，避免安全培训走过场。启动"互动课堂"。通过开展"人人都是讲师""师带徒"等活动。搭建"成才讲堂",围绕技能实践、理论知识、工作创新等不同内容,将培训方式由以往的技能培训向综合素质延伸。由单纯的"师傅教、徒弟学"转变为"人人是老师、个个有责任"的双向互动学习与培训。

基层专业班组注重建设安全培训信息管理系统,突出培训重点,对所有班组长及系统操作员进行理论和实际操作培训。通过培训和模拟演练,使班组掌握安全培训信息管理系统的操作程序和方法,为深化安全培训打下基础。加强对班组开展安全培训工作的督导与考评,建立安全培训对标等板块,紧贴工作业务实际。融合分级考核与行业对标,对班组运用安全培训信息管理系统的情况进行不定期检查和考核,提高培训资料的准确率和资料在库率。促进加强班组的安全管理与建设,提升班组的安全生产业绩。

27. 应对刮大风故障　控制塑料布杂物

大风气象,黄沙漫天,能见度不足 30m,供电员工巡视电力设备的身影在大风里艰难地前行。受冷空气影响,一些地区出现浮尘及强风扬沙天气。

针对出现的大风、沙尘暴等极端恶劣天气,供电公司密切关注天气变化,在强风区、易舞动区和重污区等特殊地段,安排专人驻点值守。加强对输变电设备的巡视,明确重点防范线路和防范区域,加强对施工作业现场的安全管理。

大风天气,仅 3h,1 条 220kV 线路、2 条 66kV 线路、3 条 10kV 线路保护跳闸,电网面临大风的考验。当值调度长镇定地安排处理故障工作,了解故障跳闸线路情况,通知线路管辖单位带电巡线,将线路跳闸情况汇报给单位领导。

供电公司变电运维人员针对大风天气,在 220kV 变电站进行设备特巡。

变电运维人员看见有白色异物悬挂在设备上。大风天里,异物缠绕很可能会引发接地事故,变电运维人员赶快处理。

变电运维人员迅速找来绝缘拉杆,取下套管上悬挂的塑料布。为安全起见,变电运维人员又对全站的所有设备,包括周边建筑物进行了一次地毯式搜索,排除隐患,并在开关室的屋顶上找到了隐患根源。

供电公司立即启动电网应急处置预案,成立 20 支抗灾抢修突击队,出动抢修人员 400余人,抢修车辆近 90 台次,对所有受灾线路进行恢复抢修。各基层供电所组织人员对各自供电区域低压线路和设备进行特巡和故障排除,全力以赴开展抢险救灾工作。

在电网告急的同时,出现强对流灾害天气,瞬间最大风力达到 9 级。狂风撕扯着输电线路通道内的塑料大棚,卷着破损的塑料布冲向输电线路。

供电公司输电运检室特巡人员立即赶往现场进行处理,工作人员一边用尼龙绳捆扎被掀起的塑料布,一边将塑料布卷起捆扎在拱棚上,并用土压住,防止二次刮起造成破坏。通道内的 200 多个塑料大棚被捆扎、压实。

罕见的大风灾害天气导致多条线路跳闸。面对灾害性天气,供电公司抢修人员迅速处置，一条条线路故障被及时排除，合闸送电。

抢修结束后，供电员工认真分析和总结安全作业等情况。得出重要结论，平时应当对于线路及电力设备附近的塑料大棚、广告牌等容易被风刮起的杂物，应认真巡视，加强宣传协调，认真清理，采取加固等措施。

根据大风气候特点，应当认真制定相应的反事故预想，做好反事故演练。必须把安全预防工作抢在大风的前面做好，以防大风天气时将杂物刮到电力线路上。注重平时经常巡视检查，预先查找薄弱环节，主动采取措施，防止杂物被风刮起，防患于未然。

28. 新线路送不上　急会诊找故障

春灌关键时期，一条 10kV 线路出现了不能带负荷运行的故障，供电公司组织专业人员对故障进行会诊。

这条新线路在没有负荷的情况下能送电，但接入线路变电站就出现短路信号，瞬间短路电流达 1000A。

供电专业人员组织人员对于新线路进行检查，经过认真巡视，新线路本身没有发现缺陷，用原有线路接入一切正常。认真检查变电站设备，专业人员也没有发现问题，所有设置正确无误。所有的巡视检查结束后，大家聚在一起汇总信息，仔细分析故障原因。

新线路上除了两台真空断路器，没有其他设备，线路间的距离符合安全运行规定。新建 10kV 线路巡视人员将这些情况汇报，引起大家注意。每台真空断路器上有 12 条引线，且断路器内部发生临界短路故障，根本无法在巡视中发现。供电专业人员讨论研究及会诊，决定立即将真空断路器解除运行。真空断路器解除完毕后，对于这条新线路进行试送电，结果送电成功。

采取这种排除法送电检测，情况明显表明，故障点在真空断路器中。为什么真空断路器会导致线路短路？供电专业人员继续进行检查研究，现在就现场分析真空断路器的多种故障原因。

第一种可能是断路器的机构故障原因。当断路器合闸控制回路正常时，断路器本体的内导电杆、传动连杆等卡涩，或因为断路器操作机构连扳配合不好，以及防护闭锁连锁机构未动作，顶点调得偏高，导致断路器拒合闸，使合闸铁芯过载，引起合闸线圈烧毁。

第二种可能是辅助开关行程位置不当造成的故障。正常合闸时，断路器的合闸接触器线圈回路与辅助开关的动断延时触点串联，断路器合闸后，辅助开关触点自动切断合闸回路，辅助触点打不开或拉弧，合闸接触器通过重合闸回路或绿灯回路自保持，合闸线圈长时间带电而被烧毁。

第三种可能是保护控制装置发生故障。合闸指令由保护控制装置发出的，若保护装置内的合闸继电器发生故障，或合闸控制回路辅助开关触点动作行程较长，造成合闸指令不能及时退出，就会使合闸线圈长时间带电烧毁。

第四种可能出自合闸接触器。断路器合闸时，由于合闸电流比较大，控制回路不能直接控制合闸线圈，只能通过合闸接触器间接接通合闸线圈。因此，当合闸接触器发生故障时，不能及时断开，使合闸线圈通电时间过长，烧毁线圈。合闸接触器的线圈电阻变大，会使合闸接触器正常通电时吸合力不够，主触点产生拉弧。久而久之，合闸接触器的主触点接触电阻增大，间接地影响断路器合闸线圈的励磁电流，使合闸线圈的励磁力度不足，铁芯不能正常动作，使合闸线圈过载烧毁。

第五种可能是合闸电源容量下降，或合闸控制回路的导线电阻偏大，使合闸瞬间合闸线圈两端电压低于额定电压的 80%。

五种原因都会导致断路器发生故障，并且影响新线路的送电。明确断路器的主要故障原因及范围，便于进一步查找和排除。经过深入细致排查，发现其中一台断路器的合闸线圈烧毁。经过对症"诊治"，处理线圈烧毁的故障后，新的线路送电成功，投入运行，有力支持春灌安全用电。

供电专业人员分析断路器容易发生的故障，注重采取防止合闸线圈烧毁的措施。加强合闸接触器的检查、维护工作。计划在每次断路器小修、周期大修都逐项检查其动、静触头表面接触面积、接触压力等情况。注重正确调整辅助开关的位置，正确调整保护控制装置发出的合闸指令时间，保障时间足够使合闸线圈工作，能够在规定的时间内退出合闸指令。值班员在许可工作前，应当取下控制回路熔断器，并将重合闸投切回路打开，以避免检修试验等工作造成合闸线圈烧毁，多方面保障断路器及线路的安全可靠运行。

29. 春耕赶节气　重点检电器

雨水节气，进入农耕小春管理、大春备耕等关键时期。供电公司成立春耕安全保电工作组，及早入手，检查线路和配电台区。保证农村用电客户及时灌溉，全面做好春耕安全保电工作。

供电公司结合实际，制定春耕安全供电服务方案。明确安全服务内容和安全标准，排查农业排灌供电设备。宣传安全用电知识，制止私拉乱接。供电专业人员主动联系乡镇政府及有关单位，服务春灌等用电需要。对线路和配电台区认真检查，制定隐患排查项目表，重点检查电力线路、变压器、灌溉等用电设施安全性以及电气设备完好性。对于检查出的问题和采取的措施，详细备案，建立检修档案。大力提供安全用电便民服务，现场办理春灌用电报装增容，开辟春耕业扩用电报装绿色通道，开展"一条龙"安全供电服务。组织供电员工进农村送安全、送技术、送服务。义务诊断及安装抽水泵、电机等设施，确保安全操作。对于春耕电力设施加强检修维护，消除线路老化、开关损坏等安全隐患。抢修突发性故障，维护电力线路及变压器等设备的安全运行，为保证农民春耕用电做好相关安全维护工作。

农村电力变压器是春耕安全供电的重要组成部分，供电专业人员将维护变压器安全运行作为春耕安全供电的重点工作之一。变压器在正常运行中，如果出现故障没有被及时发现和处理，不但会导致自身的损毁，还会中断电力供应，给春耕生产等方面造成损失。因此，供电专业人员通过对变压器常见故障进行检查分析，有利于及时准确判断故障原因，及时采取有效措施，确保变压器的安全运行。

　　春耕中常见的变压器故障涉及因素较多，供电专业人员注重区分和辨别。在检查中，往往听到变压器内部出现异常声响以及对外壳放电或发出放电声。往往由于超温运行，变压器高低压接线柱损坏，导线过热，变压器电缆鼻子损坏。一些耐压橡皮垫圈使用太久，导致严重老化或焦化，失去弹性。变压器油位降低或储油柜漏油，硅胶风化。低压侧电缆长期风吹雨淋冰冻，绝缘层老化损坏。变压器油耐压降低，黏度及纯度达不到标准等问题，这些变压器故障影响春耕生产用电。

　　供电专业人员注重认真检查和处理变压器存在的缺陷，采取相应的安全维修方法。根据不同声响来判别故障原因，采取相应停电处理。注重有针对性地调整分接开关，Ⅰ挡调至Ⅱ挡，更换接线鼻子，修复或更换接线柱。根据实际情况更换橡皮垫，适当调整垫的压力。停电及时检测储油柜及加油，更换硅胶，油温保持在 85℃以下，注意夏季油温不得超过 95℃。检查低压侧电缆，用红、绿、黄 3 种颜色胶带绑扎，便于区别 A、B、C 三相序，零线则用黑胶带绑扎。及时更换变压器油，换油前经过 6kV 耐压试验黏度和纯度、包括含水量、杂质等必须符合安全标准。认真检查继电器线路，出现问题，及时处理。对于线路断线，及时进行更换。

　　供电公司组织专业人员奔波在田间地头，巡视检查供区内的线路及变压器台。为春耕供电的变压器等电力设备详细"体检"，提前进行用电负荷预测，帮助群众解决春耕春灌中遇到的各种安全用电难题，指导农户安全用电。

30.　风筝肇事　带电拆除

　　风筝或风筝线碰触高压电力线路或者缠绕在导线上，极易引发人身触电和电力线路停电等严重后果。因放风筝而造成的事故时有发生，放风筝已成为影响电力线路安全运行的一大隐患。供电公司高度重视治理风筝引起的重大隐患行为，广泛宣传《电力设施保护条例》，认真开展安全宣传教育工作，警示人们放风筝时远离电力线路，防范事故的发生。

　　随着天气逐渐变暖，许多居民带着小孩放风筝。但经常所选的位置不适宜放风筝，附近有电力线路。进入春季，雨水增多，线路绝缘水平就会降低，在电力线路附近放风筝十分危险。供电公司严密部署，划分巡视区域，加大巡视检查次数和力度。在风筝放飞集中地段设置醒目警示牌，广泛张贴防风筝碰线通告。对中、小学学生就风筝放飞注意事项进行宣讲，警告放风筝时要远离电力设施，更不要施放带金属线的风筝。一旦风筝线搭挂电力设施，容易造成险情或引发停电事故，同时也容易对放风筝者的人身安全构成威胁，应当提高电力设施保护意识，保护电力设施安全运行及人身安全。

　　输电线路运维人员在巡视中发现，有一只从远方飘来的断线风筝搭在了超高压线路上。供电公司巡视组织人员立即处理险情，带电作业班人员根据任务，认真填写工作票。

　　与此同时，班组成员在库房里忙碌地做准备工作，把带电作业屏蔽服、绝缘绳、绝缘地毯、围栏等往工具材料装箱、装车。认真准备好去超高压线路铁塔上带电摘除断线风筝，保障带电作业安全、消除事故隐患。

带电作业班人员急速抵达线路工作现场，离很远便看到超高压线路铁塔上那只断线风筝随风飘荡，对线路安全运行构成了极大威胁。

到达铁塔下，仰头细看，发现风筝虽悬在线路上方避雷线上，但其长长的尾线随风飘扬。如果有浓雾、雨夹雪等天气情况，风筝尾线潮湿垂下来搭到导线上，容易引起超高压线路跳闸事故，必须紧急消除隐患。

当一切准备工作就绪，带电专业人员登塔作业。现场设有专人监护，地勤人员协助作业。带电作业工作负责人帮助登塔作业人员详细检查屏蔽服及安全带等装备无误后，仔细叮嘱，向带电作业人员提示危险点及安全注意事项，严格按照带电作业的程序工作，千万不能麻痹大意。

登塔作业人员对于安全注意事项明确无误。

登塔带电作业人员在塔上做好防护措施，稳定好情绪及看好恰当的角度后，敏捷地爬到避雷线上，稳稳地向悬挂着风筝的位置逐渐接近。

带电作业人员在 50m 高空，尽量小幅度动作，将避雷线上的风筝稳稳地拿住，并看好缠绕方向，逐步拆除。带电作业人员取下风筝后没有贸然扔下，以防止搭挂在导线上，而是谨慎地将风筝折叠好，装进屏蔽服的口袋里，再匀速返回地面。带电作业，摘除风筝，消除了线路隐患，同时也再次增强供电人员防范风筝的安全意识和细化工作的决心。

31. 沙尘浓雾纷至　昼夜应对除患

上午出现沙尘暴，傍晚转浓雾天气。供电公司及时采取应对措施，组织人员开展特巡，保障电网安全稳定运行。

供电公司各生产单位根据所辖设备实际情况，修编班组各种反事故措施，并根据沙尘暴及浓雾天气特点，认真制定相应的反事故方案，做好预防电网事故的重点工作，确保沙尘暴及浓雾天气电网安全可靠运行。

变电运维人员加强设备特巡，检查和清理变电站设备场区、围墙周围及电围栏上的杂物及漂浮物。详细对变电站内设备构架上的铭牌、相位牌、警示牌、标语牌固定情况进行排查，重点检查引线摆动大、运行年限长的瓷柱有无异常情况，并检查设备的机构箱、端子箱、主控楼、高压室的门窗是否封闭严密完好，加强对变电站设备的检查维护工作。

线路运维专业员工展开特殊巡线，巡视的区段风沙很大，影响巡视进度，员工们作好各种充分的准备工作。寒风凛冽，沙尘紧一阵慢一阵地呼呼吹来，能见度不足 100m。走过背坡尚有积雪和沙尘相伴的羊肠小道，电杆矗立在风沙中。工具包里装着望远镜、巡视手册、斧头、扳手、榔头，加上手里的铁锹，装备有 5kg 重。一阵阵风沙刮来，天昏地暗，前行时举步维艰，铁塔上部看不清楚。漫天黄沙笼罩，根本看不远，只能走一段看一段。巡视人员徒步展开特巡，及时掌握线路运行状况。经巡视发现，线路发生绝缘子松脱等故障。供电公司迅速组织抢修队伍，对线路进行紧急抢修。

　　傍晚，浓雾袭来，给电力线路带来污闪现象，供电公司当夜组织人员对变电站及电力线路开展夜间巡视工作。

　　天气变化多端，昼夜温差大，利于浓雾的形成。一些电力线路位于粉尘较严重的区域，在浓雾等天气条件下容易出现污闪等现象，存在线路跳闸隐患。

　　供电专业人员采取夜巡等措施，掌握变电站及电力线路的缺陷和薄弱点。在巡视中利用望远镜、强光电筒、红外测温仪等工器具，分别对导线与绝缘子连接点、耐张绝缘子和导线等设施进行检查。查看电力设备有无异常，用眼睛看、用耳朵听，认真思考判断。

　　强光电筒仔仔细细照着电力设备，巡视人员一边检查，一边凝神细听。变电运维人员在夜巡中听到风一吹，有塑料布的声音，仔细查看，发现有一个大塑料袋缠绕在 35kV 侧套管上。情况很险，再往上一点，很容易因污闪造成相间短路、主变跳闸。运维人员用绝缘杆处理缠绕在设备上的塑料袋，钩了几下，塑料布没能被钩下来，便采用灵活有效的办法，在绝缘杆上粘上双面胶，结果很快将塑料布粘下来，排除了隐患。

　　电力线路夜巡工作由于点多、线长、分散，巡视人员三人为一组。经过夜巡检测，及时发现和分析导线与连接器的发热情况，巡查到绝缘子污秽、裂纹造成的放电等隐患，为后续线路检修提供可靠的现场依据。供电专业人员注重掌握电力线路在浓雾中的运行情况，及时处理了紧急缺陷，保障电网在浓雾中的安全稳定运行。

清明

第4章

谷雨

4月节气与安全供用电工作

四月份有两个节气：清明和谷雨。

每年公历4月4日～6日，太阳到达黄经15°时，即进入清明节气。

每年公历4月19日～20日，太阳达到黄经30°时，即进入谷雨节气。

清明，时值仲春与暮春之交，即冬至后的 108 天，春分后十五日为清明，气清景明，万物皆显，因此得名。

当太阳运行到黄经 30° 时，进入谷雨节气。在每年 4 月 19 日～21 日其中的一天开始为谷雨，谷雨也是春季最后的一个节气。

谷雨，源自"雨生百谷"之说，意味着谷雨节气后降雨会逐渐增多。谷雨节气的到来，意味着寒潮天气基本结束。春将尽，夏将至。

1. 根据节气规律　加强安全工作

清明一到，气温升高，正是电网春检的好时节，应当抓紧把握时机进行电力线路及设备的安全检修和维护工作。

清明前后，春阳照临，春雨飞洒，植树造林，放风筝也是清明时节人们经常进行的活动。因此，应当加强线路防护区查处违章栽树等危害电力设施的行为，认真采取灵活有效的措施，防范由于放风筝而引发的人身触电事故和损害电网设备安全运行等事故。

时至清明，天气晴朗、草木繁茂，春意正浓。但在清明前后，仍然时有冷空气入侵，需要严防开春后的强降温天气等危害。清明时节，许多地方处于春旱时段，往往会出现"春雨贵如油"的现象，如果冬季降雪少，则容易出现旱象。因此，农村需要加强抗旱、灌溉田地，电网员工应当认真做好农村春灌的安全供电工作。并供电专业人员应当抓紧做好农民春耕有关安全用电服务工作。在此季节中，北方地区大风时常携裹沙尘，也给电力线路防火加大了难度。山林田野草木萌发，恰逢春游、扫墓、植树时节，预防火灾对电力线路的危害十分重要，因此，应当特别注意防止发生山火对电力线路的威胁。及早采取措施，加强巡视，严格巡查有关用火情况，重点控制电力线路附近的火险火患，维护电力线路的安全运行。

清明以后，雷雨大风、冰雹等强对流天气明显增多，南方暴雨叠加效应明显。因此，应当认真做好防雷及防汛等相关工作，完善防雷及防汛的重要设施。北方气温回升很快，降水稀少，往往干燥多风，是一年中沙尘天气较多的时段。部分地区时常出现扬沙或浮尘天气，沙尘暴天气也时有发生，应当做好应急防范工作，确保电网设备的安全运行。

时至暮春，雨量充足，空气中的湿度逐渐加大，电力设施及家用电器的绝缘程度相对降低，应当注意防范人身触电事故。华南地区往往开始进入前汛期，降雨范围广、强度大、持续时间长，部分电网设备往往遭遇雷雨大风、冰雹等强对流天气袭击。这个节气，开始进入一年中强对流天气的高峰期，应当注意防范强对流天气带来的各种灾害。南方的许多地区雷暴、冰雹、狂风、龙卷等灾害性天气会明显增多。局地的大暴雨或特大暴雨，造成江河横溢和严重内涝，而时间较长的暴雨还会引发泥石流、山体滑坡等灾害。防雷、防雹、防风、防汛等安全工作，应预先提上日程，采取可靠的安全防护措施，注意提前防范和安全应对。

北方谷雨期间的大风、沙尘天气比较常见，成为谷雨节气中的天气特点之一。往往出现沙尘暴、强沙尘暴。大范围的浮尘天气，昏黄的天空，落下的黄尘，对电力线路及设备造成严重影响和威胁。应当加强对于线路及设备的巡视和检查，及时处理污闪跳闸等故障，严防大风造成倒杆断线等事故的发生，做好电网设备在恶劣气象中的安全运行工作。

进入谷雨节气以后，气温回升加快。4 月下旬，气温要比 3 月份高得多，南方的气温升高很快。除了华南北部和西部部分地区外，一般 4 月下旬平均气温已达 20～22℃，比中旬增高 2℃以上。低海拔河谷地带也进入夏季，有利于工程施工作业。大批工程开工在即，作业现场比较分散，安全风险进一步加大。因此，在启动各项工程项目中，应当加强现场安全供电管理。规范标准化作业程序，及时纠正现场违章行为，确保人身安全、电网和设备安全，促进工程的安全顺利施工。

2. 大风巡视线路　制止违章建房

随着春季的到来，大风天气逐步增多，电网安全运行压力陡增。供电公司提前安排，成立电网线路设备防风害工作组织机构，周密安排电网巡视及检修工作计划，确保电网安全度过季节性大风天气。

供电公司注重及时采取措施，主动应对大风天气带来的危害及不利因素，积极保障电力线路设备的安全稳定运行。注重合理调整电网运行方式，加强重载设备、重要输电线路和重要变电站监控。针对线路停电作业，认真做好事故预想，采取防范措施，解决电网安全稳定运行遇到的疑难问题。加强作业现场安全监督与管理，施工作业注重落实好防坠落、防倒塌等安全技术措施。风力超过 6 级时，露天高处作业增设安全措施。加强与当地气象部门联系，及时掌握本供电区域内预警和灾害信息，做好防风害、防火灾等相关工作。加强巡视检查及抢修过程中的安全管理，注重正确使用安全防护用品，全面落实各项安全组织措施与技术措施。建立健全应急管理机制，组织好应急抢修队伍，完善应急抢修装备，准备必要的应急物资，确保随时应战。细化做好和实施有序用电准备工作，通知高危客户和重要用户做好启动备用电源等准备。加强应急值班工作，严格执行有关信息报送制度，发生异常情况和突发事件时，按规定执行，及时、准确地进行报告和实施处置。

由于巡视检查的电力线路处于带电运行状态，供电公司注重安排落实安全措施和技术措施。组织专业人员详细分析各有关工作的危险点及控制方案，以保证巡检工作安全顺利开展。

输电线路运维人员对于输电线路中处于受风地段的杆塔导线进行全面检查和缺陷消除。巡检工作中，采用逐基登杆检查方式进行，重点维护线路本体，防止耐张塔基各部件丢失，紧固耐张引流线夹和并沟线夹，检查螺栓联接及其他部件磨损等情况，对于发现的缺陷及时进行处理。认真记录和总结工作情况，对杆塔的重要部位进行拍照，完善基础资料，建立一杆一塔一图片，利于日后检修和维护。

在进行线路特巡中，供电专业人员发现输电线路附近有村民在建房。该违章建筑已经在地基的基础上砌起了半米高的墙体，供电专业人员立即制止，并进行严肃的说服教育。

村民误以为，房屋与电力线路有一些距离，就相互不影响安全。供电专业人员耐心细致地指出，在电力线路防护区是严禁建房的，判断房屋是否安全，应当注意是否符合安全距离的规定。实际存在三个安全距离标准，分别是最小水平距离、最小垂直距离和最小直线距离。导线和建筑物的位置关系存在三种情况，一是建筑物在导线正下方；二是建筑物在导线侧方；三是建筑物在导线侧下方。该房屋在线路防护区盖建，无论最小水平距离、最小垂直距离、或最小直线距离，都不符合安全规定。并且由于在大风天气等情况下，都增加了线路和房屋双方的危险性。所以从多方面论证，该房屋都属于违章建筑、危害电力线路的安全，也对自身构成了危险。村民认识到违章建房的害处及违反电力线路保护规定，停止建房，决定另选地段，改在其他地方盖房。

3. 维护隔离开关　掌握安全性能

春检过程中，供电公司专业人员经常与隔离开关打交道。因此，应注重加强对隔离开关设备的熟悉与运行维护等工作。

隔离开关是一种没有灭弧装置的开关设备，主要用来断开无负荷电流的电路、隔离电源。在分闸状态时有明显的断开点，以保证其他电气设备的安全检修。在合闸状态时，隔离开关能够可靠地通过正常负荷电流及短路故障电流。由于隔离开关没有专门的灭弧装置，不能切断负荷电流及短路电流。因此，隔离开关只能在电路已被断路器断开的情况下进行操作，应当特别注意严禁带负荷操作，以免造成严重的设备和人身事故。只有电压互感器、避雷器、励磁电流不超过 2A 的空载变压器，电流不超过 5A 的空载线路，才能用隔离开关直接进行操作。

对于高压隔离开关，一般分为户外式和户内式两种。户外式高压隔离开关在运行中，经常受到冰雪、风雨、灰尘等影响，工作环境较差。因此，对户外式隔离开关的维护要求较高，应当具有防护能力和较高的机械强度。

电力设备在不同电压等级的系统中，广泛使用隔离开关。因此，隔离开关应当适合相应的电压等级。35kV 及以上电压等级采用的隔离开关，一般均为三相联动型，操作方式分为手动操作、电动操作、压缩空气操作和液压操作。隔离开关还可以用来作接地开关使用。10kV 户外式隔离开关分为手动三相联动型和单相直接操作型。户内式隔离开关一般为三相联动型，手动操作，在成套配电装置内，装于断路器的母线侧和负荷侧或作为接地开关使用。

当隔离开关与断路器、接地开关配合使用时，或隔离开关本身具有接地功能时，应有机械联锁或电气联锁来保证正确的操作程序。合闸时，应当在确认断路器等开关设备处于分闸位置上，才能合上隔离开关。合闸动作快结束时，用力不宜过大，避免发生冲击。对于单极隔离开关，合闸时应先合两边相，后合中间相。分闸时应当先拉中间相，后拉两边相，操作时必须戴绝缘手套、使用绝缘操作杆。分闸时，应当先确认断路器等开关设备处于分闸位置，然后缓慢操作隔离开关，待主刀开关离开静触点时迅速拉开。操作完毕后，应保证隔离开关处于断开位置，并保持操作机构闭锁。

利用隔离开关来切断变压器空载电流、架空线路和电缆的充电电流以及环路电流及小负荷电流时,应当迅速进行分闸操作,以达到快速有效灭弧。送电时,应先合电源侧的隔离开关,后合负荷侧的隔离开关,断电时,顺序则相反。

供电专业人员注重明确严禁隔离开关带负荷操作,并且也注重弄懂弄清楚隔离开关允许直接操作的项目,达到安全正确使用。其中允许直接操作的项目主要包括电压为 35kV、长度为 10km 以内的无负荷运行的架空线路;开、合电压互感器和避雷器回路;电压为 10kV,长度为 5km 以内的无负荷运行的电缆线路;开、合母线和直接接在母线上的设备电容电流;电压为 10kV 以下,无负荷运行的变压器,其容量不超过 320kVA;开、合变压器中性点的接地线,当中性点上接有消弧线圈时,只能在系统未发生短路故障时才允许操作;电压为 35kV 以下,无负荷运行的变压器,其容量不超过 1000kVA;与断路器并联的旁路隔离开关,断路器处于合闸位置时,方可操作;开、合励磁电流不超过 2A 空载变压器和电容电流不超过 5A 的无负荷线路,对电压为 20kV 及以上时,必须使用三相联动隔离开关;用室外三相联动隔离开关,开、合电压 10kV 及以下,电流为 15A 以下的负荷电流和不超过 70A 的环路均衡电流;严禁使用室内型三相联动隔离开关拉、合系统环路电流。

认真掌握隔离开关的性能,区分哪些情况严禁操作、哪些范围可以直接操作,记清禁忌,认真遵守其中的种种规矩、规范及规则,从而正确使用和安全操作隔离开关,从容把握住安全操作的主动权。

4. 细化检查项目 防范操作失误

春季安全大检查逐步深入展开,供电公司注重把握和利用有利时机,加强对隔离开关等设备的检查和及时处理缺陷等工作。采取安全技术措施,防止出现隔离开关误操作而引发的事故,保障隔离开关的安全可靠运行。

根据春季节气特点和设备变化等因素,供电专业人员认真对隔离开关进行检查和维护。注重对于隔离开关和其他配电装置同时进行正常巡视及检测。

供电专业人员细致检查隔离开关接触部分的温度是否过热,查看绝缘子有无放电痕迹以及绝缘子在胶合处有无脱落等迹象。细致检查 10kV 架空线路用单相隔离开关刀片锁紧装置是否完好。

对于隔离开关维护项目方面,注重具体做到不漏项。在清扫瓷件表面的尘土时,注意检查瓷件表面是否存在掉釉和破损状况,检查有无闪络痕迹。确认绝缘子的铁瓷结合部位是否牢固,如果破损严重,应当及时更换。

检修中认真用汽油擦净隔离开关刀片,擦拭触点或触指上的油污。检查接触表面是否清洁,有无机械损伤、氧化和过热痕迹及扭曲、变形等现象。检查触点或刀片上的附件是否齐全,有无损坏。检查连接隔离开关和母线、断路器的引线是否牢固,有无过热现象。检查软连接部件有无折损、断股等现象,检查并清扫操作机构和传动部分,并加入适量的润滑油脂。检查传动部分与带电部分的距离是否符合要求、定位器和制动装置是否牢固，动作是否正确。检查隔离开关的底座是否良好，接地是否可靠。在检修过程中，应当仔细检查带有接地刀的隔离开关，确保主刀片与接刀开关的机械联锁装置良好，在主刀片闭合时接刀开关应先打开。

除了认真检修隔离开关，还应当正确操作隔离开关，这方面也尤其关键。需要采取安全措施，防止发生隔离开关误操作事故。

在隔离开关和断路器之间应装设机械联锁，通常采用连杆机构来保证在断路器处于合闸位置时，隔离开关无法分闸。利用油断路器操作机构上的辅助触点来控制电磁锁，使电磁锁能锁住隔离开关的操作把手，保证断路器未断开之前隔离开关的操作把手不能操作。

当隔离开关与断路器距离较远采用机械联锁有困难时，可将隔离开关的锁用钥匙，存放在断路器处或在该断路器的控制开关操作把手上。只能在断路器分闸后，才能将钥匙取出打开与之相应的隔离开关，从而避免带负荷拉闸。

在隔离开关操作机构处应当加装接地线的机械联锁装置，在接地线未拆除前，隔离开关无法进行合闸操作。应当注重严防错误操作隔离开关，特别注意防止由于误操作而造成带负荷拉隔离开关以及误合隔离开关导致的事故。

如果一旦错误拉动隔离开关，在切口处发现有电弧出现，在急速纠正，立即合上；如果已经拉开，则不允许再合上。如若是单极隔离开关，操作一相后发现错拉，而对于其他两相不应继续操作，并将情况及时上报处理。当发生错误合上隔离开关时，无论是否造成事故，都不允许再拉开。因为带负荷拉开隔离开关，将会引起三相弧光短路，导致故障扩大。此时应当迅速向上级报告，以便采取其他措施。

认真检修和正确操作隔离开关，方能保障隔离开关的安全运行及发挥正常的开合功能。

5. 清明防火　多措并举

清明逐渐临近，供电公司认真部署清明节期间的防火保电工作，确保电网安全稳定运行。

供电公司结合春季安全生产大检查工作，防止因群众上坟烧纸引发的电网故障。积极开展消防安全隐患排查整治工作，加强对变电站、开闭站等重点防火部位的检查、管控，及时清理可燃、易燃物品，以防控各类火灾。

各专业人员对于跨越山区、林区的输配电线路增加特巡，防止因线路故障或树线矛盾而引发森林火灾。严禁进入林区作业的施工人员随意丢弃火种，防止因森林火灾而影响电网安全运行。认真排查架空输电线路环境隐患和异物碰线危险源，并采取管控措施防控电网外力故障。并且，针对实际情况，设置山火预警项目，举办防山火应急演练。全面加强供电员工预防山火的意识，提高灭火和保护人身安全技能，进一步检验和完善山火的应急预案和有关安全措施。

供电公司有针对性地加强清明节期间的值班工作，做好应急准备。保障通信畅通，确保在发生火险等异常情况时，第一时间汇报，及时进行处置。开展群众护线宣传工作，引导群众积极参与电力设施保护。

供电公司员工及时向居民派发宣传挂图等资料，在清明节到来之前，向群众介绍预防森林火灾保护电力线路的安全相关知识，邀请群众共同参与保护电力设施。供电公司启动清明节前"防山火、防违章植树"专项行动，进一步深化电力设施保护"三包"管理。"三包"即村包片、组包段、户包杆的安全管理模式。聘请群众护线员，组建群众护线队伍，担当义务护线员和防山火信息员，以便现场制止线下焚烧或及时进行信息报告，严密防控和确保电网安全稳定运行。

供电公司注重在当地政府支持下，发动基层群众的力量，深化电力设施保护"三包"管理模式，以村、组、户为三级组织，实施责任到位、护线到位。在各村、各组、各户邀请群众担当义务护线员和防山火信息员，加强位于农田、山间电力线路巡视，增派巡线人员。加强线下祭烧区、火灾多发地段巡视和现场监控。群众护线队伍在现场及时制止烧荒行为多起，同时清除树障，及时有效消除安全隐患。

随着清明节的到来，供电公司严密布控，全力做好电力设施防火工作。对防山火重点区域采取专人蹲守，组织深入开展线路通道安全隐患综合排查整治，对山火易发区段线路隔离带进行清扫砍伐，全面清理线路保护区内堆放的易燃易爆物品，确保线路通道安全畅通。同时，明确输电线路通道内防山火破坏的重点区段，做好一切抢修准备，确保发生突发事件及时处理。

6. 配变并列运行　解析安全条件

随着经济的快速发展，工农业用电负荷逐年攀高，大容量用电客户的负荷每年递增速度较快。用电客户在配电室设计中，往往采用两台变压器并列运行。供电公司对此情况，加强专业技术指导，保证供电的可靠性。

变压器并列运行是将两台或两台以上变压器的一次绕组并联在同一电压的母线上，二次绕组并联在另一电压的母线上。当一台变压器发生故障时，并列运行的其他变压器仍可以继续运行，以保证一些负荷正常用电。或当变压器需要检修时，可以先并联备用变压器，再将要检修的变压器停电检修，有利于提高供电可靠性。

供电专业人员在现场认真检查，解析变压器并列运行的条件。若实行并列运行，各台变压器的电压比、变比应当相同。如果电压比不相同，两台变压器并列运行将产生环流，影响变压器的出力。当电压比相差很大时，可能破坏变压器的正常工作，甚至造成变压器损坏。为了避免因电压比相差过大产生循环电流过大而影响并列变压器的安全运行，其电压比相差不宜大于 0.5%。

实施变压器的并列运行，各台变压器的阻抗电压应当相等。当两台阻抗电压不等的变压器并列运行时，阻抗电压大的分配负荷小，当这台变压器满负荷时，另一台阻抗电压小的变压器就会过负荷运行。安全运行实践中不允许变压器长期过负荷运行。因此，只能让阻抗电压大的变压器欠负荷运行，这样就限制了总输出功率，能量损耗也增加了，不能保证变压器的经济运行。所以，为了避免因阻抗电压相差过大，使并列变压器负荷电流严重分配不均，影响变压器容量不能充分发挥，阻抗电压不能相差 10%。

供电专业人员认真讲解变压器并列运行的重要条件，各台变压器的接线组别应相同。变压器的接线组别，反映了高低侧电压的相应关系，一般以钟表法来表示。当并列变压器电压比相等、阻抗电压相等，而接线组别不同时，表示两台变压器的二次电压存在着相角差和电压差。在电压差的作用下，引起的循环电流有时与额定电流基本相同，但其差动保护、电流速断保护均不能动作跳闸，而过电流保护不能及时动作跳闸时，将造成变压器绕组过热，甚至烧坏。因此，接线组别不同的变压器不能并列运行。如果需将接线组别不同的变压器并列运行，则应当根据接线组别差异，采取将各相异名、始端与末端对换等方法，将变压器的接线转化为相同接线组别才能并列运行。

在变压器设备现场，供电专业人员根据安全运行经验提示，两台变压器并列，其容量比不应超过 3:1。因为不同容量的变压器阻抗值较大，负荷分配极不平衡。同时从运行角度考虑，当运行方式改变、检修、事故停电时，小容量的变压器将起不到备用作用。

供电专业人员与企业用电客户共同检查有关设备状况，细致讲解变压器并列运行的注意事项。变压器并列运行时，除应满足并列运行条件外，还应该注意安全操作。新投入运行和检修后的变压器，在并列前，首先应核相，并在变压器空载状态时试并列，才可正式并列带负荷运行。并列变压器必须考虑并列运行的经济性，还应注意不宜频繁操作。进行变压器的并列或解列操作时，不允许使用隔离开关和跌开熔断器，操作并列和解列要保证正确，不允许变压器倒送电。

对于需要并列运行的变压器，在并列运行之前应根据实际情况预计变压器负荷电流的分配，在并列之后立即检查两台变压器的运行电流分配是否合理。在需解列变压器或停用一台变压器时，应根据实际负荷情况预计是否有可能造成一台变压器的过负荷。而且也应检查实际负荷电流，在有可能造成变压器过负荷的情况下，不可进行解列操作，以确保变压器的安全运行。

7. 规范临时用电　处置跌落熔断

农村春灌之际，村民临时用电较多，配电设备的故障也相应增加。供电公司注重加强农村临时用电的安全规范管理，开展重点设施检查，及时处理跌落式熔断器跳闸等故障，确保电网和人身安全。

供电专业人员认真对配电变压器、线路、季节性电力设备进行全方位检查和消缺，把隐患消灭在春灌用电高峰到来之前。加大临时用电的管理力度，指导农民安全用电，严禁私拉乱接电线。帮助村民装、拆临时用电线路，提高农民用电客户的安全用电意识和自我保护意识。针对一些农民用电客户采用劣质电器和材料、给安全用电造成威胁的情况，建议农民及时更换不合格及破旧设备与导线，提示农民购买使用经国家认证的合格电器材料，谨防劣质材料引发漏电、火灾和触电事故发生，警示临时用电不可随意私拉乱接，应当找专业电工安装。注意学习和掌握电泵等用电设备安全操作知识，一旦出现用电故障，及时拨打 95598 客户服务热线，切不可盲目乱动电器设施，注意保障临时用电过程中的安全。

春灌春耕，临时用电增加，农村运行中的跌落式熔断器由于种种原因熔体管件跌落跳闸的现象时有发生，往往造成变压器缺相运行。对此，供电专业人员积极协助乡村提供安全技术支持，并作为重点安全工作，及时采取相应的安全对策，防止故障进一步扩大。认真分析其中各种不同的原因，快速处理和解决跌落式熔断器熔体管件跌落跳闸的故障。

供电专业人员在现场仔细勘察，注意查看跌落式熔断器选择是否正确，如果正确，则应当符合额定电压和额定电流两项参数。熔断器的额定电压必须与被保护设备及线路的额定电压相匹配。熔断器的额定电流，应当大于或等于熔体的额定电流，而熔体的额定电流可选为额定负荷电流的 1.5 至 2 倍，熔管内熔体禁止用铜丝或铝丝代替，更不准用铜丝、铝丝及铁丝将触头绑住使用。

在符合额定电压和额定电流参数的基础上，注意查看跌落式熔断器安装方法是否正确。正确的安装方法应当是将熔体拉紧，否则容易引起触头发热，使用的熔体必须是合格产品，且有一定的机械强度。熔管应当有向下 25°（±2°）的倾角，熔管的长度应调整适中。要求合闸后熔管上端金属片（"鸭嘴舌头"）能扣住触头长度的 2/3 以上，以免在运行中发生自行跌落的误动作。熔管也不可顶死"鸭嘴"，以防止熔体熔断后熔管不能及时跌落。

供电专业人员积极协助乡村处理跌落熔断器故障，对于跌落熔断器有一只管件跌落的现象，区别情况，循序检修。取下管件后，当发现高压熔丝没有断，而且拉力适中，管件两端固定良好，则表明跌落的原因是由于振动或风力原因所致，可立即进行恢复运行。在合好跌落熔断器后，注意用绝缘操作棒轻拉熔体管上的拉环，以验证是否合闸良好。如果管件再次跌落，则说明管件内熔断丝长度调节不适中，动触头与静触头难以吻合，或绝缘子上端静触头上的止档磨损严重，难以卡住动触头。对于前者情况可进行调节，后者情况只需更换静触头，或更换跌落熔断器。更换后，应当在变压器空载下试送，如果动静触头之间弧光很大，或两只、三只熔体均以断开，则应当检测变压器内部是否出现故障。现场采取安全判断方法，使用 2500V 绝缘电阻表，测量变压器的绝缘电阻，进行判断，以及全面分析，当确认无误后，方可试送电。

现场往往发现三相管件同时跌落，对于这种状况，应当注意检查高压熔丝。如果高压熔丝完好无损，且安装跌落式熔断器处没有悬挂任何标示的情况下，则可能是线路上有人工作。必须认真查明原因，方可恢复送电。防止发生误送电而引发的严重后果，谨慎操作，保障人员和设备的安全。

8. 配变短路　剖析部位

春季电力设备陆续承载高峰负荷，加上春季气象多变等因素影响，变压器往往出现出口短路等故障。供电公司加强设备的检修和维护故障，及时分析处理故障，维护变压器等设备的安全运行。

供电专业人员针对变压器出口短路而发生损坏等情况，认真查找原因，细致检查绕组损坏等部位，排除故障。对于铁轭下的部位发生变形情况，注重分析其内在原因。短路电流所产生的磁场是通过油和箱壁或铁芯闭合的，由于铁轭的磁阻相对较小，大多通过油路和铁轭间闭合，磁场相对集中，作用在线饼的电磁力也相对较大。内绕组套装间隙过大或铁芯绑扎不够紧实，会导致铁芯片两侧收缩变形，致使铁轭侧绕组曲翘变形。在结构上，轭部对应绕组部分的轴向压紧最不可靠，该部位的线饼往往难以达到应有的预紧力，因而该部位的线饼最易变形。

供电专业人员根据不同的情况，注重检查调压分接区域及对应其他绕组的部位。往往由于安匝不平衡使漏磁分布不均衡，其幅向额外产生的漏磁场在线圈中产生额外轴向外力，这些力的方向总是使产生这些力的不对称性增大。轴向外力和正常幅向漏磁所产生的轴向内力一样，使线饼向竖直方向弯曲，并压缩线饼件的垫块。除此之外，这些力还部分或全部地传到铁轭上，使其离开心柱，出现线饼向绕组中部变形或翻转现象。为使该部位的线饼安匝平衡或分接区间的有绝缘距离，往往要增加垫块，较厚的垫块使力的传递延时，因而对线饼撞击也较大。绕组套装后不能确保中心电抗高度对齐，致使安匝加剧不平衡。运行一段时间后，较厚的垫块自然收缩量较大，一方面加剧安匝不平衡现象，另一方面受短路力时跳动加剧。

变压器换位部位往往也出现问题，此种部位的变形，常见于换位导线换位和单螺旋标准换位处。对于换位导线的换位，由于其换位的爬坡比普通导线的换位陡，使线匝半径不同的换位处产生相反的切向力。这对大小相等、方向相反的切向力，致使内绕组的换位向直径变小、方向变形。外绕组的换位力求线匝半径相同，使换位拉直，内换位向中心变形，外换位向外变形，而且换位导线厚度越厚，爬坡越陡，变形越严重。另外，换位处还存在轴向短路电流分量，所产生的附加力，致使线饼变形加剧。至于单螺旋的标准换位，在空间上要占一匝的位置，造成该部位安匝不平衡，同时又具有换位导线换位变形特征，因此该部位的线饼更容易变形。

供电专业人员还应注重检查绕组引出线，常见于斜口螺旋结构的绕组。该结构绕组，两个螺旋口安匝不平衡，轴向力大，同时又有轴向电流存在，使引出线拐角部位产生一个横向力而发生扭曲变形现象。另外螺旋绕组在绕制过程中，有剩余应力存在，会使绕组力求恢复原状现象，故螺旋结构的绕组，受短路电流冲击下更易扭曲变形。另外，当发生短路时，低压引线由于电压低，流过电流大，相位120°，使引线相互吸引。如果引线固定不当的话，还会发生相间短路。

细致检查和剖析绕组损坏等部位，以利于"对症下药"，正确进行变压器短路等故障的安全高效检修。

9. 电气胶带虽薄　安全品质厚道

工厂及家庭经常使用电工胶带也称电气胶带处理导线的接头及包裹缠绕导体破损裸露处，以增加绝缘性能，防止人身触电等事故的发生。供电公司用电检查人员在春季安全大检查中发现，一些劣质电工胶带存在缺陷隐患，根本起不到绝缘安全性能。因此，在现场及时提示用电客户，注意正确选择和使用电工胶带。

供电公司用电检查人员向用电客户讲解电工胶带有关安全知识，分析电工胶带存在的主要问题。市场上电工胶带的品牌繁多，但品质却参差不齐。而电工胶带与电器线路息息相关，对于胶带的各项性能及安全标准均有很高的要求。一些劣质的电工胶带往往出现阻燃性不佳、溢胶严重等现象，会带来严重的后果。总体来看，劣质电工胶带在使用中常见缺陷有阻燃性不佳，易老化脱落，易被腐蚀，铅中毒，溢胶严重，易被磨损，黏性不足，耐候性不佳等。

电工胶带由于这些缺陷，才会经常引发严重问题，当客户选择使用了有缺陷的电工胶带，往往会导致不可预计的事故后果。因此，选择合适的电工胶带至关重要，而要选择质量良好的产品，必须了解电工胶带的相关性能参数及掌握简单的测试方法。

供电公司专业人员提示客户对电工胶带进行黏性检查，黏性是体现电工胶带黏附在被黏物体表面的能力。对于电气胶带的黏性，通常以对标准钢板黏性作为标准衡量。如果黏性不够，电工胶带的附着力则不强，缠绕的导线等处也容易松脱。如果黏性良好，则附着力强，方能保障电工胶带与导线及导体接触紧密、缠绕结实可靠。

良好的电工胶带，应当具有阻燃性，胶带的阻燃性，就是胶带阻止胶带继续燃烧的能力。UL510 专门用于电工绝缘胶带性能测试，阻燃性是其中重要的测试项目之一。测试样本是把指定长度的胶带成螺旋形的半重叠绕上 1/8 英寸直径钢棒，并在顶端附上显示器。燃烧器的火焰与钢棒成 20° 角，在每 5 次、每次 15s 靠近火焰后，样本的燃点时间单次和总共不应长过 60s，或是显示器的损毁程度不应多于 1/4。UL510 燃烧测试为及格或不及格测试，获 UL 认可或列出及有"阻燃"标识的胶带，是已初步通过这项测试及通过 UL 跟进服务审核测试。

电工胶带还需要通过耐电压测试，耐电压测试指对各种电器装置、绝缘材料和绝缘结构等耐受电压能力进行的测试。在不破坏绝缘材料性能的情况下，对绝缘材料或绝缘结构施加高电压的过程称为耐压试验。耐压测试主要目的是检查绝缘耐受工作电压或过电压的能力，进而检验绝缘性能是否符合安全标准。

电工胶带虽薄，承载着很高安全性能。因此，不可轻视及忽略电工胶带的安全问题。认真分辨及掌握电工胶带的常见缺陷及性能表征，从而正确选取和使用电工胶带，以利于安全用电。

10. 动作保护器　拒动与误动

剩余电流动作保护器，也称漏电保护器，是重要的安全保护装置，用于防止电气设备和布线漏电引起的各类事故。

供电专业人员指导工矿企业等用电客户，认真安装使用剩余电流动作保护器。广泛应用于移动式电气设备以及手持式电动工具等电器设施。电器的防电击保护不仅依靠设备的基本绝缘，还应当包含附加的安全预防措施，剩余电流动作保护器的应用范围很大。对于潮湿及强腐蚀性等恶劣场所的电气设备、建筑施工工地的电气施工机械设备、暂设临时用电的电器设备、宾馆及饭店的插座回路、医院直接接触人体的电气医用设备，以及机关、学校、企业、住宅等建筑物内的插座回路等设备中，都应当安装使用剩余电流动作保护器。对于公共场所通道的照明及应急照明、消防用电梯及用于消防设备的电源、火灾报警装置及消防水泵、消防通道照明等设施，则应当安装报警式漏电保护器。

在低压配电网中，剩余电流动作保护装置有时出现不动作等故障现象。供电公司用电检查人员结合工作实践，帮助用电客户查找剩余电流动作保护装置的不动作原因，并提供测试，提示安全注意事项。

剩余电流动作保护装置不动作，往往有多种原因，需要针对具体情况具体分析。

测试剩余电流动作保护装置前，应当先查明保护装置的额定电流，再根据保护装置的额定电流大小，严格按照厂家说明书规定的操作方法设置测试程序。测试仪的接线方法应当正确，黄色线应从零序电流互感器铁芯下口向上穿线，黑色线应当接中性线，认真检查接线无误。测试时，不能只测一相，应当三相逐相测试。对于测试的结果，认真分析是否有超标现象，并做好测试记录，建立台账备查。

鉴于剩余电流动作保护装置的额定电流与测试仪设定的额定电流大小有关，如果保护装置额定剩余动作电流为 500mA，而测试仪设置在 300mA，此时保护器不动作是因其额定剩余动作电流大于测试仪设置电流，所以保护装置不动作。正确方法是把测试仪调至与保护装置的额定剩余动作电流相同。如果保护装置额定剩余动作电流为 300mA，测试仪的缓变电流也应调至 300mA，突变电流调至 50mA。剩余电流动作保护装置在长期运行过程中，由于多种原因会造成损坏。但在更换保护装置时，如果未将配套的零序电流互感器一起更换，这样虽然不影响供电，但由于两者不匹配，在测试时保护装置也可能不动作。掌握正确的测试方法，才能得出正确的结果及结论。

剩余电流动作保护器既有不动作的故障，也有乱动作即经常跳闸的故障。对此，某些客户干脆将剩余电流动作保护器撤出运行，从而构成了隐患及危险。供电公司用电检查人员春检时发现这种问题后，现场进行安全用电知识宣讲，帮助用电客户安装合格的剩余电流动作保护器。

面对无规律的跳闸，的确令客户头痛。用电检查人员认真协助查找"乱动作"的故障原因，逐条解除分支，逐步缩小查找范围。但因无规律，需要等待下一次跳闸才能确定解除的是否是故障分支。根据安全实践经验，用电检查人员发现有一条主要原因，屡次出现也经常被用电客户所忽视。即剩余电流动作保护器自身接线不实、接触不良，在负荷较大时严重发热，造成频繁跳闸。因此，提醒用电客户在检查此类故障时，注重检查漏电保护器的接线情况，避免走弯路。以便及时快速排除故障原因，保障漏电保护器的安全正常使用。

11. 雨季山区　防范雷电

雨季渐渐来临，电力设施大多分布在高山峻岭之间。用电客户分散，线路分布面广。一些用电设施缺少避雷线保护，很容易遭受直击雷和感应雷。每到雷雨季节，山区农村电力系统设备一旦遭受雷击事故，便会影响电力设施的安全运行和山区群众正常用电。供电公司注重在雷雨季节采取安全措施，减少和杜绝雷电事故，保证山区供电安全可靠性。

供电专业人员指导用电客户在电力设施的设计、施工、安装时，应当充分考虑到防雷，提高电力设施的绝缘水平。山区的变压器应选择在避开易遭雷击区，并要处理好各路出线位置。由于瓷横担具有绝缘好和抗雷击的特点，因此，应当优先采用瓷横担。如果采用铁横担，应当用高一个电压等级的绝缘子，条件好的地区可采用复合绝缘子。

架空线路的断路器、隔离开关、电缆头、变压器应当安装适合于山区特点的避雷器，在避雷器的安装过程中，除了保证安装工艺和质量等要求，应当力求避雷器接地线短而直，不得迂回盘旋。

在防雷实践中，应当避免忽视低压避雷器的误区，摒弃重高压、轻低压的错误认识。因为，山区属多雷区，架空线路特别是低压线路翻山越岭很容易引雷。雷电会沿低压线路侵入户内威胁人身安全。所以，在配电变压器低压侧除装有避雷器外，还应当在进户线处或户表箱附近加装一组适合山区农村用户的避雷器。在农户电源进线处，人为地将绝缘子的铁脚连在一起接地，防止雷击侵入农户，达到防雷、安全用电的效果。

由于山区石头多，电阻率高，针对山区接地电阻较大的情况，应当采用化学降阻法或增加接地极等方法，使之达到安全要求。注意防止接地装置接触不良，严格按照要求焊接，以起到应有的作用。

山区相互交叉的线路，上下垂直距离应当达到规定要求。对于个别高杆塔、铁横担、带有拉线的部分杆塔和终端杆等绝缘薄弱点，应当加装设避雷器进行保护。

供电专业人员注重在雷电来临前，抓紧做好有关防雷工作。春季认真做好防雷设备的各种试验和检修工作，结合停电机会对电力设施做好全面检查。由于外界影响和高压作用，往往会出现一些意外隐患。一些不合格的避雷器不但不能起到避雷的作用，反而会增加线损、发生事故以及扩大事故范围。因此，应当及时进行避雷器的绝缘电阻测试、工频放电电压试验、泄露电流测定，及时调换那些性能劣化或失效的避雷器。

对于避雷器引下线、接地引出线、连接处、固定处，严格进行检查。认真检查接地是否牢固，测试接地电阻是否在合格范围之内。

供电专业人员认真开展登杆检查工作，及时更换有缺陷的绝缘子。仔细查看线头的接触情况，对于断股或接触不好的设施，及时整改，从而消除各种隐患。

在每次雷雨过后，供电专业人员注重及时对高低压线路等电力设施，进行巡视检查，应当成为不可缺少的工作。对于各种防雷设备的运行状况，进行全面巡视检查。查看有无闪络、烧伤或损坏现象。雷电过后，由于受到强大电流或某种原因的影响，引起闪络放电可能会使接地线受到损伤，从而对线路正常运行产生不利影响。所以，应加大巡视检查力度，掌握雷电活动规律，不断总结经验，及时发现隐患并消除，从而避免事故的发生。

针对山区农村特点，应当加大防雷知识和安全用电常识的宣传教育力度。在雷电季节之前，开展防雷工作培训，促进山区防雷设施安全正常运行，保证雷雨季节中人身和电力设施的安全。

12. 检验安全用具　正确操作验电

春检中，经常使用安全工器具。确保电气安全用具合格可靠，对保护电气工作人员和电气设备的安全运行至关重要。供电公司注重加强安全工器具的定期检验，加强培训、安全操作，正确使用安全工器具。

在基本安全用具中，应当认真检测和维护绝缘操作棒。在电气设备带电的情况下，利用绝缘操作棒可直接操作电气设备。绝缘操作棒每年必须进行一次预防性耐压试验，检验时，6～10kV 的绝缘操作棒，试验电压应当为交流 44kV，试验时间应达 5min。高压验电器，本身应当具有绝缘操作棒的绝缘性能，其校验时间，应每隔半年送检一次，6～10kV 的验电器试验电压为交流 40kV，校验时间为 5min。

对于辅助安全用具，同样不可忽视安全检测。绝缘手套是供电专业人员经常使用的辅助安全用具，绝缘手套使用前应当做外观检查。绝缘手套不得破损，不得发粘。在现场使用前，可以采取简便易行的检测方法。捏住及闭合手套下部，让绝缘手套内有空气鼓起，轻轻按压，从而可以检查判断绝缘手套有无漏气等异常现象。如果漏气，则表明绝缘手套存在缺陷，不得使用，应当更换，使用安全合格的绝缘手套。使用后，应当在绝缘手套内部洒上一些滑石粉，以防粘连。不用时，则应将绝缘手套保存在特制的木架上。这类用具应每隔半年送检一次，并贴上合格标签。高压绝缘手套应当交流耐压 8kV，时间为 1min，泄漏电流应满足小于等于 9mA 的安全要求。

绝缘靴与绝缘手套同属于辅助安全用具，该类用具平时不用时，应当放在木架上，避免阳光直射。检验期为每半年送检一次，交流耐压 15kV，时间为 2min，泄漏电流应小于 7.5mA 方为合格。绝缘垫也是辅助安全用具，此类安全用具的表面应具有防滑纹路，不得与酸、碱及化学物品接触，每隔两年进行一次耐压试验。

对于安全工器具，除做好检测工作外，正确操作使用尤为关键。春检中，经常进行倒闸操作、停电检修等作业。在装设接地线之前，必须验电。因此，使用高压验电器的几率很高。并且，验电器的显示必须准确。否则，容易造成误显示、误判断而引发严重的事故后果。使用高压验电器，必须严格执行安全规程，穿戴高压绝缘手套，穿绝缘靴，并有专人监护。

在作业现场，使用验电器前，应当先检验其验电器是否良好，还应在电压等级相适应的带电设备上检验报警系统是否正确。禁止使用电压等级不对应的验电器进行验电，防止现场测验时得出错误的判断，发生危险。

验电时必须精神集中，不可中途接打手机以及做与验电无关和分散精力的事情，以免错验或漏验。对于线路的验电，应逐相进行。对联络用断路器、隔离开关或其他检修设备验电时，应当对进出线两侧各相分别验电。对同杆塔架设的多层线路进行验电时，应当先验低压、后验高压；先验下层、后验上层。对于电容器组验电时，应当待其放电完毕后，方可进行。

对电力线路及设备验电时，应当让验电器顶端金属触头逐渐靠近带电部分，至氖泡发光或发出音信号为止，不可直接接触电气设备带电部分。验电器不应受邻近带电体影响，以免发出错误信号。

验电时如果需要使用梯子时，应使用绝缘材料的牢固梯子，并采取必要的防滑措施，禁止使用金属梯子。

验电完备后，应立即进行接地操作。验电后如果没有及时挂接地线，若需要继续操作，必须重新验电，确保安全。

13. 住宅装修 安全布线

开春以后，一些居民用电客户进行住宅装修。由于缺乏安全用电意识，为降低工程造价，聘请非专业电工，使用不合格电线、插座等电器设施，或者不规范布线，给家庭用电安全埋下隐患。为此，供电公司组织人员深入社区和城乡居民区，开展住宅电气施工安全宣传服务工作。

供电专业人员认真提示居民应了解和掌握住宅装修有关电气施工安全知识，防止发生用电事故。所用电线及电气设备绝缘必须良好，灯头、插座、开关等带电部分不能外露，严防人体触及。不要乱拉、乱接电线及乱接用电设备，用电设备的金属外壳应接地良好。一旦发生触电等危险时，合格的低压触电保护器能够迅速自动切断电源，从而保障人身安全，因此，提倡住宅布线时，塑料护套或其他绝缘导线不能直接埋在混凝土或沙石墙内，应穿管埋设；照明、电器和空调用电，最好分别走线，各行其路；卫生间和厨房应当采用防水插座，防止潮湿在使用过程中触电。选用电源管道时，不能图省钱，尤其是埋墙管路，一定要保证质量，否则隐蔽工程一旦出了问题，维修补救很难。埋墙电路应当做预制管路，预制管路是独立的，以后更换线路或增加线路时，只要利用管路穿引导线便较容易实现。

在具体布线施工时，电线、数据线、电视线、音响线管路应当独立分开。如果管路混用，由于交流电源磁场现象，易产生信号干扰，将导致电视图像不清晰等问题，容易造成安全隐患。电源线注意不使用多股线，即芯线由多股细铜线绞成的电线。多股线散热不良，带负荷能力差，也容易产生电腐蚀氧化，一旦氧化便容易断芯、发热。电源线应当穿入管内，起到保护作用，可防潮、防损伤、防短路。

住宅布设铜芯电线，多于 220V 交流电，一般情况下 $1mm^2$ 可以安全通过 $3 \sim 4A$ 的电流。根据这个数据，可以计算出所选电线的线径，能够承载多少用电设施的负荷功率，再增加一些余地，从而正确选购线径合适、质量合格的电线。

家庭用电布线，一般使用截面为 $4mm^2$ 或 $2.5mm^2$ 铜芯电线。电源线路应当根据各类电器的各自功能，实行分路处理。采取空调独自使用一路电线，线径截面为 $4mm^2$；热水器一路，线径截面为 $4mm^2$；插座一路，线径截面为 $4mm^2$。照明一路，线径截面 $2.5mm^2$。

室内电源布线，往往按照不同地点分开布设。厨房线路应当使用线径截面为 $4mm^2$ 的电线。因为厨房中有很多大功率电器，如电磁炉、电饭煲、豆浆机、冰箱、消毒柜、洗碗机、抽油烟机等。对于卫生间线路，也应当分开布线，因为用电器具的负荷较大，该区域的水气也较大，分开布线有利于安全用电和日常检修维护。

住宅装修，应当在配线箱里装上空气开关和漏电保护开关。所选用的空气开关容量型号，应当根据使用的功率计算而定。厨房、卫生间、电热水器、插座这些线路，都应当装上漏电保护开关。

敷设电线管路时，应当保证所有布线均穿入管内。管内不能有接头，所有电源线不能在管道中驳接，保证在管道中的电源线是一条完整的线。驳接点应该设在开关、插座等外露及易于检查维修的地方，利于安全维护。

14. 防外力破坏　建平安电力

随着春季气温的回升，各施工工地陆续开工。供电公司组织人员加大线路巡视力度，及时防范线路防护区内大型机械作业等外力破坏行为。采取正常巡视、特殊巡视和落实责任"保杆护线"相结合等方式方法，缩短线路巡视周期，增加巡视次数，增强护线成效。供电公司注重认真贯彻执行"电力设施保护条例"，采取一系列安全措施，打防结合，强力遏制外力破坏，推进平安电力创建活动。

供电公司针对土建施工机械开挖土方增多、地埋电缆等设施遭受破坏的危险增大等实际情况，制定和实施防外力破坏新方法，采取平安配套举措。

第一，主动出击，与公安部门沟通协调，出动警车巡查线路、走访提示废品收购站点、设立防外力破坏警示标识，改善电力设施周边安全环境。

第二，及时收集和掌握外力破坏信息，及时制止外力破坏倾向及行为，将外力破坏遏制在萌芽状态。

第三，制定实施防外力破坏应急预案，明确有关紧急处理程序及办法。

第四，超前控制，对供电区内挖掘作业的施工单位，主动上门宣传电力设施保护规定，并共同签订履行电力设施防护协议。

第五，大量发放中国电力出版社出版的"电力安全宣传挂图"，张贴到每个施工现场，提醒施工人员注意保护电力设施，同时督促施工单位搭建防护架。

第六，紧紧依靠政府等部门的支持，供电公司与城市建设主管部门建立沟通协调及信息通报机制，及时掌握供电区内的施工位置与时间，安排供电人员有针对性地巡视和指导施工防护工作。

第七，充分发挥群众护线力量，广泛做好防外力破坏工作。在小区和城乡居民区加强电力设施防护宣传，互动反馈防外力破坏信息，掌握创建平安电力的主动权。

采取系列平安安全举措，致力于平安电力的创建工作。及时接到广大群众提供的情况，快速与市政等部门协调，深入开展防外力破坏工作。

供电公司专业人员经常与工程工地负责人加强联系，一起进行现场勘察，指明电缆的埋设位置及埋设深度，并将相关数据提供给工程负责人，有效预防工程施工期间外力破坏事件的发生。供电公司线路运维专业人员认真巡视输电线路，及时发现施工机械最高点距离导线只有 5m 的险情，临时施工的工地机械严重威胁到电力线路及施工人员的安全。供电公司线路运维专业人员立即对工地在线路下面施工的危险作业行为进行制止，向业主发放了输电线路安全告知书，要求严格执行《电力设施保护条例》以及《建筑机械使用安全技术规程》中相关具体规定，施工机械必须与电力线路保持安全距离。施工工地现场负责人了解违规施工的危险性后，立即停止和整改施工行为，按照广大专业人员的指导采取安全措施，确保在输电线路最小安全距离内不再进行任何作业，共同维护电网安全运行，保障企事业单位及群众安全顺畅用电。

15.　春检周密部署　消缺更换设施

　　春季安全大检查工作正在紧张有序地开展，供电公司推进"安全管理质量提升"和"安全生产标准化达标"等活动，按照计划、布置、检查、整改、总结等环节步骤，抓好安全生产重点工作，采取安全保障措施、隐患缺陷治理等措施，落实安全生产工作基础。

　　春检期间，面对基建、改造工程较多，局部电网运行方式变化大等困难，供电公司加强春检计划的刚性管理。实行风险预控闭环管理，春检工作按照检修计划周密开展。注重完善制度建设，优化协同机制，提高核心运检能力和专业管控水平，落实安全责任。加强计划管控和组织协调，突出前期准备和现场管理，抓好隐患治理，加强风险预控。科学部署，统筹安排，明确春检工作重点，树立"安全一盘棋"的总体理念。成立春季安全大检查领导组和工作小组，明确各级人员职责、细化责任分工、精心编制春检工作计划，并对检查的主要内容及检查要求做详细说明，层层抓落实，将各项工作任务落实到岗到位，做到全员发动、责任到人、边查边改。强化安全意识，实行领导跟班制度，设立专职安全员，监督春检工作现场，确保整个春检过程严格执行各项安全规定。制定详细的春检预试计划，全面推行标准化作业指导书，细化各项技术措施。创新工作现场管理形式，采用现场工具、仪表定置管理，推进标准化作业，最大限度缩短检修停电时间。

　　供电专业人员在春检中应当注重及时发现线路绝缘子等设备缺陷，及时检修处理。供电公司检修分公司输电检修带电作业人员紧急出动，快速处理 220kV 线路铁塔上绝缘子连接不可靠的缺陷，及时消除线路危险点。

　　在此之前，输电线路巡检人员发现 220kV 线路铁塔上的对穿螺栓脱出约三分之一，绝缘子串从横担挂点处容易脱落，线路危在旦夕。检修分公司带电作业班接到任务后，火速出动，经现场查勘，制定安全方案，带电作业人员仅用 30min 就处理好即将脱落的绝缘子串，转危为安。并且在塔上认真检查了该线路其他相位及同塔的另一回线路情况，以便及时发现和处理异常情况。

　　供电公司利用春检的有利时机，对于输电线路更换新型绝缘子。由于工作任务重，输电检修人员分组进行作业。车辆在起伏的山路上颠簸，山路狭窄，仅能容纳一辆车通过，车窗的右方就是 10m 多深的山沟。司机注意安全驾驶，开到离杆塔最近的地方，检修人员整理及准备好工器具，排队进入。工作负责人宣读工作票，核对杆塔编号，测试保险绳等工器具后，准备工作就绪，作业人员开始登塔。

铁塔上的作业人员熟练地把线路原有的旧绝缘子串卸下，地面人员利用绳索把已绑好的新型绝缘子串上拉到塔上。由于新款的绝缘子与旧绝缘子不同，轴中心系由玻璃制成，再用钢帽套住，外面是特制硅胶伞盘套围。每8片穿成一串绝缘子串，伞盘套围较大，阻挡作业人员安装视线。地面监护及时提示将操作杆的接头放松一点，然后调整角度。铁塔上的作业人员重新安装操作杆，调整杆头方向，用双手抬起操作杆操作、安装。塔上塔下紧密配合，用了近40min的时间，新型绝缘子顺利安装完成。春检中更新线路绝缘子，提高设备健康水平，为电网安全稳定运行创造良好条件。

16. 开关电器　注重灭弧

工矿企业用电客户使用的开关电器比较广泛，往往由于开关电弧等因素出现故障。供电公司专业技术人员在协助用电客户开展春季安全大检查工作中，注重指导用电客户把握有关技术关键问题，破解开关电器产生电弧等疑难问题。

供电公司专业人员在现场认真讲解开关电器产生电弧的主要原因，提示掌握开关电器的重点技术性能。

电弧在开关电器中是一种气体放电现象，主要有两大特点，一是电弧中有大量的电子和离子，可导电，电弧不熄灭，电路继续导通，电弧熄灭后，电路方能正式断开。二是电弧的温度很高，弧心温度一般可达 4000~5000℃，高温电弧会烧坏设备造成严重事故，因此必须采取措施，迅速熄灭电弧。

电弧产生和熄灭具有其物理过程，在断开开关时，由于动触头的运动，使动、静触头间的接触面不断减小，电流密度不断增大，接触电阻随接触面的减小越来越大。所以触头温度升高，产生热电子发射。当触头刚分离时，由于动、静触头间的间隙极小，出现的电场强度很高。在电场作用下，金属表面电子不断从金属表面飞逸出来，成为自由电子在触头间运动，这种现象属于场致发射。热电子发射、场致发射，产生的自由电子在电场力作用下加速飞向阳极。途中不断碰撞中性质点，将中性质点中的电子碰撞出来，这种现象属于碰撞游离。碰撞游离的连锁反应，自由电子成倍地增加，正离子也随之增加。大量的电子奔向阳极，大量的正离子向负极运动，开关触头间隙便成了电流的通道，触头间隙中介质被击穿便形成了电弧。

由于电弧温度很高，在高温作用下，处在高温下的中性质点在高温中产生强烈不规则的热运动。在中性质点互相碰撞时，被游离而形成电子和离子，这种因热运动而引起的游离属于热游离。热游离产生大量电子和离子维持触头间隙间电弧。电弧的产生主要源于碰撞游离，电弧的持续主要依靠热游离。

在认真分析有关情况的基础上，供电专业人员指导并提示用电客户开关电器应当采取的熄灭电弧方法，重点利用气体或油熄灭电弧。在开关电器中利用各种形式的灭弧室，使气体或油产生巨大的压力并有力地吹向弧隙。电弧在气流或油流中被强烈冷却和去游离，其中的游离物质被未游离物质所代替，电弧便迅速熄灭。气体或油吹动的方式有纵吹和横吹两种，纵吹使电弧冷却变细，然后熄灭。横吹是把电弧拉长切断而熄灭。不少断路器采用纵横混合吹弧方式，以取得更好的灭弧效果。灵活采用多断口方法熄灭电弧，高压断路器常制成每相有两个或多个串联的断口，使加于每个断口的电压降低，电弧易于熄灭。

根据设备情况，可以在断路器断口加装并联电阻的方法来灭弧。高压大容量断路器广泛利用弧隙并联电阻来改善其工作条件。断路器每相若有两对触头，一对为主触头，另一对为辅助触头，电阻并联在主触头上。当断路器在合闸位置时，主、辅触头都闭合。当断开电路时，主触头先断开，这时并联在主触头断口上的电阻在主触头断开过程中起分流作用，有利于主触头断口灭弧。主触头的电弧熄灭后，并联电阻串联在电路中，有效地降低触头上的恢复电压数值及电压恢复速度。另外，并联电阻在切断小电感电流或电容电流时，可限制过电压产生。

注重发挥新介质的性能，利用灭弧性能优越的 SF_6、即六氟化硫断路器及真空断路器等达到熄灭电弧的效果。还可采取金属灭弧栅的方法熄灭电弧。将铁磁物质制成金属灭弧栅，当电弧发生后，立刻把电弧吸引到栅片内，将长弧分割成一串短弧。当电弧过零时，每个短弧的附近会出现 $150 \sim 250V$ 的介质强度。如果作用于触头间的电压小于各介质强度的总和时，电弧会立即熄灭。在低压开关中，采取这种灭弧方法比较方便实用。

认真掌握开关电器的主要性能和熄灭电弧的方法，从而正确使用开关电器，减少甚至避免发生电弧的危害，促进安全供电。

17. 班组找差距　增强执行力

春检期间，生产专业班组认真组织员工加强安全学习。

在宣读有关外单位的事故通报时，班长发现有些员工心不在焉。经过询问，某些班组员工认为外单位的事故，与自己无关。

班长对此提出批评，引导员工提高安全意识。严肃指出，安全工作应当居安思危、举一反三，联系自身的薄弱环节，认真吸取各类事故教训，警钟长鸣。尤其是安全工作更具有全局性，是涉及所有人的工作。你中有我，我中有你，内外关联，相互影响，环环相扣。"大安全"应当是一张错综复杂、紧密相连的安全网。需要人人反思、人人互保。外单位或别人发生了事故，联系自己所在的单位、班组或本人身上，可能恰恰存在同样的问题。需要引以为戒，分析存在问题的原因，制定整改方案，落实安全措施。不管从事的具体工作如何，在安全工作中都应当无一例外地承担责任，必须找差距、定措施、见行动，认真在安全生产中履职尽责。

班组员工深入开展讨论，摒弃外单位事故与自己无关的错误认识。统一思想、达成共识，明确安全生产人人有责。班组全体人员应当以安全生产为己任，人人重视、关心安全工作，对安全事故案例认真吸取教训，防患于未然，班组安全生产工作才能得到保障。每名员工都是安全生产的主体，都是安全生产的执行者和关键一环，安全工作责任重于泰山。树立对安全生产高度负责的态度，以负责务实的精神，创新班组安全管理方式方法，完善班组安全作业措施，为班组建设装上"安全锁"。班组员工严格遵章守纪，增强"安全有我、我要安全"的责任意识。只有大家在安全工作中都尽职尽责，才能齐心合力构筑安全供电坚实的铜墙铁壁。

班组员工通过开展学习讨论，注重增强安全生产的执行力。在变电站的检修工作中，认真实施开关设备预试、机构检查、变压器渗油消缺、六氟化硫气体测试等作业。相互提示，细致进行开关机构检查及分合闸可靠性试验。

现场工作负责人认真检查接线是否正确可靠，注意试验电压幅值，检查开关状态。进行监护和叮嘱，确保有关操作安全无误。注重增强工作计划项目的执行力，按质按量地完成每一项检修任务。

班组人员在现场注重密切配合，雷厉风行，增强安全作业执行力。认真端正安全工作作风，落实有关检修技术标准。把贯彻上级精神的指导思想树牢，把安全工作措施定实，把工作的出发点放在切实解决实际安全问题上。做到不浮躁、不弄虚，注重求真务实。认真提高安全生产风险辨识能力，增强良好的执行力等总体素质。在贯彻落实上级安全规制中，准确无误地落实目标任务。安全生产坚持高标准、严要求。对待安全工作保持责任在肩、永不懈怠的劲头，树立目标及落实各项生产任务，追求更高、更快、更强，力求实效。

18. 抢险物资　应急保障

供电公司注重建立应急物资响应机制，集约安排在抓好重点工程项目物资供应保障的同时，积极开展应急物资排查、清点工作，确保应急物资安全到位。建立逐级负责、层层落实的责任制度。重点对使用频次高的备件和消耗性用品进行清查、整理，建设高效的应急供应通道，做好突发情况下的物资应急需求保障工作。确保应急状态下所需物资质量可靠、及时调拨、准确送达。并建立应急物资调配室周报制度，密切跟踪工程项目物资到货情况，确保春检、迎峰度夏及工程项目物资及时供应。

物资供应专业人员认真总结以往抢险物资保障经验，注重进一步探索优化应急实施办法，补充预案及相关措施。突出解决"应急物资供应需求紧急且无法预料"等难题，科学确定储备物资品种和数量。注重完善应急保障各个环节的衔接细节，高度警惕，保持备战应急物资状态。分类盘点防外力破坏、防汛、消防等抢险物资储备情况，动态掌控库存物资信息，重点对使用频次高的备件和消耗性用品进行清查整理，加大突发情况下的物资应急保障力度。

供电公司物资供应分公司接到供电公司紧急通知，10kV 电力线路由于发生车祸，电杆被撞断，需要紧急提供抢修物资。

物力资源在安全生产抢修工作中至关重要。物资供应分公司主任立即通知物资储运专业人员马上集结、应急行动。物资专业人员立即打开各自的电脑，登录 ERP 仓储管理系统，等待下达指令。物资供应分公司主任从 OA 下载抢修物资清单后，开始下达物资清单核对指令，球头、碗头、直角挂板等材料。

物资供应分公司执行应急物资管理流程，周密安排和行动，按照抢修所需数量做好物资出库准备。应急抢修，不能有任何懈怠。事故现场瞬息万变，抢修时间和材料需要随时应变。物资供应分公司接到抢修现场负责人电话，了解目前出现倒杆现象，应立即按物资清单的双倍进行准备。

紧张的调整核对工作再次展开，储运专业人员很快发现针式绝缘子库存不足，马上向物资供应分公司主任汇报针式绝缘子库存不足，缺少 8 只。物资供应分公司安排人员赶紧查找周转库的库存。储运专业人员快速经查找，很快发现周转库有针式绝缘子，库存 18 只，能够保障供应。

安全供电，应急抢修，需要物资材料供应到位，注意实行物力资源集约管理和精益化管控。

供电公司建立健全应急物资响应机制，居安思危，适度储备，为电力线路抢修及时提供物资安全保障。

19. 带电作业抢修　处理设备缺陷

春季风大，输电运维专业人员开展特巡工作。及时发现 220kV 输电线路 83 号铁塔大号侧左边相高压端金具连接处,少了一支螺栓销子。

情况紧急,供电公司立即组织应急抢修中心带电作业班人员赶赴现场处理缺陷。带电作业在几十万伏的强电场里,悬身于五六十米的高空,与超高压设施进行零距离接触,工作容不得任何闪失。

带电作业班人员仔细勘察现场情况,核实故障点并确定抢修方案。四名在地面的带电班人员利用传递绳绑上绝缘软梯,拉动传递绳,将绝缘软梯冉冉升离地面,逐渐伸向导线。当软梯顶头挂点与导线相互碰触的一瞬间,传来一阵刺耳的放电声。

在挂好软梯的同时,直接带电作业的人员已经穿好带电作业服、作业鞋,戴上作业帽和带电作业手套。腰上也挎好工具,做好了攀登绝缘软梯的准备。现场安全监护人仔细对直接带电作业人员的安全防护用品从头顶到脚底逐项进行检查。

安全防护用品配备齐全无误,直接带电作业的人员开始攀登绝缘软梯。地面监护人员随时提示注意距离导线的距离。

超高压带电作业要求操作人员在即将进入强电场的瞬间果敢、迅速。在进入强电场放电的瞬间,立即抓住带电导体,方可减少放电的弧光及不安全因素,尽快实现人体与导线的等电位,从而增大安全系数。在 50m 高空上,直接带电作业人员的一只手接触到软梯金属挂头的一瞬间,传来一声比较小的电弧声,直接带电作业人员成功顺利进入了强电场。

地面上的人员监护配合,仰望直接带电作业人员到达高空指定作业区域,监护人员不时大声提醒注意操作安全。带电作业技术性很强,风险很大。无论是拧螺丝、绑扎、隔离,还是更换破损绝缘子,每个操作动作都需要科学规范,跟超高压设备打交道,容不得半点闪失。带电作业班每位成员都签订了"安全生产责任状","安全就是生命"的工作理念牢牢扎根在带电班每位成员的心里,每个人都做到重视安全,防范事故。

正常情况下,等电位补装螺栓开口销子作业,带电抢修队员趴在导线上只要几分钟的时间就能完成消缺。但这次,直接带电作业人员在消缺过程中发现了一个意外现象,需要补销子的金具螺栓生锈了,螺栓插销孔有近一半的眼孔被堵住了。这种情况,销子则无法插入眼孔安装。

地面人员用传递绳把铁锤给直接带电作业人员传送上去。直接带电作业人员双脚悬空踩在绝缘软梯上,挥动一把铁锤,在 50m 高空中,传出清脆响亮的金具撞击声。经过近半个小时的敲敲打打,终于消除了设备缺陷。

带电作业,应急抢修。在保障人员安全的基础上,排除输电线路的设备隐患。作业中线路保持不停电,也促进提高安全供电的可靠性。

20．依法治理　清除树障

入春之后，树障问题凸显，事关电网安全。供电公司组织人员加强学习贯彻《电力法》、《电力设施保护条例》、《森林法》等法律法规，依法维护电网设备安全。

《中华人民共和国电力法》明确规定："在依法划定电力设施保护区前已经种植的植物妨碍电力设施安全的，应当修剪或者砍伐。"《中华人民共和国森林法》规定："国有林业企业事业单位、机关、团体、部队、学校和其他国有企业事业单位采伐林木，由所在地县级以上林业主管部门依照有关规定审核发放采伐许可证。"《电力设施保护条例》明确具体要求："任何单位或个人在架空电力线路保护区内，必须遵守下列规定：（一）不得堆放谷物、草料、垃圾、矿渣、易燃物、易爆物及其他影响安全供电的物品；（二）不得烧窑、烧荒；（三）不得兴建建筑物、构筑物；（四）不得种植可能危及电力设施安全的植物。"

供电公司注重积极争取地方政府和群众的支持，加强密切联系，听取建议，共同解决存在的树障问题。主动与林业、公安等部门建立定期沟通机制，开展"林电"、"警电"护线互动活动。对于个别人员在电力线路保护区恶意植树的行为，供电公司注重与地方政府沟通应对，依照法律法规相关内容进行处理。在依法划定的电力设施保护区内种植植物，危及电力设施安全的，由当地人民政府责令强制砍伐，依法治理树障。

在清理树障过程中，供电公司作业人员注意结合树龄及树形，合理修剪。及时清理散落的树枝，以免影响行人、车辆通行。对于珍稀树种，现场作业人员注重在园林部门的指导下解决树障问题。

修剪电力线路附近的树木，存在安全风险。供电公司加强安全管控，严格贯彻安全工作规程。春季风大，作业现场加强监护，防止人身触电等事故的发生。

供电员工修剪电力线路附近的树木，现场监护人仰头向绝缘车斗里的人员进行安全提示。在治理树障工作中，推进"平安电力"、整治树障问题系列活动，强化全过程安全管控。对于特殊地段，既确保供电安全、社会平安，又注重营造绿色环境。以逐年修剪为主要手段，以"当年修剪当年安全、逐年修剪持续安全"为目标。打破原有巡线周期，重点开展不定期、不定点特巡，确保及时消除树障隐患。严格进行项目管理，对电力设施保护区内影响电网安全的树木进行详细排查、统计。拍摄修剪现场前后照片，上报和抽查管理，有效记录现场修剪情况，确保清理树障工作落到实处。

供电公司认真治理树障，依法保护电力线路，及时防范树障造成的危害及事故。

21．协调安全联动　化解线树矛盾

植树绿化过程中，供电公司注重加强动态管理，开展安全联动工作，随时防范树线矛盾，避免给电网设备安全稳定运行造成隐患。

树障是威胁供电安全的一大因素，也影响群众的正常用电。个别人在架空电力线路保护区内种植树木，遇到暴风雨天气容易造成停电甚至危害人身安全。供电公司清理树障前，注重充分做好植树群众的思想工作，让他们了解树障对供电设施和群众的危害。取得群众的理解和支持，推进及时清障工作。

供电公司开展"植树安全向导"活动，采取散发宣传单、张贴电力安全宣传挂图、进村入户讲解等方法，加大电力设施保护宣传力度。供电专业人员利用日常线路巡视、每月台区抄表等时机，发现和收集线路防护区内的植树情况，并及时报告，及时采取应对措施。对于屡禁不止、严重危害线路安全运行的恶意植树行为，加强与公安等部门的配合，发挥警电联动作用，坚决制止。

治理树障不仅事关供电线路的安全，而且涉及供电企业与社会各界的关系。供电公司注重建立健全统一领导和部门协调一致的综合治理机制，联系当地政府部门，争取政府的支持，发挥联动体系作用。冬季一些乡村遭受暴雪袭击，树木压断电力线路的现象较多，70%的线路故障是电力线路附近树木积雪过多造成的。供电公司及时就树障隐患问题向政府主管领导进行专题汇报，并主动走访发改委、园林绿化局、公路局等单位，商议解决树障问题的办法。当地政府高度重视，主持处理树障问题协调会。明确提出"杜绝新栽增量、逐步消减存量"的处置原则，防范新增树障隐患。注重从规划入手治理树障问题，与园林绿化局、公路局及相关乡镇达成一致意见，造林及绿化工作中，为电力线路预留线路走廊及线路防护区。在造林工程中，从源头上化解树线矛盾。

供电公司进一步加强群众的安全思想教育工作，选出责任心强、群众威信高的村干部及有关群众担当护线员、联络员，并给予适当的奖励，调动群众护线的积极性。坚持在植树季节开展宣传活动，联系各村委会，通过村里"小喇叭"播报电力法律法规等知识。

在电力线路规划工作中，供电专业人员注重先做好村委会主任的工作，说明线路通道和树线矛盾的具体情况。线路通道是经过有关部门层层审批的，为保障安全供电。90%的供电线路跨越林地，保护线路通道安全是硬指标。林木清理审批手续复杂，安全供电的原则必须坚持，树障清理工作坚决依法进行，认真布置和完成树障清理任务。在当地林业局配合下，防范速生树搭接线路，林业局协助派出了油锯手和割灌手辅助剪枝。在推进林区大项目开发、新农村建设用电、配合森林环保、生态文明建设等方面，供电企业默默奉献，为社会服务。在清理树障问题上，政府部门和当地林业局开辟绿色通道，优化工作流程，增强电力设施保护意识，注重疏导，着眼长远和全局，统筹考虑电力线路安全因素。避免盲目规划施工、顾此失彼，防范树木频繁移栽。植树过程中，加强指导、监管和联合执法，保障电力线路安全。

22. 小活动 大安全

供电公司各专业班组开展机动灵活的小活动，树立"大安全"理念。实行从大处着眼、从小处着手，在实践中认真构建"大安全"的基础和新格局，从细微之处扎实努力，持之以恒，滴水穿石，起到功效。

班组人员注重深入开展安全生产小发明、小创造、小革新、小设计、小建议"五小"

竞赛活动。根据安全生产的实际课题，反复研究和实验，研制"提示装设位置安全夜光接地线"。这种"夜光接地线"不仅在夜间方便人员操作，而且在夜间巡视时，能够起到时刻提醒运行人员接地线的位置等作用，避免漏拆地线事故的发生。"夜光接地线"可以不加装额外电源，符合安全规程对接地线的相关规定和要求，提高了夜间操作的效率，也提升了安全生产系数。

以往变电站互感器采集油样的过程中，人员距离地面较高，工作人员需要一手握住油瓶、一手操作阀门放油。在高处作业，容易失去重心，而且操作空间较小，一手拿着油瓶、一手使用扳手操作，很不方便。扳手容易脱落、砸伤人员。油瓶倾斜、容易发生洒油，并且有时不能及时关闭油嘴阀门，造成喷油。班组人员根据安全生产的实际需要，研制"互感器多功能防倾洒采集油样适配器"，在高处解放了双手及扳手，能够顺利安全完成放油的全过程操作。新制作的多功能采集油样油嘴适配器，配套加装了油瓶托架，使油瓶稳固在托架内，防止脱落。在油嘴前加装油管，使油样准确进入油瓶，防止喷洒。减轻了高空采集油样的劳动强度，采集油样安全顺畅。适配器携带方便，广泛应用于各变电站采集油样操作。

班组开展"五小"活动，力求不断完善和更新载体，选出最优秀的成果。将"五小"安全活动赋予新的意境，强化安全"大观念"。在班组安全教育、业务培训等方面与时俱进、有的放矢，分专业、分工种、分季节、分内容、小范围、多层次地开展小型的安全教育及培训活动，提高培训的针对性和时效性。

注重"小细节"，堵塞"大漏洞"。专业班组从细微处入手，对于不按规定着装、"两票"执行不严格等"细枝末节"加大根治力度。

班组实施各项安全"小举措"，营造平安"大环境"。注重班组安全文化的培训和安全理念的塑造，开展安全生产合理化建议、亲人叮嘱保安全、安全格言征集、安全生产征文、青年安全示范岗等活动。实现安全生产的良性互动，在班组营造良好的安全氛围。

"事故应急抢修必须填写抢修单，杜绝无票作业，防止盲目操作送电。"班组开展"安全微课堂"活动，组织进行班组成员"人人上安全课"。

创新安全培训方式，在课程中，每位员工既是学习的主体，也是授课的主体，员工自己选题并编写讲课教材，用较短时间讲清一项安全措施内容或工艺流程。采取"你问我答"、"你讲我评"等互动形式，共享安全知识与技能。班组每周评选优秀的讲课员工以及高质量的教案，定期组织优秀讲课员工进行标杆示范讲课。在此基础上，供电公司选拔各班组优秀讲课人才，组织开展巡回交流与竞赛活动，打造优秀的安全内训师队伍。小讲堂，起到大作用，保障每次作业、每项操作、设备每天都安全，促进提升安全生产整体素质。

23. 安全风险管控　推进管理提升

供电公司注重夯实安全生产基础，积极创新管理，建立健全的安全风险管控体系，研究编制《安全风险评估办法》和《现场作业风险和辨识手册》。完善风险管控体系，组织所属各单位推行"目前风险预想"活动，规范开展风险分析、辨识、预控工作，有效保证安全生产的可控、能控、在控，探索"安全管理提升"的有效之路。

供电公司有序开展"安全管理提升"活动，紧紧围绕"梳理流程、防控风险、夯实基础、推进创新"的主题，积极优化安全管理流程，创新安全工作机制，夯实安全基础管理，推动安全管理创新发展。

各专业认真把住事故预防第一关，检修预试等工作确保电网设备稳定可靠运行。由于涉及倒闸操作项目多、工程工期紧、交叉作业复杂等危险点，往往给各专业的安全生产带来很大压力，成为生产工作的重要危险点。通过推行风险管理控制，所属各专业将危险点"转危为安"。

变电站设备按计划进行预防性试验，有关班组成员召开例行班前会，对当日预试任务进行详细安排，严格核对、熟悉作业指导书，对照《作业风险辨识手册》的相关内容，从人员、设备、物资、环境等方面核查辨识的各项危险源，对应采取相应的风险预控措施。

专业人员针对预想可能存在的仪器设备不合格、劳动防护用品佩戴不全、受限空间作业、交叉作业、现场安全隔离警示不到位、完工恢复不全面等安全风险，有针对性地强调试验前严格按作业工序进行作业、试验前再次确认工作面无其他工作、试验现场设置临时警示等安全措施，做到事前有效预防。

班组注重提高人员的风险预想认识，以往召开班前会，主要会安排当天工作，强调危险点，但缺乏系统性。现在通过风险预想，从人员、设备、工器具、材料、环境等方面入手，把住事故预防的关口，安全工作更加踏实。

各专业注重将风险控制落实到具体工作项目中，工作负责人会同许可人对现场安全措施进行全面检查确认，履行工作票相关许可手续。组织工作班成员进行现场安全技术交底，并按照安全管理要求及时通知应到岗到位人员现场监督。充分考虑交叉作业项目的影响，在监督工作班成员正确完成试验接线后，第一时间汇报给运行值班人员，确认工作区域的其他工作票已全部收回，现场检查工作面无其他作业人员后开始组织作业。工作票所列工作内容全部按要求完成，针对预想"完工恢复不全面"等安全风险，组织工作班成员严格检查各有关环节。

所有工作项目结束后，各班组对于带进现场的所有材料、工器具等逐一核对，确保恢复至开工许可前的状态。加强现场安全警示，提倡树立严谨规范的工作作风。

供电公司开展"风险辨识和防范"活动，严格落实安全预控措施。将安全风险管控作为提升安全生产管理能力的重要手段，把风险管理的思路融入到各专业日常安全生产工作中。安全生产工作保持良好局面，为企业安全健康科学发展提供有力保障。

24. 集约检修　落实责任

供电公司加强春检集约化管理，提高安全综合管理能效。检修 220kV 变电站，维护电力供应的主要通道。往年检修，一次只停一条线路，几条线依次停下来，各个工种轮流检修，一个变电站需要一个星期才能完成。现在实行综合检修，两天就能完成所有检修项目。新的检修方式方法缩短了变电站停电时间，检修安全质量和效率均得到提高。

供电公司切实加强检修集约化运作、安全生产精益化管理，全面落实到春检工作中。实施设备状态检修，统筹安排停电计划，做到检修与工程、变电与线路、客户与电网停电检修"三个同步"，每一个变电站停电检修后，相关的输电线路、配电线路、配电室、配电台区能够得到全面整治。

春检实行"四同时"，促运检安全技能素质的提高。随着高新设备的逐渐增多，给变电站的春检带来了更大的挑战，对运维专业员工的技能也提出了更高要求。供电公司配电运检部在春检现场开展教学工作，提升员工操作技能。公司提出"边巡视、边学习，边消缺、边提高"的"四同时"工作思路。供电公司积极与设备厂家联系，在设备消缺现场开展培训学习。设备厂家专工向操作班组成员讲解开关内部结构以及操作中容易出现的问题。与运维班组共同探讨在日常巡视中所需的检查项目及注意问题。经过现场的讲解、操作、交流、探讨，班组成员不仅直接向厂家反馈了设备存在的问题，而且使自身的技术水平得到了提高。"四同时"检修，不仅促进了检修人员的检修工作技能，还注重保变电站的整改工作及时到位。供电公司专门建立了春检隐患治理档案，做到一患一档，安排专人负责跟踪，监督整改，及时更新。

各专业人员作业过程采取"安全责任包保"措施，加强安全培训活学活用进现场。供电公司组织春季安全检查组开展安全作业及培训督导工作，层层落实安全生产大检查中的责任追溯制度。

供电公司将开展"安全责任包保"活动与春检工作紧密结合，成立"安全责任包保"活动领导小组，在基层单位及生产专业建立联系点，签订领导干部"安全责任包保"责任状，形成一级抓一级、层层抓落实的管理责任体系。领导班成员全部前往春检现场，到各自的"安全责任包保"点进行帮带和指导工作。每到一处，都认真记录调研安全生产工作的热点、难点和重点问题，能解决的问题当场解决，暂时不能解决的，明确解决时间和切实可行的方法，严格履行"安全责任包保"活动领导责任。通过"安全责任包保"活动与春检工作的有机结合，全面改进春检工作作风。

推行新的检修方式，周密集约管理，求真务实，检修工作扎实有序推进。加强精益化管理和标准化建设，针对安全生产中的薄弱环节，探索创新安全生产管理方法，完善安全生产规章制度，采取有效措施，确保春检安全和质量，呈现出与以往不同的新格局。

25. 春检操作　规范严谨

春检期间倒闸操作频繁。供电公司变电运维专业人员注重严格执行安全规程，防止误操作。

监护人员对照变电站倒闸操作票唱票，操作人员复诵操作内容，然后进行模拟操作。

按照春检计划，供电公司组织对 35kV 变电站进行停电检修。当天的主要工作是 1 号主变压器和 10kV 江南线、江北线停电检修，按照操作票一步一步进行停电操作。

监护人员一项一项进行唱票，操作人员复诵一遍，并在一次系统图上找到相应的开关或指示灯。在实际操作前，需要进行模拟预演。监护人与操作人一唱一和，避免实际操作出现失误。

现场停电检修共有 3 份操作票，其中 10kV 213 江北线由运行转检修、10kV 212 江南线由运行转检修操作票，均为 22 项内容，而 1 号主变压器、10kV 甲母线及所属设备停电操作票有 70 项内容。

调控中心发来指令，江北线由运行转检修倒闸操作正式开始。监护人和操作人来到变电站内的 10kV 智能箱变前进行实际操作。

实际操作与模拟操作大同小异，箱变内中间的过道 80cm 宽，两侧是高低压开关柜、保护屏。因为前期的模拟操作，实际操作用了不到 10min 便顺利完成。操作完毕后，监护人和操作人回到集控室，向调控中心汇报，并接受江南线由运行转检修倒闸操作指令，然后返回 10kV 智能箱变进行实际操作。操作完毕再回集控室，汇报、接受指令。此时，在变电站外的线路检修人员登上电杆，验电、挂上接地线，开始设备清扫和处理缺陷等工作。

春检中细致安排 21 条 10kV 线路停电检修，江南线带有重要负荷。客户结合供电公司春检一并消缺，实行联动检修，避免重复停电。

操作人员将"禁止合闸　线路上有人工作"等标示牌挂好，悬挂遮栏和围栏。向调控中心汇报后，与二次检修班班长分别在变电站第一种工作票上签字，确认准备工作内容及许可开工时间。二次检修班向 5 名班员强调了本次检修的工作重点，重申了危险点和安全措施，并让每一名班员签字确认，变电站内的检修工作正式开始。

春检中，供电专业人员严格执行"两票三制"，规范细致操作，防止误操作，不可有半点侥幸心理。现场履行到岗到位职责，方能处处保障安全。

26. 细化现场勘察　把握安全前提

随着春检和各项工程项目的陆续开工作业，各专业班组认真做好现场勘察工作。

现场勘察是防止作业中发生人身触电等事故的有效安全措施。一般情况下，每项施工作业确定后，作业班组在作业前 7 天内组织现场勘察。现场勘察注重查看施工及检修作业需要停电的范围、保留的带电部位，作业现场的条件、环境及其他危险点等。根据现场勘察的结果，对危险性、复杂程度和困难程度较大的作业项目，编制组织措施、技术措施、安全措施，经本单位主管生产领导（总工程师）批准后执行。

生产作业班组进行现场勘察，注重严格执行安全规制，把握现场复杂的作业环境。查看现场工作条件是否安全，工作地段交叉跨越情况，掌握附近的铁道、航道、公路、通信线、电力线、建筑物等位置状况。掌握用电客户存在的双电源、自备电源情况，认真考虑同杆架设多回路线路的停电范围及安全措施，重视平行高低压线路感应电压的防护等安全问题。在全面勘察的基础上，突出重点、抓好关键。现场勘查中注重勘察施工和检修作业需要停电的范围、保留的带电部位。特别是查明工作地段交叉跨越情况，并据此选择好装设接地线的位置。所装设的接地线，必须保证工作范围内的人员得到全面的保护。

现场勘察注意同杆高低压电源或同杆架设的双回路线路单侧停电的问题，在开工作票时，特别提示作业人员注意保持足够的安全距离。认真查清施工作业中涉及到的任何双电源、自备电源用户可能存在反送电的可能性，预先通知这些客户的负责人，取得安全配合。在线路工程施工中，往往会遇到一些客户有自备电源时，必须与客户负责人及专责电工取得联系，在其分支线上装设接地线，并作好相应的安全防护措施。

作业班组在进行现场勘察中，应当注重根据当地环境、铁道、航道、公路、通信线、电力线、建筑物等情况，制定相应的安全措施。特别是针对公路上车辆及行人多、路况差等情况，在重要地段设置安全围栏措施，并设立专责监护人，保证施工安全。对于部分不顾警告依然擅自跨入安全围栏的行人，及时制止，并在跨越马路施工时，临时设置专人拦截车流、人群等，保障安全。

现场勘察针对实际施工可能遇到的困难和临时情况，因地制宜采取安全措施。当查明电杆基础周围泥土松动，有被挖掘痕迹或夯土不实时，应考虑临时补强并增设临时拉线。对于电杆严重老化，需更撤旧换杆时，注意使用斗臂车或其他办法登高拆除杆上横担导线。严禁人员攀登旧电杆，防止倒杆伤人现象。

勘察现场，细之又细。勤观察、广调研、多思考，勘查到位，准确把握安全施工作业的前提。

27. 明晰预警　规范流程

供电公司在提升安全管理水平活动中，积极创建安全生产标准化班组，通过推行"重点危险点标识辨别"活动，建立新的安全管理模式。引导生产专业员工注重主动思考、善于总结、自主管理，杜绝违章现象发生，实现从被动完成安全任务到主动安全快乐工作的转变，个人素质和工作水平稳步提升。将安全管理标准化，作为标尺，让每个作业程序都量化可行，清晰可依，实现同一件事情，一个人做一百次是同一个安全结果，一百个人都做一次仍然是同一个安全结果的管控目标。

量化安全标准，前移管理关口。施工作业现场设置危险预知看板，内容每天更新。标明危险源的名称、伤害程度、防范措施，使人们一目了然。在基层单位认真开展"创建安全生产标准化班组"和"重点危险点标识辨别"活动，提高一线生产人员的素质，消除工作中的随意性和简单概念化，促进提升工作质量和效率。实行安全管理关口前移，人员各司其职，现场齐心协力，工作有热情与激情，使安全工作更从容、更自信。

以人为本，形成合力。制定实施安全生产规章制度和奖罚条例，在安全管理中起到作用。并注重通过情感关怀，进行安全思想和心理教育及训练，进行交流疏导。对于发现患有心脑血管疾病及身体异常的员工，建立健康档案，同时开展"亲情助安全"活动，邀请员工家属召开座谈会，以及到现场进行参观，组织家属到施工现场。得到家属对安全工作的大力支持，构建安全的合力效应。在基层单位会议室和班组活动室等空间，开展安全游戏、看图识隐患和安全问答擂台赛等形式新颖、寓教于乐的安全活动。让安全目标、任务指标和安全知识的宣贯执行在活动中得到广大员工的认同，员工的安全责任意识得到强化。从配角到主角、从被动到主动、从执行到参与管理，注重构建和谐的团队意识和"比学赶帮超"的精神。

供电公司以树立"大安全"理念为出发点，把安全隐患排查向操作现场和安全管理各个工作流程延伸。认真发动员工，深入开展危险源补充辨识与安全风险防范评价工作，找出存在较大安全风险的区域，制作"重要危险点警示牌"，明确风险类型、可能造成的事故伤害。预防控制措施、管理和监管责任人。在生产班组广泛开展危险预测、预警、预防训练，深入推进安全管理活动，提高员工知险、识险和避险能力。在安全管理提升方面加大投入，完善、改造和维护安全防护设备及设施，配备必要的应急救援器材、设备和劳动防护用品。开展安全生产检查与督导，评估重大危险源、重大事故隐患，并进行整改、监控。加强安全技能培训，进行应急救援演练，提升安全生产管理活动成效。

28. 完善工器具　革新促安全

供电公司严格执行《电力安全工器具预防性试验规程》及相关规定，对于绝缘棒、绝缘手套、绝缘靴等安全工器具加强检查。经试验合格的安全工器具，明确贴上"试验合格证"标签，并注明名称、编号、试验人、试验日期及下次试验日期。对于不合格的安全工器具，逐一登记并及时回收，集中报废处理，防止继续使用，确保每件安全工器具均能"健康上岗"。对各班组安全工器具台账、清册、一物一卡分别进行专项检查，保证员工用上合格的安全工器具。

生产专业班组人员积极开展技术革新活动，改进和提高安全工器具性能。一线班组人员对使用最多的绝缘操作杆进行积木式扩展，研制成多功能绝缘操作杆，可在实际操作中提高闸操作的安全性与准确性。革新制作多功能绝缘操作杆，在原有绝缘操作杆的基础上，增加夜间照明、异物切割、测量等功能。将操作杆顶部构件改成荧光材料，并加装袖珍小电筒，夜间作业时，越是黑暗的环境下，效果越好；异物切割功能则是在操作杆顶部加装弓形锯或弧形切割刀，可用于修剪树枝和割断缠绕在线路上的风筝线等异物；将无线式的测量端加装在操作杆顶部，只要挂在线路上，电流数据便可通过无线信号传输到抢修人员手中的测量端上。多功能绝缘操作杆使抢修人员可根据现场情况，灵活选用不同装置，迅速查明故障原因，作出判断，消除隐患。保证抢修人员与线路之间的安全距离，准确地测量出线路带电情况，安装及拆卸方便，做到安全简单便捷。

供电公司针对 10kV 断路器的构造和性能等实际情况，组织人员分析可靠联锁功能和进行频繁操作等课题，探讨增强多次开断和快速重合闸能力。这种设备在变电站改造中被广泛应用，其合闸弹簧是主要部件之一。由于断路器随运行年限增加，会逐渐出现合闸速度达不到要求的问题，需要及时更换合闸弹簧。更换合闸弹簧需要两人配合，合闸弹簧间隔狭小，操作不便，拆装时弹簧中有能量，容易伤及人身或设备，使用常规工具既费时又费力。

供电专业人员认真研究，探索制作 10kV 断路器机构合闸弹簧更换专用工具，解决安全生产中的疑难课题。研制专用工具由特制拐臂扳、夹簧管等部件组成。拐臂扳是将直径 60mm 的钢管截取 150mm，将其一段轧扁，再用 8mm 钢板将夹口切割成开口 35° 后焊接在钢管的轧扁端，在夹口上各焊接一个 8mm 螺母。而夹簧管是把直径为 60mm 的钢管做套筒，将钢管对称切开并对应焊接铰链和 10mm 螺丝螺母。在使用中，用拐臂扳固定在合闸弹簧拐臂上，将弹簧拉伸一定高度，用夹簧管紧套弹簧，控制弹簧能量。在去除螺丝后使弹簧能够自由摆动，可轻易取出弹簧，安装时采取相反操作顺序即可。钢管紧贴弹簧、固定可靠，弹簧能量容易控制、操作简便。一人便可独立使用工具完成弹簧更换，提高安全检修效率。

29.　开关电器　注重灭弧

工矿企业用电客户使用的开关电器比较广泛，往往由于电弧等因素而出现开关电器故障。供电公司专业技术人员在协助用电客户开展春季安全大检查工作中，着重指导用电客户把握有关关键，及时破解开关电器产生电弧等疑难问题。

供电公司专业人员在现场认真讲解开关电器产生电弧的主要原因，提示掌握开关电器的重点技术性能。

电弧在开关电器中是一种气体放电现象，主要有两大特点，一是电弧中有大量的电子和离子，因而是导电的。电弧不熄灭，电路则继续导通。当电弧熄灭后，电路方能正式断开；二是电弧的温度很高，弧心温度一般可达 4000~5000℃，高温电弧会烧坏设备造成严重事故。因此，有电弧产生时必须采取措施，迅速熄灭电弧。

电弧产生和熄灭具有其物理过程，在断开开关时，由于动触头的运动，使动、静触头间的接触面不断减小，电流密度不断增大，接触电阻随接触面的减小越来越大，触头温度升高，产生热电子发射。当触头刚分离时，由于动、静触头间的间隙极小，出现的电场强度很高。在电场力作用下，电子不断从金属表面飞逸出来，成为自由电子在触头间运动，这种现象属于场致发射。热电子发射、场致发射，产生的自由电子在电场力作用下加速飞向阳极。途中不断碰撞中性质点，将中性质点中的电子碰撞出来，这种现象属于碰撞游离。碰撞游离的连锁反应，自由电子成倍地增加，正离子也随之增加。大量的电子奔向阳极，大量的正离子向负极运动，开关触头间隙便成了电流的通道，触头间隙间介质被击穿就形成电弧。

由于电弧温度很高，在高温作用下，处在高温下的中性质点在高温中产生强烈不规则的热运动。在中性质点互相碰撞时，被游离而形成电子和离子，这种因热运动而引起的游离属于热游离。热游离产生大量电子和离子来维持触头间隙间电弧。电弧的产生主要源于碰撞游离，电弧的持续主要依靠热游离。

在认真分析有关情况的基础上，供电专业人员指导提示，开关电器应当采取的熄灭电弧方法。注重利用气体或油熄灭电弧。在开关电器中利用各种形式的灭弧室，使气体或油产生巨大的压力并有力地吹向弧隙。电弧在气流或油流中被强烈冷却和去游离，且其中的游离物质被未游离物质所代替，电弧便迅速熄灭。气体或油吹动的方式有纵吹和横吹两种，纵吹使电弧冷却变细，然后熄灭；横吹是把电弧拉长切断而熄灭。不少断路器采用纵横混合吹弧方式，以达到更好的灭弧效果。灵活采用多断口方法熄灭电弧。高压断路器常制成每相有两个或多个串联的断口，使加于每个断口的电压降低，电弧易于熄灭。

根据设备情况，可在断路器断口加装并联电阻的方法灭弧。高压大容量断路器，广泛利用弧隙并联电阻来改善其工作条件。断路器每相若有两对触头，一对为主触头，另一对为辅助触头，电阻并联在主触头上。当断路器在合闸位置时，主、辅触头均闭合。当断开电路时，主触头先断开，这时并联在主触头断口上的电阻在主触头断开过程中起分流作用，有利于主触头断口灭弧。主触头的电弧熄灭后，并联电阻串联在电路中，有效地降低触头上的电压恢复数值及电压恢复速度。另外，并联电阻对切断小电感电流或电容电流时，可限制过电压产生。

注重发挥新介质的性能，利用灭弧性能优越的 SF_6，即六氟化硫断路器及真空断路器等达到熄灭电弧的效果，还可采取金属灭弧栅的方法，熄灭电弧。将铁磁物质制成金属灭弧栅，当电弧产生后，立刻把电弧吸引到栅片内，将长弧分割成一串短弧。当电弧过零时，每个短弧的附近会出现 150~250V 的介质强度。如果作用于触头间的电压小于各个介质强度总和时，电弧立即熄灭。在低压开关中，采取这种灭弧方法比较方便实用。

认真掌握开关电器的主要性能和熄灭电弧的方法，从而正确使用开关电器，减少避免产生电弧的危害，促进安全供电。

30. 带电作业班　安全抓重点

供电公司加强带电作业班安全管理，建立健全安全生产管理制度。带电作业班认真开班前会，将班前会作为重要的安全活动和平台，许多安全工作信息在班前会汇聚。

带电作业班的工作事项提示板上写满当天的工作任务。其中带负荷开分段换杆刀项目是带电班研发的作业项目，内容复杂、工作量大。虽然作业难度大，施工过程中带负荷，不影响企业生产和居民生活用电，带电作业是最佳选择。在班前会中认真讨论两辆高架车、导线提升装置、专用绝缘遮蔽罩、绝缘手套两副、绝缘肩套两件、绝缘帽等工器具和物品，确定必备作业要素。并按工作人员的状态，科学调整组合，保障班组人员的作业平安。

带电作业班人员到达线路现场，寒潮来袭，湿冷的空气使电杆都被冻出了一层白霜。作业班人员果断地系好腰带、戴上手套、开始作业。

作业人员麻利地对带电线路进行绝缘遮蔽，将导线进行提升，更换线路装置。连续作业 3h，作业人员和电力线路的"亲密接触"，在空中"与电共舞"，相互平安无事。

随着城市电网的拓展，客户对供电可靠率的要求越来越高，带电作业的发展是大势所趋。项目越是复杂，要承担的安全风险也越大，对于操作人员作业能力的挑战也在上升。某些需要操作 1h 的项目，作业人员往往需要经过几周的严格训练。平时注重开展培训，在模拟线路上进行操练，提高线路带电班人员技能。经验丰富的作业人员耐心讲解、不厌其烦做好示范动作，让班组每人都达到需要的安全技能等级。

带电作业班人员注重认真检查维护工器具间，对绝缘工器具进行耐压试验及校验，并注重增进带电作业理论知识和素养。为保证作业人员的人身安全，无论采用直接带电作业还是间接带电作业，都注重采取安全防护措施，明确安全注意事项。

在直接带电作业中，通过人体的电流应限制在 1mA 以下，以确保人身安全。在间接带电作业中，通过人体的电流主要取决于绝缘工具的泄漏电流，因此必须使用优质绝缘材料来制作绝缘工具。现场必须将高压电场强度限制在人身安全和健康无损害的数值内，要求作业人员身体表面的电场强度短时不超过 200kV/m。因此，特别注重使用合格的带绝缘柄工具，工作时严格实行穿绝缘鞋或站在干燥的绝缘物上进行工作，并戴安全帽和绝缘手套。严禁使用锉刀、金属尺和带有金属物的毛刷、毛掸、钢卷尺等工具。工作人员与带电体间距离应保证在电力系统中发生各种过电压时，不会发生闪络放电，人身与带电体的安全距离不得小于《电业安全工作规程》规定的数值。

带电作业人员认真开展严格的技术培训活动，加强考核与测试，合格后方可上岗作业，作业中设专人在现场认真监护。对于比较复杂、难度较大的带电作业，实行经过现场勘察的流程，编制相应操作工艺方案和严格的操作程序，采取可靠的安全技术组织措施。带电班的安全活动，根据实际情况灵活开展，注重取得实际成效，保障作业中的安全。

第5章

立夏 ● 小满

5月节气与安全供用电工作

五月份 有两个节气：立夏和小满。

每年公历5月5日或6日，太阳到达黄经45°时，即进入立夏节气。立夏表示即将告别春天，开始进入夏日。

每年公历5月20日~22日，太阳到达黄经60°时，即进入小满节气。

立夏节气后，温度明显升高，炎暑将临，雷雨增多。全国大部分地区平均气温在 18～20°上下，"百般红紫斗芬芳"。立夏时节，万物繁茂，江南地区正式进入雨季，雨量和雨日明显增多。

小满节气当太阳到达黄经 60°，即每年 5 月 20 日～22 日进入小满节气。其含义是夏熟作物的籽粒开始灌浆饱满，但还未完全成熟。从气候特征来看，在小满节气到下一个芒种节气期间，各地渐次进入了夏季。

小满节气，南北温差进一步缩小，降水进一步增多。此时北方冷空气深入到较南的地区，南方暖湿气流强盛，易造成部分地区的暴雨或特大暴雨。

1. 根据节气变化　保障重点安全

立夏前后正是大江南北水稻插秧的季节，需要进一步加强农业生产安全用电管理，深入开展"新农村、新电力"安全供电优质服务等工作。

立夏期间，往往气候异常，忽冷忽热，并伴有沙尘天气，给电力设备安全运行带来不利影响。因此应当加强电力设施的巡视和维护工作，注重检查和完善防雷设施，积极应对雷雨季节出现的设备隐患。立夏节气以后，各种建筑工程等项目开工增多，应加强工地临时用电管理，采取防外力破坏的安全措施，遏制工地施工造成的外力破坏事故，保障电力设备的安全运行。此外，供电企业各类工程进度加快，并将迎来工程竣工投产的小高峰。作业现场比较分散，安全风险进一步加大。应当加强工程安装、调试、竣工、验收等环节的安全工作，实现"零违章"、"零缺陷"、"零事故"。对电力基建工程存在的"常见病"、"多发病"进行集中治理，制定实施整改措施。加强规范标准化作业，优化现场安全程序，及时纠正现场违章行为，确保人身安全、电网和设备安全。

小满节气时，应当不失时机地启动开展"迎峰度夏"工作，做好充分的各项准备，迎接夏季对安全供电的"烤验"，全面加强安全生产管理，确保实现"迎峰度夏"的安全供电目标。

小满节气的后期，往往是一些地区防汛的紧张阶段。应当及早落实防汛安全措施，对于电力线路及变电站等重点地段开展检查，加固洼涝地段的杆塔基础，设置防汛围堰，及时做好排洪排涝准备工作。一些地区由于冬干春旱，大雨来临较迟，加之常年小满节气雨量不多，自然降雨量不能满足栽秧需水量，使得水源缺乏的地方夏旱比较严重。因此应当积极做好抗旱安全用电抽水灌溉等工作，协助村民安装临时用电线路及电气设施，加强临时用电管理，保障抗旱中的安全供电。

在小满节气，许多地区已相继进入夏季，植物繁茂，小麦籽粒逐渐饱满，夏收作物已接近成熟，春播作物生长旺盛，进入了夏收、夏种、夏管"三夏"大忙时期。应当配合开展相关安全供电、优质服务活动，维护"三夏"期间电力设备安全运行。小满季节，南北温差进一步缩小，家居装修等作业增多。应当注重做好小区安全用电宣传和指导工作，提示居民在装修过程中正确选择室内布线及材料，规范安装电线和插座及灯具等用电设施。

初夏时节，逐步升温。进入 5 月，各种工程施工繁忙，雷雨天气也逐渐增多，对于攀登杆塔等检修作业工作影响较大。供电员工在进行高山等区域作业时，应当预防突如其来的雷雨、大风、冰雹的袭击，应当注重采取安全防护措施。由于雷击具有明显的选择性，孤立突出的目标容易受雷击。因而，在杆塔上施工作业时，如果突遇雷雨天气，应当正确履行"工作间断制度"，保障作业人员安全。

2.　施工用电　规范管理

初夏时节，"绿树浓阴夏日长，楼台倒影如池塘"。随着天气转暖，农业灌溉、城市各种工地工程施工作业陆续展开。工地施工忙、乡村插秧忙、"三夏"农活忙，临时用电增加。一些临时用电现场，无表计量、无剩余电流动作保护装置、私拉乱接等现象比较严重，存在很大的安全隐患，严重危及群众生命财产安全和电网安全运行。供电公司注重及时加强临时用电的安全管理工作，防止人员触电及电力设备损坏等事故的发生，确保安全用电。

供电专业人员认真进行安全检查及管理工作，发现很多用电客户及群众对于用电抱有"临时"观念，选购电气设备材料时贪图便宜，只顾眼前；在农业生产需要用电时只图方便，不办理临时用电手续。市区有的工地只顾施工，没有对临时用电采取安全管理措施。出现电线私拉乱接、配电变压器安全距离不足等危险现象，不仅给安全用电造成了一定的威胁，也严重威胁人身安全。供电专业人员在现场加强安全教育，认真提示客户，临时用电安全管理是一项系统、复杂的工作，解决临时用电安全问题不容忽视。督促加强临时用电安全知识的学习和应用，共同加大对临时用电安全管理的力度。

供电公司制定实施多项安全措施，规范临时用电管理。强化临时用电客户责任意识，开设"临时用电绿色通道"，开展"集查"专班分组行动，督办核实。同时建立和完善优质服务工作常态化机制，加大安全宣传与违约用电的查处力度，组织人员宣传违约用电的危害性。加强用电安全知识和用电常识的普及，提升用电客户安全风险意识和防范水平，开展临时用电跟踪服务活动，杜绝安全隐患。提醒客户凡是临时用电者都要向供电企业提出申请，供电人员要规范临时用电客户的业扩报装流程，强化执行临时用电的安装标准。供电人员进入现场认真勘察，确定临时用电方案，与客户签订《临时用电协议》并由专职电工或具备资质的安装单位负责安装设备、架设线路。供电人员加强临时用电督查，定期对临时用电进行安全巡视检查。指导广大客户及群众规范装、拆临时用电设施，注重提高用电客户的安全用电意识和自我保护意识，细致消除事故隐患。利用"三夏"保电时机，加强巡视各区域临时用电线路。

对农村电网设施随意搭挂和私拉乱接等现象进行全面整治，发现私接线路的现象，立即切断电源，严肃告诫客户，私拉乱接用电设备一旦造成触电伤亡事故，用电客户要承担全部责任。同时，加强对剩余电流动作保护器的试验，如发现失灵、损坏等，及时通知客户更换。严厉打击违法用电行为，及时消除隐患，防止恶性事故的发生。

3. 线下垂钓　超前警示

随着气温升高，垂钓人数也逐日增多，大部分垂钓者所用的碳素垂钓杆是导电性极强的材料，一旦触及输电线路，将给人身和线路安全带来极大危害。因此，供电公司采取安全防范措施，告诫和阻止广大垂钓者远离电力线路。

夏季是垂钓者甩鱼杆、鱼线而误触到上面高压电力线路发生触电事故的多发期。供电公司组织人员踏查临近电力线路的江河、池塘，全面查清易进行垂钓活动的区域，作为安全防范工作的重点。集中对河流、鱼塘附近线路全面设置安全警示标识，并宣传发动群众，提示大家在电力线路附近垂钓的危害性。

供电专业人员在防范垂钓触电和电力设施保护宣传过程中，注重在电力杆塔下拉起宣传横幅，题写警示标语，设置醒目的警告牌如"高压危险，禁止钓鱼"。宣传方式安全可靠、简单易行，避免给电力线路安全运行带来隐患。对于线路下垂钓等活动进行安全警示，提升宣传效果，经常检查垂钓区的安全警示标识，查漏补缺，保持警告标示的高配备率和完好率。

供电公司对供电区域内的鱼塘及垂钓地点登记在册，对客户的线路隐患进行限期整改，并与鱼塘业主签订《安全责任协议》。加强沿河线路的巡查力度，缩短巡视周期，及时劝止电力线路下垂钓行为。不断加大禁止线下垂钓的宣传力度，除通过电视广播和在垂钓区前发放宣传材料等方式宣传外，还与渔具店合作，在出售渔具、鱼饵时赠送《电力安全宣传挂图》、《致钓友防止触电的一封信》等，图文并茂，在鱼竿上张贴"禁止在电力线路附近垂钓"的标签，安全宣传内容切合实际，易于理解和执行。从各个环节入手，积极提示和防范垂钓触电事故的发生。

4. 低压断路器　注重常检查

在电力设施中，低压断路器用途广泛。供电专业人员注重为用电客户提供安全指导语服务，加强低压断路器的检修与维护，防止故障及事故的发生。

供电专业人员在安全检查实践中提示用电客户，注意保证低压断路器外装灭弧室与相邻电器的导电部分和接地部分之间的安全距离，杜绝漏装断路器的隔弧板。严格按规程要求装上隔弧板后，设备方可投入运行，以防切断电路时产生电弧，引起相间短路。注重定期检查低压断路器的信号指示与电路分、合闸状态是否相符，检查信号指示与母线或出线连接点有无过热现象。检查时应及时彻底清除低压断路器表面上的尘垢，以免影响操作和绝缘性能。停电后，取下灭弧罩，检查灭弧栅片的完整性，清除表面的烟痕和金属粉末。外壳应完整无损，若有损坏应及时更换。仔细检查低压断路器动、静触头部件，发现触头表面有毛刺和金属颗粒时应及时清理修整，以保证其接触良好。若触头银钨合金表面烧损并超过 1mm 时，应及时更换新触头。认真检查低压断路器触头压力有无因过热而失效现象，适时调节三相触头的位置和压力，使其保持三相触头同时闭合，保证接触面完整、接触压力一致。检查过程中，用手缓慢分、合闸，检查辅助触点的动断、动合工作状态是否符合规程要求。同时，清擦其表面，对损坏的触头给予及时更换。

供电公司组织专业人员，应有针对性地检查低压断路器脱扣器的衔接和弹簧活动是否正常，动作有无卡阻，电磁铁工作极面是否清洁平滑，无锈蚀、毛刺和污垢现象。查看热元件的各部位有无损坏，其间隙是否符合规程要求，如果有不正常情况，应进行清理或调整。对于机构各摩擦部位定期加润滑油，确保其正确动作，可靠运行。提示用电客户应注意认准 3C 标志，尤其在低压电气设备中，3C 是产品安全的保障，是一种最基础的安全认证，3C 认证，是产品认证制度，英文名称为 China Compulsory Certification，英文缩写 CCC；简称 3C。3C 标志一般贴在产品表面或通过模压压在产品上。认证标志发放管理中心在发放强制性产品认证标志时，将该编码对应的产品输入计算机数据库，用电客户可通过强制性产品认证标志防伪查询系统，对其编码进行查询。被纳入 3C 认证的多是与群众接触密切、涉及人身安全的产品，如电路开关及保护、低压电器等，其中也包括剩余电流动作保护器、断路器、低压开关等。3C 不是质量标志，而是最基础的安全认证，只有保障了产品安全，才能保障其质量。客户在选用低压断路器时必须认准安全认证，从源头上保障低压断路器安全性能，加强日常的检查和维护，进一步确保低压断路器的安全使用。

5. 隔离开关 排查故障

在电网运行的设备中，隔离开关是最为常用的一种设备。隔离开关主要用途是保证高压装置及检修人员的安全，在需要检修的设备和其他带电部分之间，用隔离开关构成足够大的明显的空气绝缘间隔。隔离开关是变电站、输配电线路中与断路器配合使用的一种主要设备，因此，供电专业人员对于运行中的隔离开关注重及时准确检查故障，采用正确的处理方法排除故障，恢复正常运行，保障发挥其安全性能。

隔离开关的发热故障时有发生。对此，应当注意检查触头及导线的引流线夹接触是否良好，针对隔离开关的结构，主要检查两端顶帽接触点及由弹簧压接触点或刀口是否有过热、支柱绝缘子劣化造成整体温度升高的现象。现场发现故障后，应及时向调度汇报，设法减少或转移负荷并加强监视。处理时应根据不同的接线方式，分别采取不同的安全措施。当双母线接线时，若是某一段母线侧隔离开关发热，可将该线路经倒闸操作倒至另一段母线上运行，通过向调度和上级请示母线可以停电时，将负荷转移，再对隔离开关发热问题进行停电检查；若有旁路母线时，可将负荷倒至旁路母线上，再对故障进行检查。现场是单母线接线时，若某一段母线侧隔离开关发热，母线短时间内无法停电，则必须降低负荷并加强监视；若如果母线可以停电时，要对母线进行停电，并及时检修发热的隔离开关。当负荷侧隔离开关运行时发热，正确的处理方法应当与单母线接线时的处理方法基本相同。对于高压室内的隔离开关发热，在维持运行期间，除减少负荷并加以监视外，还应采取通风降温措施，能够停电检修时，应当针对隔离开关发热的原因进行相应处理。

　　隔离开关一旦出现拒合闸故障，情况紧急，应当准确判断、逐项排除问题，循序快速处理。电压等级较高的隔离开关均采用电动操作机构进行操作，如果属于电动操作机构故障，则电动操作机构拒绝合闸。应注意着重观察接触器是否动作，电动机转动与否以及传动机构动作等情况，认真区分故障范围，并向调度汇报。若接触器未动作，应重点检测控制回路问题，其处理办法应首先核对设备编号、操作顺序是否有误，如果有误，则说明操作回路被防误闭锁回路闭锁，应立即纠正其错误操作。再检查操作电源是否正常，熔断器是否熔断或接触不良，处理正常后继续操作。如果这些检查都没有问题，则应检查回路中的不通点，处理正常后继续操作。若接触器已动作，故障原因可能是接触器卡滞或接触不良，也可能是电动机故障。应检查电动机接线端子上的电压，如果其电压不正常，则表明是接触器故障，反之是电动机故障。如果电动机转动，机构因机械卡滞合不上，应当暂停操作，检查接地开关，查看是否完全拉开到位，若没有，将其完全拉开到位后，可继续操作。皆无上述问题时，应检查电动机是否缺相，三相电源恢复正常后，可继续操作。若不是缺相问题，可进行手动操作检查机械卡滞部位，若能排除故障，可继续操作。若还是未能解决问题，则应调整运行方式先恢复送电，向上级汇报，停电时再由检修人员处理。

6. 使用配电盘　注意防火灾

配电盘是厂矿企事业单位等用电客户的常用电气设备，属于供电和配电的中间设备环节。按配电盘控制的电路、电器设备不同，可分为照明配电盘和动力配电盘。按其结构形式，可分为配电板、配电箱和配电屏等。最简单的配电盘是由一个闸刀开关和一组熔断器组成，电能容量较大的配电盘则由盘板、开关、熔断器、剩余电流动作保护器和电器仪表等组成。供电公司重视客户配电盘的安全检查等工作，防止配电盘引发火灾，采取合理预防措施，引起用电客户、操作人员的重视，避免事故发生。

供电专业人员深入现场，与用电客户负责人、电工共同分析易引发配电盘火灾的原因。引发火灾的原因有多种情况，有的因为用电客户使用木质配电盘，且没经过防火处理；有的因为配电盘布线零乱，布线与电器、仪表等接触不牢，造成接触电阻过大。开关、熔断器、仪表的选择与配电盘的实际容量不匹配。长期过负荷运行、熔断器的熔丝选择不符合规定，甚至用铜、铁丝代替熔丝。配电盘的开关在拉闸与合闸时易产生电弧，以及熔丝熔断时产生火花。配电盘周围存放可燃物、易燃物、配电室耐火等级不达标等情况，都容易引起火灾。

在专项安全检查工作中，供电专业人员提示和指导用电客户，对配电盘采取重点安全措施，应注重选用合格的配电盘，并可靠接地预防火灾。尽量不用木质配电盘，低压配电盘最好选用钢板焊制的定型产品。如使用木质配电盘，应用铁皮包覆，涂上防火漆。对盘面上外露的金属导体，包括配电箱、箱内开关的铁壳、电缆外壳等，应有防触电的保护措施，采取接地保护措施，接地电阻不大于 4Ω。户外配电盘设有防雨、防风沙措施，并加锁。

正确选择安装场所，远离及控制危险点。室内配电盘应安装在单独的干燥房间内。有爆炸危险的场所应采用防爆配电盘，以防可燃粉尘和可燃纤维侵入箱内，遇电火花或电弧引起火灾。仓库用电的配电盘，宜安装在室外或其他建筑物内，最好安装在建筑物的走廊里或楼梯间等明显的地方。同时，应当保持配电盘清洁，禁止在配电盘附近堆放杂物、易燃或易爆物品。

注重科学布置配电盘，规范安装配件。配电盘上安装的各种隔离开关及断路器处于断电状态时，刀片和可动部分均应不带电。垂直装设的隔离开关和熔断器等应遵守规则——上端接电源，下端接负荷；水平装设的隔离开关和熔断器左侧接电源，右侧接负荷。配电盘的接线应采用绝缘导线，导线不应有绞接接头，并做好防止接错、漏接和接触不良现象的措施。破损的导线应及时更换或重缠绝缘材料，盘内布线尽量避免交叉、跨越，凡有导线交叉处应适当加强局部绝缘。配线穿过木盘时应套上瓷管头，穿过铁盘时套橡皮圈，后面尽量减少接头。

安装应符合规程要求，稳固安全可靠。配电盘应安装结实，保持竖直，其偏差角度不能大于5°。在拉闸或开合柜门时，配电盘的盘身不能晃动，配电盘的出线回路应有明确标示。配电盘的一次母线尽可能用铜排连接，如果用多股塑铜线连接，应压接铜鼻子。配电盘的二次控制线应集中布线并用塑料带及绑带包扎固定。安装配电盘时，不能漏掉互感器、电动机保护器等小元件，切实固定好配电盘，保障其安全可靠运行。

7. 防范工地事故　加强安全控制

市郊一建筑工地发生一起触电事故，工程施工人员推脚手架前行途中，不慎接触高压线发生意外事故，导致施工人员受伤。

事故现场上方有高压电力线路，工地施工人员在完成施工后，准备将 9m 多高的脚手架推往下一个施工地点。脚手架在途经高压电力线路下面时接触到高压电力线路。强大的电流瞬间击倒了推送脚手架的施工人员，其中两人被击出几米远，一人被原地击倒。

几分钟后，供电公司抢险人员和 120 救护人员赶到了现场，立即采取抢险和救护措施，触电的施工人员被迅速送往医院抢救。

事发地高压线电压等级为 35kV，供电员工在现场进行勘查检测。检测结果显示，高压线最小离地距离为 9m，符合相关法规要求。

根据建设部制定的《施工现场临时用电安全技术规范》规定，在建工程不得在外电架空线路正下方施工、搭设作业棚、建造生活设施或堆放构件、架具、材料及等其他杂物。在建工程(含脚手架)的周边与外电架空 35～110kV 线路的边线之间的最小安全操作距离应为 8m，且上下脚手架的斜道不宜设在有外电线路的一侧。由此可见，事故中施工人员明显违反了相关安全规定，没有采取正确的施工安全措施，导致了悲剧的发生。

入夏以后，一些施工工地在搭设脚手架、搬运金属材料、抛掷绑线等建筑垃圾、及出现野蛮施工等行为时，严重威胁电力线路及设备的安全运行，也导致工地施工人员的触电事故。因此供电公司加大工地安全宣传和综合治理工作的力度。举一反三，剖析事故案例，督促各建筑施工工地引以为戒，防止施工中再次发生触电及损害电力设备等事故的发生。

供电公司组织专业人员深入工地，检查临时用电施工组织设计和安全用电技术措施的落实情况，加大安全管理力度。督促施工单位重视涉电的安全工作，加强动态管控，在施工作业中，务必与电力线路保持足够的安全距离。对验收单等内容的全面性、数据的准确完整程度进行规范检查与控制。注重指导工地施工单位完善施工现场临时用电管理制度，制定实施工地安全用电管理责任制，加强对现场工人的安全用电知识培训教育，提高现场工人预防触电、实行安全用电的能力。严格进行工地现场电工技术资质审查，工地现场电工均需经过专业技术培训，严格执行《施工现场临时用电安全技术规范》。建立健全工地电力安全组织机制，发挥工地电力安全员的作用，及时发现和制止有关危险行为，将触电事故与外力破坏控制在萌芽状态，防患于未然。

供电专业人员会同有关部门，联合加强施工工地的安全督导与管控，密切配合，严格落实施工现场监理监管制度。协助工程监理单位在实施监理过程中，对违犯《工程建设标准强制性条文》施工安全章节相关条款行为坚决制止，立即以书面形式责令整改。必要时暂停部分或全部工程施工，待所有安全隐患整改消除并经监理检查合格后，方可复工。还应重点防范外力破坏电力设备，保障工程工地的安全。

8. 利用验电笔　筛选查故障

在日常工作和生活中，常常需要使用低压验电笔。供电公司用电检查人员在走访和安全检查工作中发现，许多用电客户及群众并不太了解低压验电笔的安全知识。因此，供电专业人员专门指导客户及群众，掌握低压验电笔的正确使用方法及安全注意事项。

供电专业人员在现场演示，提示客户及群众在使用低压验电笔前应检查低压验电笔里有无安全电阻，再直观检查电笔是否损坏，观察有无受潮或进水现象，经过检查合格后才能使用。使用低压验电笔时，不能用手触及验电笔前端的金属部分，这样是造成人身触电事故。

使用低压验电笔，应了解安全注意事项。一是在测量电气设备是否带电前，找一个已知电源验证验电笔的氖泡能否正常发光，若能正常发光，才可使用。二是注意检测场所的光线，仔细看氖泡是否真的发光，必要时可用另一只手遮挡光线判别，防止造成误判断，误将氖气泡发光判断为不发光，将有电判断为无电。三是在雷雨天气，不宜使用低压验电笔检测导体是否带电。

低压验电笔，测量的电压有一定的适用范围，应掌握测量电压的具体范围。普通验电笔测量电压的范围，在 60～500V 之间。如果小于 60V 时，低压验电笔的氖泡可能不会发光；如果而高于 500V 则不能用低压验电笔来测试，否则高电压会击穿低压验电笔，易造成人身触电事故。

经正确使用低压验电笔测试，便会得知电气回路或用电设施是否正常带电，从而准确判断是否出现故障及故障点位置。如果某件电器没电，可用低压验电笔测试插座，如果插座带电，则表明电器或插销导线有故障；如果插座没电，则应测试其他插座是否也没电，若全部插座失电，则应当检查配电箱里隔离开关、瓷插上的熔丝、或空气断路器是否正常，如果熔丝熔断或空气断路器跳闸，经过更换熔丝或恢复合闸相应处理后，一般情况下能够恢复正常用电。但若熔丝仍然熔断、空气断路器仍然跳闸，则需要采取相应的措施及时消除故障，才能保证小故障不酿成大事故。因此，应注重具体查找及分析其中的内在原因。

应认真检查、核对电路是否过载。用电负荷过大会造成过载，使熔丝熔断及空气断路器跳闸。在这种情况下，大功率电器应避免同时使用。检查熔丝是否选得太细，应当根据用电的实际情况和线路的承受能力，合理选择熔丝，失电问题便可迎刃而解。有些情况下，尽管熔丝合规，负荷也不算太大，可当使用空调、电磁炉等大功率电器时就会烧坏熔丝或跳闸，其原因往往是安装不良，造成打火、发热，使瓷插、隔离开关上固定熔丝的螺丝氧化所致。这种故障不但容易引起熔丝烧坏，有时甚至还会造成电压降低及隔离开关、电器等报废现象。造成失电的主要原因还有一种，则是线路短路。这种故障相对更为复杂，也较危险，往往是负载短路，常用大功率电器和移动电器的插头及劣质电线发生短路故障。

与其他故障相比，短路故障更容易失电，而且速度更快，危害性更大，严重时会造成整个电路的报废，甚至造成火灾事故。

总之，一旦失电，用低压验电笔测试具体失电部位及原因，千万不要忽视安全问题，应逐步筛选和分析故障"对症下药"，才能正确发挥低压验电笔的作用，确保安全用电。

9. 农用电器　检测老化

在"三夏"大忙季节，电水泵、电动机、电动打场机具等设备老化、短路、超负荷、接触不良、安装使用不当问题时有发生。其中产品质量不合格、电气设备老化是发生故障的主要原因。因此，供电公司开展"三夏"电气设施检查与安全服务工作，防止用电故障和电气火灾等事故发生。供电专业人员指导村民识别电气设备的老化程度，保持电气设备安全健康运行。

供电专业人员深入"三夏"现场，具体检查和提示村民注意查看电气设备铭牌。电气设备铭牌上的有生产日期，可推算电气设备已经使用的时间，避免电气设备"超期服役"。查看设备铭牌推算农用电气设备的年龄，有据可查，比较准确。有些电气设备铭牌，在使用过程中被毁坏或磨损，无法辨认，鉴于这种情况，应注重查看电气设备的外观。通过电气设备的外观，判断其老化程度。凡存在连接点不实、丝扣脱扣、绝缘保护层破损、绝缘支点脱落、电气设备在使用时有异常气味、异常声音、振动严重等现象，则说明该电气设备已老化到不能使用的程度，应立即停止使用，进行检修。如果经维修后故障没有明显改善，就应当立即更换。

对于粮食加工等厂房的电线配置，通过查看建筑物的建造时间，能够推算出建筑物内的电气设备敷设及使用时间。农村粮食加工厂房的电源线一般在房屋建好后安装，所以记住建房日期，即可推算室内电线及其他配电设施连续使用时间，判断电气设备的老化程度。

除查看电气设备外，还应根据实际情况用仪表进行检测其老化程度，可以使用绝缘电阻表，对电气设备的绝缘电阻进行检测。凡是所测电气绝缘能力下降至不允许程度时，并经干燥处理也达不到安全标准要求时，便可确定其电气设备已经老化，不能再继续使用。注意掌握技术数据标准，三相四线制线路，相间绝缘电阻不低于 $0.38M\Omega$，对地绝缘电阻不低于 $0.22M\Omega$。一般中小型低压电动机的绝缘电阻应不低于 $0.5M\Omega$。对于低移动电器、手持式电动工具等的电气设备，带电部分与可触及的工具金属外壳间的绝缘电阻，其 I 类设备不低于 $2M\Omega$，II 类设备不低于 $7M\Omega$，III 类设备不低于 $1M\Omega$，电饭锅、取暖电器绝缘电阻应在 $1M\Omega$ 以上。如果低于此值，其电气设备则不能继续使用。

在测试性能数据的基础上，还可通过考量电气设备的使用环境来判断其是否老化。根据电气设备使用场所的环境，包括温度、湿度、有无化学腐蚀性物质及电流荷载程度状况进行具体判断。一般情况下，在一些恒湿、恒温、灰尘少、无化学腐蚀环境使用的电气设备，可以多使用几年甚至几十年。相反，如果环境温度过高或湿度过大、灰尘多、化学腐蚀过重，其电气设备就极易老化受损，使用寿命会大大缩短。在检查中发现，有的农村房屋曾在冬天里生炉，经常冒烟、灰尘大，室内电气设备的使用寿命会缩短很多。所以电气设备的使用环境比较重要。

10. 利用绝缘电阻表 检测接地点

雷雨季节，10kV 线路发生接地故障的频率较高，供电公司专业人员结合多年的工作实践，灵活采用检测方法，快速查找 10kV 线路永久性接地故障。

供电专业人员认真分析，配电线路的接地类型分为单相接地、两相接地和三相接地。按照接地故障分类，分为永久性接地和瞬时接地两种，永久性接地通常是绝缘击穿导线落地等原因造成，瞬时接地往往为雷电闪络和导线上有异物等原因引起，其中最常见的是架空线路单相接地。

当 10kV 线路发生接地故障时，供电专业人员通常选用 2500V 绝缘电阻表、10m 和 20m 的 4mm^2 多股绝缘铜芯导线各一根，以及 10kV 高压绝缘操作杆，还有一些必备的安全工器具及登高工具。对故障线路进行分段摇测，以便排除及缩小故障范围。待故障线路缩小到最小范围后，沿线路开展全面巡视，提高检查故障的效率和准确性。

查找故障时，在摇测前应当检查绝缘电阻表是否合格可用。通过开路和短路来检查、判断绝缘电阻表是否正常。对 10kV 故障线路分段，以线路 1/2 处且有开关设备或易分段处为宜。分别用长 20m 及 10m 多股绝缘铜芯导线的一端接绝缘电阻表"接线"（L）和"接地"（G）端。两条线的另一端，分别接入被测相线和接地极。注意铜芯线接被测相线时，需用 10kV 高压绝缘操作杆将铜芯线接至被测相线，且应接触良好。以 120rad/min 的转速，匀速摇动绝缘电阻表手柄，注意观察其表示数。因 10kV 线路长，配电变压器较多，一般正常情况下绝缘电阻值为 1~5MΩ，雨天、雾天等天气时会有所下降。发生永久性接地故障时，绝缘电阻表示数应该为零。按照上述步骤，逐步排查故障范围，直至故障线路缩小到最小范围后，在此范围内沿线全面检查，利于很快找到故障点，并迅速排除故障。

采用绝缘电阻表检测 10kV 线路接地故障，应把握好安全要点和注意事项。在查找故障时，应遵守安全规程及现场安全要求，注意在摇测过程中，铜芯线严禁接触人体或其他物体，保证绝缘摇测时的安全距离和数据准确。摇测时，应认真细致，同时对故障原因进行分析。注意在同一故障段，可能同时存在多个故障点的情况发生。排除一处故障后，应再次对整段线路进行测试，只有当绝缘电阻值合格后，方可恢复送电。

通过采用绝缘电阻表检测配电线路接地故障的方式方法，能够在短时间内查找到确切的故障点，减少以往分段试送电的繁琐程序，既能减少工作量，又能缩短停电时间，安全快速恢复送电。

11. 拉线绝缘子 缺失弥补齐

供电公司组织开展安全大检查活动，发现农村一些低压电力线路的拉线缺失拉紧绝缘子，存在安全隐患。因此应积极采取相应整改措施，更换拉线、弥补拉紧绝缘子。

春夏之际，气温升高，人们的户外活动增多，并且雷雨天气频繁，湿度大，绝缘程度相应较低。若低压电力线路拉线缺失拉紧绝缘子，便会对安全构成威胁。供电公司注重认真执行《农村低压电力技术规程》的相关安全规定电杆拉线必须装设与线路电压等级相同的拉紧绝缘子。拉紧绝缘子应装在最低导线以下，高于地面 3m 以上的部位。供电专业人员积极提高安全认识，防止有人摇晃拉线或其他原因使导线与拉线接触造成拉线带电发生触电事故。

供电公司组织人员落实规程有关规定，严格检查清理及解决拉线缺失拉紧绝缘子问题，清除麻痹大意思想，吸取以往事故教训。某些地方因低压线路拉线未装绝缘子或因绝缘子安装不符合规程要求或其他原因使拉线带电，导致人身触电伤亡事故、及造成牲畜伤亡事故。剖析这种事故原因，找出这类事故客观原因及技术原因，尤其重视人为的原因。举一反三，全面查找分析各种违犯规程现象及剖析根源，一些乡村在进行线路改造时，没有按规程规定设计，忽视了低压线路拉线必须安装绝缘子的规定，一些农村低压电力线路拉线没有安装拉紧绝缘子，这个问题引起供电公司的高度重视。乡村在进行线路设计或施工时，往往考虑如何降低线路造价，而忽视了安全问题。不仅拉线未安装绝缘子，且拉线和固定横担的撑铁同用一个抱箍，一旦导线因某种原因松脱，落在横担上或绝缘子破裂击穿，就会造成拉线带电。当人或牲畜接触拉线时，容易发生触电伤亡事故。某些低压导线安装不合格，与拉线距离太近；某些绝缘导线与拉线直接接触，由于失修，导线绝缘老化或破裂，这样都可能使拉线带电。有些电杆拉线虽然安装绝缘子，但安装位置不符合规定，容易造成导线与拉线相碰而带电。变压器进出引线松弛，易碰触拉线，或引下线老化漏电造成拉线带电。在农村，过往行人不懂安全用电常识。违反电力法规，随便在拉线上摇晃玩耍进行人为破坏，以及在电杆或拉线上拴牲畜，在拉线带电的情况下，会酿成触电事故。

在乡村的田间地头及电力路线现场，供电专业人员认真普及电力安全知识。向群众发放《电力安全宣传挂图》，讲解安全事故案例，提示因低压拉线带电造成触电事故占有很大的比例，增强人们的安全意识，保护拉线等电力线路设施。供电专业人员采取安全措施，严格落实规程规定。抓住安全大检查和农网改造机遇，对于低压线路的设计和施工注重从安全角度出发，将电杆拉线加装绝缘子，其安装位置确保符合规程规定。

供电公司组织专业队伍，发现缺陷和问题及时处理，对未安装绝缘子的拉线，一律加装绝缘子。认真加强安全用电宣传工作，教育群众电力安全常识，禁止随便碰触摇晃拉线或在拉线上拴牲畜，以免发生触电事故。在线路上加挂"有电危险、禁止攀登"等醒目标示牌，提醒过往行人注意。对人为破坏电力设施的行为，按电力法规加大打击力度，认真将拉线加装绝缘子并安装在适当位置，杜绝因拉线带电而导致触电事故的发生，维护电力线路的正常运行和人身的安全。

12．增加新电器　避免超负荷

立夏以后，供电公司组织人员深入乡村，开展安全用电检查与服务活动。

供电人员在安全检查中发现，微波炉、电磁炉等大功率用电器具纷纷进入农村家庭，使家庭用电量急剧增加。造成原来的配电设施如电能表、导线和插座的容量不够，导致一些农户的用电设备总电流超过电能表和电源线的额定电流，出现超负荷用电趋向。当用电超负荷过大时，往往会烧坏电能表、插座等用电器具，有时甚至会引发火险和人身触电的危害。

供电人员指导农户掌握避免超负荷用电的安全方法，注重室内供电设施应当根据用电负荷的增加情况相应进行改造和增容。

一些农户室内用电线路使用年限过长，有的超过 20 年以上，线路老化严重。供电容量配置较低，不足 1kW，仅能满足一般照明用电需求，无法承受剧增的用电负荷。农户在家庭用电负荷不断增加的同时，应对室内用电线路进行同步改造和增容，避免超负荷用电。按目前普通农户的用电量，立足于当前，并考虑未来 20 年的发展。家用电能表额定电流应不小于 5A，电线如果采用聚氯乙烯绝缘线，以颜色区分相线和零线；如果采用铝芯线，截面积选择不小于 $10mm^2$。如果采用铜芯线，截面积选择不小于 $6mm^2$，用户的进户线，长度不宜超过 50m。供电人员特别提示，农户新增电器时，一定提前找专业电工咨询家中是否超负荷用电，若已超负荷用电，必须先增容，经过改造布线设施后，方可使用新购买的电器。

对于还没有改造室内用电线路的农户，供电人员建议不要同时使用大功率电器。一些农户家用电器已经增加，室内的旧线路没有改善，同时使用大功率电器势必会超负荷形象。因此，提示农户注意不要同时使用大功率用电器，特别是用电高峰时段，大功率电器一定要错开使用。

在选用家用电器的环节，供电人员指导农户注意选购节能型家用电器，安全省电。购买家用电器时，应选购标有"中国节能认证"标志的产品。提示农户"中国能效标识"用不同颜色和长短线条表示不同节能情况，线条越短表明越节能。分别用深绿、淡绿、橙黄、橘黄、大红，把能效水平从高到低分为 1、2、3、4、5 五个等级。等级 1 表示产品节电已达到国际先进水平，能耗最低；等级 2 表示产品比较节电；等级 3 表示产品能源效率为我国市场的平均水平；等级 4 表示产品能源效率低于市场平均水平；等级 5 是产品市场准入指标，低于等级 5 要求的产品不允许生产和销售。在选购家用电器，建议选 2 级以上的产品。

供电人员指导正确使用多用电源插座，提示使用大功率电器应设置专线电源。一些农户家庭插座布局不合理，数量严重不足，因此往往在购置多用插座时，农户家庭往往选择座插孔多的插座。并且同时经常开启插在多用插座上的电器，这样看似方便，但实际上却超负荷用电，存在严重的安全隐患。供电人员认真提示农户，对于一些常移动的电器可采用多用插座，但需谨慎使用，不要同时开启多种电器。对于位置相对固定的电冰箱、空调、电磁炉、电脑等电器，应当各自单独接入固定插座。连接大功率电器的固定插座电源引线应当用铜芯线，其截面积应在 2.5mm² 及以上，方能保障安全。

13. 电缆破损　妥善修复

电缆的应用范围日趋广泛，往往设置在较隐蔽的地方，电缆在施工及运行中往往遭受损坏，影响安全供电。对电缆处理的直接方法是更换电缆，但更换电缆既费时、费力，又费资金，不符合"三节约"精神，不是最佳的选择。供电公司针对处理电缆损坏的安全课题，组织人员开展技术革新等活动。尽量不直接更换电缆，而是采用各种胶带修复破损电缆，达到其安全质量性能。提高处理缺陷电缆的质量和效率，加快维修进度，保障安全供电。

供电专业人员分析，在实施电压等级 600V 以下的电气绝缘时，可用普通的 PVC 电工胶带来实现。但当现场碰到 6、10kV 甚至更高的电压时，不适合用电压等级为 600V 的 PVC 胶带来处理。而应选择用橡胶胶带，如乙丙橡胶来处理电缆损坏问题，由于其具备优异的绝缘性能和耐电晕以及抗臭氧、耐紫外线、耐气候性和耐老化性等优异性能，可以用来做中、高压电缆附件用胶带的基材。另外，分析和比对硅橡胶材料，其特性既耐高温又耐低温，因此是目前最好的耐寒、耐高温橡胶，同时其绝缘性优良，对热氧化和臭氧的稳定性很高，化学惰性大，可以被用来做中、高压电缆附件的胶带。

在电缆施工和维护现场，供电专业人员注重掌握各种电缆附件用的胶带和功能，熟悉常用屏蔽电缆的构造。清楚屏蔽电缆的典型结构，从内到外依次是导体、内半导电层、绝缘层、屏蔽层和外护套。在电缆安装和运行过程中，内部或外部因素均可导致电缆受到破损，必须采用合适的方法来处理，才能保证电缆的正常安全性能。

供电专业人员在碰到电缆破损时，注重采用各种胶带来修复相应的电缆功能层。鉴别层次，区别对待，正确选用胶带实施修复。当遇到较简单的情况，属于电缆外护套受损坏时，修复时采用防水胶带修复护套防水层。供电专业人员细致掌握防水绝缘胶带的性能，把握这种专业级防水胶带的自融性，确保能够耐受长时间的浸水以达到防水密封的最佳性能。采用铠装带，作外护套的机械修复，效果良好。以此类推，可采用很多种电缆修复的方案。采用 23 号高压自粘带，由乙丙橡胶制成，具备优异的自黏性和电绝缘性能，最高可以耐受69kV 的电压，用来恢复低、中压电压等级绝缘。采用胶带修复电缆的方法，保障电缆安全性能和提高性价比。

14. 电焊机　防燃爆

夏季各种工程施工往往需要使用电焊机，而电弧焊引起的火灾和爆炸事故时有发生。供电专业人员到用电客户施工地走访检查，帮助使用电焊机的客户排查安全隐患，分析各种危险点。

电弧的温度高达几千摄氏度，焊接时飞散的火花、熔融金属与熔渣的颗粒，容易点燃操作现场附近的易燃物及可燃气体。电焊机的电缆或电焊机本身的绝缘破坏而发生短路，电焊机与电缆连接处接触不良，特别是焊机二次回路通过易燃物时，由于自身发热、短路或接触不良产生火花。焊接未清洗过的油罐油桶、带有气压的锅炉储气筒，或在有易燃气体的房间内焊接，容易引燃易燃物，十分危险。焊接作业中，由于金属的热传导作用，热量会由焊接点传递到附近相接触的可燃构件和物体上，存在潜在的危险。由于不遵守操作规程或操作不当，同样会导致事故发生。

　　在电焊施工现场，供电专业人员提示用电客户，应注意采取安全措施，防范火灾和爆炸事故的发生。焊接前应检查现场 10m 范围内有无可燃、易燃、易爆物品，进行彻底清理。每次使用电焊机前，应检查焊机电源线、引出线、外壳接地线、夹头等绝缘是否良好。检查电焊机的输入电缆和输出电缆等连接是否可靠，若发现因接触电阻增加会造成氧化和局部烧毁现象，应及时维修。对敷设在有车辆通过道路上的电焊机电缆线，必须有防护措施。电焊机连接电源线的一次侧、二次侧线圈不能接错，否则不但电焊机被烧坏，而且还将导致接触电焊机的人员发生触电事故。注重检查冷却系统，确保正常运行，对于自然风冷和强迫风冷的电焊机应确保风道的畅通，进风口和出风口不能有阻挡物，对于强迫风冷的电焊机，风扇应完好无损，水冷电焊机应保证冷却水的畅通。在易燃易爆气体或液体扩散区域内、承压状态的压力容器及管道、带电设备和装有易燃易爆物品的容器内以及受力构件上，严禁直接进行焊接。若必须在这些地方焊接时，焊接前应关闭或封堵与其连通的设备、管道，并按规定对其进行吹扫、清洗、置换、取样化验，经分析合格后才能实施焊接。

　　注意在焊接储存油品的容器前，应把残剩的油品除尽，排除可燃性气体，再使用气体探测器检查。在保证没有爆炸的危险性后，方可焊接。储存易燃、易爆物品的容器，未经彻底清洗，严禁焊接。焊接管子、容器时，应把孔盖、阀门打开，以防管子、容器内气体因受热急剧膨胀，引发爆炸事故。

　　电焊机的电缆应满足防火要求，由于操作经常在地面上移动电焊机和拖动电缆，易造成短路，引起触电、火灾等事故。因此，电焊机电缆应轻便柔软，便于弯曲和扭转，采用紫铜芯线，保证足够的截面积，并具有良好的绝缘外层。电缆与电焊机、焊钳的连接，应用螺栓和螺母拧紧。回路线不可乱放，如果回路接头处存有可燃、易燃、易爆物质或搭在油罐、油槽车上，都有引起火灾和爆炸事故的危险。

　　连续焊接超过 1h，应检查焊机和电缆，如果温度达到 80℃时，应关闭电源，停止焊接，以防烧坏电焊机或引起火灾，注重保障安全。

15. 检修施工　材料备足

　　在电力线路设备检修和各种工程施工中，需要将有关工器具和材料准备充足。现场施工作业往往由于材料缺少或者型号不符，而影响安全作业。对此，供电公司提出高度重视，认真分析和采取有效措施，加强检修和施工现场的材料预先确认准备等管理工作。

在编制施工、抢修工器具清单和抢修材料清单时，可以参考《国家电网公司现场标准化作业指导书》和其他网省公司编制的标准化作业指导书。

供电专业人员认真分析由于材料准备不细、不对、不足造成的弊端。以往，在一些线路地段施工时，由于交叉跨越等影响，所需杆型较多，个别部件与现场实际安装条件不符，往往导致无法使用。有时在作业过程中，因需要补充材料，往返到几十公里的仓库调换及增添相应规格的材料。有的变电站出线负荷调整，需要更换电流互感器，而新装的电流互感器和原电流互感器结构、尺寸有差别，原有连接母线排无法继续使用。重返更换相应规格的母线排并进行加工，往往会导致延时送电。尤其是在一些小型、分散型施工作业中，因为工作量小，更容易疏忽小型材料的备齐工作。在施工作业过程中，往往因为一只螺丝或某个工具，造成窝工或暂时停工，轻则延长施工时间，影响工程进度；重则造成晚送电，降低供电可靠性，引起用电客户的不满。有时在现场用其他材料代替，将就安装使用，结果设备达不到应有的安全技术标准，从而留下安全隐患，或在工器具和材料部妥当的情况下，强行操作，会导致发生事故。

通过开展实例分析，引起专业人员的安全警觉和提高安全意识，加强"有备无患"管理。在检修作业和工程施工前，必须做好材料、工具的准备工作。根据实践经验和现场考察结果，细致编制准确翔实的设备材料和工器具清单，规范模板，正确全备。检修作业及工程施工前，作业及施工班组根据公司生产技术部门开列的材料清单，并结合实地现场勘察，认真核对哪些器件在施工中可能无法使用。虽然核对材料明细需要一些时间，但比作业和施工时才发现材料不对或缺失部件节省了大量的时间。

安全实践经验表明，施工作业前不能图省事、怕麻烦，在线路工程施工准备阶段，应一一核实所需各种材料。比如锥形水泥电杆距离杆顶较远的双横担及穿钉螺丝、单横担的U形螺丝、平板抱箍和螺丝。明确横担中间固定U形螺丝两孔间的准确距离、查清楚柱上设备支架两孔间的距离和固定螺丝长度等。当铁件固定位置距离杆顶较远时，杆径的大小存在变数，如果忽略，则容易造成选择偏差。部分杆架组装用的铁件，在非定型产品情况下，最好的方法是多准备两套相近规格的材料作为备用，一套规格稍大，另一套规格稍小，以备现场调换，从而解决安装不上及安装困难的问题。顺利作业施工，有利于人员安全和设备安全。

16. 断路器　排故障

一些用电客户使用的断路器出现故障，供电公司用电检查人员注重协助客户查找和分析原因，指导排除故障和正确维护、安全使用。

断路器是一种负荷开关，可带负荷分断和接通电路，有短路保护和过载保护功能，其短路保护功能靠电磁线圈实现。供电公司用电检查人员在现场结合实际，分析讲解断路器故障原因及防范措施。

供电公司用电检查人员在现场发现，用电客户的断路器分闸线圈烧毁故障时有发生。断路器分闸机构机械出现故障，线圈松动导致断路器分闸时电磁铁芯位移、卡涩，造成线圈烧毁。有些断路器由于铁芯活动的行程短，当接通分闸回路电源时，铁芯顶不开脱扣机构而使线圈长时间通电烧毁线圈；有些断路器在控制回路正常时，出现拒绝分闸的故障均为连杆机构问题，其顶点调整不当，断路器分闸铁芯顶杆的力度不能使机构及时脱扣造成线圈烧毁；有些断路器由于防护闭锁联锁机构未动作，致使线圈过载，造成分闸线圈烧毁。

某些断路器的行程和辅助开关触点调整不当，在断路器处于分闸状态时，调整断路器开距和超行程等参数，会改变断路器分闸的初始状态。而此时辅助开关分闸位置的初始状态未做相应调整，将导致辅助开关不能正常切换分闸回路造成分闸线圈烧毁。而在分闸控制回路上接有一对延时动合触点，其作用是保证断路器在合闸过程中出现短路故障时能完成自由脱扣。然而，断路器合闸时间极短，断路器未来得及脱扣就已合闸到位，此时延时触点的延时作用将失去意义。相反，其延时触点在分闸过程中，由于辅助开关动静触头绝缘间隙较小，经常出现拉弧现象，时间一长使辅助开关的触头烧毁，继而引起分闸线圈烧毁。

某些断路器保护控制装置发生故障，分闸指令由保护控制装置发出的，装置内的分闸继电器出故障或分闸控制回路辅助开关触点动作行程较大，造成分闸指令不能及时退出，导致分闸线圈长时间带电而烧毁。还有的断路器分闸回路电阻偏大，分闸线圈回路绝缘降低，或者控制回路线径过小也造成电阻偏大，使得分闸控制回路电压降较大，导致电压达不到分闸所需的动作值，使分闸线圈长时间带电而烧毁。

供电公司用电检查人员针对不同情况，逐项认真查找和分析具体故障原因，从而引起用电客户的注意并"对症施治"，采取相应的安全防范措施。

指导用电客户将分闸回路的延时动合触点改接为一对动合触点，经常检查辅助开关的触点及辅助开关的拐臂螺丝。正确调整辅助开关的位置，使辅助开关与断路器分闸位置正确、有效地进行配合。注重合理调整分闸指令时间，使保护控制装置发出的分闸指令时间，既能使分闸线圈工作，又能在很短的时间内退出分闸指令。提示用电客户在每年的设备检修工作中，正确调整断路器的连杆机构，认真检查断路器的自由脱扣是否正常。在低电压动作试验中，注意掌握保证可靠跳闸，并固定好分闸线圈，经常检查铁芯有无卡涩现象。注重加强维护和保养，降低故障率，保证发挥正常的安全性能。

17. 联动互动　精益管理

供电公司注重加强集约检修作业管理，建立联动、互动机制。在安排电力线路和变电站检修的同时，协助对用电客户设备也同步进行安全检查与检修。统一加强电网安全管理，提高设备检修效率和安全效能。

随着电网技术装备规模的不断扩大，电力设备检修任务繁重。供电公司深入开展检修计划集约管理，在有限的时间内开展电网集中检修作业，既满足电网安全供电可靠要求，又能最大限度地减少停电时间，保障客户权益，实现电网企业与用电客户的双赢，保障电网安全稳定运行。转变以往传统的检修模式，减少电网非正常运行方式的时间，减少工作人员的现场作业时间。以往传统的检修模式主要针对小范围内的检修作业，工作方式较为被动。工作人员在现场作业时间较长，劳动强度较大，容易出现疲惫状态。而且检修时往往变电站内还存在带电区域，风险较高。通过集约合理安排，将原本要在检修中完成的部分工作安排在前期准备阶段来做，把工作人员在现场作业的时间压缩至最短，降低安全风险。

供电公司注重深入开展电网状态检修，组织各专业人员按照评价标准和反事故措施要求，对停电范围内的设备进行全方位、多角度的巡视检查和诊断评价。各专业根据评价结果，提前申报技改项目。实现"状态检修"与"综合检修"的有机结合，大幅缩短停电检修次数和时间。在大检修前期完成 70% 的工作，剩下的 30% 作业量在检修现场解决，最大限度地减少停电。提高现场检修质量效率，确保检修安全、有序、高效进行，充分体现集约化的内涵。

各项检修作业加强标准化管理，实现检修精益化。各职能部门密切配合，构建组织健全、运转高效、人尽其责的检修管理格局。对检修作业实施标准化管理和全过程管控，组织各专业人员有条不紊地进行检修作业。

供电公司在 220kV 变电站综合大检修中，统筹考虑基建、生产、客户的实际需要。满足电网建设、设备大修、相关电气设备例行修试等 30 余项工作需要，实行"一停多检"提高检修质效，对检修作业实施标准化管理和全过程管控。按照人员配置最优、作业时间最短的原则，根据人员特点和技术专长，将作业人员划分为小组管理。结合专业技术特点，为各专业人员配置种类齐全的个人工具，专门为用于高压试验专业的工器具进行技术升级。优化作业流程，精准过程管控，统筹协调各专业施工。将各专业工序有序排列，编制质量控制图表，实现各专业的安全质量无缝对接。寻找各专业交集，打破常规，将运维人员分至各修试小组，边检修边验收，缩短整体工作时间。加快春检收尾等各类检修的进度，提高检修作业的安全质量，保障单位安全。

18. 夏季多雷雨　巡检变压器

在雷雨天气频繁的季节，对于变压器等设备的维护工作尤为关键。鉴于变压器是输配电系统中极为重要的电气设备，供电公司根据运行管理维护规定，对变压器坚持定期检查，以便随时了解和掌握变压器的运行情况。发现问题及时采取有效措施进行处理，防止出现故障或事故扩大。

供电专业人员在雷雨天气，对需要巡视的变压器等室外高压设备时，注意不靠近避雷器与避雷针，雷电时禁止进行倒闸操作，确保人员和设备安全。对于变压器根据预防性试验规程，严格进行定期试验和巡检。加强日常的巡视维护工作，突出细节，定期检查变压器的套管是否清洁、有无破损和裂纹及有无放电痕迹。检查冷却装置的运行是否正常，散热排气管的温度是否均匀。检查变压器油温，控制其不超过 85℃，油位少时及时添加新油。对于放油阀保持密封完好，不渗油、不漏油。加强硅胶结晶体个别呈现粉红色的现象加强监视，如果大部分呈现粉红色，则应全部进行更换。认真检查防爆管的玻璃是否完整，无裂纹、无存油现象，呼吸小孔的螺丝位置是否正常。检查吸湿器是否堵塞，是否保持"呼吸畅通"，查看气体继电器是否清洁完整。仔细监听变压器的声音是否正常，监视变压器的高、低压桩头连接处有无发热现象，必要时进行红外测温。

在检修变压器的过程中，注重执行相关技术标准。充分做好变压器的清洁工作是检修的前提，在对变压器清洁时，仔细清扫变压器的主体、瓷套管、散热管和储油柜中的污泥，清除不洁物。检查油温计、油阀门和密封衬垫，将各部位的螺丝加紧加固。在检查变压器外壳接地情况时，注重测量线圈的绝缘电阻。在相同温度下，保持其绝缘电阻符合运行规程规定。在检查吸潮器及冷却装置时，必要时更换干燥剂和加补变压器油。对于变压器绝缘油质进行化验，及时更换不合格的绝缘油。在检查变压器油枕油面时，注意防止少油或漏油而影响变压器铁芯和线圈的散热及绝缘情况。检修变压器的过程，逐项落实安全措施。严格执行倒闸操作制度、工作票制度、安全用具及消防设备管理制度等各项规制。用绝缘操作棒拉合高压隔离开关或经传动拉合高压隔离开关，穿绝缘靴、戴绝缘手套。带电装卸熔断器时，戴防护眼镜和绝缘手套，必要时使用绝缘夹钳，并站在绝缘垫上。

对于变压器停电拉闸，规范按照断路器开关（或负荷开关）、负荷侧隔离开关、母线侧隔离开关的顺序依次操作。停电时，注重切断各回线可能来电的电源。不仅只拉断路器进行工作，还拉开隔离开关，使各回线有明显的断开点。变压器与电压互感器，断开高压和低压两侧。取下电压互感器的一次、二次熔断器，断开隔离开关的操作电源。锁住隔离开关的操作把手。电气设备停电后，在未拉开刀闸和做好安全措施前，视为有电，注意不得触及设备和进入遮栏，以防突然来电。检修作业时，设备距离工作人员工作中正常活动范围小于安全规程有关规定时，必须停电。根据现场安全距离等条件设置牢固的临时遮栏，否则必须停电。带电部分在工作人员的后面或两侧，无可靠措施者也必须停电，以确保检修人员和设备的安全。

19. 剖析违章险情　更新教育方法

供电公司高度重视已出现的不安全现象及问题，组织各班组人员举一反三，剖析未遂事故的深层原因，深入纠正各种习惯性违章。加强贯彻执行安全工作规程，督导班组工作人员在对电力线路作业前，必须做好保证安全的组织措施，严格执行即工作票制度、工作许可制度、工作监护制度、工作间断制度、工作终结和恢复送电制度。细化落实保证安全的技术措施，完善执行停电、验电、装设接地线、使用个人保安线、悬挂标示牌和装设遮拦（围栏）具体安全措施。

针对发生不安全现象及未遂事故的案例，具体问题具体分析，加强落实整改及防范措施。严格实行在上杆、塔工作前，检查杆根基础等部件是否牢固。登高作业前，严格检查登高安全用具，查看脚扣、升降板、安全带、梯子等是否完整牢靠，并在现场随即做好适度的冲击试验，登高前验明所用的安全工器具安全可靠。在杆、塔上作业，必须正确使用安全带和戴好安全帽。安全带确保系在电杆及牢固的构件上，注重防止安全带从杆顶脱出或被锋利物割断。系好安全带后，注重检查扣环是否紧固，防止缓扣。在杆、塔上作业转位时，不得失去安全保护，杆、塔上有人作业时，严禁调整或拆除拉线。

供电公司根据季节性易发事故，增大安全教育的力度，并采取新颖实用的案例分析及警示方法。供电公司在安全实训教育基地，利用真人表演、事故模拟还原、标准化对照演示等方式方法，举行了别开生面的事故案例分析和安全教育现场会。班组作业人员对有关事故案例提高了思想认识，深入挖掘事故发生的原因，深入探讨防范措施。供电公司创新安全教育及培训方式方法，举行事故案例分析现场会。推进实施标准化作业，注重以真实事故案例为蓝本，通过故事演绎手法再现事故全貌。同时采取正反剧情对照方式，将标准动作和事故错误动作进行直观比对，让班组人员看得清楚明白。让基层班组员工能够深入了解事故发生原因，掌握相关的预防措施，提高班组作业人员的现场安全意识和风险辨识能力。

20. 排查防误闭锁 保障安全功能

正值设备检修和倒闸操作频繁时节，运维专业人员工作量增大。供电公司注重抓好季节性安全生产的关键环节，采取安全措施，严格把好操作关。注重规范执行解锁钥匙使用管理规定，开展防误闭锁专项排查工作，及时整改问题，确保电网安全可靠运行。

鉴于防误操作闭锁装置是装设在高压电气设备上利用自身既定的程序闭锁功能，来防止误操作及一些出现的问题，供电公司对所有变电站的防误闭锁装置，实行全面隐患整治。针对防误闭锁装置配置、功能、维护等具体技术工作，详细分类，列出重点排查内容。有关专业人员逐一认真、细致地展开拉网式排查，根据排查结果建立专项隐患库，做到"一患一档"。健全防误闭锁专项隐患治理跟踪督查管理机制，明确整治时间表，落实安全责任和整治方案。同时，供电公司强化新建、改建变电站的防误闭锁专业管理，实行防误闭锁装置与新建、改建变电站电气设备同步设计、同步施工、同步投运。

供电专业人员从防误闭锁的系统及维护等5项重点工作入手，开展全面、系统、细致的防误闭锁安全管理，着重夯实安全工作基础。供电公司安全监察质量部和运维检修部，注重合力加大防误闭锁专项隐患排查治理力度。组织相关专业人员重点查看防误主机各项功能状态是否完善、防误系统和操作控制回路是否具备防误强制闭锁功能。检查断路器、隔离开关闭锁装置及锁具是否卡涩，排查断路器、隔离开关操作按钮是否具备防误闭锁功能。检测高压开关柜防误闭锁装置功能及强度是否足够、防误解锁程序是否符合要求等重点工作。

供电公司注重督导和考评防误闭锁专项隐患排查治理工作的实际效果，推进消除防误闭锁的各种安全隐患。逐项分析，制定实施整改治理细则。加强防误闭锁专业的安全技术管控，保证防误装置安装率、投运率、完好率达到100%。防止误分、误合断路器，防止带负荷拉、合隔离开关，防止带电挂合接地线，防止带接地线合断路器及隔离开关，防止误入带电间隔。正确发挥防误闭锁的安全功能。

21. 剧院失火 引以为戒

晚间，市区一剧院的配电设施起火，正在观看演出的观众和正在工作的演职人员被中途疏散。供电公司应急抢险人员迅速赶到现场，采取切断电源等措施，避免事故蔓延，防止人身触电。经消防部门扑救，火势迅速被扑灭，现场未发生人员伤亡事件。

据现场一位观众介绍，节目正在上演时，突然一片黑暗，剧场空气中有明显异味，发生火患，剧场工作人员立即引导观众通过消防通道撤离，剧场附近的商铺随即停电。

供电公司专业人员与消防部门勘查剧场火险现场，发现是剧场自行维护的配电设施起火。其主要原因是导线压接处接触不良，导致接触电阻增大。相当于在压接部位串联一个电阻，引起发热，且在电源柜内封闭的环境内通风不良，散热效果很差。持续的高温使氧化加剧，进而使接触电阻进一步增大，温度不断升高，超过导线本身长期允许的工作温度，造成绝缘损坏，以致出现异味冒烟，如果继续升温，将会导致发生难以扑救的火灾事故。

由于剧场的电源柜为应急电源柜，具有备用性质，剧场有关维护人员放松了对其巡视检查，长时间接触不良、压接不实，导致问题发生。同时该电源柜处于不易接触到的隐蔽位置，维护人员从心理上认为即使有问题也不会对人身构成直接威胁，导致麻痹大意，隐患失察，酿成火灾。

供电专业人员在现场指导剧场有关负责人，处理导线与接线端子本身压接不实问题。讲解应按照安装要求对多股软导线涮锡后压接，多股硬导线经专用端子压接。另外，在压接时适量涂抹电力复合脂，可起到降低接触电阻作用。

对于导线端子与设备连接处接触不实的问题，则应当注意紧固螺栓时必须配防松垫圈，紧固时力度适当。过松或过紧都会减弱防松垫圈的紧固作用，导线压接处接触不良的隐患，可以通过定期巡查加以防范。

供电专业人员针对近年来此类电气故障引发的火灾现象，进行对比、认真分析，认为具有普遍性。重视采取配套措施，协助客户防止类似问题的发生。督导加强隐蔽用电设施的巡查力度，特别注意将备用设备及设施纳入定期巡查范围内。指导客户定期演练，通过常用与应急电源的切换，检验应急电源在带负荷状况下的工作状态，及早发现隐患。协助客户在定期巡查中使用红外测温仪，认真测试接点处温度，可及时发现接点处温度异常，做到早发现早处理。对于人员密集的公共场所，适当缩短电气设备的检修周期，利于及时消除隐患，有效防止事故的发生。

22. 及早防汛　堵塞漏洞

强降雨天气时，供电公司组织人员加强线路和变电站等设备的特巡，重点检查易受洪涝、地质灾害破坏的变电站、输配电线路状况。及时掌握供电区域内电力设施运行情况，紧急实施消缺和隐患排除，确保电网设备安全运行。

供电公司注重及时启动恶劣天气应急机制，发布防汛抢险应急工作预案。分别组织主网应急抢险队伍和配网应急抢修队伍，各专业人员到岗到位。加强应急物资的管理，实行"统一调拨、分级管控"，配足应急抢修物资的需求。
各专业人员对各自负责的设备及客户设备进行排查，积极防汛抗洪，立足于提前做好准备工作。把可能因暴风雨导致倒杆、断线的险情列为重点防御目标，对重点杆塔实行加固，迅速清理和修复因暴风雨引起的设备故障。在易发生山体滑坡、地势低洼等事故的地段，派专人监视。

供电公司注重加强与当地政府部门的防汛工作联系，及时掌握水情预报与洪涝变化情况。强化防汛值班、事故报告等制度的落实。防汛工作实施动态管理，根据变化的汛情，及时调整防汛的应对策略。针对实际情况，及时调拨准备冲锋舟，增强防汛抢险的力度。充分考虑，从容应对，切实做好防大汛、抗大洪的相关部署。对防汛措施进行动态检查和督导，组织有关人员，互查可能发生险情的地段，查看防汛准备工作是否到位。做到心中有数，措施可靠，安排增加线路巡视次数，对防汛情况做好记录并及时存档。

供电公司注重建立完备的防汛监测预警机制，组织人员研究判断强降雨造成的洪涝灾害、山体滑坡等次生灾害对于电力线路及变电站可能导致的危害。前期预警和排查工作列为重中之重，注重掌握防汛工作的主动权。组织人员不仅对电力设施进行排查，而且检查电力设施周边的水库、山体、道路等变化趋势。尤其是加强水库、大坝、险工险段、泄洪闸门、防汛指挥机构等处的供电设施的检查，及时消缺。注重保持沿河、水库区、低洼等地段的电力设施安全，保证库坝泄洪时对供电设施不造成威胁，确保电网设备安全可靠。针对夏季树木生长快的特点，在线路防护区进行清障，防范雷雨中线路对树木放电引起跳闸及人身触电事故。组织人员在现场评估防御自然灾害的程度及成效，知己知彼，趋利避害，弥补漏洞，"水未来先筑坝"，在防汛中注重防患于未然。

注重建立健全灵活高效的防汛指挥体系，在应急抢险指挥调度上，实行主要领导全天候轮值制度，及时掌握灾情和人员配置。坚持综合协调、分类管理、分级负责、属地为主的原则，及时开展灾害处置工作。重点保障电网设备、高危客户、重要客户的应急供电及群众生活用电。备足防汛抢险车辆，实行快速响应、快速抢修，将汛情损失降至最低，并保障防汛抗洪中的安全。

23. 剩余电流动作保护器　定检与更换

在供电区域内，城乡居民用电客户配电箱中大都安装了剩余电流动作保护器。供电公司用电检查人员在走访中发现，一些居民用电客户自从安装剩余电流动作保护器后，就一直未对其进行维护和检验。其安装的剩余电流动作保护器，主要是对室内线路和家用电器进行剩余电流动作保护。

用电检查人员深入小区及农户，宣传讲解维护剩余电流动作保护器的安全知识。防止保护器"带病"运行，提示进行定期维护和检验，以确保安全动作的可靠性。应当对剩余电流动作保护器定期清扫灰尘，保持剩余电流动作保护器外壳及部件、连接端子的清洁和完好，保持牢固连接。检查剩余电流动作保护器外壳胶木件的最高温度，不得超过 65℃，外壳金属件最高温度不得超过 55℃。同时，还要保持剩余电流动作保护器操作手柄动作灵活可靠。

剩余电流动作保护器的安装场所应当通风、干燥，有预防雨淋、灰尘和有害气体侵蚀的措施，尽量远离其他铁磁体和电流很大的载流导体，避免磁场干扰。剩余电流动作保护器安装场所的环境温度应在 -5 ~ 40℃之间。

应当至少每月检验一次剩余电流动作保护器动作的可靠性，可采取简便易行的方法进行检验。按下试验按钮，如剩余电流动作保护器能正确断开，说明性能正常，反之则说明剩余电流动作保护器存在故障，应立即请有经验、有资质的电工进行检查更换。在高温多雨的夏季和农忙季节，应增加试验周期和次数。

新的剩余电流动作保护器使用一年后，应请专业电工对其进行检修。认真测试保护器剩余电流动作动作值，是否符合规定。检查绝缘电阻，剩余电流动作保护器一次电路各部绝缘电阻应在 1.5MΩ以上。测量室内线路剩余电流动作电流，消除各种剩余电流动作隐患。检查剩余电流动作保护器接线及保护接地装置，是否存在松动和接触不良等现象。检修完毕后，应在现场进行一次实际模拟试验。采用正确的检验方法，用一支 6kΩ 10W 线绕电阻，两端各接一绝缘电线，一端插入插座的相线孔，另一端与大地连接，接地电阻与变压器中性点接地电阻相同。这时有一约 40mA 的剩余电流动作电流，如果剩余电流动作保护器立即跳闸，则可放心使用。

剩余电流动作保护器出现跳闸动作后，注意不可强行送电。保护器动作后，若经检查未发现故障点，可合闸试送电一次，若合闸后再次动作，应查明故障原因，并采取相应措施处理后方能恢复通电。尤其是剩余电流动作保护器在检测到剩余电流动作、短路现象后，一定要查清和消除存在的电气隐患，千万不可随意让其退出运行，否则就会引发严重事故。

安装剩余电流动作保护器后并非万无一失，因为剩余电流动作保护器不可能绝对安全，如果在两相触电不接地的情况下，保护器就不会动作。另外，剩余电流动作保护器本身也有损坏或动作失灵的情况，因此安装剩余电流动作保护器后用电，也应做到以预防为主，非专业电工严禁带电维修。同时还必须做好对三脚插头电器的保护接地或保护接零。

国家有关标准规定，家用剩余电流动作断路器的有效使用年限以出厂日期为准，电子式为 6 年、电磁式为 8 年。到达使用年限后，应注意及时更换老化的剩余电流动作保护器，以确保安全。

24. 迎峰度夏　保障安全

供电公司适时启动开展迎峰度夏工作，各专业和生产一线班组认真贯彻迎峰度夏的各项工作部署，集中精力，抓好落实。全面加强安全生产管理，确保电网安全稳定运行。

入夏以来，气温偏高，社会用电需求有较大幅度提升。供电专业人员认真分析安全生产形势，应对安全工作实际课题，全面实施迎峰度夏的具体工作任务。以保障电网安全和电力供应为前提，以防范大面积停电、人身伤亡、局部影响较大事件为重点，强化安全管理，抓好反事故措施的落实。精心调控运行，优化电力交易，做好优质服务工作，认真保障电网安全稳定运行和电力有序可靠供应。

面对迎峰度夏的形势和任务，供电员工提高安全责任认识，凝心聚力，注重形成合力效应。各专业人员把困难估计得更充分，把措施准备得更完善，把工作做得更扎实。在电力供需平衡的条件下，注重克服松懈情绪、麻痹思想，认真细致做好本职工作，努力确保万无一失。供电公司班子成员分工明确，投入主要精力，深入基层、作业施工一线，履行职责，到岗到位。公司部室注重各司其职，加强安全工作的指导，解决基层实际困难和问题，抓好监督考评与服务。各岗位员工严守工作纪律，防范和杜绝因工作失误及人员责任而造成安全事故和供电服务事件。注重把握工作节奏，抓住重点，将安全工作放在首位。

在开展迎峰度夏工作中，供电公司注重实行集约化、精益化安全管控。注重保障电网安全、加强电网调控运行，科学安排夏季电网运行方式。制定实施城市配电网故障情况下负荷转带方案和故障处置方案，确保电网安全稳定运行。认真落实电网反事故措施，深化设备运行状态管理，注重及时发现并消除输配线路、变电站等设备隐患。加强施工安全管理，注重按期投产迎峰度夏工程。加强抢险应急准备工作，强化责任意识，保持警觉应急状态，细化落实防汛防灾工作。充分估计台风、雷暴、洪涝、地质灾害及外力破坏可能对电网安全造成的影响。抓住主汛期前的有限时间，对防汛重点进行再检查、再落实，确保大坝、电力设施安全度汛。全面梳理检查相应的应急预案，组织实战演练，提前做好应急队伍、物资、备品备件、技术支持等各项准备，注重提升处置能力和效率。实时管控供电服务全过程，推进业务协同一致，提高抢修速度，推进业扩报装的安全提速。注重全面细致落实好迎峰度夏的安全措施，推进完成迎峰度夏的各项任务。

25. 录入线路状况　故障抢修提速

供电公司组织人员开展安全技术革新和 QC 攻关小组活动，提高抢修的安全质量和效率。抢修人员接到报修电话及工单，比规定的时限提前赶到现场，故障抢修达到安全、快速、高效。

下午 15 时左右，电力抢修值班室，接到 95598 通知，在市郊一个基建工地突然停电，需要到现场检查处理。

正在值班的抢修班班长迅速在微机里查询该工地的位置和所接用的电力线路技术参数。微机屏幕立即显示出该工地供电的 10kV 线路分支 23 号杆地段的实地照片、抢修最佳路线图，清楚地显示杆型、挡距、导线等具体信息。照片资料集数据显示，23 号杆分段在公路下方 100m 处的山腰上，不会受到过路车辆外力损坏，周围植被不会影响电力线路。当天天气晴好不存在恶劣气象侵害，突然没电的原因很可能是客户超负荷使用电力设备，造成熔断器熔丝烧毁。因此，抢修班班长立即履行工单等手续，安排两名人员携带熔丝等材料和工器具，按照预设的抢修最佳路线指示图赶赴故障点。

该基建工地负责人估算工地离供电公司有近 20kV 的山路，轻车熟路也需 40min 的时间才能赶到。供电人员到现场后还要查故障、再修复，今天很难完成抢修了。可电力抢修车到达时，车上供电抢修员工告诉工地负责人，故障已经排除。工地负责人深感意外，一脸惊愕。

供电抢修员工询问，下午工地是否用过大功率施工设备？工地负责人回答，下午的确用过功率比较大的机器加工材料，施工人员开启轧石机，忘记关掉搅拌机和轧砂机了。供电抢修员工讲解提示，工地大功率设备同时使用，将分支线路的熔断器熔丝烧断了。刚才在前面的设备上已经重新更换熔丝，恢复了送电。工地负责人和在场的施工人员，感到这种抢修很是神速，非常惊奇。供电抢修员工叮嘱工地人员：以后施工中，注意避免同时使用大功率设备，以保障安全用电。

以往，供电抢修班处理工作报修前，经常要花费一些时间翻看线路档案材料，查找故障点的基础信息，进而确定抢修路径及方案，费时费力。抢修班开展技术革新活动，把线路基础资料做成 PPT，通过图文并茂的形式直观、清晰地反映线路情况。并组成 QC 攻关小组，研究提升安全抢修质量和效率。小组成员跋山涉水，对每基电杆及周围的地理地貌进行拍摄，提取现场立体化资料信息。在原有的档案资料中，逐一增加现场电杆的照片。既有书面信息，又有图片说明。把电杆方位等地理信息、接地线的挂设位置、主要分支等详细内容录入到微机资料中，达到快速查询，使线路安全抢修管理实现数字化、智能化，实现故障抢修的安全提速。

26. 联合行动　整治外破

供电公司针对线路设备遭受外力破坏的现象，联合有关部门采取综合治理措施，开展"防止外力破坏专项整治行动"，防范大车刮线、工地野蛮施工倒杆等重大隐患及事故的发生。

在开展"防止外力破坏专项整治行动"中，专业人员注重加强多形式、多角度的宣传引导工作，提高群众对电力设施保护重要性的认识。针对开春以后建筑工地陆续开工的实际情况，加强施工单位临时用电及电力线路保护等安全管理，尽早行动，主动走访相关客户和施工企业。加强与规划、市政、热力、燃气、联通、移动、水务等集团单位的沟通，了解改造计划，宣传电力防护知识，共同商讨施工安全防护措施。及时召开现场工地会，大力宣传《电力设施保护条例》和相关法规与细则。对外力破坏预防工作的难点进行探讨交流解决。施工工地的电工作为主要联系人和用电安全第一责任人，在工地悬挂《电力安全宣传挂图》，进行安全教育宣传。

供电公司成立防外力破坏工作领导组，有关专业人员积极参与，认真落实职责分工和指标要求。以高度的责任感和使命感，主动出击、全面防范，实施领导带头，全员行动。线路专业人员对日、周、月开展防范外力破坏巡察工作，重新调整巡查周期，并加强领导小组的督察督导工作。配备专职巡察车，保证及时到达巡察地点，提高巡察效率。对大型车辆司机、建筑工程工地等有关人员发放安全联系卡，与有关单位签订防止外力破坏协议，有效防范电缆等设施遭受外力破坏现象。

线路专业人员注重早发现、早预防、早控制，充分发挥联防、联动机制作用。按行动要求，每月至少组织人员开展两次特巡，对各类隐患进行全面核查、统计。建立巡查记录。除按规定组织巡线外，每日由专职巡察员对防护重点地段进行细致巡察。巡察情况及交代事宜做好记录，由施工方管理者签字，履行安全责任，为电力设施保驾护航。制定奖励办法、动员全员参与，掌握外力破坏预防重点地段，进行监察防护，掌握安全主动权。积极采取技术措施和管理手段，将外力破坏控制在萌芽状态，注重克服困难，采取电力设施防护措施。提升电力工程施工、检修工艺质量，保持坚固安全。加大高低压电缆敷设深度，小区内电缆埋深由原来的 1.2m 增加至 1.5m。全部穿管敷设，采用电缆盖板进行防护，在上层覆盖电力电缆防护警示带，警示工地施工人员，避免乱碰乱动乱挖。发现较危险的重点防范区域，分点安装警示标志，必要时在现场"死看死守"，确保电力设备安全。对于电力线路邻近区域设置的塔吊，及时与施工单位联系，并通知对线路采取全封闭和加装限位器等措施。城区街道改建扩建，原有的电杆出现"占道"现象，加快全部迁移。暂时不能迁移的电杆加装防撞基础，并涂有反射夜光色，用技术等方法防止外力破坏事件的发生。

27.　雷电来袭　安全抵御

进入雷雨季节后，往往有一些雷击伤亡和设备毁坏事件发生。一些用电客户及群众，缺乏防雷常识，不能主动采取措施科学主动防雷，导致雷击"乘虚而入"。并且雷击具有突然性，时常"迅雷不及掩耳"，也是遭受雷击的主要原因。因此，供电专业人员在安全检查工作中，注重指导用电客户及群众掌握一些雷电和防雷知识，利于防止和减少发生雷击事故。

时值夏季，由于地面强烈升温，使空气对流加强。由此产生性质不同的电荷，尤其是当雷暴云产生之后，云团内部各部分之间、云地之间，处处都是电场。平均而言，云中电场强度每厘米可达几千甚至上万伏特。当云体内部出现强大的电位差，便会出现形状不同的闪电，在放电过程中，空气温度猛烈上升，云层水滴迅速汽化，体积骤然膨胀，便会发出雷声。每次闪电的能量，至少在 2000kWh 以上。在放电区域，电流高达几百千安，电压达数百万伏。如果触及树木或房屋，往往被击倒或击坏；如果触及人畜，则被电死或烧焦，酿成灾祸。但同样是雷击，其危害程度差别却很大。有的致命，有的致残，有的却安然无恙；也有的疾病如失明等现象，在遭受雷击后却恢复了正常。不同的雷击形式，导致通过肌体时的电流的大小各有差异，其结果不同。

雷雨季节，防雷工作尤为突出。在市内供电区域，一幢高层建筑物遭受雷击。楼顶附属设施，在雷雨之夜瞬间火光通明，楼顶起火正是由于雷击所致。供电公司高度重视防雷工作，关注和分析高层建筑的防雷措施及相关安全课题。

供电公司从事雷电防护的专工分析，雷电击中高层楼顶信号发射架内壁上的电缆和外罩上的石棉瓦丝。击穿后点燃保温层的石棉，而该保温层石棉是非阻燃材料。楼顶虽采用了避雷装置，但其高层建筑没有采取防侧击雷电的安全措施。因为若雷电击打在建筑物顶端的避雷装置上，电流会顺着钢筋往下走，从而达到避雷的效果。但如果雷电打在建筑物侧面没有避雷装置的地方，就会造成巨大的损害，形成"侧击"现象，越高的建筑物遭到"侧击"的几率越大。

在《建筑物防雷设计规范》中，根据不同高度标准对建筑物分别做出不同防侧击要求。高层建筑，应当采取防御侧击和等电位的保护措施。其中，超过 45m 的高层建筑应成为重点。一旦高层建筑发生火灾，面临如何救火的难题。而能够做到防患于未然乃为上策，防御雷电侧击的措施显得尤为关键。如果没有这方面的措施，高层建筑被雷击中往往属于侧击雷害。

供电公司深入开展电力设备及房屋避雷装置安全检查工作，严格执行国家有关标准，对于避雷装置经监测不合格后立即整改。认真吸取高层用电客户遭受雷击的教训，"亡羊补牢"，警钟长鸣。供电员工在线路作业时，遇到雷鸣闪电，履行"工作间断制度"，禁止冒险作业。在雷雨中，处于危险环境地段及位置，应避免接打手机电话，防止雷击，确保安全。

28. 吊车违章肇事　加强防范整治

一辆 25t 的吊车作业时，吊臂与 220kV 高压导线接近的瞬间，导致地面操作人员触电受伤。吊车停在路边，车体大部分被烧成黑色，十几条用来垫吊车液压支撑脚的枕木也被烧焦。吊车上方是距离地面 12m 的 220kV 线路，吊车前面，一个破损严重的金属构架躺在路边。

两位伤者当时戴着胶皮手套，穿着胶鞋，起到绝缘作用。吊车事故，给电力线路造成危害和损失，事故导致线路停电 6h。

日常家庭及生活用电的电压是 220V，而吊车危害的电力线路是 220kV，是日常生活用电电压的 1000 倍。运行中的导线本身敏感，一旦吊臂接近在 2m 米的距离，导线便会放电，线路便自动跳闸保护，然后再重启。此次事故，跳闸两次，对线路损坏很大。导线一旦对地放电，以触电点为中心，地面方圆 8m 范围内都有危险。

供电公司针对吊车外力破坏事故，加大宣传和防范工作力度，多措并举，综合整治。加强检查和提示各施工单位及施工人员，严格遵守安全规制和安全协议。遵守《电力设施保护条例》等相关规定，严禁吊车等大型机械在电力设施保护区范围内作业。明确保护区的范围，电力线路外侧导线水平延伸并垂直于地面形成的两平行面内的区域即 10kV 及以下为 5m，35～110kV 为 10m，220kV 为 15m，500kV 为 20m。施工吊车在电力设施保护区内盲目作业，属于严重违章行为，如果由于特殊情况，必须在保护区内作业时，则应依法履行审批手续。开工前，应到县级以上地方电力主管部门审批电力设施保护区施工作业手续，并与电力企业制定安全措施。确因特殊情况经审批后，在电力设施保护区内使用大型机械的各项工程，开工前必须采取安全监护措施，如在危险点处设立警示标志，并由专职安全员配合完成工程作业。

供电专业人员对于有吊车作业的工地，会同有关部门加强巡视检查，严格实施整改措施。提示在施工中注意场地环境及设备情况，吊车支腿严禁支在电缆沟及盖板上面，检查吊车作业范围内有无危险地段和架空电力线路及电力设施。吊臂与高压线之间的安全距离不得小于以下数值，即 500kV 8.5m、220kV 5.0m、110kV 4.0m、35kV 3.0m、10kV 1.5m。移动吊车前，吊臂必须收回并降下放在吊臂架上，将吊钩完全固定，不准在电力设施保护区内升扬吊臂移动吊车。督促落实安全责任，遵守规制，文明施工，以确保人身和电网设备的安全。

29．管控自备电源　履行安全合同

供电公司在停电施工作业过程中，一些企业用电客户存在自备电源及双电源，以往出现过用电客户启动自备电源而反送电到电网停电线路时的险情，对于线路上的作业人员构成极大威胁。因此，供电公司对用电客户自备电源及双电源加强安全管理，采取系列安全措施，防止客户的自备电源造成人身触电事故的发生。

遵守安全规制，严格控制管理。凡需要安装使用自备发电机的用电客户，必须向供电公司提出申请并报送主接线图纸，在供电公司审核同意后，方可施工。施工安装结束后，必须经供电公司验收合格，双方签订安全合同后，自备电源方可投入运行。其中安全合同的主要内容应包括用电客户的名称及主管部门、所在供电线路名称地段杆号、有关变压器台区数据、产权分界点、客户自备发电机地址、发电机数据、用电容量、电源使用方式、双投开关数据、安全规定、设施维护责任、约定事项、违约责任等，以保证安全用电。当客户不需要自备发电机时，应当到供电公司办理注销手续，并将自备发电机拆除。注重经常开展有关自备电源问题的普查，对于未经供电公司批准、未签订安全协议擅自使用自备电源的客户，应当依照法规，严肃处理。所有未经供电企业同意而擅自接入（供出）的电源或自备电源以及其他电源私自并入电网的行为，均属非法行为，必须严厉制止。

供电公司经过批准并履行安全合同装设自备发电机的客户，规范建立《自备发电机登记档案》，指定专业人员每月进行一次检查，并填写检查评价结果。为装设自备发电机的客户提供安全用电服务，加强与客户的安全技术交流，健全与客户责任人的联络机制，协同制定实施重大安全事项应急预案。定期对有自备电源的客户负责人及专职电工组织安全业务培训，提高业务技能。培训内容注重切合实际、丰富多样，既有各种电力生产法律法规的学习，又有实际操作技能的训练。实行安全教育培训和实际操作相结合，防止形式化和走过场，对操作方面应加强指导，防止发生误操作事故，防止向电网反送电。加强有关事故案例讲解，着重让客户了解向电网反送电造成后果的严重性，让用户从思想上和技术上高度重视，杜绝此类事故的发生。

注重及时发现和处理自备电源客户存在的安全隐患，查找不安全因素，限期抓紧整改。对违反《自备电源客户用电合同》的，及时制止并按有关规定严肃处理，并做好记录。

对于使用自备电源，造成反送电事故的客户，及时报请当地政府安全部门给予严厉惩罚，必要时采取停电措施，情节严重的依法移交司法机关追究其刑事责任。

安装自备发电机的用电客户，应建立健全自备发电使用管理制度，明确执行自备发电机投、切现场操作流程。发电机和电力系统电源之间必须安装闭锁装置，装设合格的双投开关，保证单电源工作，确保不向电网系统反送电。

30. 建房布线　把握关键

春夏正是农村居民建房的旺季，供电人员注重加强安全用电指导，提示实行安全规范安装室内布线及用电设施。

在大多数新盖房屋中，电气线路由于暗敷设外观整洁美观，被大多数建房者所采用。供电人员提示，尽管暗敷线路有许多好处，但如果在建房时因设计和施工不当，极易出现用电隐患，日后会给家庭日常用电带来不必要的麻烦。因此注重安全指导，对于暗敷线路在设计、施工中应做好安全工作。

室内布线和安装设施时，应选用有资质的专业电工施工，为日后的家庭线路安全打好坚实基础，减少和避免故障及损失，节省时间、费用及造价。

居民在电气线路施工前，应把自己家庭内大致用电情况和将来对电力需求及每个房间的用电器具向专业电工及施工人员讲清楚。让专业电工及施工人员对家庭用电情况详细掌握，充分考虑各房间、各部位所需的电气线路及设备。以此为依据，初步计算每路布线相匹配的导线截面积。在经济条件允许的情况下，本着适度超前的原则，尽量采用信誉度高、质量有保障的大厂家生产的优质电气材料。

注重准确绘制各房间线路电路分布图，应先考虑哪里需要安装开关、插座、灯具。明确各种灯具、开关、插座和配电盘位置，定出坐标及高度，以确定线路的走向和分支交汇点。布线一般从线路末端开始向一路端头的接线盒方向施工，电线最好选用不同的颜色以识别不同回路。

线路安装前，照图埋设穿线管，埋好后再穿线安装。应注意导线接头的安装应在接线盒内进行，穿线管内禁止有接头。室内线路每一分路，容量应当分配合理，每一单相回路的负荷电流一般不超过 15A。空调、电暖器、电磁炉、微波炉等家庭用电大容量设备，应设置专线和专用插座、开关。卫生间的淋浴设备，应与电源开关等保持一定距离并采取相应防潮措施。每一单相回路，宜采用自动空气开关控制和保护，配电箱应加装剩余电流动作保护器。开关的安装高度、插座高度、配电盘高度，均应按《农村低压电力技术规程》有关规定安装，不得随意更改。

在房屋布线全部完成后，应当进行安全性能核查、测试，在确认检查无误后，方可进行其他工序施工。将布线图纸妥善保存好，以利于日后检修和维护方便。如果其他工序在日后进行，应当清楚掌握暗敷设线路的具体位置，把线路施工安装图纸让施工人员看清楚。以防在打孔、凿洞、钉铁钉时破坏已施工好的线路，避免发生触电及设备损坏等事故，保障安全用电。

31. "三夏"保平安　巡查清隐患

针对"三夏"及迎峰度夏面临的安全用电管理问题，供电公司组织员工开展"垄上行、校园行、社区行"等安全用电宣传与服务活动。加强安全立体防护，从重点和源头抓起，机动灵活实施系列安全教育和防范事故措施。

供电员工开展安全用电"垄上行"活动，深入田间地头，及时纠正在"三夏"农业生产等过程中出现的临时用电私拉乱接等危险现象。供电公司专业人员推行"五个一"安全管理，即"一箱、一表、一线、一闸、一保"安全措施。供电公司成立安全用电服务队，组织员工在乡村义务为农户检修"三夏"用电设施，安装临时用电线路及剩余电流动作保护器装置，降低触电事故的发生率。

开展安全用电"校园行"活动，培养安全用电的明白人和小宣传员。发放和讲解《电力安全宣传挂图》，培养安全用电小能手，组织开展安全用电讲座和知识竞赛。注重让孩子们认识安全用电标识，知晓红色用来标识禁止、停止的信息，遇到红色标识，应严禁触摸。明确黄色标识用来注意危险，当心触电。提示协助家长选购电源插座、接线板时，尽量选择带有多重开关并带保险装置，使用带有防止儿童误触的电器产品。无论何种设计的电源插头、插座、充电器等，均要置于儿童触摸不到的地方。教育学生、儿童了解凡是金属制品都是导电的，千万不要用这些物品直接与电源接触。不要用手或铁丝、钉子、别针等金属制品去接触、试探电源插座内部。警示儿童注意不要让电器沾水，不能用湿手触摸电器，不用湿布擦拭电器。远离脱落及裸露的电线头，见到脱落的电线时，千万要躲远。提示电闸盒旁危险多，不要在电闸附近玩耍，不可随意动闸，以免发生危险。

推进"社区行"活动，提升安全用电服务水平。加强对小区进行安全用电检查，及时发现威胁人身和设备安全的用电隐患，予以消除。供电专业人员在小区巡查时，发现表箱的出线箱门呈半开状态，门上斜挂细铁丝。铁丝的一端已接触到出线空气断路器的带电部位，由于铁丝细小，风吹导致箱门及铁丝摇晃，很容易发生短路。该表箱位于单元楼梯背面拐角处，光线阴暗、视线不清。如果儿童在玩耍时不小心触碰到，会发生触电事故。供电人员在现场监护，并立即通知物业人员前来处理。供电人员督导物业公司加强安全管理，对物业人员加强安全培训，杜绝类似危险行为的发生，切实消除安全隐患。

供电人员加强"三夏"及迎峰度夏工作的安全管理，务实开展"垄上行、校园行、社区行"，从每一件实事入手，抓好抓实安全工作。

芒种

第6章

夏至

6月节气与安全供用电工作

六月份 有两个节气：芒种和夏至。

每年公历的6月6日前后，太阳到达黄经75°时，即进入芒种节气。

每年公历6月21日或22日，太阳到达黄经90°时，即进入夏至节气。

芒种时节，是农业生产繁忙的季节。小麦主产区的夏收工作已经全面铺开，夏熟作物需要收获，秋收作物需要播种，春种作物需要管理。夏收、夏种、夏管"三夏"掀起高潮。

当太阳位于黄经 90°时，即在每年公历 6 月 21 日或 22 日进入夏至节气。

夏至这天，太阳直射地面的位置到达一年的最北端，几乎直射北回归线，是北半球一年中白昼最长的一天，其中黑龙江的漠河可达 17h 以上。"日北至，日长之至，日影短至，故曰夏至。至者，极也。"夏至这天，虽然白昼最长，太阳角度最高，但并不是一年中天气最热的时候。因为接近地表的热量，这时还在继续，并没有到达最多的时候。

1. 掌握节气特点 加强安全生产

芒种节气应当注重加强"三夏"安全用电管理，以及防范农机具等造成的外力破坏事故。"春争日，夏争时"，注重不失时机、多措并举，认真做好"三夏"安全供电服务工作。

进入 6 月，应高度重视、全员行动，认真组织开展好全国"安全生产月"活动。注重突出贯彻落实"安全月"的主题，进一步巩固安全生产基础，提升安全生产的整体素质，为科学发展创造良好的安全环境和必备的安全条件。制定实施详细的活动方案，注重将各项安全活动组织好、开展好。集中检查整改实际存在的不安全问题和隐患，切实解决安全生产中面临的热点、重点、难点课题。采用多种方式、方法加强安全宣传和教育，增强安全意识和安全理念，促进提升安全技能和安全管理效能。摒弃形式主义，注重求真务实，实行"以安全月促安全年"，建设本质安全。健全安全生产管理机制，推进完善现代企业安全制度，深入实行以"安全月"助推实现"安全年"等各项安全目标。

夏至节气，应注意天气变化，趋利避害，充分利用有利时机，合理安排检修作业和工程施工。

时值夏至，地面受热强烈，空气对流旺盛，午后至傍晚常易形成雷阵雨。这种热雷雨骤来疾去，降雨范围小，往往"东边日出西边雨"，然而对流天气带来的强降水，常常带来局部地区灾害。雨日多、雨量大、日照少，有时还伴有低温，往往以短时强降水、雷雨大风、龙卷风、冰雹、暴雨等形式出现，易形成洪涝灾害，对电网设备造成很大的威胁。因此应注意加强防汛减灾等工作。预先检查和巩固杆塔基础，围筑防洪堰坝，疏导危险洪流。严格执行防汛值班制度，加强抗洪、抢险、救灾的各项应急准备工作。

夏至以后，进入"梅雨"季节，空气非常潮湿，冷暖空气团交汇，导致阴雨连绵。在这样潮湿的环境下，器物发霉，影响用电设施的绝缘性能，容易发生人身触电事故。因此，防止触电事故的发生以及加强有关紧急救护方法的宣传和培训，应成为安全用电管理的重中之重。同时，各专业应当全面把握好"迎峰度夏"的关键环节，认真落实"迎峰度夏"的安全工作任务，合力确保电网安全稳定运行。

2. 安全月 重实效

供电公司深入开展"安全生产月"活动，注重突出落实"安全月"的主题，提升安全管理综合素质和安全效能。

在"安全月"活动中，注重引导员工提高安全思想认识，明确安全生产是人命关天的大事，认真总结安全生产工作经验，吸取生命和鲜血换来的教训，筑牢科学管理的安全防线。明确安全生产既是攻坚战也是持久战，树立以人为本、安全发展等理念。推进创新安全管理模式，细化落实企业主体责任，提升安全监察和应急处置能力。坚持预防为主、标本兼治，促进经常性开展安全检查，搞好预案演练，建立健全安全生产长效管理机制。各专业切实把安全生产工作提上重要日程，迅速开展行动，着力查错补漏纠弊，确保不留死角盲区，积极遏制各类事故的发生。

供电公司注重以开展安全月活动为契机，大力宣传《电力法》、《电力设施保护条例》。向社会发放《电力安全宣传挂图》等资料，普及电力安全知识，解答安全用电常识，开展多种方式的安全宣传咨询活动。

班组在开展安全月活动中，注重提升安全生产的执行力。加强安全生产管理，注重一丝不苟地落实安全规制。在安全管理工作中，注重改变生硬的"铁面孔"，创新探索融合"亲情味"，积极营造愉悦、高效、和谐的工作环境和人文环境。把建好"职工之家"与构建"大安全"紧密联系起来，让员工们认识到，安全不仅是单位的事，更是自家的事。设置"全家福"宣传栏、开展征集安全警句和心得、评选安全"贤内助"、举办安全短信及微信创意擂台赛等活动。发放和学习中国电力出版社新版安全生产书籍，切合实际、增进知识、提高技能。采取漫画、顺口溜、幻灯片、DVD声像等方式，让员工产生学习兴趣。潜移默化中增强员工的安全意识，起到事半功倍的安全培训效果。注重喜闻乐见、有声有色、丰富多彩、灵活高效地延伸安全管理平台，开展"8h以外"的安全活动，组织员工家属参与平安创建活动，实施安全立体防护措施。增强安全管理的感召力、向心力、凝聚力。

在施工作业现场处理员工违章时，摒弃"以罚代管"的方式。注重以关爱员工为出发点，认真分析出现违章的真实原因和间接原因，排查和解决违章背后存在的具体困难和问题。摒弃一发生问题就"违反安规"的片面化、简单化、套路化说教，探寻和解决深层次的难题，设身处地为员工着想，以此来防止违章故障的发生。在天气炎热时，合理地调整户外作业时间，及时为员工配足消暑物品。使员工切身体会到企业的关爱，以良好的状态投入到工作中去，保障安全供电。

开展"微服检查"，调研和了解实情。在安全月活动中，重视安全检查工作。事先不招呼、不通知受检单位，组织人员直接奔赴班组、深入生产一线进行安全突击检查，了解真实客观的实际情况，能够准确发现施工作业现场是否存在安全隐患及问题。直接深入基层，认真了解员工真实的思想动态，准确掌握原汁原味的工作状态。进而完善和加强安全生产管理，实行科学决策，提升安全生产整体水平。

3. "三夏"农机作业 防范损坏线路

夏收、夏种、夏管"三夏"期间，农机具作业及使用比较频繁，对电力线路及设备构成潜在威胁。田间的收割机在收割小麦过程中，由于驾驶员操作失误，将田间一基 10kV 电杆撞歪，造成高压电力线路断电 3h，当地一半村庄在大忙季节无电可用。供电公司紧急组织人员抢修，尽快恢复供电。对驾驶员加强安全教育，并追究其造成的事故后果责任。在"三夏"繁忙的场地，广泛开展安全护线宣传工作，警示安全操作和使用农机具，防止危害电力线路及设施的现象发生。

供电公司组织专业人员认真分析农忙季节发生农机作业损坏电力线路及造成事故的主要原因即农机手没有经过严格上岗培训，技术不熟练。跨区作业的农机手对田间路况不熟，操作不当。农机手只顾赶时间、抢进度，保护电力设施意识不强，针对实际原因，采取相应的系列安全措施。

供电公司与农机部门联合举办安全教育培训活动，把电力设施保护内容列入农机作业人员培训班学习及考试内容，并分片对参加小麦收割的农机手进行电力设施保护培训。以图文并茂的方式，对电力设施的构造、安全距离等知识进行重点讲解，就如何防止误碰、如何正确操作机械进行培训指导，提升农机手的安全技能。签订电力设施保护责任书，为农机手建立专门档案，每天发布电力设施保护安全提示短信，提醒其在作业时与电力设备保持安全距离。"请注意与电杆和拉线保持 1.5m 以上的水平安全距离"、"在穿越架空线路时，必须保持 3m 以上垂直安全距离。"控制关键，保障安全。

供电人员加强安全宣传，发放《电力安全宣传挂图》和电力安全科普资料，送到农户和机械作业人员手中，讲解和提示农机作业人员应增强安全意识。将以往损坏电力设施的案件通过图片、宣传画等形式展示出来，让农户积极参加护线、护电活动。树立保护电力设施的理念，重视安全生产，做到"三夏"大忙季节忙而不乱。提示夜晚作业及视线不良时应特别注意安全，采取避让电力线路和设备的措施。加强对农用机械进行保养，防止机械过度使用出现故障而误碰电力设施的发生。建议农机具操作人员应注意休息，避免疲劳驾驶。

供电公司在危险地段的电杆上，涂抹反光防撞漆或设立醒目的标识，在拉线上安装反光防撞管。在过公路、河流的线路设限高标识，确保电力设施在"三夏"大忙季节能够得到有效保护。

4. 配变铁芯接地　逐项排查处理

偏远山区的 10kV 电力线路及配电变压器，在"三夏"及迎峰度夏中对当地供电起到重要作用。由于点多、线长、分散，受地理环境和气候等影响，容易遭受自然灾害和出现结构和部件缺陷等。一些配电变压器发生铁芯接地等故障，影响山区村民用电客户的正常用电。供电专业人员及时赶到现场，认真检测发生故障的配电变压器，细致排查和处理设备缺陷，迅速恢复送电。

在处理配电变压器铁芯接地的故障中，涉及的因素较复杂，应注重逐项排查。比对判断几种可能的"病症"，如铁芯与金属结构件均通过油箱接地、铁芯通过套管从油箱上部引出接地、结构件通过油箱接地、铁芯和结构件分别通过套管从油箱上部引出接地。

在了解掌握铁芯接地"病症"的基础上，注重分析排查铁芯接地的多种"病因"。认真分析和判断，如果在油箱底部存有金属异物，则会构成配电变压器铁芯接地。这些异物可能有粒状焊渣沉积物，附着在铁芯硅钢片与结构件间绝缘上，形成金属性多点连通；可能有体积较大的金属铁屑异物，搭接在铁芯硅钢片与结构件间桥接成通路。如果铁片落于铁芯下轭面与箱底间，不带电时沉积在油箱底部无多点接地反应，带电时铁芯的磁性将这些异物吸起，桥连于下铁轭面与油箱底间，从而形成通道。如果穿心螺杆绝缘破损，会与钢夹件间有金属异物连通。当下铁轭的上端面与钢夹件间存有金属异物，也可以造成接地。

分析导致故障的种种原因后，现场应着手采取具体检查和处理措施。可以使用绝缘电阻表，检测配电变压器钢夹件与铁芯间的绝缘状况。若测得某穿心螺杆绝缘电阻值为零，则拧下螺母取出穿心螺杆，检查其绝缘管是否损坏。

查看螺母附近的绝缘垫片有无破损、螺母附近有无铁屑。检查上下铁轭的上端面与钢夹件间有无金属异物搭接，边柱拉板与下夹件处有无金属异物搭接。

用强油压对下铁轭面与油箱底间的缝隙进行冲洗，或用白布、薄塑板穿入缝隙中往返抽拉，对于附着在铁轭底部的颗粒状金属异物，具有较好的清除效果。

安全吊起变压器进行检查和处理。用绝缘电阻表测试铁芯、钢夹件对油箱、铁芯与钢夹件的绝缘电阻值。若这些测试结果均良好，则应检查钟罩内壁上有无可能触及钢夹件或铁芯的部位。如果铁芯对地绝缘电阻值为零或很低，则应检查铁芯与油箱底间有无金属异物，检查铁芯与绕组上下部是否相碰，查看铁芯各处的接地屏绝缘是否破损。若发现问题，则相应处理，即可消除配电变压器铁芯接地的故障。

5. 变电站　防雷害

每年的 6~9 月，是雷雨的"旺季"，雷击事故和变电设备受潮故障发生的几率较大。供电公司不失时机加强季节性设备维护工作，根据变电站大多地处旷野、星罗棋布、线路枢纽等特点，查找防雷工作的薄弱环节，认真分析变电站易遭受雷击的主要因素，认清可能存在的危害。加强预防直击雷及雷电侵入波对变电站进线及变压器的破坏，在雨季加强维护变电站，采取相应的安全措施。

加强预防直击雷，注重装设和完善避雷针设施。让避雷针成为保护电气设备及建筑物不受直接雷击的雷电接收器。对于 35kV 变电站，采用独立避雷针；110kV 及以上变电站，则在变电站架构上装设避雷针。用避雷针引导直击雷，通过接地引下线将电荷导入地中，从而保护附近设备免遭雷击。在此过程中，保持合格的接地电阻值，成为避雷技术中的重要指标。供电专业人员注重检测和调整接地电阻值，独立避雷针的接地电阻值保证不大于 25Ω，安装在架构上的避雷针其接地电阻值保证不大于 10Ω。

供电专业人员加强对避雷针的运行维护工作，以期达到可靠的避雷性能。对于变电站内的避雷针定期进行接地电阻值测量，特别是在雷雨季节前，对接地电阻不合格的接地装置及时进行缺陷消除。在雷雨天气里因特殊情况需要户外巡视或操作高压设备时，运行值班员需穿上绝缘靴，且不得靠近避雷针，防止出现跨步电压及触电事故。

各变电站应认真防范雷电侵入波的威胁，注重安装和维护避雷器。认真对避雷器重要技术参数进行正确选择，包括额定电压、标称电流、持续运行电压等。避雷器的额定电压应大于或等于避雷器安装点的暂态工频过电压幅值，以保证避雷器的安全运行。选择避雷器标称电流，应考虑变电站高于标称电流的放电电流出现频率，标称电流一般取 5kA，雷电危害较严重的地区，可选用 10kA 等级，可达到较好的电压保护水平。避雷器持续运行电压，是允许持久地施加在避雷器端子间的工频电压有效值，一般相当于额定电压的 75%~80%。长期作用在避雷器上的电压不得超过避雷器的持续运行电压，以保证避雷器的使用寿命。

在靠近变压器和进线处，投入可靠的避雷器。利用避雷器，将侵入变电站的雷电波降低到电气装置绝缘强度允许值以内，从而防止线路侵入的雷电波损坏设备绝缘。避雷器中的氧化锌阀片，具有优异的非线性特性，在较高电压下电阻很小，可泄放大量雷电流，残压很低，基于其优点，变电站大多采用氧化锌避雷器。注重加强对避雷器的维护工作，认真巡视和检查。在雷雨天气前，安排特巡，检查避雷器运行状况，对出现破损、裂纹或放电痕迹的避雷器瓷套，及时进行更换。雷雨天气后，认真检查避雷器和在线监测仪，做好雷电观察记录及其他设备有无闪络等异常情况的记录。监测在线监测仪指示的泄漏全电流，并与初始值进行比较，及时记录避雷器动作次数。注重保持避雷器瓷套的清洁，充分利用停电机会，及时清扫避雷器瓷套上的积尘，防止发生污闪而导致避雷器吸收过电压能力下降。

供电公司运维专业人员认真制定雷雨季故障处理应急预案，在雷雨季节，关注当地气象部门的专业天气预报信息，增加雨前巡检，及时发现并清理变电站设备上的漂浮物及异物，提前预防，消除隐患。

6. 安全电压　相对安全

夏季一些环境比较潮湿，有些用电客户选用安全电压进行施工作业。供电公司用电检查人员在开展"迎峰度夏"工作中，注重加强安全用电管理。巡视检查中了解到一些用电客户电工及现场施工人员认为只要是安全电压对人体就绝对安全。

针对这个看似简单、却比较复杂的问题，用电检查人员在现场对用电客户加强安全技术理论知识的培训，认真解答和讲解安全电压问题。引导用电客户在施工作业中把握安全要点，去伪存真，走出危险的"误区"，从而切实保障安全。

安全电压指人体较长时间接触而不致发生触电危险的电压，也就是说安全电压不危及人身安全。安全电压也叫安全特低电压，通常在施工作业中，把 36V 以下的电压叫作安全电压。但应正确理解安全电压的含义。为什么把 36V 规定为安全电压的界限？因为人体通过 5mA 以下的电流时，只产生"麻电"的感觉，没有危险。而人的干燥皮肤电阻一般在 10kΩ 以上，即在 36V 电压下，通过人体的电流在 5mA 以下。因此，一般说来 36V 的电压对人体是安全的。

然而，作业现场的实际情况千变万化，尤其在潮湿的环境中，人体的皮肤并非干燥、皮肤的电阻值也不尽相同。所以切不可把安全电压理解为绝对没有危险的电压。

因为，人体触电的危险程度主要取决于通过人体的电流量、电流持续时间、电源频率、电流流经人体的途径、人体的电阻、电源频率、人体的健康状况、性别、年龄等因素。

安全电压值的实际确定，应全面考虑用电设备的特点、使用环境、应用条件等因素。还应特别注意，在潮湿的环境和易触及带电体场所，安全电压值应低于 36V。因为在这种环境下，人体皮肤的电阻变小，这时加在人体两部位之间的电压即使是 36V 也十分危险，所以这时应采用更低的 24V、12V 及更低的电压才能保证安全。

在具有电击危险的环境中，使用的手持照明灯和局部照明灯，应采用 36V 或 24V 电压。室外灯具距地面低于 3m，屋内灯具距地面低于 2.4m 时，应采用 36V 安全电压。医用电器的安全电压值为 24V，但对电极探入人体的医疗器械，必须远远小于 24V。凡金属容器内、隧道内、矿井内等工作地点狭窄、行动不便以及周围有大面积接地导体的环境，使用手提照明灯时，采用安全电压应为 12V。装在游泳池、浴池内的电气设备，应采用 12V 电压。在金属容器内及特别潮湿地等危险环境中使用的手持照明灯，采用的安全电压应当为 12V。水下作业等场所，应当采用特低电压 6V。

对于提供安全电压的电源和安全电压回路的配置，应配套符合安全技术要求。只有达到实际安全要求的前提，所采用的电压才是安全电压。

供电公司用电检查人员认真提示用电客户电工及施工人员，千万不要以为使用了安全电压就万事大吉而忽略了安全措施。

理论应当紧密联系实际，结论是安全电压不是绝对安全的，是有条件的安全，是相对安全的。

7. 高考安全保电　细节应对考验

供电公司认真为高考提供安全保电服务，组织专业人员到学校高考地点进行安全值守，并派出发电车保证双电源供电。

高考前夕，供电公司便细化保电方案，重点明确考场供电线路运行方式，对高考考场进行供电方式优化调整。组织专业人员开展高考期间电网负荷预测分析，合理调度电网运行方式，保障高考期间电网安全运行，及时修订检修计划，高考期间不安排输变配电设备检修等计划停电，加强供电设备动态监视，组织巡视检查。加强应急演练，提高应急处置能力。安排保电服务队人员走访有关学校，及时处理用电设备缺陷，清除考场用电隐患。利用红外测温设备，对每个考点用电线路和设备运行情况进行拉网式排查，发现问题及时协助处理、整改。

对于有自备发电机的考点，指导备用电源的应急使用技术方案。供电人员深入到各考点配电室，协助检查发电机和电缆。对发电机进行启动试验，排查发电机不能启动的故障。认真循序检查，发现考场自备发电机的电瓶接线发生氧化的缺陷。经过消缺重新处理好接头，排除故障，自备发电机具备启动应急条件。配套检查应急发电机工作状态以及各种供电设施的安全情况。对各高考考点及周边环境进行巡视、测量负荷等工作，为高考安全用电保驾护航。

对于没有自备发电机的考点，供电人员与考点工作人员研究供电公司应急发电车的接入方案。确保应急移动发电车在考试期间顺利进驻重点场所，积极探索和准备在紧急情况下能够万无一失保障安全供电方案。

高考前几天若出现特大暴雨，防汛措施是否可靠则被列入安全保电检查的重点工作之中。供电公司与地方政府、气象部门建立了常态联动机制，在第一时间掌握气象信息。供电人员奔赴各考点配电室，打开强力手电筒照向设备的各个角落，仔细查看电缆进线孔是否已填充了防水专用橡皮泥。认真用防水专用橡皮泥填补缝隙，严防雨水灌入。实施防小动物孔洞封堵、进行高低压设备测温、检测自备发电机燃料储备，做好各项安全准备工作。把检查范围延伸至低压设备的最末端，查看考点动力柜、教学楼的开关箱等设施。对于动力柜的 10 多条出线，做好明确标识，以利于在出现故障时，可快速检测线路，提高处理故障的效率。在制定实施详细完备的高考供电保障方案基础上，将用电设备状况进行细化梳理和完善。

高考之日、骄阳似火、天气高温炎热，供电人员早早集结、出发，赶赴到各个考点。在保电现场挥汗值守，迎接高考安全供电艰巨任务的"烤验"。抢修人员和发电车现场待命，积极应对相关突发情况，认真维护高考期间各考点、高考指挥中心、试卷保密室等场所的安全用电。保障高考期间电力线路设备安全可靠运行，为顺利高考采取系列安全保电措施。由于准备工作细致充分，安全技术稳妥到位，成功实现高考期间的安全保电目标。

8. 打麦场　忌火患

"三夏"大忙时节，山区村民将刚收割的小麦全部堆在打麦场里。上午刚刚启动电机脱粒时，突然发出一声异常声响，电机立即停止转动，接着电动脱粒机旁的麦草垛起火，造成约 3000kg 小麦被烧毁。

供电公司和消防部门经过调查了解到，造成火灾的原因是电动脱粒机的电线出现隐患。电线长时间没有使用，在合闸前也未认真查看，且没有安装剩余电流动作保护器，熔丝是双股拧在一起，线径不符合安全要求，诸多原因同时出现导致火灾的发生。

这起麦场火灾事故，为"三夏"安全用电敲响了警钟。"三夏"期间是农村用电的高峰期，供电公司进一步开展安全用电宣传工作，对于打麦场和小型、分散的农业加工场地加强巡视检查，注重指导村民掌握安全用电知识，发动村民相互提醒遵守安全用电技术要求。采取综合措施，建立安全"防火墙"。

对"三夏"使用的电气线路加强检查和整改，确保规范安装敷设，所使用的电线及电器达到安全合格要求。农村收割田里的麦子及打麦场打场脱粒、加工粮食等生产活动，一般都是临时突击性用电，供电人员加强宣传和提示，村民用电客户在农业生产等临时使用电器设施前，应履行申请临时用电的程序。供电公司根据用电客户临时用电的容量，核对所要接入的配电线路及变压器总容量等状况。调整负荷，测试电力设备装置，办理临时用电手续，符合及达到安全和计量等条件后，方可进行临时用电。供电人员对于台区保护装置、表箱开关等设备认真检查维护，注重协助村民检查所使用的电线和电器设施，加强隐患排查，对不合格的用电设施进行提示和督导、调换整改。认真检查麦场等线路级电器有无缺陷，警示村民不要在变压器附近堆放庄稼作物，不要在线路下和供电设施旁边焚烧秸秆，严防损害电力设备。

供电专业人员引导村民重视安全工作，敷设和安装用电设施，必须由有资质的电工来安装和维护。电源线架设应符合规定安全要求，不准乱拉乱接。正确安装和使用剩余电流动作保护器，不得随意用铜、铝、铁丝等代替熔丝。收割脱粒所用的电线，应保持导线绝缘性能良好。严禁使用地爬线、拦腰线、老化线、裸体线、破皮线，不得任意将电线缠绕在树上或其他不安全的支撑物上，不得穿越麦把、麦子、麦秸、麦垛。如果在地面走线，容易被机器或车辆等碾压损坏而引起事故。应采用电缆，敷设在可靠的支架上，不可在地上拖拉，闸刀开关应装在离地 1.5m 高的防雨箱中，开关内的熔丝与线路负荷需匹配。开关胶罩壳应当完好无缺，装设在场外的安全地点。打谷场不宜使用温度很高的碘钨灯，若必须使用，与麦垛的距离不得小于 3m。

在"三夏"繁忙的现场，供电人员认真指导安全用电。电动农机具的接线不得超负荷运行，传动装置、接地装置均应安全可靠。闸刀、开关至电动机电源线应采用三相电缆线。禁止将脱粒、耕地、抽水等电动机具合用一个电源开关，防止超负荷，以及防止在故障时相互干扰。电动农机具的剩余电流动作保护器应加强检查，保持安全可靠。在使用中，防止接头松动，若接头松动、接触不良、电流过大、时断时续，容易发热和产生火花，往往会因电火花接触麦草等杂物而引起火灾。

用电脱粒的场地，应备有灭电起火的灭火器，以便能及时扑灭电起火。打麦场，立体构建安全"防火墙"，居安思危，防范火灾等事故的发生。

9. 配电变化　调节电压

在开展迎峰度夏工作中，供电专业人员注重指导用电客户加强对自行维护的配电变压器的安全检查，采用正确方法调整电压，提升配电变压器在夏季的安全经济运行效能。

供电专业人员在现场提示客户，平时应当监测变压器不要长期过载运行，以防油温过高和开关触头发热，使弹簧压力降低、零件变形或接线螺丝松动等，导致开关接触不良及电弧烧伤。定期对变压器油进行取样化验，不合格者及时处理。经常检查变压器有无漏油现象，注意储油柜中的实际油面位置，不要被虚假油位指示所误。否则会因油位过低使调压开关裸露在空气中而受潮，降低绝缘强度。

电压合格率是衡量电能质量的主要指标之一，随着夏季气温变化等原因，高峰和低谷时期的用电量往往相差悬殊，用电客户的配电变压器输出电压忽高忽低。而电压的忽高忽低对各种用电设备的性能、生产效率和产品质量都有不同程度的影响。因此，供电专业人员认真指导用电客户采取正确有效的解决问题办法，及时调节配电变压器分接开关位置，保证电压的安全合格率。

用电客户的配电变压器大多属于无载调压，一般共有 3 个挡位可供调节。在调节电压前，应准确测量及掌握低压侧电压是高或低、是否在正常范围内。通过改变分接开关动触头的位置来改变其变压器绕组的匝数，从而改变输出电压。常用配电变压器一次电压为 10kV，二次输出电压为 0.4kV。配电变压器分接开关的 I 挡位置为 10.5kV，II 挡位置为 10kV，III 挡位置为 9.5kV，一般应设置在 II 挡位置。

注重正确采用调节分接开关的方法，认真履行工作票制度。必须先将变压器停电，断开配电变压器低压侧负荷开关后，用绝缘操作棒拉开高压侧跌落式熔断器。做好验电、装设接地线等安全措施。拧开变压器上的分接开关保护盖，可看到分接开关的 3 个挡位，将定位销置于空挡位置。调节挡位时，应根据输出电压的高低，调节分接开关到相应的位置。正确掌握调节分接开关的主要原则和经验窍门即低往低调、高向高调，切记千万不可调反，否则后果严重。当变压器输出电压低于允许值时，把分接开关位置由Ⅰ挡调整到Ⅱ挡，或由Ⅱ挡调整到Ⅲ挡。当变压器输出电压高于允许值时，把分接开关位置由Ⅲ挡调到Ⅱ挡，或Ⅱ挡调整到Ⅰ挡。

调整开关时，应注意确认让分接开关接触良好。操作应认真仔细，如果遇到卡轴情况，不要强行扳扭，以防损坏轴杆及触片。调节挡位后，应用直流电桥测量各相绕组直流电阻值，并做好记录，检查各绕组之间直流电阻是否平衡。若各相间电阻值相差大于 2%，必须重新调整。否则运行后，动静触头会因接触不良而发热甚至放电，损坏变压器。三相电阻应保持平衡，偏差在允许范围内。还应将换挡后的阻值与换挡前历次记录进行对比分析，确保变压器安全可靠运行。

10. 电捕鱼 很危险

夏季气温升高，雨水充沛，河流纵横奔涌，一些群众在河中用自制的电瓶捕鱼，行为危险。供电公司用电检查人员在现场发现后，及时进行制止，并认真宣传安全用电知识，排除用电隐患。

某些村民在河道里用电捕鱼，即把电瓶的直流电通过逆变器转换成 220V 交流电，用导线与自制的捕鱼网头连接，将其放入河中，水中的鱼碰到网头就会被电晕。随着带电的网兜下水，一些鱼纷纷跃上水面，露出白肚皮，任其捕获，如果捕鱼人员落水，将会导致触电伤亡事故。

供电公司专业人员在现场提示讲解，用电捕鱼的工具看似比较安全，但是，使用的电鱼装置都是私自组装，无任何安全控制功能。电瓶通过升压器升压后，电压大都达到 180V 以上，而接触人体的安全电压为 36V 以下。由于自制的捕鱼器没有剩余电流动作保护装置及触电保护装置，而捕鱼人又缺乏必要的安全知识和防范措施。用电捕鱼时，一旦发生人员落水，在救护不及时的情况，容易发生人员触电及溺水身亡事故。所以，使用电瓶捕鱼存在很大的安全隐患，严重威胁着捕鱼者及他人的安全。尤其是下雨天，一旦电瓶漏电将会酿成惨剧。

电捕鱼对水生物资源具有毁灭性的破坏，是国家明令禁止的行为。电力捕鱼与钓鱼性质不一样，其所到之处，大鱼、小鱼均可一网打尽。因此，国家《环境保护法》明文规定，任何人不得在自然河（沟）道内从事电鱼等活动，并把自制电鱼器捕鱼纳入非法行为。按照法律规定，只有科研机构有特殊需要，且经过渔业部门审批后，才可以使用电瓶捕鱼。

供电人员加强安全宣传教育工作，防止电捕发生人身触电事故，积极构建平安和谐的用电环境。

11. 跌落式熔断器 细检查勤维护

认真做好迎峰度夏工作，电力设备在高峰负荷中保持安全可靠运行尤为关键。在运行中的电力设备中，跌落式熔断器的用途广泛，操作较频繁。10kV 配电线路分支线和配电变压器常用跌落式熔断器作为短路保护开关，供电公司重视加强其正确安装投入使用及维护工作，跌落式熔断器在实际使用中，按照额定电压和额定电流两项参数进行选择。熔断器的额定电压必须与被保护的线路设备额定电压相匹配，熔断器的额定电流应大于或等于熔体的额定电流。对于所选定的熔断器，应按照被保护系统三相短路容量进行校核。注意掌握好技术参数，要求被保护系统三相短路容量小于熔断器额定断开容量的上限，但必须大于额定断开容量的下限。

安装跌落式熔断器，应当满足其安全性能要求。安装时，应将熔体拉紧，否则投入运行后易引起触头发热。熔断器安装在横担或构架上，应保证牢固可靠，不能有任何摇晃可能。熔管应有向下 25° 左右的倾角，以利熔体熔断时熔管能够依靠自重迅速跌落。熔断器应安装在离地面垂直距离不小于 4.5m 的横担或构架上，如果安装在配电变压器上方，应与变压器的最外轮廓边界保持 0.5m 以上的水平距离，以防熔管掉落引起其他事故的发生。熔管的长度必须适中，要求合闸后"鸭嘴舌头"能扣住触头长度的 2/3 以上，以免在运行中发生自行跌落的误动作。但也应注意，熔管不可顶死"鸭嘴"，以防熔体熔断后熔管不能及时跌落。10kV 跌落式熔断器在户外安装，要求相间距离不小于 70cm，在户内安装不小于 60cm。

跌落式熔断器投入运行后，应注重巡视和维护。注意掌握熔断器熔体额定电流与负荷电流值，是否匹配合适，如果配合不当，必须立即进行调整。操作熔断器应认真细致，不可粗心大意，特别是合闸时必须使静、动触头接触良好。应尽量避免跌落式熔断器连续多次断开，对熔管内壁为钢纸管的熔断器，允许其连续 3 次断开。

必须采用正规厂家生产的标准熔体，严禁用铜或铝丝代替熔体使用，更不允许用铜丝将触头绑扎住。熔断器的安装质量是否满足规程要求、熔管安装角度是否有 25° 左右向下倾角。熔体熔断后应更换新的同规格熔体，不可将熔断后的熔体联结起来又装入熔管中继续使用。

应定期对熔断器进行巡视检查，夜间巡视可发现有无蓝色电火花，若有放电现象会伴有嘶嘶的放电声产生。定期停电对熔断器进行逐项检查，查看静动触头接触是否吻合、紧密完好、有否烧伤痕迹。检查熔断器转动部位是否灵活、有无锈蚀、转动不灵等现象，如果存在这些现象，应用砂布对其进行打磨处理。检查零部件有无损坏、弹簧是否锈蚀等情况；查看熔体本身是否有受到损伤、熔体经长期通电后是否因发热而伸展过多，在熔管中变得松弛无力；检查熔管经日晒雨淋后有无损伤变形、长度有否缩短问题；检测绝缘子是否损伤、是否有裂纹或放电痕迹，与设备连接部位有无松动或放电现象。对于发现的缺陷，及时进行消缺处理，保障跌落式熔断器安全可靠运行。

12.　接地线　生命线

随着检修施工作业的频繁进行，挂接地线的应用范围和频率也相应增加。供电公司安全监察专业人员，注重到检修施工现场认真检查挂接地线的使用情况。查看挂接地装设的地点位置，检查现场使用的接地线是否合格、连接是否可靠等具体情况，以确保发挥挂接地线应有的安全防护作用。

接地线是停电检修时所采取的安全技术措施，是保护作业人员的安全屏障和生命线。正确使用接地线，能够防止突然来电对人员造成的伤害。

作业人员感悟"生命线"的内涵，在现实中，如保障 120 救护车的交通优先路权及建立医院急诊"绿色通道"等机制，就是高度重视和建立"生命线"。而在电力安全生产的实践中，装设接地线的安全技术措施，实质上更加直观地敷设起保障安全的"生命线"。在线路及电力设备上，装设专用的接地线，等于接通了安全保护网，忠实守望作业人员的生命安全。

接地线的装设原理与电位差息息相关，电位差的存在是产生电流的根本原因。电力生产中发生的各类触电事故，实质上都是由于人体承受了超过其耐受能力的电位差而造成的。因此降低工作设备的电位是实现人身安全防护的根本措施之一。高压线路作业装设接地线进行防护就是基于这样的原理，把工作地段各侧的检修设备用导电性能良好的金属导线与大地上的接地设施可靠地连接起来，使检修地区的电气设备的电位始终与地电位相同，形成一个等地电位的作业保护区域，这是保证作业人员在工作地点防止各种突然来电的可靠安全措施。

装设接地线的功能主要有三项，第一，作用于误送来的电源，快速促进三相接地短路保护动作，由断路器切断电源，避免伤害工作人员；第二，敏感泄放工作地区各种原因产生的电荷，如平行高压线路产生的感应电，沿线传来的雷电波等，通过接地线引导入地；第三，将工作地段各侧导线三相短路接地。只要接地体的接地电阻合格，保持检修线路的电位与地电位相等，均为零电位，充分利用等地电位来保护作业人员的安全。

线路经验明确无电压后，应立即装设接地线并三相短路（直流线路两极接地线分别直接接地）。验电的目的是认定被检修线路设备确已停电，防止带电挂接地线。各工作班工作地段各端和有可能送电到停电线路工作地段的分支线（包括客户）都要验电、装设工作接地线。直流接地极线路，在作业点两端应装设工作接地线。装、拆接地线应在监护下进行。

对于现场所使用的接地线，应认真检查是否合格。按不同电压等级选用对应规格的接地线，接地线的线径要与电气设备的电压等级相匹配，才能安全通过事故大电流。成套接地线应由有透明护套的多股软铜线组成，其截面不小于 $25mm^2$，同时应满足装设地点短路电流的要求。禁止使用其他导线作为接地线或短路线。接地线应使用专用的线夹固定在导体上，禁止用缠绕的方法进行接地或短路。装设接地线时，应先接接地端，后接导线端，接地线应接触良好、连接可靠，拆接地线的顺序与此相反。装、拆接地线均应使用绝缘棒或专用的绝缘绳。

珍爱生命，爱护"生命线"。在使用接地线过程中，不得将其扭曲成硬弯，以防折断，应保持接地线的清洁，防止泥沙等杂物进入接地装置的孔隙，精心维护接地线的安全性能。

13. 遇雷电　应避险

雷电对人员构成威胁与危害的事件时有发生，供电公司开展安全宣传活动，供电防雷专业人员提示用电客户及广大群众，应重视防雷，不可掉以轻心，认真掌握有关防雷的安全知识。

雷电对人体有电流的直接作用与高温作用，直击电流最大为 210kA，平均为 30kA。人体遭受雷击后，均会昏厥、面色苍白、四肢软弱无力，并有头发竖立或皮肤刺痛、肌肉发抖等感觉，较重者可出现抽搐、休克、心律失常并迅速出现心跳、呼吸处于极微弱的"假死"状态，极重者可导致心跳、呼吸停止、脑组织缺氧而死亡。身体局部主要表现为电灼伤及内脏出血，严重者使人立刻焦化或炭化而死亡。一旦遭雷击，应立即进行人工呼吸和体外心脏按压，同时拨打 120 联系急救人员。

在雷雨中不要奔跑，特别是不要赤脚奔跑，步子越大，通过身体的跨步电压就越大。应避开孤立高耸的场所，不要在高地停留，在空旷场地也不宜打伞。不要在水面和水边停留，不宜在河边洗衣服、钓鱼、游泳、玩耍。尽量使用塑料雨具、雨衣，不要把雨伞等金属工具物品扛在肩上，不要手持金属体高举过头顶。不要在大树、高塔、广告牌下面避雨，因为大树潮湿的枝干犹如一个引雷装置，如果用手扶大树，犹如用手去摸避雷针一样。同时要远离较高的金属物，并远离建筑物外露的水管、煤气管等金属物体。若迫不得已需躲在树下，应当保持与树干和枝叶 5m 以上的距离。不要在打雷时使用手机，最好关掉手机电源。由于雷电的干扰，手机的无线频率跳跃性增强，很容易诱发雷击事故。

雷雨过后，有些地方路面积水，此时最好不要涉水。如果发现电线断落在水中，千万不要自行处理，应立即在周围做好标记，及时拨打 95598 通知供电公司。一旦电线恰巧断落在离自己很近的地面上，先不要惊慌，更不能撒腿就跑。此时，应当单腿跳跃离开现场，否则很可能会在跨越电线时触电。

遇到雷雨天气时，在室内也应注意避险，注重人身防雷。雷雨天气应紧闭门窗。安装室外电视天线的居民客户应将家中连接电视机的插头拔下来，以免发生意外。

发生雷电时，尽量不要站在窗口、门口、走廊等地，避免靠在墙壁边及接触天线、水管、铁丝网、金属门窗、建筑物外墙等，也不要靠近金属物品，更不要使用淋浴器、太阳能热水器。发生雷电时，不要使用家用电器，断开一切家用电器的电源线、有线电线外接线、电话线插头。防止雷电沿电线进入室内，保证家用电器和家庭用电线路的安全。

家用配电箱中应安装有剩余电流动作保护器、熔丝熔断器，还要有可靠的接地装置。某些剩余电流动作保护器在遭受雷击后能自动跳闸，从而快速地切断电源，保护家电安全。

14. 箱式配电站 细节控安全

在迎峰度夏的关键阶段，10kV 箱式配电站因其特有的性能易于深入负荷中心，减少供电半径，提高末端电压质量，在安全供电中起到重要的作用。但是，箱式配电站也存在着一些问题和不足，对于变压器增容更换比较困难，天气炎热时往往散热不良，内部出现故障不易被发现，检修空间较小维护不便等。因此，供电作业人员加强对 10kV 箱式配电站的巡视与维护，减少和避免其缺点，充分发挥其安全经济实用等优点，改进和完善运行及维护方式，提示安全质量。

箱式配电站能够将高压开关设备、配电变压器和低压配电装置按一定的接线方式组成一体，实行户内外紧凑式配电设备预制化。集中将高压引入、变压器降压、低压配电等功能，有机地结合在一起。

选用 10kV 箱式配电站，取消架空线路，广泛采用高、低压电缆。既简约简洁，又利于城市美化环境。

使用和维护箱式配电站，应当注重掌握的其主要特殊结构。箱式配电站的骨架，用成型钢材料焊接或用螺栓连接而成。外壳多采用薄钢板、热镀锌钢板及隔热材料制成，表面再涂防护油漆，四周设置良好的通风百叶窗，窗上有泡沫塑料层，防尘、防小动物，且注意不影响空气流通。

10kV 箱式配电站，主要由高压室、变压器室和低压室三部分组成。高压室应采用完善可靠的紧凑型元件，可靠安装及维护负荷开关、熔断器、避雷器、接地开关等部件，并注重具有全面的防误操作连锁功能。变压器室应规范安装 10/0.4kV 等级的变压器，一般为油浸式变压器或干式变压器，注重采用温控、强迫通风等安全设施。低压室应当注重具有动力、照明、计量、无功补偿、控制等功能，进线一般采用电缆进线方式。

箱式配电站按照高压设备、配电变压器和低压设备分三部分采用"目"字形布置方式，在配置及维护中应注重保持箱体内部简洁清晰、布局合理。

箱体外壳应使用具有良好的防腐、隔热材料，设备在运行中注重减少自然气候环境及外界污染对其影响，应当保证在−40～+40℃的恶劣环境下能够正常运行。需要采用全绝缘结构，无裸露带电部分。注重能够达到避免触电事故、保障达到安全可靠的技术性能。

鉴于 10kV 箱式配电站实行工厂预制化，所有设备在工厂进行一次安装。因此，应充分利用好箱式配电站的建设工厂化优点，缩短设计制造周期。在现场安装时应注意预先选好箱体固定位置，减少占地面积，可充分利用街心、广场及住宅小区角落安装投产。注重既有利于配电站站址的选择，也节约宝贵的土地资源。通过选择箱式配电站的外壳颜色，注重与周围环境协调一致，应在居民住宅小区、车站、港口、机场、公园、绿化带等区域，增强美化环境的作用。在投入运行的过程中，注重加强安全调试，加强箱体电缆联接及其他测试验收工作，并注重投运后的巡视与维护，保障各项安全技术参数合格。

15. 联检外力危害　集中治理顽疾

供电公司重视充分把握和利用开展"安全月"月活动的机会，同政府有关部门，开展联合安全检查与整改突击行动，集中检查和治理外力破坏及危害电力设施安全运行等行为。

在安全检查与整治行动中，清查处理居民违章"蚕食"占用通往变电站道路等问题。在城乡结合部及乡村，一些变电站的道路被附近居民挤占，被一些居民采用"夹杖子"、"砌矮墙"、"植小树"等手段，逐渐挤占原来很宽的道路，严重妨碍应急抢险，危害变电站的运行安全。供电公司和有关部门联合检查，治理居民"蚕食"挤占道路的顽疾顽症。恢复通往变电站道路的原有宽度，保障运行维护和应急抢险所需道路的畅通。

通过开展联合安全检查，注重集中治理小区和乡村居民在变压器台等电力设备周围堆放杂物等问题。针对一些居民安全意识淡薄的情况，制止危险行为，避免发生人身和设备事故。

根据有关安全规定，电力变压器安装对地距离应高于 2.5m，而某些居民在变压器台架下面放置杂物堆高后，安全距离达不到安全要求。10kV 配电设备现场运行规程有关架空配电设备明确运行规定，配变台架周围应无杂草、杂物，无生长较高的农作物、树、竹、蔓藤类植物接近带电体。

联合安全检查组人员，教育和警示个别居民。在变压器台架下面堆放垃圾杂物，容易引发火灾。垃圾经太阳暴晒，温度升高，容易起火燃烧，导致变压器、控制箱等电气设备损坏。遇到大风天气，堆放在变压器台架下的塑料薄膜等飞到空中，可能会缠绕到变压器或配电线路上，引起短路现象，更易引发儿童、小动物等触电事故。杂物堆高后，如果遇到儿童攀爬，后果将不堪设想，小动物更是容易蹿上变压器，引发短路事故，造成停电，影响居民的正常生活，同时给供电人员抄表、运行维护带来不便。

供电公司根据掌握的检查情况，加强对变压器台架四周的管理和维护。适当增设"高压危险、禁放垃圾"等警示标志。加强安全宣传，发放讲解宣传资料，提升居民的安全素质，增强居民电力设施保护意识。及时和市政环卫和物业部门联系，采取经济和行政措施，严控在变压器台周围和通往变电站等道路旁堆放垃圾杂物，为电力设备和变电站道路保持干净整洁的环境及空间。

16. 手持电动工具　掌握安全性能

夏季施工作业项目较多，手持电动工具应用广泛，在使用中需要经常移动，振动较大，往往存在安全隐患。由于使用者对工具的安全性能并不了解，导致操作不当，往往发生危险和触电事故。对此，供电专业人员对用电客户及施工人员加强安全培训，宣讲手持电动工具有关安全知识，引导严格遵守安全操作规程，加强预防工作，避免使用手持电动工具触电伤亡等事故的发生。

顾名思义，手持电动工具是用手操作的可移动的电动工具。在实际的应用中种类很多，如电动螺丝刀、电动砂轮机、电动砂光机、电圆锯、电钻、冲击电钻、电镐、电锤、电剪、电刨、混凝土振动棒、电动石材切割机等都属于手持电动工具类，其工具性能，必须符合有关规程要求及专业标准。

手持电动工具按触电保护分为Ⅰ类工具、Ⅱ类工具和Ⅲ类工具。

Ⅰ类手持电动工具，即普通型电动工具。在防止触电的保护方面不仅依靠基本绝缘，而且还包含一个附加安全预防措施。其方法是将可触及的可导电的零件与已安装的固定线路中的保护（接地）导线连接起来，用这样的方法来使可导电零件在基本绝缘损坏的事故中不成为带电体。Ⅰ类工具其额定电压超过 50V。工具在防止触电的保护方面不仅依靠其本身的绝缘，而且必须将不带电的金属外壳与电源线路中的保护零线作可靠连接，这样才能保证工具基本绝缘损坏时不成为导电体。这类工具外壳一般都是全金属，绝缘电阻应不小于 2MΩ。

Ⅱ类手持电动工具，即绝缘结构全部为双重绝缘结构的电动工具。在防止触电的保护方面不仅依靠基本绝缘，而且它还提供双重绝缘或加强绝缘的附加安全预防措施和设有保护接地或依赖安装条件的措施。Ⅱ类工具其额定电压超过 50V。工具在防止触电的保护方面不仅依靠基本绝缘，还提供双重绝缘或加强绝缘的附加安全预防措施。这类工具外壳有金属和非金属两种，但手持部分是非金属，非金属处有"回"符号标志。Ⅱ类手持电动工具的绝缘电阻应当不小于 7MΩ，能保证使用时电气安全的可靠性，不必接地或接零。

Ⅲ类手持电动式具，即特低电压的电动工具。在防止触电的保护方面依靠由安全特低电压供电和在工具内部不会产生比安全特低电压高的电压。Ⅲ类工具其额定电压不超过50V。工具在防止触电的保护方面依靠由安全特低电压供电和在工具内部不含产生比安全特低电压高的电压。这类工具外壳均为全塑料。Ⅲ类手持电动工具的绝缘电阻应当不小于 1MΩ，在使用时，可保证其电气安全的可靠性，也不必接地或接零。

在准确了解和掌握手持电动工具种类和安全技术参数的基础上，加强对手持电动工具的安全管理和维护，保持和应用其特有的安全性能，从而为安全正确使用打好坚实的基础。

17.　线路发烧　对症退热

夏季天热，用电量增加。使用空调等大功率设备，往往导致线路导线过负荷，高温过热，易引起燃烧，接触电阻增加，发热量增大。由于潮湿、腐蚀，容易发生线路短路，线路"发烧"，容易引发火灾等事故。对此，供电公司加强夏季安全用电检查，走访和指导用电客户，采取措施，排查隐患，逐项解决有关安全问题。

"退烧"即排查导线过负荷的隐患。

　　天气炎热，客户大量使用相关用电设备，线路导线过负荷。长时间过负荷运行，导致线路温度升高，如果超过导线的最高工作温度，可能导致绝缘材料的燃烧或引起附近的可燃物燃烧，造成火灾。查找深层次的原因为：一些用电客户布线设计施工时导线截面积选择过小，客户提供的用电设备资料及运行规律不确切。使用用电设备未经核算，随意及擅自增加用电设备。线路或用电设备的绝缘能力下降，电流增大。保护线路的熔断器和自动开关不配套，过负荷后不能有效地保护线路设备。

　　解决线路导线过负荷的问题，应采取的安全措施为布线选材时最好不超过导线安全载流量的 2/3。不随意增加用电设备，增加时应充分考虑线路的安全载流量。定期检查线路的绝缘电阻，按安全规定使用保护装置。

　　"退热"即解决接触电阻变大的问题。

　　导线与导线、导线与电气设备、导线与计量仪表等设备相互连接处的电阻称为接触电阻。当接触电阻增加，同时发热量也增大，极易引起火灾事故。探寻接触电阻变大的主要原因为施工工艺不佳、氧化、运行中接头处因振动等机械作用、电磁力作用、冷热变化等情况，均会导致接触电阻变大。

　　解决接触电阻变大的主要防范措施为严格执行电气设备装置的工艺技术标准，进行安装和改修。规范设施导线绞合，对于连接处细致去污与焊锡，认真实施铜导线使用线耳的安全规定。落实铝导线或铜导线接头的连接工艺要求，做好接头处恢复绝缘等工作。不可擅自改变和简化连接工艺，确保其接触和导电良好。在设备运行中，加强巡视与检查。尤其对大电流通过的接头处，可用变色漆、蚀油等观察监视。如果发现接头松动或发热，应及时处理，避免隐患蔓延。

　　"防烧"即采取避免短路的对策。

　　当线路发生短路时，短路电流要比正常流过的工作电流大几十倍。在短时间内，线路产生大量热量，导致温度剧升，引起绝缘材料燃烧，也可能由于短路时产生的火花与电弧，引起周围可燃物的燃烧，从而导致火灾发生。

　　了解和分析导致发生短路的主要原因为线路设计安装不合理,没有考虑周围环境影响，线路走线不规范、不均衡、不科学。导线绝缘损坏，往往为导线打结，导线用铁丝绑扎以及导线经常受热、受潮、受腐蚀、受机械损伤。线路的维护检查不当，故障隐患不能及时发现和排除，造成短路。

　　应当采取防范短路危害的重点安全措施即严格执行按照电气安装规程等技术要求，规范进行布线设计和施工。清除老化受损的导线及设施，正确选用及更换为防潮、防腐蚀、安全合格的导线及材料。认真加装熔断器和自动开关，对线路进行保护。正确使用熔断器、熔芯及自动开关的保护与动作参数。从而避免短路、线路烧毁，保障安全。

18. 带电作业　革新技术

　　迎峰度夏，满足高峰负荷的用电需求。供电公司尽量减少及避免停电检修，通过完善技术手段增加带电作业项目。千方百计增加供电量，提升安全供电服务水平和效能。

提升效率，革新绝缘挡板装置。

带电作业班在更换 10kV 隔离开关和跌落保险的带电作业中，需要使用绝缘挡板隔离带电导线。以往及原有的绝缘挡板只能挡住横担下方的带电导线，而上方的引流线没有绝缘挡板进行挡护。为确保作业安全，作业人员在带电操作时要时刻注意躲避上方的引流线，分散作业人员注意力，影响作业效率。

针对实际安全课题，供电公司组织进行带电作业技术革新活动，提高作业的安全可靠性和检修效率。对原有的绝缘挡板进行技术改造，在原绝缘挡板的相反方向加装一块组合式绝缘挡板。挡板为边长 50cm 的正方形环氧树脂材料，拆装组合能够方便快捷。绝缘挡板在高空中需要承受物体自身的重力，因此经探索研究，采用插接的方式固定辅助遮蔽挡板，并利用绝缘旋钮紧固，使其牢牢固定在主绝缘挡板的顶端，达到受力面积均匀分布。

在技术革新的过程中，精心设计，反复策划方案，逐步完善。细致按照设计图纸的尺寸和现场安全要求，进行制作及加工。实施革新绝缘遮蔽挡板设计结构和工作原理，注重增强安全性、科学性、高效性，整个革新工艺完成后，指定专业试验机构采用 50kV 工频试验装置进行绝缘打压，检测结果是否达到安全合格要求。经过入夏后的实际作业运用，有效提高配网带电作业安全性和作业质量效率。

降低风险，革新导线固定工具。

带电作业应注重探讨带电作业过程中遇到的疑难问题，在 10kV 带电搭接电源工作时，需要在绝缘导线绝缘皮剥除之后进行。但是长时间运行中的 10kV 绝缘导线往往出现绝缘层老化、变硬等现象。因此，在利用带电作业专用剥线器剥除绝缘皮的实际操作中，导线随剥线器而扭转，经常出现一些不安全问题即导致带电作业工时长，影响到高空作业人员的人身安全。剥除导线表皮时，导线摆动的幅度大，易造成作业中的安全距离不足，引发变化及危险。

供电公司带电作业班在开展技术革新活动中，将原有的绝缘导线固定手钳进行研究改造。积极研制新型绝缘固定工具，注重开发手钳操作简单、使用方便等优势。新型钳口通过增加钳口螺纹增大钳口摩擦力，加强固定效果。通过增大钳口与导线的接触面积，保证导线不受损伤。主钳臂尾部设置尾部调节螺杆，根据调节传动杆的支撑位置，控制钳口的张合幅度，以适应绝缘导线的直径。辅钳臂尾部的专用卡销避免钳臂发生嵌入、偏移情况，增加两钳臂闭合时的稳定性。连接主钳臂与钳口的复位弹簧，则起到钳口复位作用。

使用革新后的绝缘导线固定工具，在作业中每相导线的剥皮所用时间均低于 3min。达到安全、高效剥除绝缘导线的表皮的效果，同时减小剥除导线绝缘表皮过程中导线的摆动幅度，有效降低带电作业的危险系数，利于安全可靠作业。

19. 应急预案　演练检验

连日来，普降大雨。供电公司积极应对，迅速启动应急预案。认真做好事故预想，防汛检查组展开全面巡查。组织围堰基坑内施工人员和位于低洼处施工人员撤离到安全区域，并及时处置变电站附近的淤泥堆积隐患。虽然洪水较大，汛情紧急，但经过认真处置，化险为夷。

在分析和总结防汛抗洪取得阶段性胜利的基础上，供电公司重新审视应急预案的科学性、可行性。采取实际演练举措，进一步检验和完善应急预案的实施。

供电公司举办应急救援技能演练，检测各类应急预案的效果，推进优化应急管理流程，落实各项应急保障措施。细致修订总体应急预案、专项预案和现场处置方案。明确应急管理有关规定，加强执行应急预案和掌握应急知识等培训。对应急救援各分队成员开展安全理论、准军事化集训、设备操作等演练活动。

在具体演练中，积极推行贴近实战的无脚本演练。轻"演"重"练"，突出实效。针对夏季电力高峰负荷及易发生台风、雷害、暴雨、洪涝灾害等威胁，结合安全生产实际分别采用桌面、功能、实战等演练方式。尤其注重举行迎峰度夏联合反事故演习，分设"大面积停电应急预案演练"、"洪涝灾害应急预案演练"、"火灾应急预案演练"、"电网故障应急抢修预案演练"、"地质灾害和信息通信应急预案演练"等多项科目。开展一系列应急培训和演练活动，进一步丰富供电员工的应急知识，注重检验各项应急准备工作，加强锻炼应急队伍，完善健全应急机制，提高对于突发事件的应急处置能力。

实施应急演练，特别注意防止形式主义，摒弃"未演先知"，注重设置意外因素。注重切实检验预案的完整性、适用性，注重检验团队对于突发事件的应变能力。

通过真实的演练，利于准确发现预案中存在的问题，进而采取相应改进的举措。

实践验证，未经演练的预案，其应用效果往往是大打折扣的预案。

建设科学的应急预案体系，应实事求是、求真务实。实行无脚本演练，演练前不预先告知时间、地点，而是现场随机灵活突发演练科目。注重最大限度地回避演练中的表演成分，真实显现突发事件时各种不确定的状态。注意做到以发现问题为导向，完善预案为目的，锻炼队伍为目标。预案切合实战，演练轻演重练，以练促改，以练求安。注重提升人员的心理素质和业务技能，在快速应急行动中减灾防灾，保障安全。

20. 中考巡检　保障供电

供电公司高度重视中考安全保电工作，保电工作小组制定周密电力保障预案，组织人员对中考考点涉及的供电线路展开特巡和缺陷处理。中考期间，安排专业人员进驻现场应急值守，确保各考点安全可靠供电。

供电公司在接到市政府发布的保电要求后，立即核实并汇总各考点涉及的上级变电站及电力线路，并向各部门发布保电通知。组织专业人员编制客户端电力保障预案，与学校签订《重大活动安全供用电协议书》，明确供、用双方的安全职责。

用电检查人员对各处考点进行多轮巡检，对于在考点检查中发现的隐患，督促及时整改到位。初检结束后，用电检查人员对前一轮检查中发现的隐患进行复检，并重点对不间断电源及应急设备进行现场调试。对于开关设备中的六氟化硫气体指示、供电指示灯、故障指示灯等项目详细检查。每个检测条目记录清晰明确，井井有条不缺项，巡视情况上报存入安全档案。

供电公司注重在中考安全保电工作中加大科技含量，应用微机与智能巡检系统主站软件，从服务器中提取出当天要巡视线路的设备属性、设备状态、线路走向等信息。巡检一上路，便启动卫星定位功能，并根据变化的经纬度数据识别位置和可探测范围内的设备。准确定位设备后，将设备运行实际信息和服务器内提取的信息对比，出现不相符情况时，便提示保电人员安排设备消缺等操作。

在配电线路智能化巡检的同时，供电公司还采取全天候监控考场线路负荷情况的措施，利用红外测温等科技手段对设备做好检测，让高考保电的工作安全无忧。

"智能巡检平台信息接收完毕，显示区内所有中考考点供电线路和设备运行正常。"供电公司配电运检中心员工宣布接收到的同步消息。这时，中考考生开始在明亮的灯光下答题。

线路特巡小组，继续认真巡视有关的 10kV 线路。仔细检查绝缘子是否完好、横担有无歪斜、有无危害线路安全运行的建筑施工和树木摇动等安全隐患，并将巡检结果一一记录。

保电人员通过对讲机不停地沟通着各小组的巡检情况，规范检查供电线路、变压器、配电柜、备用电源、开关及用电设备运行等情况。巡检监控、一丝不苟、细之又细。认真呵护各重点供电线路及设备，从而确保中考供电的安全可靠性。

21. 管控临时线路　规范安装使用

在建筑工地施工旺季及农忙时节，工地照明、灰浆搅拌、混凝土振捣、农田水泵灌溉、大棚浇菜、麦场脱粒等许多场所都需要临时用电。如果在架设临时用电线路时，不遵守安全标准和规范，私拉乱接，便有可能发生触电等事故。因此，供电人员注重加强临时用电线路的检查，清理隐患，指导用电客户安全敷设及使用临时用电线路。

供电人员提示临时用电客户，电杆应有足够的机械强度，配套达到具体的安全要求。低压线路（220/380V）电杆的小头直径不得小于 100mm。高压线路（10kV）电杆的小头直径不得小于 150mm。电杆应埋地 1.3 ~ 2.0m，按电杆长短及土质情况确定，并且夯实。使用期较长时，应视土质情况加设根木，并于杆根涂刷沥青油。

临时线路的挡距、总长及导线对地距离应符合安全标准。两临时用电杆的距离不得超过 35m，一般为 30m。线路总长度一般不大于 500m。导线与地面的距离应符合规定即低压线距地面必须在 5m 以上，高压线距地面 6m 以上。杆下不可堆放材料，如堆放材料，必须保持距离在 2.5m 以上。横跨道路的导线，应距路面 7m 以上，并根据情况架设护线网。

架空导线的截面积应满足导电能力和机械强度要求，架空线必须采用绝缘铜线或绝缘铝线。根据用电量，选择符合安全载流量的电线，避免超负荷运行。线路末端电压偏移不大于额定电压的 5%，同时满足机械强度要求，避免导线因自重、风力、热应力、电磁力和覆冰等原因而损坏。绝缘铝线的截面积不小于 16mm²，绝缘铜线截面积不小于 10mm²。单相线路的零线截面积与相线截面积相同，三相四线制的工作零线截面积不小于相线截面积的 50%。三相五线制的工作零线和保护零线截面积都应不小于相线截面积的 50%。

架空线路相序排列应符合规定。在同一横担架设时，三相四线制供电，导线相序排列为面向负荷从左侧起为 L1、N、L2、L3。三相五线制供电，导线相序排列为面向负荷从左侧起为 L1、N、L2、L3、PE。动力线、照明线在两个横担上分别架设时，上层横担面向负荷从左侧起为 L1、L2、L3。下层横担面向负荷从左侧起为 L1、L2、L3、N、PE。当照明线在两个横担上架设时，最下层横担面向负荷，最右边的导线为保护零线 PE。

导线接头数量不宜过多。在一个档距内每一层架空线的接头不得超过该层导线条数的 50%，且一根导线只允许有一个接头，线路在跨越铁路、公路、河流、电力线路档距内不得有接头。临时架空线路必须架设在专用电杆上，用大瓷瓶固定，严禁架设在树木、脚手架或金属构件上。

注意认真处理好导线的接头。因为接头松动，接触不良，电流过大，时断时续，便会发热和产生火花。往往会因电火花接触可燃物而引发火灾。因此，导线的连接必须紧密。原则上导线连接处的机械强度不得低于原导线机械强度的 80%，绝缘强度不得低于原导线的绝缘强度，接头部位的电阻不得大于原导线电阻的 1.2 倍。

临时用电线路应设短路、过载和剩余电流动作保护装置。线路应选择熔断器或自动开关作为短路保护。当临时用电线路选择熔断器作为短路保护时，熔体的额定电流应不大于明敷绝缘导线允许最大流量的 1.5 倍，或电缆或穿管绝缘导线允许最大流量的 2.5 倍。选择自动开关作为短路保护时，其过电流脱扣器脱扣电流整定值应小于线路末端单相短路电流，并应能承受短时过负荷电流。

对一些特殊的临时架空线路，如照明线路、经常过负荷的线路、易燃易爆物附近的线路，还应设置过载保护。装设过载保护的临时线路，其绝缘导线的允许载流量应不小于熔断器熔体额定电流或自动空气开关延时过流脱扣器脱扣电流整定值的 1.25 倍。

临时线路必须安装剩余电流动作保护器。所选剩余电流动作保护器的额定电流、短路、分断能力、额定剩余动作电流、分断时间等应满足被保护的线路及电气设备的安全要求。应当采用自动切断电源的保护方式，发挥保障安全作用。

22. 漏电跳闸 循序排查

供电公司开展迎峰度夏安全检查工作，针对一些居民用电客户出现剩余电流动作保护器频繁跳闸等问题，供电人员现场指导采取安全处理措施。

剩余电流动作保护器频繁跳闸，往往由于布线超期服役绝缘老化、在潮湿环境中使用或进水、绝缘降低被击穿、机械性破损、内部导线或接线端子绝缘破损导致故障发生。

可先用直观观察的方法，查找疑点。对故障现象进行分析判断，找出具体故障原因。认真对剩余电流动作保护器和被保护的线路、家用电器等设施，进行"目测"直观巡查，注重找出漏电部位。这种"顺线观察"的方法简便易行，巡查时应特别注意家庭用电线路的穿墙部位和靠近墙壁或潮湿等部位，因为这些部位因摩擦、腐蚀等原因，易发生对地漏电。

如果经过"顺线观察"没有发现故障点，可试送电一次，当再次跳闸后，应进一步采取其他方法查找故障点。不可连续强行送电，更不可将剩余电流动作保护器退出运行而造成线路失去保护。

接下来的步骤可采用"分段排除"的方法，寻找故障点。注重区分是剩余电流动作保护器自身的故障，还是被保护的线路电器故障。可将剩余电流动作保护器出线拆下试送电，若试送不成功，则说明保护器本身有问题。更换一只合格的剩余电流动作保护器，问题一般便可以解决。值得注意的是如果不想更换剩余电流动作保护器而要进行修理，由于剩余电流动作保护器是保护人身安全的电器，为保证安全和质量，一般不允许用电客户自己维修，应返厂维修。采用"分段排除"的方法如果能够合上剩余电流动作保护器开关，且用试验按钮试调正常，则说明剩余电流动作保护器无故障，则问题应当出在被保护的线路或家用电器上。继续进行相应的排查，往往是线路或家用电器对地剩余电流超过剩余电流动作保护器额定动作电流，造成频繁跳闸。

那么，接下来可采用"断开试送"的方法，精确查找线路或家用电器具体的漏电故障部位。注意区分漏电故障的部位，是在家庭用电线路还是在各个电器上。其具体方法是：断开家中所有家用电器，然后送电。送电后，会出现两种情况。

第一种情况即断开家中所有家用电器后，送不上电。则说明漏电部位在家庭线路上。可按照"先主路、后分路"的顺序，逐一进行试送排查，直至找到漏电支路。将漏电线路缩小到一个较短的线段内，逐步检查该段线路的接头以及电线穿墙转弯、交叉、绞合、容易腐蚀和易受潮的部位有无漏电情况，进而找出漏电的线段及部位，实施换线路或修复绝缘，排除故障。

第二种情况即断开家中所有家用电器，能送上电。则说明漏电部位发生在家用电器上。可逐一对每台家用电器送电，进行逐个试送，分别排查，直至找到漏电的电器。对于有问题的电器进行更换或者停止使用，即可消除缺陷，恢复正常安全用电。

23. 测温监控 设备保健

随着夏季用电负荷的加大，供电公司专业人员在安全检查中发现，高压线路设备的温度往往要比气温高 10℃左右。经分析判断，设备连接处的接头如果接触不良，会产生局部温度过高，从而导致变形、脱落。因此，供电公司组织人员对高压线路开展红外测温，加强设备运行安全监控。

供电公司输电运检工区运检班组人员在现场用红外测温仪实施测温，并且认真记录、汇总分析，一旦发现连接金具和电缆接头的温度过高，立即上报并采取措施排除故障隐患。

连日来，气温连续超过 30℃，电网供电负荷增大。供电专业人员注重监测和处理由于高温过负荷而引起的故障，维护电网设备健康的平稳运行。注重综合实施电网设备、客户端设备、农电设备的隐患排查与整改，实行全面消缺，减少并避免故障的发生。

供电公司对所用 10kV 重要交叉跨越线路、电缆线路、高负荷线路进行逐项红外测温，实施安全预案，一旦线路出现故障，确保准确隔离故障点。配电运行班注重采取安全技术措施，在 10kV 线路重点地段及时进行柱上开关项目的施工，安装带有控制设备的开关，能够判断故障点，按照事先的电流整定值隔离故障点。

供电公司加强配网安全综合治理工作，在配网改造项目中，进行线路绝缘化改造。针对市、郊及农村地区潜在的雷击断线风险，开展雷击断线隐患排查。注重落实防雷措施，力求减少迎峰度夏期间的电网故障。

此外，供电公司对用电客户设备容易造成电网故障的因素进行调研评估，系统排查客户电力设施存在的安全隐患。用电检查人员深入到污水处理厂等用电客户设备现场，细致巡检，发现某些配电室的湿度大、温度高，设备运行环境较差。最终会同客户相关负责人，开出缺陷通知书，建议限期进行设备试验，以便查找设备隐患。经过多次协调研究，有的用电客户停止 1000kVA 的变压器运行，进行预防性试验，并在配电室内加装空调，确保恒定的温度和湿度，为迎峰度夏保障安全做了充分的准备。

在迎峰度夏的关键阶段，针对一些农村线路的导线线径细、设备老旧，且多在田间，日常维护不便等状况，供电公司注重解决农村电网存在的"卡脖子"问题，推进农村电网建设。供电员工克服高温等困难，加快架设线路、更换金具。将一些原截面积 35mm^2 的导线更换为直径比原来粗 7 倍的导线，相应设施变压器增容，注重提升农村低压电网健康水平，改善农村低压电网结构，提升线路的安全供电能力。

24. 作业实况影像　深化安全分析

入夏以来，电力基建施工作业任务繁重。供电公司深入开展安全月活动，注重采用安全教育和安全管理新的方式和措施，安排人员在每一个生产现场作业点架设 DV 摄像机来监督施工情况，由专人负责对安全生产工作实行全方位、全过程摄录，以增强生产人员的安全意识，促进杜绝习惯性违章。

在更换电流互感器施工作业现场，专责人员选择适当的位置及角度，记录施工作业声像。

生产施工现场多，安全监察人员少，利用 DV 摄像机既可对现场遵章守纪的情况进行监督，又注重培养工作人员良好的施工行为和习惯。晚上召开班组安全分析会，播放 DV 摄录的安全作业情况，并且对一天的安全工作进行总结。所有参与作业的员工都可寻找和观看影像中自己正在作业的情景，从而进一步总结、反思。

班组将 DV 摄像机记录下的现场视频在安全分析会上进行观摩，员工之间相互探讨，生动形象，真实客观，在安全教育中更有说服力，从而加强改进和完善安全行为。通过影像实况来考量和指导安全施工，成为鲜活的安全教材。

安全分析结束后，对于现场 DV 影像，注重存入安全活动档案库。留存及筛选出具有典型意义的资料，作为每月安全分析会的研讨材料，进行深入分析和研究，促进安全生产重要课题的深层次探索。

25. 夏季多潮湿　正确用电器

夏季高温炎热，雷雨天气多，居民用电客户使用家用电器时如果操作不当极易引发安全事故。轻则家电损坏，重则出现人身伤害事件。供电公司用电检查人员开展夏季安全用电宣传工作，注重提示和指导居民用电客户正确使用家用电器，全面做好迎峰度夏重点安全工作。

用电检查人员提示，使用电热水器出现漏电情况时，应当立即关闭电源或拔下热水器插头。在未断电情况下去救触电人，不能空手施救，必须使用绝缘物体隔开。针对季节性气候特点，提醒广大居民客户，夏季使用电器时应当更加注意安全问题，在高温天气的影响下，居民客户不要将家用电器放在阳光直射或不利于散热的位置，尤其像冰箱、彩电等电器应放置在空气流通好的环境中，以利于良好散热。对于大功率电器，居民客户不要频繁启动，也不要让电器长时间在大电流状态下工作。

夏季雨水多，如果家中因暴雨洪水等情况发生浸水，首先应立即关闭总开关，以防正在使用的电器因浸水绝缘损坏而发生触电事故。切断电源后，将可能浸水的电器搬移到干燥的地方，防止绝缘浸水受潮，影响今后的使用。

高温天气下，居民客户在使用电器过程中，应当及时清除家用电器内部的积尘，让家用电器能够更好地散热。空调的过滤网积尘太多，则会影响制冷效果，还会增加用电量，缩短寿命，所以，应当注意清理积尘。其他家用电器也应注意保持清洁，保证家用电器的内外部都有良好的工作环境及条件。

由于夏季人体多汗，皮肤电阻变小，增加了触电的机会。因此，居民客户不要用手去移动正在运转的电器，如台扇、电视机等。如要搬动，应切断电源，并拔去插头。不要赤手赤脚去修理家中带电的线路或设备。对于夏季使用频繁的电器，应当采取安全防护措施，经常用验电笔测试金属外壳是否带电，注重安装使用触电保安器等安全装置。

26. 机电设施　控热防火

供电公司加强对厂矿等用电客户的生产用电安全检查，防止一些电气设备在高温高热等不利因素情况下发生火灾等事故。

厂矿等用电客户使用电动机比较普遍，用电检查人员根据实际情况，突出重点，认真排查电动机缺相、过负荷、短路或机械卡死造成线圈过热等隐患，从而防止这些隐患导致的电动机火灾事故。

经过走访和排查，引导用电客户采取相关安全措施。

用电客户应根据工作环境，合理选用电动机。电动机应当安装在牢固的基座及构架上，与可燃物保持一定的距离。安装设置独立的电动机操作开关，对于功率大于 1kW 的电动机，应当配有相应的过负荷保护和短路保护装置。做到经常巡视，定期维修保养。

用电检查人员针对一些用电客户使用及运行油开关，注重提示加强油开关的隐患排查工作。由于油开关属于充油设备，当油开关切断电流时会产生电弧。如果油开关的灭弧性能不好，产生高温电弧将使变压器油分解成多种可燃气体，容易引起爆炸。对此，提出和督促实施油开关的防护措施。

油开关的断流容量（MVA）必须大于电力系统在该处的短路容量。在设计过程中选用油开关十分重要，应当符合安全技术参数。油开关的油面过高过低都容易引起爆炸，这是因为，如果油位过低，电弧不易熄灭，如果油位过高，则在切断电流电弧时，油受热后分解的气体冲不出油面而使油箱发生爆炸。油开关应当安装在一、二级耐火的建筑物内，并有良好的通风。多油开关安装在室外时，应铺卵石层作为储油池。定期进行油开关的预防性试验，切断短路电流 6 次，应当作解体检修。

电缆终端盒在厂矿等用电客户的设备中，比较常见。如果由于施工质量不良，破坏了密封，潮气进入终端头内，或绝缘胶被电缆油溶解，会使其绝缘性能下降。往往是在灌注电缆胶的终端头，发生爆炸和火灾事故。应当采取安全防范措施：注重选用性能良好的电缆头形式，保证施工质量。在运行中加强检查，如果出现漏油、过热等现象，及时进行修复，防止隐患扩大而造成事故。

低压开关在厂矿等用电客户的生产及操作中频繁使用。低压开关在接通或切断电路时产生火花，开关与导线接头、开关触头之间接触电阻如果过大，会导致局部过热，容易引发火灾。应当采取的主要安全措施为客户应当正确选用低压开关，其开关必须与安装场所的防火要求相符合。开关及其灭弧栅等与接地的构架或易燃物之间，应保持安全距离，自动开关的分断能力应与安装处可能产生的最大短路电流相适应。

对于各种电气设施，注重根据其各自的特点，分别采取安全措施。不可一概而论，注重"一把钥匙开一把锁"，排解疑难问题，从而防范火灾，保障安全。

27. 电蚊香　防隐患

夏季炎热，蚊虫较多。某些用电客户为防蚊虫叮咬，使电蚊香。电蚊香在入睡前 1 小时插电，第二天早上断电，容易着火，比较危险。供电公司用电检查人员帮助客户分析原因，指导采取防范事故的措施。

电蚊香片加热后温度可达 700～800℃，极易烤燃周围的易燃物。另外，电加热器短路、恒温发热片原件燃毁失灵、插头与插座接触不良发热等也易引发火灾。

夏季是蚊虫的滋生季节，一些居民客户选择点蚊香或使用电蚊香来驱蚊。电蚊香器分为电热片蚊香器和电热液体蚊香器两种，它们都是利用发热元件的恒温作用使药物缓慢释放，挥发出气体从而灭蚊驱蚊。

电蚊香因为长期处于通电状态，使用不当则会存在安全隐患。对此，供电公司用电检查人员提示广大居民客户，使用蚊香时应当掌握安全方法。

应当选用质量好的电蚊香，正规产品的包装上应标有厂家具体信息、生产日期、主要成分及环保认证标志。

使用电蚊香驱蚊时，应当先检查导线、插头是否完好。然后将电蚊香药片放在蚊香器内的不锈钢垫片上，再接通电源。

每次使用完毕，拔掉电源插头，冷却后应做好清理工作。电蚊香上积有灰尘时，应用干布或纸张擦净。不要用湿布擦拭或将水等液体洒在电蚊香上，以免引起短路。

有些用电客户往往忘记将电蚊香断电，影响安全，同时浪费蚊香液，降低电蚊香主机的使用年限，且很浪费电。提示客户将电蚊香置于比较醒目的位置，每天起床第一件事就是将电蚊香的电源及时断开。

电蚊香片加热后温度可达 700℃～800℃，极易烤燃周围的易燃物而引发火灾。而电加热器短路或恒温发热片原件燃毁失灵，也易引发火灾。因此，电蚊香应当放在安全、适宜的地方。不要放在家具和床铺附近，也不要放在儿童摸得着的地方，以免发生火灾和触电事故。如果居室里铺有地毯、木地板或刷有油漆等易燃物，使用电蚊香加热器时，下面应放一块阻燃性较好的垫板。

使用电热式驱蚊器和使用其他家用电器一样，应注意用电安全。电热式驱蚊器的电插头和引线，切忌随意牵拉。如发现电热丝不发红，应先切断电源，然后再次检查插头、引线和驱蚊器的连接处，发现断头应加以修复。使用完毕，一定要切断电源，以保障安全。

28. 绝缘子发热　不停电更换

迎峰度夏，保障高峰负荷用电需求。供电公司尽量减少停电作业，而积极采用带电作业方法，并注重实施严密的技术安全措施，以保障带电作业人员及设备的安全。

配电运检专业人员在巡视检查线路设备时，发现某电杆上绝缘子发热的线路隐患，运维抢修一班实施带电更换绝缘子作业项目。

作业前，全体作业人员在现场列队，由工作负责人宣读工作票，布置工作任务，进行人员分工，交代安全技术措施、现场作业程序及配合等事项，认真检查有关的工具、材料，备齐合格后开始工作。

现场作业人员使用 2500V 绝缘电阻表，即通常所称摇表，对带电作业使用的绝缘毯仔细地进行检测。表计显示绝缘阻值在 700MΩ 以上，符合安全要求。对绝缘服和绝缘手套、多个导线遮蔽罩等作业物品一一检测绝缘数值，严格按照安全作业程序逐项进行"安检"。实行每次作业前都必须检测，规范、细致、到位，力求万无一失。

10kV 带电作业的原理，主要是用绝缘遮蔽罩和隔离用具对相邻带电体进行遮蔽，带电作业人员穿戴绝缘防护用具，形成全绝缘的作业环境。如同形成一个"金刚罩"，隔开电流的冲击和危害。所以，越绝缘、越安全。

厚厚的绝缘手套外套着一层羊皮手套，羊皮手套主要用来防磨和防刺穿。现场人员用力捏绝缘手套，检查是否有漏气现象。绝缘手套不允许有划伤及破洞，否则，一旦绝缘遮蔽和隔离不严，就会发生绝缘击穿造成人员伤亡。所以，必须确保绝缘手套完好无损。

作业班人员同时检查绝缘小吊臂和绝缘斗，专责监护人在车下确认车身良好接地，防止泄漏电流伤及地面作业人员。达到人员绝缘、设备绝缘、车辆绝缘，实行三重防护检查到位，是安全作业的必要基础和前提。

各项检测完毕，工作负责人认真进行现场安全交底。作业人员注意力集中，并且进行现场提问，确保所有安全事项清楚无误。

作业班人员和工作负责人，在工作票和现场标准化作业单上签字，履行安全作业手续。带电作业人员穿戴好绝缘防护用具，跨进绝缘斗。工作负责人再次进行检查，确认没有问题。作业人员操作起斗内的方向舵，绝缘斗缓缓升起，在空中灵活地回转、升降、伸缩。监护人紧盯带电作业人员，不时通过对讲机发出指令，绝缘臂伸出要大于 1m，进入电场时，要保持和导线平行。

带电作业人员先将绝缘斗上升接触导线，观察微安表，显示泄漏电流符合安全要求，则可进行带电作业。

绝缘斗上，作业人员伸出戴着绝缘手套的手，向带电的导线抓去。将三个导线遮蔽罩按照从下到上的顺序依次套在三根导线上，再用绝缘毯把绝缘子包裹严实，用绝缘夹固定起来。

烈日当空，气温达 33℃。带电作业人员将导线及绝缘子遮蔽严实后，开始解开固定导线和绝缘子的扎线。扎线展开不能超过 9cm，否则容易引起相间短路。作业人员小心地把极细的扎线解下来，卷成圈，缩小幅度。将小吊臂上的绝缘绳拉出来，将绳端的钩子固定在导线上。小吊臂一扬，一根导线便脱离绝缘子被提了起来，悬在作业人员的头顶约 80cm 处。

将绝缘子和导线分离，然后把发热的绝缘子卸下来，成功更换新的合格的棒式绝缘子。

按照与原先操作相反的顺序，带电作业人员将导线复位，依次解开遮蔽罩。作业顺利完成，绝缘斗返回地面。

细致实施带电作业，人员安全无恙，线路设备在正常运行中排除隐患，提升安全效能。

29. 梅雨季设备　注意祛"风湿"

梅雨季节来临之际，供电公司注重加强变电站等设备的防潮防湿工作，根据节气规律，将防"风湿"作为变电安全运行的重中之重。

变电站作为电力传输环节的重要组成部分，其正常运行直接关系到电网的安全稳定。针对梅雨季节的到来，变电运维专业人员针对潮湿气候，积极采取防范措施，减小及避免对变电站的不利影响及危害。

变电运维专业人员注重认真分析，夏季来临，变电站防潮防湿的关键场所是变电站的高压室。当高压室空气与外界直接相通时，户外高湿度的空气直接渗入高压室。而高压室又通常布置在变电站一楼，地表潮气、电缆沟潮气汇集后，造成高压室湿度非常大，严重影响电气设备的安全运行。

运维专业人员根据测试和实践经验记录，每当梅雨季节来临之际，高压室湿度高达95%以上。凝露常常引起高压柜内电气放电，甚至造成开关柜爆炸。另外，高压室电气设备长时间在高潮高湿环境中运行，极易造成各种金属材料严重锈蚀，最直接的危害是造成开关柜拒动及影响隔离开关的正常安全操作。

针对雨季变电站存在潮气大、湿度高，影响电气设备安全运行的实际状况，变电运维专业人员采取重点防范措施。

在雨季来临前，变电运维专业人员注重及时对电缆沟和开关柜孔洞采取防水、防潮及封堵措施。保证变电站高压室电缆沟内外绝缘，防止电缆沟潮气直接侵入到高压开关设备中。

对高压室的门窗、外墙进行细致检查，确保现有门窗封闭状况良好，墙体无渗漏，防止雨水飘入高压室或户外潮气渗入。

加强高压室内屋顶等设施检查，应保持无渗漏。对于母线排外露在柜顶的高压室，屋顶内层不宜使用石灰粉刷，防止因潮气引起石灰层脱落而掉在开关柜顶上。

梅雨季节湿度高时，要紧闭高压室门窗，且不得开启通气装置。

认真检查轴流风机户外叶片，保证其在轴流风机未工作时，叶片处于闭合状态。防止潮气通过轴流风机而渗入到高压室内。

对高压室百叶窗加装玻璃窗，在室外湿度较大时，关闭这些窗户，阻止室外潮湿空气侵入高压室。在正常天气条件下，玻璃窗保持敞开以保证高压室通风散热。

对无人值守的变电站，应加装自动开窗装置，根据室内湿度大小自动开启、关闭玻璃窗，也可通过人工操作来控制开启与关闭玻璃窗。

在设计方式上，对于开关柜单列布置的高压室，百叶窗不宜采取两侧对称布置，以避免潮湿空气形成对流。

安装功率和室内空气湿度大小相匹配的工业除湿机，随时对室内空气进行除湿，在高压室安装集中控制装置，根据室内湿度大小自动开启、关闭窗户和除湿机。

梅雨季节，严加防范变电站等设备患上"风湿病"，保障电网设备的安全健康运行。

30. 抵御台风　固基排险

面对一轮又一轮台风的到来，供电公司注重采取防御台风的安全措施，积极守护电网安全。

供电公司探索采取新的工艺及方法，增强抵御台风的效果。用安全技术让输配电线路在台风中化险为夷、安然无恙，注重采用特殊的设计对杆塔进行加固。重视对有关计划修编，组织专业人员分析台风侵袭电网的特点，有计划地逐步推进台风损毁区域的抗风加固工程。

在对电网杆塔进行抗风加固改造的工程中，供电专业人员发现，用普通材料做的杆基基面硬化，排水系统以及护坡在经年累月的暴晒和冲刷下容易开裂，稳固杆塔的作用不佳。以往在洪灾、风灾频繁的情况下，杆塔经不起冲刷，电网安全一直受到威胁。针对加固线路杆塔的课题，供电公司输配检修专业人员开动脑筋，结合经验，摸索出技术革新的方法，研究采用新型材料代替原有的普通材料，对于线路杆塔起到更好的加固作用。

新型材料采用轻便砖和陶砾材质，它们具有与原有的普通材料红砖块和碎石相同的加固作用，但其相同体积的质量仅占普通材料的四分之一和六分之一，工程造价也比传统办法降低10%~20%。同时节约二次运输及劳力成本，特别适用于远距离运输。尤为关键的是这种组合新型材料耐冲刷，时间越长越牢固。供电公司编制实施《输配线路杆塔基础排水系统安全施工方案》，施工人员按照方案提高施工质量，严格执行安全纪律，精心施工，加快作业进度，为输配电线路安全度汛做好准备。

台风对于电力线路的影响及危害较大，供电公司力求在台风之前做好安全防御工作，努力减小台风对电网安全的威胁。抓紧进行重点地段杆塔基础的加固施工，推进落实工作任务，现场认真执行安全措施，提前完成塔基稳固工作。加固后的输配电线路抗风能力增强。

除了积极加固杆塔基础以外，供电公司重视做好防御台风的其他相关工作，防范台风引起的雷雨大风等侵袭。配套加强防汛工作，进一步提升减灾防灾成效和应急抢险能力。供电工作人员督促涉及民生的水厂、泵站、燃气等用电单位加强预防性试验。对于涉及交通、通信的重要用电客户进行全面安全用电检查。争取在每一轮台风到达前尽早发现安全隐患，及时处理缺陷，保障台风之季和迎峰度夏期间用电客户端的设备安全。

供电公司针对台风来袭、风狂雨骤、河水上涨等危及到线路的情况，供电公司应急指挥中心及时下达抢修指令。现场注重全面落实安全措施，安全开展抢修抢险工作。努力将台风对电网造成的损失降到最低，科学应对台风的侵袭，维护电网的安全运行。

小暑

第7章

大暑

7月节气与安全供用电工作

七月份 有两个节气：小暑和大暑。

每年公历7月7日或8日，太阳到达黄经105°时，即进入小暑节气。暑，热也，炎热的意思。暑，分大小，月初为小，月中为大。

每年公历7月23日或24日，太阳达到黄经120°时，即进入大暑节气。

暑，热也，炎热的意思。暑，分大小，月初为小，月中为大，小暑节气已是盛夏，天气炎热。大暑，炎热至极，是一年中最热的节气。常常是晴空少云，骄阳似火，太阳辐射强烈。滚热的地面，烘烤着大气，使气温居高不下，出现"酷热日"，部分地区常常"高烧"不退，正所谓"小暑大暑紧相连，气温升高热炎炎"。

1. 遵循节气规律　加强安全管理

时至小暑，已是盛夏，天气炎热。华南东南低海拔河谷地区，常常日平均气温高于 30℃、日最高气温高于 35℃。小暑前后，华南西部进入暴雨最多季节。在地势起伏较大的地方，常有山洪暴发，甚至引起泥石流。而在华南东部，小暑以后常受副热带高压控制，多连晴高温天气，进入伏旱期。

小暑节气东旱西涝，应及早采取抗旱保电、防洪防汛措施。小暑前后，南方大部分地区进入雷暴最多的季节。雷暴是一种剧烈的天气现象，常与大风、暴雨相伴，有时还有冰雹，容易造成灾害，应引起注意、严加预防。加大迎峰度夏安全工作的力度，减轻各种灾害导致的损失及对电网的威胁，全面落实安全措施，保障电网安全稳定运行。

小暑过后，全年最热的三伏就到了。三伏天是按照"干支纪日法"确定的，每年夏至后的第三个庚日入伏，为初伏的第一天。庚，在天干中排第七，在五行搭配中属金。金怕火，在数伏天气中逐日消减，因此古人以庚日来计"伏"。入伏 10 天以后是第四个庚日，为中伏。如果第五个庚日在立秋之前，那么中伏就需 20 天，俗称两个中伏。如果第五个庚日在立秋之后，中伏就是 10 天。立秋后的第一个庚日，为末伏。合起来称为三伏，根据阳历计算，三伏天从 7 月中旬到 8 月中旬。

伏天是雨水集中，全年最热的日子，正所谓"热在三伏"，应高度重视防暑降温工作，科学安排检修作业施工计划，避免正午赤日暴晒等高温高热的危害，防止作业人员中暑。适时开展"送清凉、保安康、促安全"等活动，保障电力工作人员的安全和电力设备的运行。电力检修施工作业既应注意防暑，又应加强防汛。许多地区常有暴雨，并伴有雷雨大风等强对流天气。节气谚语："小暑防洪别忘记"。因此，应及早加强防汛抗洪抢险等应急管理工作，同时还应注意防范雷电等灾害对电力设备的危害，将高温带来的损失降到最低。

时至大暑，电力设备的平稳运行和电力员工安全作业等方面都面临严峻的"烤验"。因此，应充分做好持久迎战高温的准备，特别注意防范因用电量过高，电力线路、变压器等电力设备负载过大而引发的火灾。同时，应进一步做好防暑降温工作。施工作业应集约合理安排时间，尽量避免在正午高温时段进行。在户外或者高温环境中作业的人员应采取安全防护措施，施工作业车辆及工作现场应准备一些常用的防暑降温药品。大暑节气里，旱、涝、雷电、台风等自然灾害发生频繁，应加强抗旱排涝等安全用电管理，积极开展防台风、防雷电等安全工作。

大暑节气，电网进入迎峰度夏的重要攻坚阶段。电力供应、电网运行、设备运维、防汛防灾等各项任务艰巨，应确保电网安全、设备安全和人身安全。到了主汛期，高温高热、雷暴雨、洪水、泥石流、台风等恶劣天气和自然灾害频繁发生，严重影响相关地区的电网安全稳定运行，应清醒认识电网安全面临的严峻形势，深入扎实地开展安全生产活动，集中精力抓好盛夏时节的安全管理工作，认真履行安全供电等社会责任，用光明构建和谐，推进安全健康科学发展。

2. 监控设备状态　检测处理缺陷

高温天气，用电负荷不断攀升。高负荷态势持续时间长，累积效应明显。电网进入多轮用电高峰，持续高负荷运行状态，给电网设备健康运行带来危险。因此，供电公司应加强安全动态管控，检测电力设备的运行状态，注意及时发现和排除隐患，保证电网在高负荷态势中安全供电。

在迎峰度夏工作中，供电公司注重完善电网设备的检测技术，采用综合动态安全检测技术。随着气温的不断升高，用电负荷不断增长，供电公司开展重要线路及设备红外测温等工作。

供电专业人员对负荷较大的线路及设备，采用红外线测温仪进行测温。在测温过程中，专业人员重点对快速线夹、耐张线夹等金具进行红外测温。对发现的过热及超载等情况及时记录，并制定整改消缺方案，确保设备状态良好。同时，还逐项建立设备红外线测温台账明细表，内容包括测试时间、测试温度、环境温度、负荷情况等详细内容。对于存在缺陷的设备在消除缺陷后，做好全过程资料收集和整理工作，做到设备检查有数据、有结论，为线路及设备的检修积累数据。

在巡视检查中，专业人员发现 220kV 母联开关 A 相电流互感器特别高，绕母联电流互感器走一圈，查看异常，进一步仔细观察后，发现电流互感器顶盖被金属膨胀器顶开而高起。专业人员和安全员一起查看监控后台和保护测控装置，各路信号并无异常。经过现场分析讨论，确定电流互感器内部有故障，立即向电力调度中心汇报，并上报紧急缺陷。

在电力调度指令下，进行一系列现场操作，把 220kV 母联开关状态改为检修状态。检修人员到达后，对设备取油样进行全面检查，最终确定 220kV 母联开关 A 相电流互感器损坏，需返厂大修。电流互感器顶盖被顶开后，一旦雨水进入，会引发电流互感器内部故障，进而引起 220kV 正、副母差保护动作，导致变电站 220kV 系统全停，构成电网事故，后果将不堪设想，幸亏及时发现和排除隐患。

供电公司注重采用先进的安全技术，在设备状态检测仪器中配备电缆故障定位系统等一系列检测设备及发电机等一系列辅助设备。注重在严酷条件下对变压器等设备进行状态检测。仪器设备组装均采用非集控方式，便于灵活拆卸，同时可满足不同现场条件的需求。其中，配备六氟化硫设备状态检测仪器，采用模块化设计；配备气相色谱仪等检测仪器，注重在现场对故障气体进行全组分析，快速准确获取故障信息；配备电网设备质量检测仪器，采用数字式局放电检测仪等设施，精确实施 10kV 配电变压器、电缆、互感器及金属材料常规试验和质量抽检，支持设备安全质量监督工作。充分发挥设备状态评价、故障诊断和质量抽检功能。细致排查隐患、处理缺陷，保证电网设备安全可靠运行。

3. 天气炎热　平安用电

随着夏季高温季节的到来，用电需求越来越高，用电量也越来越大。供电公司用电检查人员加强对客户的安全用电指导，规范常用电器的安全操作，普及安全用电知识。

用电客户使用的电器，必须安装合格可靠的剩余电流动作保护器，每隔一个月试跳检测一次，以检查保障其灵敏度。凡是带金属外壳的家用电器，应安装接地线且接地电阻不大于 4Ω 的规定值。

移动式插座的连接线不可过细，插座上的设备用量不宜太多，负载不宜过大，注意不可超过插座本身规定的额定电流。插头或插座有烧伤、损坏迹象时不可再用，切不可用导线直接插入插座。如果手潮湿，不可插拔电源和操作设备。各种用电器具，应注意防潮、防火、防压。夏天天热，维修电器或检查线路时，不可赤膊上阵或穿拖鞋，更不可用金属梯子登高作业。对于不用的电器设备应切断电源，防止其遭受雷击，并做好防雷措施。

盛夏时节，人们常常利用空调制冷降温，空调的用电量占较大比例，空调的使用频率较高，因此，比较容易出问题，应正确使用空调，加强安全检查与维护。

如何正确安全地使用空调，是一个不可忽视的问题。夏季由于长时间开空调，往往屋里会有异味，人长时间处在封闭状态，会感觉到不舒适。因此，空调在使用一段时间后，应注意清洗空调过滤网中的积尘。有条件时最好在使用前用吸尘器进行室内风机除尘，并在长期使用后定时对空调过滤网进行消毒。每天开机的同时先开窗通风一刻钟，第一次使用时应多通风一段时间。目的是让空调里面积存的细菌、霉菌和螨虫尽量散发。室内使用空调的时间不宜太长，最好经常开窗换气，以降低室内有毒气体的浓度，定期注入新鲜空气。使用空调时，应禁止在房间吸烟。

启动及使用空调时，应避免同时使用其他大功率家用电器，保证不超负荷，以确保线路的整体安全。空调在运转时，注意不可对着它喷洒杀虫剂或挥发性液体，以免漏电酿成事故。根据室外的温度，应注意调整室内外温差，一般不超过 8~10℃ 为好。儿童、老人和病人房间使用的空调，更应注意合理和科学，温度、风速以及使用时间方面都需要细致考量，以达到安全舒适使用的效果。

4. 应对台风　抵御风险

台风之季，汛情加重，险象环生，危及电力设施安全运行。供电公司注重完善和启动应急抢险等有关安全管理机制，认真落实上级紧急通知要求，全面开展防灾减灾等安全防范工作。

供电公司深入组织开展隐患排查、应急响应等工作。加强安全生产组织领导，实行周密部署、靠前指挥，各司其职，各负其责，督促落实专业安全技术措施。

各生产专业认真开展安全大检查，深入进行调度机构、电力线路、变电站等场所防灾避险隐患排查。对于排查出的隐患，立即逐条落实整改措施。根据实际情况，及时做好预测、预警工作和抢险应对准备。主动加强与气象部门及防灾应急管理部门的联系，加强跨区输电通道、重载输电线路、重要变电站、换流站等设施的灾害监测。提前掌握雨情、汛情、风情、灾情及其发展变化趋势，及时发布预警。

针对台风、雷雨、洪水、泥石流、滑坡等灾害的易发特点，供电公司细化现场处置方案，逐项落实应急装备、应急物资和应急队伍，建立与地方政府、社会相关单位及用电客户的协调联动机制，全面做好应急准备。

电闪雷鸣、狂风暴雨、洪水汹涌的紧急时刻，供电公司及时启动应急响应机制。应急指挥中心凌晨召集人员，组织开展线路及设备特巡，快速开展电力设施受损情况评估，及时掌握设备损坏、客户停电等灾情，并逐级向上级单位及地方政府汇报。在确保安全的前提下，快速组织人员抢修受损设备，尽快恢复电力供应。

在抢险抢修的紧急行动中，供电公司进一步加强 95598 的热线接待和解答工作，认真做好客户有关供电业务咨询、故障报修受理等优质服务，合力促进安全供用电。

根据灾情，供电公司统筹调配各专业力量集中抢修水毁线路。同时，注重履行社会责任，协助配合地方政府做好灾害救援工作。针对台风造成的灾害，供电公司注重科学抢险救灾，确保人身安全。实行安全抢险、集约抢修，严格遵守安全工作规程，认真落实恶劣天气情况下输电线路巡线、变电站巡视、抢修作业人身安全防护等措施。认真防范溺水、触电、雷击等各类事故。

加强施工现场和人员驻地的灾害防范，在极端恶劣天气时，暂停施工作业、撤离危险地点。防范洪水、泥石流、山体滑坡等造成意外人身伤害。加强恶劣天气行车安全管理，确保道路交通安全。

供电公司严格执行应急值班制度，制定实施"轮流值班表"，实行 24h 防汛应急值班和领导带班制度，明确值班责任和任务。严格执行值班重大事项请示报告制度，及时处置各种突发事件。加强抢险信息互通联络工作，在有突发事件和紧急情况时，积极稳妥应对，及时向上级和有关部门报告。注重做好抢修工作信息的收集整理和报送工作，把握正面舆情，争分夺秒，力争在第一时间发布准确、权威的抢险抢修信息。掌握舆论的主动权，及时稳定公众情绪，解疑释惑。保障供电舆情的安全，提升抢险救灾的整体安全效能。

5. 电器保护设备　选购五个查看

迎峰度夏，用电负荷增加，漏电、触电的危险概率增大。因此，更应重视电器保护设备的选购安装及使用。其中，居民客户家庭小型断路器和漏电断路器在保护安全中得到广泛应用。但是，由于生产企业众多，技术与质量管理水平不同，导致市场上的产品质量参差不齐，给用电客户的选购安装及使用带来困难。

供电公司用电检查人员根据多年的安全工作经验，指导用电客户掌握小型断路器和漏电断路器的选购知识，为安装和使用奠定良好的基础，保障其合格的安全性，避免设备损坏和防范事故发生。重点提示用电客户在选购过程中应注意做到"五个查看"。

查看产品安全认证。小型断路器和漏电断路器这两种产品为强制性产品安全认证。选购时，应识别这两种产品是否取得该认证资格，即产品有无长城标识，此标识为中国电工产品认证委员会安全认证标识。对于缺少长城标识的产品，用电客户应拒绝选购。具体选购时，应注意把握好具体环节和细节。

查看铭牌内容。正规厂家产品的铭牌标识内容齐全，且移印清晰、耐久。如小型断路器铭牌中至少应有型号、电流等级、额定电压、接线图、执行标准、短路分断电流等级、瞬时脱扣器类型等，一般居民家庭用电客户应使用 C 型。还应标明厂家名称、额定频率、开关进出线端标识、生产日期等内容。

查看漏电动作分断时间。漏电断路器铭牌中除了具有上述内容外，还应有漏电动作电流等级、漏电动作分断时间、试验装置操作及漏电脱扣指示钮等标识。同一台漏电断路器仅允许有一个铭牌、一个额定电流。不允许出现漏电断路器一个额定电流值、漏电脱扣器一个额定电流值。脱扣器的动作电流值和输出延时是可以设定的，动作电流值必须小于等于额定电流值。

查看开关手柄。在选购时，应细听开关手柄分开时的声音是否清脆，分开时应灵活、无卡死、滑扣等现象。闭合开关时，如果手感觉到明显压力，表明此开关有足够的超程，可以选购。另外，将闭合后的开关垂直向下用力敲击，开关手柄能分断，说明这类开关有足够小的脱力能满足过载、过流时的速断。对于手持开关，如果感觉开关的重量较重，则说明开关内所配的元件基本无偷工减料现象。

仔细查看开关的接线端子。其吊钩应该是铁镀锌，底座应用铜制做。还应观察整个开关的外形，判断是否属于正规厂家的合格产品。注意查看塑料外壳表面压制的文字、符号是否清晰，颜色是否均匀，并且外形应美观，盖、铆合不应错位。

逐项查看无问题后方可放心选购安装及使用，这样有利于保障安全用电。

6. 真空断路器　拒动查故障

雷雨中，一条 10kV 线路速断跳闸。供电公司立即组织人员进行故障排查，实施抢修，发现真空断路器拒动，导致变电站开关发生动作。经检查，该断路器型号为 ZW18-12 型真空断路器，操动机构为 CT23-S 型手动操动机构，涌流控制器型号为 TC-32 系列产品。

专业人员经模拟测试，发现造成此故障的主要原因是：断路器的涌流控制器响应速度与故障电流形成前的电流有关，故不能可靠地将延时统一，从而无法可靠隔离故障。

供电公司注重举一反三，组织人员对其他真空断路器常见拒动故障迅速进行检查、深入分析，查找和防范容易出现的薄弱环节及问题，如断路器自身整定值比变电站整定值大；电流互感器变比不匹配；在开关时整定方法不正确；分闸线圈电阻增加，分闸力降低；分闸顶杆变形，分闸时存在卡涩现象，分闸力降低；分闸操作回路断线；真空泡的真空度下降，真空泡内存在一定的电离现象，并由此产生电离子，使灭弧室内绝缘下降，导致断路器不能正常分合闸；拨码开关位置不正确。

针对真空断路器存在的薄弱环节和问题，需认真采取防止真空断路器拒动的安全措施。

安装设备时，应认真查看产品合格证、使用说明书。注重采用微控智能化涌流控制器，有利于提高响应控制器速度。定期停电检修开关，注意测量分闸线圈的电阻，检查分闸顶杆是否变形。使用的分闸顶杆，注重采取钢质结构。加强低电压分合闸试验，以保证断路器性能可靠。

调整控制器延时时间，保证其趋于零值。控制断路器定值，使其小于变电站开关整定值。对于电流互感器变比，应注意将其调整到合适值。

认真预防真空泡真空度的下降，防止断路器不能正常分合闸。采取相应的安全技术措施，如拆下原真空灭弧室，换上新真空灭弧室。安装时应保持垂直，注意动导电杆和灭弧室应同轴度，操作时不应受到扭力。测量开距和超程，如果不满足要求，应做相应调整，调整绝缘拉杆的螺栓可调整超程，调整动导电杆的长度可调整灭弧室开距。

掌握正确的涌流控制器常规整定方法：整定 A 相时，把 A 相二次电流固定为待整定值（3～6A）或把 A 相一次固定为相应电流，再把所有拨码开关拨向"ON"，调节 A 相电位器使"红色指示灯"由不亮变成均匀闪烁，A 相即得到整定。整定 B 相时，需两相通电。A 相通电(电流值小于 A 相整定值)，把 B 相二次电流固定为待整定值(3～6A)或把 B 相一次固定为相应电流，再把所有拨码开关拨向"ON"，调节 B 相电位器使"红色指示灯"由不亮变成均匀闪烁，B 相即得到整定。C 相整定方法，与 A 相整定方法相同。

供电专业人员注重对真空断路器运行中出现的不正常状态的检查及防范，及时采取相应的诊断和处理方法，使电力系统中的设备处于良好的运行状态。

7. 农村家用电器　防范雷击损坏

农村平房住户比较多，相对城市居民楼房小区比较分散。尤其是农村幅员辽阔，多是旷野，电力架空线路比较长，又无高大建筑物遮蔽。因此，在农村发生雷击电器设施的几率比较高。供电公司专业人员注重加强农村的防雷安全宣传工作，认真普及防雷知识，协助指导完善防雷设施。

随着农村生活水平的提高，大屏幕彩电、空调、电脑等电器比较普及。一些电器由大量集成电路组成，雷电往往对集成电路构成的家用电器造成的危害较大。

雷雨季节导致家用电器损坏的主要原因，往往是由于感应雷的侵入引起的。电源线、弱电电缆容易产生感应电磁脉冲，埋设在电缆沟或地下也会受到雷电电磁脉冲的影响。

雷击入侵主要有三条途径：雷电的地电位反击电压通过接地体入侵、由交流供电电源线路入侵、由通信信号线路入侵。强烈的雷电感应作用，将在这些架空导体上产生很高的雷电电磁脉冲，电磁脉冲沿着这些导体进入家用电器内部而造成危害。

雷电对家用电器的损害分为：明显损害，是指雷电对家用电器直接造成损伤或损坏，使其无法正常使用的损害；慢性损害，是指破坏原有电器参数的平衡，损坏家用电器部分非关键元件，导致整机性能下降，使用寿命大幅缩短的损害。

建筑物按其防雷设计，应敷设直击雷保护设施。如避雷针、引下线和接地体，其能将雷电流的大部分引入地下泄放。但是，对于居民客户的家用电器，往往不能提供全面的防护。因此，应注意采取综合安全防雷措施。

建筑物应注重严格落实防雷设计，规范装设直击雷防护设施。对进入住宅的电源线、信号线实行屏蔽接地，由建筑设计、施工部门以及通信和有线电视的设计施工单位负责解决。家用电器在安装时，应与建筑物外墙保持一定距离。在相应的入户线路上，安装家用电器过电压保护器。

防雷措施的关键在于建筑物的接地装置必须合格，即共同使用的接地线应安全可靠。家用电器的金属外壳与接地线相连，所有避雷器的接地都与接地线相连。有的厂家宣称其产品具有防雷功能，需知防雷是一项系统工程，单凭某个元器件是无法实现的。

电源避雷器应安装在供电线路入户电源配电箱处，可对雷电流起到拦截作用，并通过接地装置将过电流泄入大地。电视机馈线避雷器，应安装在电视馈线入室后电视分配器的入口处。电话避雷器安装在入室后的电话线上，使电话机经过电话避雷器而与电话外线相连。电脑网络避雷器串联安装在网线入户端，将可能进入的雷电流阻拦在外面。弱电线路的避雷器，可以统一安装在入户多媒体智能箱内。这些避雷器将从线路上入侵的雷电磁脉冲进行分流限压，从而保护家用电器的安全。

如果上述条件不具备，可以采取简单易行的安全方法：即在雷雨天气，拔掉各种电器的电源插头和信号线插头，不使用家用电器，打雷时不打电话。

雷雨天气最好不要收听收音机，否则很有可能损坏收音机设备。使用太阳能热水器的用电客户，注意即便是房子的避雷设施完善、接地系统到位，最好还是不要在打雷时洗澡。电视机室外天线上安装的铁棒避雷针，往往将空中雷云层的电荷引向自身，经接地线传入大地，这样做反而会加大电视机遭受雷击的可能性，有害无益。注重趋利避害，方能保障雷雨时的安全。

8. 夏季配电室　检查细维护

进入 7 月，针对温度高、湿度大等情况，供电公司加强配电室的安全检查和维护工作。

炎热的天气，以空调为主的电力负荷急剧攀升，往往使配电设备或配电线路满负荷甚至过负荷运行。有些运行时间较长的设备或线路本身可能存在老化缺陷，一旦负荷电流大幅上升，会引起隔离开关或断路器严重发热以及母线连接处接触不良等状况，造成接触电阻过大或过热打火或产生电弧。严重时容易造成开关故障跳闸，影响配电室安全运行以及广大客户用电需求。

因此，供电公司专业人员根据设备自身状况及负荷情况，采取有效应对措施，加强配电室维护工作，以避免电气事故的发生，保证运行中电气设备的安全，保障安全供电的连续性。

供电公司专业人员加大电气设备设施的巡视检查力度，及时发现设备问题。按照电力系统运行规程规定，有人值班的配电室正常巡视周期为每班巡视一次，无人值班的配电室为每周至少巡视一次。夏季负荷高峰期间，应根据变压器及线路可能出现的最大负荷情况，对易发热的、满负荷或过负荷运行的、运行年久的、有缺陷而尚未消缺的设备和线路增加特殊巡视，即增加巡视检查的次数。缩短巡视检查的周期，尽早发现运行中出现的异常情况，及时加以处理，避免大范围停电事故的发生。

加强对重点部位温度的监测，掌握变压器的运行温度、低压母线接续点的温度、大电流开关的温度、电线电缆接头的温度以及各种接线端子的温度。温度监测可采用在需要控温部位贴变色测温片、使用红外测温仪等方法测温，或运行人员通过目视观察是否有氧化发黑、连接点滋火等现象来判断温度。对于油浸式变压器其上层油温不应经常超过 85℃，95℃为极限值；对于普通干式变压器不宜超过 130℃，155℃为极限值；对于母线温度不应超过 70℃。

认真检查并适时启动通风降温系统，对于因运行温度不高，长期未启动过的变压器冷却系统，应定期检查风机控制回路及风机本身状况，保证在变压器温度达到风机启动值时能立即启动。普通干式变压器在温度达到 100℃时风机启动，80℃风机返回。油浸式变压器风机启动温度为 65℃，风机返回为 55℃。另外，对于装有通风系统的配电室，在夏季应适当增加通风系统的开启次数并适当延长其运转时间，使电气设备在规定的环境温度下运行。

应注意监控配电室的环境湿度，对于运行中的高压电器设备若环境湿度过大，则比环境温度过高的危害更严重。特别是广为使用的全封闭式小车开关柜，如果在高湿环境中，柜内会产生水汽，易引起绝缘下降，并且放电。如果发现不及时，致使设备长期放电，则会造成开关柜恶性短路事故，危及运行人员人身安全。因此，在夏季配电室内的空调设备应以除湿为主，环境湿度较大时可考虑加装工业除湿机，可以大幅度降低室内环境湿度。另外，可在设备区内悬挂温湿度双显表并定时记录。

认真做好防雨水工作，配电室内所有进出电缆的管孔都应定期做密封检查。检查室内电缆沟、电缆夹层在每次雨后有无积水，并针对情况做出相应处理，防止电缆长期浸泡在水中引发绝缘下降导致的击穿事故，同时还可避免高湿度对电气设备的影响。对于室外电缆井应根据雨量，及时抽、排雨水。

加强检查防雷设施，每次雷雨过后应及时巡查避雷针和避雷器，如放电记录器是否动作、瓷质部分有无裂纹损坏、接地引下线有无锈蚀断裂和电弧烧痕、接地体引出线在地面上的断连板卡的螺栓有无锈蚀松动脱落等状况。

通过有针对性地采取检查与维护措施，保障配电室的安全可靠运行。

9. 客户违规　设备烧毁

用电客户的电气工作人员，对自行维护的 10kV 配电室开关柜进行检修。在对高压柜进行检修时，将电压互感器计量小车抽出后进行试验，将试验数据与标准值进行对比，确认合格。然后将电压互感器计量小车的二次线插头插入插座，推入该小车，关上开关柜柜门。经过检查后，分开接地开关，送电。现场工作负责人检查，确认工作完成，拆除接地线，工作人员撤离现场。工作负责人向本单位自行维护的变电站报告工作终结，履行工作终结制度，送电。

受电两小时后，该用电客户自行维护的变电站发生故障跳闸。通知现场工作负责人对当天的工作进行全面检查。当打开该高压进线柜电压互感器小车柜门后，发现电压互感器小车室小车 C 相铜排烧坏，二次线已烧毁，该电压互感器小车报废，C 相铜排部分毁坏需更换。

用电客户有关负责人将事故情况向供电公司报告，请求安全技术支援、开展事故调查和协助排除故障。供电公司专业人员立即来到客户的设备现场，分析事故情况，查明具体原因。

供电公司专业人员抽出客户配电室的电压互感器小车，对故障点进行查证、查实。发现该电压互感器小车二次线卡入了轨道中，非常靠近铜排，两者间的安全距离不足 125mm。因此，经过送电后，直接造成该起短路事故。

检查发现，该高压开关柜存在设计缺陷，其也是造成该起事故的原因之一。由于柜体设计时，未能有效地将二次线与小车分合过程中所用的轨道隔离开，在多次操作后形成了偏差。一次母线金属隔离挡板的设计不合理，也留下安全隐患。

供电公司专业人员还发现，客户的电气工作人员安全责任没有落实到位，也是造成该起事故的主要原因。电气工作人员完成试验装回小车时，没有认真进行检查，工作负责人未认真监护工作的全过程。而且在工作完成后，工作现场检查验收不细致、不彻底，导致事故的发生。

在用电客户的设备现场，供电公司专业人员严肃指出：此次事故的主要原因是违规检修操作。在开展比较复杂的检修试验工作之前，应报请供电公司实施安全技术监督，由供电公司组织开展电气试验等工作，方能从根本上保障入网设备的安全运行，防止此类事故的发生。

供电公司专业人员在现场指导客户电气工作人员，进行设备整改。将原有一次母线金属隔离挡板拆除，更换为环氧树脂绝缘挡板。减小挡板口的尺寸，更换电压互感器小车及插座。将进线柜带电压互感器分开设计成进线柜和电压互感器柜两台，从而在设计上保证设备安全。

设备整改后，供电公司专业人员指导用电客户采取安全措施，防范事故的发生。同时提示用电客户电气工作人员加强安全学习和教育，吸取教训，提高安全意识，增强工作责任心，认真抓好人员培训工作，积极组织电工学习安全规程和专业知识，提高管理人员、电工人员的安全工作技能和业务综合素质。

坚持"四不放过"的原则，即事故原因不查清不放过；整改措施未落实不放过；责任人员未处理不放过；有关人员未受到教育不放过。

协助制定完备详细的安全组织措施和技术措施，加强检修施工的动态检查，督促安全措施的实施。工作负责人应严格监护作业人员，在作业结束后，应细致、全面检查检修的质量。客户进行检修及试验时，应预先与供电公司联系和沟通，采取可靠的安全措施后，方可实施，保证客户的电气设备和电网设备的安全稳定运行。

10. 接地电容电流 预防超标危害

入夏以后，随着供电负荷的发展，尤其是在城区、开发区和大型工厂内部等区域电缆线路日益增多，系统单相接地电容电流不断增加。当发生单相金属性接地故障时，流过故障点的短路电流为全部线路对地电容电流之和。由于接地电流和正常时的相电压相差90°，在接地电流过零时加在弧隙两端的电压为最大值，使故障点的电弧不易熄灭，常常形成熄灭和重燃交替的间歇性和稳定性电弧。间歇性弧光接地能产生危险的过电压，而稳定性弧光接地则会发展成相间短路，严重威胁电网的安全运行。对此，供电公司高度重视，组织专业技术人员，加强检测和分析，并且采取相应的安全防范措施，维护电网的安全可靠运行。

供电专业技术人员认真把握有关技术参数，当发生间歇性弧光接地时，往往产生高达3.5倍相电压的弧光过电压，造成多处绝缘薄弱的地方放电击穿和设备瞬间损坏。中压系统的铁磁谐振过电压现象比较普遍，时常发生电压互感器烧毁事故和熔断器的频繁熔断事故，严重威胁电网的安全可靠性。而稳定性弧光接地，电弧不能自灭，很可能破坏周围的绝缘，发展成相间短路，造成停电或设备损坏等事故。

10~35kV系统一般采用中性点不接地运行方式，中性点不接地系统发生单相接地故障时，规程规定允许暂时继续运行的时间不超过2h。电力行业标准DL/T620—1997《交流电气装置的过电压保护和绝缘配合》规定，3~10kV不直接连接发电机系统和35、66kV系统，当单相接地故障电容电流超过有关数值又需在接地故障条件下运行时，应采用消弧线圈接地方式：3~10kV钢筋混凝土或金属杆塔的架空线路构成的系统和所有35、66kV系统，10A；3~10kV电缆线路构成的系统，30A。

接地电流与电压、频率和每相导线对地电容的大小有关，而每相导线对地电容与电网的结构、电缆或架空线和线路长度有关。当系统发生单相接地故障时，电缆线路单相接地电容电流是架空线路的35倍。

为了限制和减少系统单相接地电容电流，应采用中性点经消弧线圈接地方式，以消弧线圈的电感电流抵消接地点流过的电容电流。如果调节合适，可以避免由电弧所引起的过电压危害。

采用微机自动跟踪消弧装置，可以有效解决变化较为频繁的电网接地电流补偿技术的难题。注重装置的手动、自动能够达到切换灵活、操作简单等性能，可采用过、欠、全补偿方式。发挥实时在线电容电流监测、自动跟踪补偿、过电压抑制、自动进行调节等功能的作用。装置采用预调节方式，正常运行时消弧线圈已预调至系统所需补偿的电流挡位，可以显示消弧线圈的挡位、补偿方式、残流大小、系统电容电流大小和中性点位移电压。接地时，能够显示接地线路编号、接地零序电压、接地零序电流、接地发生时间、接地累计时间等。

采用新型消弧线圈，抑制间歇性电弧过电压，消除电磁式压变饱和引起的铁磁谐振过电压，降低故障跳闸率，通过加强技术手段，维护电网安全运行。

11. 分析雷害　综合防范

夏季是触电事故高发期，尤其是在雷雨天气，容易发生触电伤亡等事故，有关危害不断敲响警钟。

供电公司针对该月雨水及雷电天气较多，一些群众及客户安全意识不强、对有关防护知识不太了解等情况，组织人员走上街头，发放安全资料，讲解防范触电等安全知识，提醒客户及群众，在雷雨中出行时，应格外注意避险，保障自身安全。

雷雨天气出行时，行人应注意观察，不要与路灯杆、信号灯杆、空调室外机、落地广告牌等金属部分接触。

如果在靠近架空电力线路和变压器下避雨，则存在很大的危险性。因为，风雨有可能将架空电线刮断，而雷击和暴雨容易引起裸线或变压器短路、放电，对人身安全构成威胁。还应注意不要接近电线杆的拉线，因为拉线的上端离电力线较近，在恶劣天气里有时可能会出现意想不到的情况而使拉线带电。

雷电暴雨，有些地方的路面会积水，这种情况下，应注意不要盲目趟水。如果发现电线断落在水中，千万不要自行处理，应立即在周围做好标记，及时拨打 95598 通知供电人员来处理。一旦电线恰巧断落在离自己很近的地面上，注意冷静、不要惊慌，更不能撒腿就跑，此时应单腿跳跃离开现场。否则，很可能发生跨步电压触电、或者在跨越电线时发生触电。

行人固然应注意防止触电，然而行人的触电往往与用电客户安装及使用电器的安全情况息息相关。电器设施的安全状况直接影响行人及群众的安全程度。在雷雨天气里用电时，应注意保持用电设施的安全可靠，保障行人及群众的安全出行环境。

为了确保安全，应经常注意检查和维修空调机及其防盗网等用电设施是否存在漏电等危害，应及时更换、改造存在隐患的设施以及老化的线路。

应使用正规、安全的电源插座。因为劣质插座容易漏电，还会发生短路等危害。当发现有人触电，去拔电源插头时，应注意不要碰及带电的金属片。对于插座、开关的安装，平时应确保其牢固，四周无缝隙。

　　大功率电器使用区间相互避开为好，多种电器一般情况下不要共用一个插座，以免负荷过载，引发危险伤及他人。

　　室内外电线不可私拉乱接，必须规范安装，注意理顺和检查。防止出现漏电及短路现象，避免危及他人安全。

　　夏季采用制冷空调、电风扇、空调扇等电器降温时，通电时间不宜过长，特别注意不要让电器沾水或在潮湿环境下工作。对于不用的电器，及时关闭，做到人走关机，断开电源，以减少危险点。

　　雷雨时，如果有些建筑物内进水，应迅速关闭总电源，以防正在使用的电器因浸水、绝缘损坏而漏电伤人。已经浸水的电器再次使用之前，应找专业电工对电器的绝缘性进行测试。如果达到安全规定要求，则可以使用。否则必须及时维修，以免造成触电事故。

12.　三脚改两脚　插头有危险

　　供电公司用电检查人员发现，城镇住老房子的用电客户，其室内的电源插座大多不够用，一些农户在建房时往往也忽略墙壁电源插座的规范安装。一些用电客户添置了三脚插头类型的电器，而电源插座与现实中的用电器具插头数量及插孔型号往往对应不上，一些用电客户，就把电源三脚插头中带有接地符号、有的说明书称接机壳的一脚掰掉或掰倒，将三脚插头的电器插在两孔插座中使用。虽然能够接通电源用上电，但是"三脚改两脚"，其安全性能却会出现严重的问题。因此，用电检查人员提醒客户，插头接地脚悬空会造成隐患，应注意落实保护接地等安全措施。

　　用电客户家用电器中的洗衣机、空调器、电冰箱、金属外壳落地扇、落地灯、电熨斗、电脑、电饭煲、电炒锅、微波炉、电烤箱等用电器具的电源引线，均采用三脚插头。三脚插头的三个脚形成等腰三角形，其中等腰三角形的顶脚比另外两脚稍长，这个脚与电器的金属外壳相连。农村用电客户选择保护接地，就是把电器的金属外壳与接地电阻不大于 4Ω 的接地体相连。城镇用电客户选择保护接零，就是把电器的金属外壳与公用零线连接。实施保护接地和保护接零，其作用都是预防各种用电器具因绝缘损坏、老化或受潮后漏电伤人。

　　改动电器插头，"三脚改两脚"，容易引发多种危害。电器失去接地或接零保护，如果电器外壳漏电，接触机壳的人员，不可避免有触电的危险。三脚插头形成的角度是斜脚，两脚插头形成的角度是平行。插头与插座，本应各自相匹配及配套使用，如果硬把斜角度插头插在平行角度插座中，极有可能造成插座短路、插座与插头接触不良等问题。这些问题一旦出现，轻则烧毁电源引线、插头插座或电器，重则引起发灾。

　　如果用电客户掰断的插头不是接机壳的一脚，当将电器插头插入插座时，容易将接机壳的插头插在火线上，造成电器外壳带电，使接触电器外壳的人发生触电事故。一位村民购买了一台电风扇，回家后插上电源试运转，当手碰及电扇底座时，发生触电事故。经专业人员现场调查发现，造成触电的原因是这位村民将电风扇三脚插头中的保护接地脚误接在了电源插座的相线上，从而使电扇金属外壳带 220V 的对地电压，而且家中未安剩余电流动作保护器。因此，造成触电危害。

插头"三脚改两脚"，当空气干燥时电器金属外壳产生的静电无法消除，人体接触这些带静电的电器时，往往因为静电放电而引起电击。虽然这种静电电击不会致人死亡，但有可能受伤或引起恐慌，容易引发二次事故，导致儿童、老年人摔倒等情况而引发意外伤害。

供电公司用电检查人员在现场向用电客户认真讲解，当插头与插座的规格不对应时，不应人为改变插头。三脚就是三脚，不可改为两脚。应采取更换插座的方法解决接电源的问题，金属外壳该接地的电器一定要可靠接地。保障安全，尤为重要。

13. 梅雨潮湿环境　加强漏电保护

梅雨季节，供电公司用电检查人员加强对用电客户安装和使用剩余电流动作保护装置的指导，及时排除接地故障，防止触电和电气火灾等事故的发生。

供电公司专业人员认真检查设备，提醒客户明确漏电保护器的安装范围，指导用电客户根据实际情况，在重点用电环境中，安装剩余电流动作保护器。

在防范触电和防火要求较高的场所以及新建和扩建工程使用的低压电气设备和插座等设施内，均应安装剩余电流动作保护器。用电客户新投入的配电箱、动力箱、操作台、机床、起重机械和各种传动机械等机电设备的动力箱，在考虑设备的过载、短路、失压、断相等保护的同时，实施漏电保护。用电客户在使用上述设备时，应优先采用具有漏电保护的电气设备。

在潮湿、高温、金属占有比例大的场所，如锅炉房、食堂、浴室等场所，必须安装剩余电流动作保护器。建筑施工场所、临时用电线路的用电设备，必须安装剩余电流动作保护器。

额定漏电动作电流不超过 30mA 的剩余电流动作保护器，在其他保护措施失效时，可作为直接接触触电的补充保护，但不能作为唯一的直接接触触电保护。

对于机关、学校、企业、住宅等建筑物内的插座回路以及宾馆、饭店及招待所的客房内插座回路，均应安装剩余电流动作保护装置。

安装在水中的供电线路和设备，如游泳池、音乐喷泉、浴池、潜水泵等电器，以及医院中直接接触人体的电气医用设备，必须安装剩余电流动作保护器。

如果低压线路跳闸频繁，应认真排查原因，不可退出剩余电流动作保护装置。农村用电客户大多将护套线砌在墙壁中，一些用电客户贪图便宜使用劣质产品，一旦遇雨，易引发跳闸。有的漏电保护开关失灵，出现漏电后，不能自动断开电源，引起总保护开关跳闸。配电箱引下线破皮、引下铝线日晒雨淋引起的老化以及梅雨季节空气潮湿引起的漏电，常常引起总保护开关跳闸。

低压线路和接户线下的树障没有得到及时清理，梅雨季树障就成了接地体，易引起跳闸。三相用电不均衡，也是引起线路跳闸的原因。接户线搭接在一相上，各户的泄漏电流矢量会叠加，导致总保护开关跳闸。

针对上述原因，指导用电客户采取改进措施。对室内照明线路穿管敷设，加装漏电保护开关，及时拆下不用的配电箱或使用电缆做引下线，认真清理线路下的树障，采用接户线三相均衡匹配等方法，能够有效防止低压线路跳闸。重视发挥剩余电流动作保护装置的功能，确保梅雨季节的安全用电。

14.　多方防汛　有备无患

连日降雨，供电公司全面进入防汛状态，注重为电网可靠运行构筑安全屏障。

供电公司组织专业人员对户外端子箱、机构箱、控制箱门的密封进行细致检查，加强对跨河线路、山区及地势低洼变电站的监控，及时掌握和了解汛情灾害程度，随时做好抢修准备。加强架空线路防汛隐患排查及电缆分支箱、电缆沟道、配电室等区域的防漏、防淹工作。特别是对杆塔周围取土严重、崖边容易滑坡、河道冲刷、低洼积水、个别杆塔基础下陷等影响线路正常运行的区段，应进行仔细排查和防洪加固。

生产班组及专业人员应居安思危，开展防汛自查工作，推进整改，确定重点防汛部位。对跨江、跨河线路和重要负荷线路应加大巡视力度，确保水电大发期间主网架电力通道顺畅。建造物资专用库，配备应急卫星电话。各变电站和输电专业配备各类防汛物资。与专业气象台签订防汛气象咨询协议，每周提供专业气象预报，特殊天气随时发布气象预警。紧密跟踪汛情和天气变化，严格执行防汛值班制度。针对夏季电力负荷高峰和多发的雷暴雨、洪涝灾害等情况，举行多专业协同参加的联合反事故演习，不断补充完善预案，促进提升应急管理水平。

演练模拟台风登陆，启动台风橙色预警，电力应急指挥部，启动台风应急预案。重点变电站恢复有人值守，检修人员、应急抢险分队迅速赶赴现场待命。演练采用移动 3G 视频系统，演习现场布置视频采集点，随时了解信息并发布指令。演习事件随机触发，使演练更加贴近生产实际。实际检验生产应急体系及各部室、专业机构、运维站、后勤职责部门的应急保障能力。运维抢修人员充分结合"一事一卡一流程"，开展运维一体、专业抢修、巡线等项目演练。参演各方精心组织，密切配合，按照事故应急预案，完成线路巡线、设备消缺、恢复送电等任务。

防汛工作尝试实行桌面推演新模式，模拟洪水灾害引发的电力设备故障、抢修人员失踪被困等场景，检验各相关专业防汛应急能力和通信能力、信息采集与分发能力以及应急指挥管理能力，注重检验应急预案的可操作性。演习过程中各参演部门人员集中在一起，在无演练脚本的情况下深入讨论如何应对突发事件，该演习主要考察各参演部门应对突发事件的科学决策能力。桌面推演不动用装备，能够模拟多种特殊情况，增加防汛防范的范围，扩大事故预想面，多方面论证应急预案的适应性，及时完善和改进。提高防汛演习的效率，促进提升应急响应和管理水平。

15. 厂矿用电隐患　加强同防共治

迎峰度夏，供电公司重点加大对厂矿企业电力设备的安全检查；重点加强对煤矿、化工等用电客户的安全用电管理，积极构建齐抓、同防、共治的安全用电管理体系，夯实安全基础，确保厂矿用电客户的安全可靠用电。

供电公司积极协调政府有关部门下发的指导性文件，构建政府监管、客户落实、供电企业提供技术服务的"三位一体"安全用电体系。供电公司重点为高危客户安全用电提供技术支持，认真开展高危客户侧安全用电大检查工作。供电公司安全用电检查人员加强对矿井、多家化工企业客户的安全宣传和指导，明确供用电双方的责任和义务。

对以往发生过雷击跳闸事故和管理较为薄弱的厂矿用电客户进行督导，重点检查夏季安全措施落实情况以及"两票三制"执行等情况。

供电专业人员走访工业园区，了解用电需求，协调解决工业园在规划、建设及用电需求方面的问题。现场勘察客户变电站新建 10kV 线路工程进度及施工质量，对存在的问题进行指正。协调线路的移交及管理事宜，推动安全投运。

雷雨中，工业园区用电客户的配电房内电压互感器发生故障。雷雨停后，用电客户向供电公司打去求援电话，供电公司立即安排专业技术人员协助处理。由于客户的用电量比较大，生产任务紧急，需要争分夺秒抢修，尽快恢复供电。

供电专业人员迅速赶赴到工业园区，在工厂负责人的带领下，穿过车间，来到配电房。透过计量柜门上模糊的透明挡板，看到电压互感器表面早已蒙上了厚厚的一层灰，上方竖立的三根熔断保险管，其中一根看上去有些异样。供电专业人员查看计量柜体上的三个显示仪表，两个指针在 10kV 位置，而最右边一个表的指针在 6kV 位置。然后走进变压器室，检查变压器。供电专业人员发现，电压互感器 C 相的熔断器坏了，应立即更换。"熔断器属于用电客户的资产，应由客户自行操作维护。但是供电人员可以进行安全技术指导，协助进行安全检修。工厂电工在供电专业人员的指导下断开负荷，拉开隔离开关，挂好接地线。电工打开计量柜门，拔出烧坏的熔断器，用万用表核查故障熔断器。检测准备安装的新熔断器，确认完好后，细致地将新熔断器安装好。

供电专业人员协助客户电工拆除接电线，合上隔离开关，闭合负荷开关。完成操作后，配电房的灯亮了，查看计量柜上的指示仪表，三个表的指针都指在 10kV 的位置，故障被及时排除。供电公司积极协助用电客户解决设备缺陷问题，助力于实现安全生产目标。

16.　在雨中　排故障

梅雨季节，一场暴雨突袭。供电公司电力调度控制中心监控运行班发现一条 10kV 线路跳闸且重合不成功，立即通知 95598 远程工作站。95598 远程工作站接到通知后第一时间将情况反馈给负责该区域的配电运检专业人员。

接到抢修指令后，配电运检专业迅速组织人员赶往故障现场。由于该线路承担着医院、商业区等多个重要客户的供电，抓紧时间迅速恢复供电至关重要。抵达抢险地段现场，配电运检专业抢修人员冒雨紧急行动，立即展开巡视检查具体故障点。根据多年的安全工作经验及对周围环境的了解，抢修人员将该线路附近曾发生过塌方事故的地段作为重点，集中排查，以求快速准确找出故障原因。

配电运检专业抢修人员巡视至 10kV 5、6 号电杆时发现，电缆外绝缘层排管破裂，与之相连的电杆由于受到外力的压迫，金属、横担支架严重扭曲并有明显放电痕迹。

发现险情和具体故障点后，及时通知其他抢修人员汇聚过来实施抢修。现场迅速制定应急抢修安全技术方案，将该电缆两端与供电线路断开，隔离故障点。将 10kV 线路所带的供电负荷调至其他线路上，保证客户用电不受影响。

抢修人员冒雨抢修，应注意采取防护措施，确保抢修过程中的安全。由于排除故障及恢复供电及时，保障了该线路上重要客户的用电。

暴风雨中，郊区一个村子的电力设备发生故障，造成全村居民和村里的加工企业全部停电。故障发生后，村委会主任立即拨打 95598 供电服务热线报修，供电公司立即组织人员赶赴现场抢修。

供电抢修人员在雨中仔细巡查电力线路，快速逐项检查变压器、配电箱等供电设备，发现完好无损，循序逐户进行排查具体故障原因。在巡查一农场用电客户设施时，发现其接户导线有断线现象。经过分析判断，其接户导线断线后裸露掉到地上，引起村里配电箱内总剩余电流动作保护器跳闸，造成断电。

发现故障原因后，供电抢修人员在现场采取安全措施，重新更换接户导线，全村很快恢复了供电。在雨中，及时排除缺陷及隐患，保障客户的安全供电。

17.　科技装置　守护设备

入夏以后，城市施工频繁，一旦电力设施出现问题，都将影响到企事业单位和居民客户的正常用电。为此，供电公司专项开展防范外力破坏工作，组织电力电缆保护等专项小组，加大巡查力度，并且采用先进科技设备保护电力设施。

供电公司输电运检工区线路运检专业人员接到电话，群众扩线员现场报告：有一辆吊车正在电力线路通道下施工作业。线路运检专业人员赶紧带上工器具前往现场查看，认真勘查现场情况，测量间距、对比数据。经过反复测量，确认现场施工符合安全距离，线路处于安全稳定运行状态。线路运检专业人员提醒吊车施工人员，注意保持安全距离，严防造成事故。

供电公司组织人员专项研发制作护线装置，实行向科技手段要安全、保安全。利用太阳能板提供电源，安装报警小喇叭等设施和探测器等部件。设计制作监控装备，让其成为守护铁塔线路的"安全卫士"。供电公司输电运检工区线路运检专业人员在铁塔上安装的防盗报警装置，主要是由报警主机和管理中心组成，只要有通信网络的地方就能使用。在 220、500kV 等输电线路上安装铁塔防盗报警装置，可为线路防盗防外力破坏增添一份保障。

一旦有人非法闯入铁塔控制范围，试图进行盗窃及破坏设备活动，报警装置就会鸣笛并发出语音警告。报警装置系统将自动拍摄现场情况，并及时向监控中心报警。同时，通过 GSM 发送短信给指定人员，并显示发出预警信号的地理位置，运行人员可以在第一时间赶往现场。

10kV 配电室是城市区域供电系统的心脏，因此配电室的安全尤为重要。供电公司组织配电运检专业人员在配电室的大门上安装动态密码锁，小小的智能锁，即为守护配电室的可靠门卫。动态密码锁技术利用十分成熟的锁具技术，应用于配电室的安全保卫。由于开锁密码显示在一种类似电子表的设备中，每隔 60s 刷新一次，且具有防盗报警功能，因此可大大提高配电室的安全性。每次工作人员巡视或检修需要进入配电室时，都必须向相关部门负责人电话申请方可获知开锁密码。由于密码实时更新，巡视人员或外来人员未经许可私自进入配电室的可能性几乎为零。供电公司不断完善密码锁的记忆功能，记录工作人员每次进入配电室的日期、时间、时长等，保证更加稳妥有效的安全管控。供电公司应充分利用科技手段，加强电力设备的安全防护工作。

18. 现场严督察 作业"零违章"

迎峰度夏，应加强现场作业安全管理。供电公司组成安全督察组，深入到变电站和线路施工作业现场，严格检查安全工作。加强纠正违章，严格管控现场安全作业。

供电公司安监专业人员实行以安全生产管理围绕现场为原则，组成安全督察组，走进现场、了解现场、服务现场，掌控现场安全，作为迎峰度夏安全工作常态。重点通过现场蹲点、现场督察安全生产等方式，打造"零违章"施工作业点，推进安全生产管理工作取得新突破。

各级管理人员实行分片包干，落实安全责任。蹲点的重点向现场深处转移，重点查找施工作业中存在的不足，认真解决实际问题，落实供电公司提出的安全要求。

供电公司制定实施《领导干部跟班作业考核管理办法》，修订完善执行《各级人员现场蹲点考核管理办法》，细化安全管理相关要求和实施细则，将现场蹲点的安全效果纳入各级人员的业绩考核指标。现场蹲点次数实行量化控制，对作业现场进行全方位、全过程、全时段跟踪。将现场蹲点过程中发现的问题形成安全生产分析报告，提出和落实整改措施。

供电公司有关人员在 10kV 线路施工现场进行蹲点时，发现该工程要在河塘边挖坑立杆，立即对设计方案提出异议，指出河塘边土质松软，新立电杆容易在大雨、台风、河水的侵蚀下形成造成倒杆事故。针对这一情况，施工班组对于河塘边的线路走向和立杆重新进行了研究，重新调整立杆架线的作业方案，严格执行安全技术标准和施工规范。

供电公司各级人员通过现场蹲点，及时查处现场人员违章作业现象，及时发现安全隐患，及时提出安全意见及建议。

在各个施工现场，实地加强安全生产督察工作，认真排查现场作业过程中存在的违规情况。供电公司配套制定《施工现场联合勘察管理办法》，规定施工现场必须由公司相关部门联合勘察，共同审查制定设计施工方案，提出现场安全措施和危险源点。

供电公司注重明确划分外包企业与供电企业施工现场的安全界限，规定必须由供电专业人员对施工单位进行现场许可、现场验收送电安全管理。通过制定并严格执行安全规章制度，切实强化对外包工程施工的过程控制，促进各项安全规程要求的有效落实。

供电公司制定生产现场管理人员及安全员到岗到位速查表，提高施工现场安全员的督察率和到位率，实现 100% 施工现场督察率。对各电压等级的高危作业、变电运行操作、变电检修作业等情况作出明确规定，分别组建不同专业的安全督察队，形成全覆盖的安全督察机制。要求各单位每日上报施工现场情况具体到每个杆号、线路、时间、地点、车辆、到岗到位人员等细节。每周对于督察现场、查处情况和领导到位情况进行通报，每月对于违章班组级个人进行通报和考核。切实加强施工作业现场的安全督察，实行"零违章"作业，促进安全生产管理水平的全面提升。

19. 战高温保供电　换设备不停电

持续高温天气，使电网负荷骤增。针对电网供电压力大的情况，供电公司合理安排电网运行方式，及时分析比对相关指标，密切监视负荷发展，确保电网稳定运行。

供电公司重点加强值班力量，严肃执行值班纪律。加强设备巡视，把对设备油温、油位、变压器制冷系统的检查作为重点。坚持对导线节点、配电设备红外测温的检查。密切监视导线弧度变化，加强线路交叉跨越以及对地和对树木距离的监控。明确抢险组织机构、抢险队伍、抢修人员联系电话、抢修车辆分配、抢修物资保障等方案。对各生产单位应急物资进行全面清点，购置并补充抢险物资，确保在险情发生时物资充足有效。抢修人员 24h 值班，全面落实责任。加强电网风险管控，加大反违章力度，组织制定实施隐患防范措施，杜绝作业施工现场违章行为的发生。

在变电站设备区，变电运维员工手持热成像仪和记录本，对变电站设备节点、带电部位进行红外测温。正常设备温度约为 30℃，在高负荷部位可能达到 70℃，一旦超过 70℃就可能存在隐患，需要积极采取应急措施，防止跳闸断电。

针对夏季用电高峰，供电公司提前谋划，制定应急措施，大力推进不停电作业。组织开展带电检修 10kV 电缆线路设备的作业，利用电缆线路旁路不停电攻克技术难关。采用的具备带接地保护功能的智能旁路开关和低压双电源自动切换装置，在电缆线路不停电作业项目上取得了新进展。

电缆线路不停电作业是配网带电作业中技术难度大、综合协作能力要求高的作业项目。供电公司先后开展多次现场勘察，作业人员多次进行现场实际模拟演练。针对演练中暴露的问题，不断修改和完善现场作业方案，进行现场规程的修订，促进电缆线路不停电作业的成功实施。

作业项目正式实施，作业在 10kV 电缆线路上开展，采用旁路不停电作业更换高压分接箱。旁路电缆系统带电，作业人员戴着防弧绝缘帽、穿着防弧专业服装、脚穿绝缘靴进入现场作业点，在辅助作业人员的密切配合下，对电缆头进行插拔，经过 9 个小时的连续作业，现场作业人员顺利完成任务。

供电公司在迎峰度夏中，采用旁路不停电作业施工，带电插拔空载电缆，整个作业过程保证对用电客户的不间断供电，有效提高安全供电可靠率。

20. 低压农网　高标建设

大暴雨袭来时，农网配电线路跳闸现象很少，即使跳闸重合闸也能成功，个别线路经过紧急抢修也会迅速恢复供电。往年遇到同等规模暴风雨时，农网一些低压线路频繁跳闸。目前，在恶劣气象中，线路跳闸大幅度减少，主要得益于供电公司对农村低压电网运行维护的标准化管理。

供电公司加强对农村低压电网运行维护标准化管理，创建农村电气化村、标准化资料台账，重点全面提升农村低压电网设备的健康水平，低压配电装置完好率达 100%，实现农网坚强可靠、设备安全健康运行等预期目标。

供电公司制定《农网低压设备运行及维护规范化管理标准》、《农网低压设备运行及维护管理评价标准》以及相应考核制度。着力完善农村低压电网运行维护管理体系和网络，增强专业人员参与运行维护管理的积极性。

健全技术管理标准和考核机制，为推进农村低压电网运行维护标准化管理提供安全制度保障。在狠抓标准化管理过程中，推出以供电所为单位的农村低压电网生产运行分析会制度，每月召开一次，由所长，运维和营销等专业人员参加。针对低压运维涉及的农网设备、配变负载、低电压等方面的工作进行分析、排查，找出短板并制定措施进行整改，以此全面提升生产运行水平。

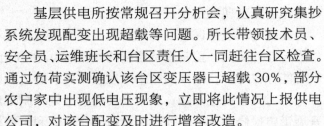

基层供电所按常规召开分析会，认真研究集抄系统发现配变出现超载等问题。所长带领技术员、安全员、运维班长和台区责任人一同赶往台区检查。通过负荷实测确认该台区变压器已超载 30%，部分农户家中出现低电压现象，立即将此情况上报供电公司，对该台配变及时进行增容改造。

供电公司将农村低压电网运行维护管理的重点，落实到配电台区。供电公司规范督导供电所深化标准化台区达标创建工作，重点围绕基础管理、安全管理、运行维护、营销管理、优质服务等方面，制定《农村标准化台区创建实施细则和验收标准》，明确各项具体指标，包括台区设施选型、布局、客户负荷、线路线径和配电箱、开关屏等硬件设施，还有安全细节管理等方面。对于配电室的内墙，统一使用防火涂料，配电室按照标准采用防火安全门和智能保险锁。

开展安全标准化台区达标建设，注重实行安全优质服务"一票否决"制度，即台区内的安全服务如果不达标，台区标准化创建工作就会被一票否决，而这与每个员工的考核相挂钩。供电公司对供电所运维人员进行划片管理，分组负责行政村内的台区运维、抢修等工作。供电公司对安全优质服务情况进行明察暗访，充分重视客户的满意率，如果收到95598 平台派发的有关服务方面的投诉工单并经查实，该台区的标准化资格即被取消。严格管理，严格考评，严格整改，严格验收，使标准化台区建设提质提效，推进农村低压电网安全稳定经济运行。

21. 夜巡线路　保驾护航

夜色朦胧，灯光闪烁。供电公司输电运检专业人员开展输电线路夜巡，利用夜间的特点排查线路隐患，加强防范外力破坏的工作。

盛夏时节，各类市政工程建设进入集中施工期。为了躲开交通高峰、方便施工车辆出入，许多工程多在夜间进行施工作业，工程施工中增加了吊车、塔吊误碰输电线路的可能性。对此，供电公司组织专业人员加强夜间巡视检查工作，组成多个巡查小组实施夜间巡视，各组加强联系和策应，展开"地毯式"排查。

供电公司制定实施线路夜间巡查的各组方案和细则，加强线路巡视效果。注重将线路分为严重危险点、一般危险点、易受外力破坏的线路区段、一般线路区段，实行分级管控，并明确规定巡视周期。

供电专业人员对于严重危险点，每天进行夜巡。利用巡视的机会，向施工人员讲解安全用电和保护电力设施的相关知识，提醒施工人员注意安全施工。

在公路工程的施工工地，远远就传来轰隆隆的作业声。引起了供电专业人员的注意，他们循着声音迅速赶往施工现场。发现一辆挖掘机正在一条高压线路旁进行挖土作业，看到周边连简单隔离都没有，十分危险，供电专业人员立即上前制止违章作业。

起初，工地施工人员并没有理会供电专业人员的劝阻。对于这种情况，供电专业人员根据平时建立的联系机制和相关电话，找到了现场负责人。进一步宣传讲解供用电条例和保护电力线路设施的有关规定，并提醒必须保证与电力线路的安全距离，按照规定向工地下达了违章通知单。

供电专业人员耐心讲解，施工很重要，但安全更重要。施工必须遵守法律法规和安全规定，不可违章和野蛮施工，应采取安全措施，方可施工，以保证施工人员的安全及电力线路的安全。供电专业人员又从车上拿出警示牌，指导施工人员对施工现场进行安全隔离。认真提示，夜晚施工，一定要保证与电力线路保持 6m 以上的安全距离。

在随后的两个小时施工中，供电专业人员一直盯守在施工现场监督，对于危险的施工行为,实行"死看死守",直到该工地作业结束。在确定工地施工作业结束后,巡查小组人员方离开施工现场。

开展夜间巡查,拓展对各种工程项目中危及电力线路危险点的管控时间与空间,及时发现和制止违章作业。打消施工人员野蛮施工的侥幸心理,全天宣传安全文明施工的理念,为群众平安用电和电力线路的安全运行保驾护航。

22. 积极应对"烤"验 保障安全质量

随着气温的持续攀升,电网用电负荷迅速上升,用电负荷屡创新高。供电公司积极应对,多措并举确保夏季电力安全可靠供应。

供电公司注重提早谋划、超前部署,加快推进迎峰度夏工程建设,全面落实迎峰度夏保供电技术措施,重点解决主干电网局部"卡脖子"等问题。通过新建及改造变电站,增加供电容量。加强对用电负荷预测和重载设备的负荷监测,合理安排运行方式。通过优化电网运行及检修方式,重点解决部分变电站重载问题。优化电网设备检修安排,最大限度减少停电。同时,加强应急管理,健全抢修应急机制,组织各级调度机构完善反事故预案,有效提升突发事故应急能力。组织发电企业解决迎峰度夏的设备消缺问题,开展水电、火电等多种能源的联合优化调度,实现迎峰度夏工作目标,同时保障供电可靠性。

烈日炎炎,火辣辣阳光炙烤着大地。供电专业人员托起电缆,钻进像烘炉一般的电缆沟。供电公司加速推进迎峰度夏工程施工,阳光将变电站内构架和设备晒得滚烫,供电检修专业人员每迈一步都会出一身汗,酷暑高温对大家进行"烤"验。

中午时间实在太热,顶着烈日工作,施工人员极有可能体力不支,容易发生中暑。现场工作负责人提出"错温施工"的方案,即早上 6 点半开工,8 点半吃早餐,上午温度一升起来就收工,等到下午 3 点半开工,直到晚上,错开高温,提高工作效率。

天气越热,越不应当焦躁。施工现场注重对一、二次专业工作人员的安排,从安全措施、技术要求、工艺质量、文明施工等方面进行周密策划、细致施工。二次设备施工人员提前 3 天进驻现场,熟悉设备,勘察回路,做到每一个回路都心中有数,每一根二次接线都了然于胸,将前期工作做到细致入微。

气温很高,供电公司工会组织开展"送清凉、促和谐、保安全"活动,深入施工现场为工作人员提供冰镇可口的西瓜、解暑降温的绿豆汤。关爱员工,认真落实安全责任,增强力量。结束一天工作后,施工人员召开班后会,总结当天的施工安全情况,研究明天的重点任务。施工人员认真讨论安全质量问题,在酷暑季节施工,确保安全质量。

23．大暑时节　防范中暑

进入大暑节气，电力工作人员在繁忙的运行维护和检修试验以及施工作业工作中，应注意防范中暑。注重了解掌握防暑知识，采取切实可行的安全措施。

中暑的发生，往往是由综合因素产生的。高温、高辐射环境易导致人中暑，因为这种环境温度高、日照强、湿度小，即通常所说的干热，强烈的照射和较高的温度会导致身体中水分的大量散失，当水分不能得到及时补充时，就容易导致中暑。高温、高湿度环境也容易导致中暑，因为这种环境温度高、湿度大，使得人体不能正常排汗。而此时，人皮肤血流量会增加 3 倍以上，心输出量会增加 50%～70%，因而可以使心衰的发生率增加 1 倍，使心脏病的死亡率增加 1.5 倍。

中暑的发生不仅与气温有关，还与湿度、风速、劳动强度、高温环境、曝晒时间、体质强弱、营养状况及水盐供给等情况有关。

根据实际经验，导致中暑的主要条件是：相对湿度为 85%，气温为 30～31℃；相对湿度为 50%，气温为 38℃；相对湿度为 30%，气温为 40℃。

中暑的程度往往有三级状况：先兆中暑，高温环境中，大量出汗、口渴、头昏、耳鸣、胸闷、心悸、恶心、四肢无力、注意力不集中，体温不超过 37.5℃；轻度中暑，具有先兆中暑的症状，同时体温在 38.5℃以上，并伴有面色潮红、胸闷、皮肤灼热等现象，或者皮肤湿冷、呕吐、血压下降、脉搏细而快的状况；重症中暑，除有以上症状外，还有昏厥、痉挛或不出汗等症状，体温在 40℃以上。

电力工作人员应注意预防和避免中暑。在饮食方面，注意补充水分。夏季人体水分挥发较多，不能等渴的时候再喝水，那时身体已处于缺水状态了。另外，身体中的一些微量元素会随着水分的蒸发被带走，因此，应适当喝一些盐水。注意补充足够的蛋白质，多吃鱼、肉、蛋、奶和豆类等。另外，还应多吃能预防中暑的新鲜蔬果，如西红柿、西瓜、苦瓜、桃、乌梅、黄瓜等。关于冷饮，应走出误区，其实吃的越凉越容易中暑。因为人体局部的温度短期降低会让人体一下子无法适应，消化系统会受到影响，继而影响各系统功能的正常运行。

在户外进行运行维护、检修试验以及施工作业工作时，应注意做好防晒工作。烈日炎炎下，应穿透气性能良好的棉质长袖工作服。工作现场应准备好防暑药品，如藿香正气、十滴水、仁丹等。中午至下午 2 时阳光最强时间段，应尽量不安排户外检修施工作业。室内注意调好空调的温度，不要开得过低，室内外温差太大也容易导致中暑。

工作现场一旦有人出现中暑现象，应注意采取正确的减缓及救护方法。

当感觉自己或发现其他人员有先兆中暑和轻症中暑表现时，应迅速撤离引起中暑的高温环境，选择阴凉通风的地方休息，并且多饮用一些含盐分的清凉饮料。还可以在额部、颞部涂抹清凉油、风油精等，或服用人丹、十滴水、藿香正气水等中药。如果出现血压降低、虚脱时应立即平卧，及时上医院静脉滴注盐水。对于重症中暑者除了立即把中暑者从高温环境中转移至阴凉通风处外，还应迅速将其送至医院，采取综合措施进行救治，以保障人员的安全。

24. 输电线路 智能巡检

输电线路往往分布在崇山峻岭，巡检工作面临一些困难。夏天雨水冲刷，山路湿滑，雾气笼罩着群山中的铁塔银线。输电运检部开展迎峰度夏综合整治巡检活动，充分应用科技手段，对故障高发线路地段进行隐患排查和测评，并且采用智能技术及时排查处理雷电造成的危害。

在输电线路巡检现场，专业人员使用超声波局放检测仪，检测线路绝缘子、避雷器等放电情况，效率很高，而且测得很准。对重点线路地段进行检测，并仔细做好现场记录。

雷雨较多的季节，输电线路常常发生雷击故障。如何及时处理雷击跳闸故障，准确查找故障点，成为超特高压电网专业运维专业人员重点探讨的安全工作课题。输电运维专业人员通过雷电定位系统，加快找到故障点，以便快速排查处理。

输电运维专业人员充分依托新一代雷电定位系统，搭建三维可视化系统平台，应用智能 PDA 和无人飞行器等高科技巡检设备，构建全方位立体智能巡检系统，为准确定位雷击故障点、减轻巡检工作难度提供了有力的技术支撑。在雷击故障的查找中，新一代雷电定位系统发挥着重要作用。

天气闷热，继而雷雨大作。傍晚，运检部的应急电话铃声急促地响起，500kV 线路 C 相发生故障跳闸，重合闸成功。

10min 后，指明雷击故障测距相关信息的短信醒目地闪现在手机屏幕上。线路应急抢修人员立刻登录新一代雷电定位系统，输入相关数据，迅速查找跳闸时间点前后 5min 内的落雷分布情况。经初步判定：距离输电线路 21 号杆塔方位有一处落雷，经过分析判断，应是该处落雷造成了线路跳闸。

分析判断落雷方位后，还必须进一步巡查确认雷击现场。应用立体智能巡检系统杆塔查询模块，系统迅速给出故障测距所对应线路段 18 号至 23 号杆塔的设备信息。在同一时间，系统三维仿真模块已调出事发地点环境的模拟图。该段线路地处山地丘陵地带，地形复杂，一目了然的事发地三维地形图，为应急抢险队队员确定了行车路线，节省了时间。抢险队无人机巡检小组迅速起航，在飞行中进行多角度拍摄，传回地面的高清画面，最终确认雷击线路故障点。

开展立体智能巡检雷击故障工作，新一代雷电定位系统起到了关键作用。在发生雷击跳闸中，第一时间准确指出雷击现场的大致位置，帮助应急抢险队队员查找故障，缩小查找范围，为降低巡查难度发挥了重要作用。

新一代雷电定位系统，能准确监测到落雷，在发生雷击跳闸中，故障点均能被该系统准确定位。提升了排查处理故障的效率，维护了输电线路的安全稳定运行。

25. 电器连线　避免损坏

迎峰度夏，应注意安全细节。供电公司认真组织专业人员，对工厂用电客户开展夏季安全用电检查工作。

供电专业人员在检查中发现，一些用电客户往往忽视对电器连接线的维护，对用电器具的连接线随便在地上拖拽，以及连接线遭受重物挤压等现象比较多。造成电线绝缘能力降低或者损坏，加之天气潮湿，形成安全隐患。对此，供电专业人员加强对用电客户的安全用电指导，提示安全使用与维护用电器具连接软线及电缆。

电动工具的电源线，应采用三芯（单相工具）或四芯（三相工具）多股铜芯橡皮护套软电缆或护套软线。其中，绿/黄双色线在任何情况下只能用做保护接地或接零线。

用电工具的软电缆或软线，不得任意接长或拆换。所用的插头必须符合相应的国家标准。带有接地插脚的插头，在插合时应符合规定的接触顺序，防止误插入。

电动等工具用的软电缆或软线上的插头不得任意拆除或调换。三孔插座的接地插孔，在保护接地系统中，应单独用导线接至接地线；在保护接零系统中，应单独用导线接至接零线，不得在插座内用导线直接将零线与接地线连接起来。

使用场所的保护接地电阻值，必须不大于 4Ω。用电器具转动的危险零件，必须按有关标准装设机械防护装置，如防护罩、保护盖等部件，不得任意拆除。

用电器具的负荷线必须采用耐用型的橡皮护套铜芯软电缆。单相用三芯电缆，其中一芯为保护零线；三相用四芯电缆，其中一芯为保护零线。电缆不得有破损或老化现象，中间不得有接头。

手持电动工具应配备装有专用电源开关和剩余电流动作保护器的开关箱，严禁一台开关接两台以上设备，其电源开关应采用双刀控制。

使用电动工具前，应认真检查保证电源引线的完好连接。严禁不采用开关也不用插头，就把电源线直接压接在插座里的错误做法，防止碰及电源线接头而发生触电。

小型用电器具往往具有很大的移动性，其电源线容易受拉、磨、压等外力损坏而漏电。电源线连接处容易脱落而使金属外壳带电，导致触电事故。另外，用电器具和连接线在恶劣的条件下移动时，也容易损坏而使金属外壳带电，导致触电事故。所以，在使用时，应注意使用现场的周边环境，不可强行拖拽电线电缆，移动连接线时应注意保证安全。

应严格按照安全要求，进行用电器具的正确接线。手持电动工具采用 220V 单相交流电源时，由一条相线和一条工作零线供电。对于 I 类手持电动工具还有一条接工具金属外壳的线，属于保护线。应特别注意，如果错误地将保护线接在电源的相线上，会造成金属外壳带电，导致触电事故。对此，应认真检查线头，确保接线正确。

26. 变电站　清热垢

烈日当空，设备场地灼热。供电公司变电运维专业人员注重加强变电站设备的检查和维护工作，精心呵护运行设备，及时观察"诊断"，防止"发热"等"病患"，在细节处提高变电站设备的安全健康水平。

变电运维专业人员在 220kV 变电站巡视时发现，主变压器的附属部件很热，运行人员采取措施为主变压器风扇清除尘垢。

值长提出用水给主变压器的风扇降温。班长也提醒，高温天气负荷大，不可让设备"发烧"，要保证设备安全运行。烈日下，运行人员拽着水管走向主变压器，对着已经停止运转的主变压器风扇进行冲洗。一边冲洗，一边用布轻轻擦拭风扇纱网上的灰尘。天气炎热，应定期给风扇清洗，让其健康、安全工作，以保障主变压器的安全运行。

冲洗工作完成后，运行人员对风机进行送电。当试投到 2 号风机时，风机并没有运行。安全工作经验丰富的班长通过认真分析，判断可能是电源继电器有故障。于是，立即取来万用表进行测量。先合上 2 号风机电源总空气开关，对空气开关上口及下口进出线电源进行测量，发现均正常带电，说明电源总空开没有问题。随后，又对控制箱内的 2 号风机交流接触器进行试电，发现接触器上口进线带电，下口出线不带电。继电器不吸合，且有轻微的烧黑痕迹，因此，断定应是交流继电器出现了故障。

针对上述状况，值长将 2 号风机停电，取来一个相同型号的交流继电器更换原来的继电器，2 号风机恢复正常运转，在高温酷热中为主变压器送上清凉。

变电运维专业人员在巡视变电站设备时，发现变电站220kVGIS设备区出现下沉迹象。室外电缆沟出现裂纹和倾斜，并且伴有继续蔓延的趋向。该变电站带有多条线路，且有多个煤矿高危负荷，如果全站停电将造成煤矿全停等事故。

供电公司成立即启动应急预案，多次组织专业人员现场勘查、论证、确诊。及时召开设备沉降治理研讨会，明确职责，商讨对策，制定实施隐患治理方案。迅速对下沉的 GIS 基础进行分段拆旧新做，对 GIS 设备大修后重新安装、调试，并实施临时供电方案。果断的处理，避免了事故的发生，变电站Ⅱ段母线全封闭组合电器（GIS）送电成功，保障迎峰度夏高负荷期间电力设备的安全稳定运行。

27．带电换杆　注重监护

天气炎热，供电抢修任务繁重。"水深火热"既是迎峰度夏工作面临考验的特征，也是盛夏供电抢修一线艰苦工作的真实写照。供电公司员工迎酷暑、战高温，践行"你用电，我用心"的服务承诺。在抢修工作紧张进行的同时，管理创新与科技进步以及对员工的人文关怀等措施，成为高温下供电安全抢修服务的重要基础。

供电公司配电运检专业带电作业班人员检验测试带电作业工具时，接到供电公司抢修通知。10kV 市中线某电杆被一辆失控的汽车撞击，线杆底部受损严重，要求马上派人到现场带电作业换电杆。

带电作业班快速赶到事故现场发现，这条电力线路挂接了 6 台配电变压器，几个企事业单位和商场也都接在这条线路上。带电作业班人员联系交警和起重公司，并通知物资仓库送根新电杆过来，疏导围观人群，远离抢修现场。

在沟通交流后，进一步勘察事故现场，迅速制定现场抢修方案，详细部署抢修任务，交代重点安全注意事项，即保证人体与带电体距离不小于 0.4m，导线相间距离不小于0.6m，拆除导线时两手要处在同一电位上。

高空作业，带电抢修似"蒸桑拿"。作业人员的护目镜下，汗水布满脸庞，一道道汗痕反射着阳光。

环境酷热，作业复杂，落实各项安全措施，必须一点不差。加强安全作业监护，需要严肃认真，一刻不离。现场工作负责人，既注重监护空中作业人员的安全，又注意统筹整个现场的施工的安全和进度，神经高度紧张。目光聚集在每一个带电作业的动作上，须臾不敢放松。带电作业注重超前判断、超前提示、超前预控。

在离被撞电杆 3m 远的位置，新杆顺利固定。作业人员在艰难地割掉了最后一枚锈蚀的固定铁横担的螺钉后，顺利地完成了旧杆的拆除任务。继而在新立电杆上组装横担、绝缘子和金具等附件。

各项更换及安装部件经过检查无误后，带电换杆抢修工作安全顺利完成。

28．酷热多隐患　细节保平安

夏季高温和雷雨大风等恶劣天气，给电力检修及施工作业人员带来严峻的考验。供电公司高度重视保障作业人员和设备的安全工作，注重实施系列安全措施。

供电公司注重密切掌握天气变化情况，合理安排施工时间段。认真制定防暑降温措施，加强人员体检和安全保障工作。防范夏季太阳的暴晒，注意预防高空作业人员出现"晕眩病"。开展"平安消暑"活动，因地制宜地采取灵活可行的方法及措施，注意平和与稳定施工人员的心态。针对夏季昼长夜短容易睡眠不足情况，引导施工作业人员注意保持良好睡眠，防止施工中"打瞌睡"。注意电力员工的饮食卫生，积极预防肠胃疾病的发生，提高安全作业等工作效率。

各专业班组常根据天气变化情况，合理安排生产作业。针对高温多雨天气，应加强施工现场安全保护措施，特别注意应保护人身安全。夏季经常进入山区作业的班组，应注意

增强施工人员的自我安全保护意识，注意观察周围环境，应加强相互监督与提示。禁止在易发生泥石流、滑坡等地质灾害地点停留。施工现场特别是存在简易建筑、临时建筑的现场，应加强巡视和安全隐患排查，防止因恶劣天气导致的垮塌等事故。

220kV 变电站设备间隔施工现场，热浪滚滚。有关班组作业项目较多，应注意提醒大家注意安全。面对新增 3 个设备间隔施工带来的安全挑战，运维班将安全生产的监管重心放在防微杜渐上。改变以往的下命令、以罚带管、"要我安全"的生硬方式，实行"热诚提示"，"我要安全"的主旋律。

专业人员戴好安全帽，走进艳阳高照下新增的 3 个设备间隔现场，让人瞬时感觉头上像扣了锅盖般。运维班班长开始进行"热诚提示"的第一件事便是检查安全帽，第二件事便是穿长袖工作服，第三件事便是注意防暑降温。

随着高温天气的频繁来袭，用电负荷连创历史新高，各运维站、供电所检修维护、抢修抢险现场作业越来越多。供电公司从抓安全细节入手，对安全生产工器具绝缘柄状况进行检查清理。对螺钉旋具和钳子加强绝缘检测，并且对螺钉旋具手柄和钳子等手柄加强绝缘层保护。对所有员工配发的工具进行绝缘层加固，增强安全保障。

供电所人员进行低压抢修作业比较多，天气热，易出汗，工作人员的手长期是湿漉漉的，有了可靠的绝缘保护，方能确保作业人员的人身安全。

29．安装接闪器　差异化防雷

供电公司运检部的专业技术人员做好各项准备工作后，认真清点工器具和材料，奔赴输电线路现场，为输电线路安装新型的防雷装置，以避免及减小雷电的危害，保障输电线路的安全运行。

由于输电线路所处的地理位置特殊，常常在雷雨季节发生雷击线路跳闸故障。根据雷害的特点和线路的薄弱环节，供电专业技术人员对线路上容易遭受雷击地段，实施在杆塔上安装"雷电接闪器"等防雷措施。

供电专业人员通过记录和比对，探索掌握雷电的有关规律。每年 5 月～9 月，是雷电多发期，"仲春，雷乃发声；仲秋，雷始收声。"输电线路多在山区，雷暴日多，落雷密度又大，输电线路安全运行受到很大威胁。

供电公司对输电线路实行差异化防雷改造，并将其列入保电网安全稳定供电及迎峰度

夏技术措施项目中，力图将雷电灾害降到最低，减少雷击线路跳闸率。

线路遭到的雷击跳闸，主要是由"反击"和"绕击"产生的。对于"反击"造成的线路跳闸，供电公司主要采用降低杆塔的接地电阻和安装避雷器方法来防范；对于"绕击"造成的线路跳闸，则通过安装防雷接闪器等新设备，有效减少雷击线路故障的发生。

专业技术人员来到输电线路技改现场，作业负责人组织班员召开班前会。强调安全注意事项后，安排工作任务，布置当天安装雷电接闪器的任务。

每个工作小组需要背上很重的工器具和装置，向每个山顶上的铁塔行进。来到铁塔基础旁，有的供电专业人员整理组合吊器材用的滑轮，有的供电专业人员做其他相关准备工作。一切准备就绪后，负责安装的专业人员登塔作业。近 30m 高的铁塔，不到 5min 就爬到了塔顶。

系好安全带，使用个人保安线，做好安全措施后，负责安装的专业人员将雷电接闪器的底座先吊上塔顶，用 30 多分钟将雷电接闪器的底座固定好，随后让塔下的人员将接闪器吊上塔顶，继续安装。

雷电接闪器内装着纳米磁阻流器，是构成防雷装置的核心元件，起到防雷击的重要作用，雷电接闪器区别于其他避雷系统的地方就在于此。

当雷电击向电力线路杆塔时，产生的雷电波峰、冲击力经过纳米磁阻流器的能量转换后，雷电波峰幅度可削减 30%，雷电对塔身和输电线路的冲击力可下降 70%至 80%，大大提高了输电线路及设备的耐雷水平。

经过近一个小时的塔上操作，顺利完成雷电接闪器和雷电计数器的安装。塔上安装人员认真检查引线是否已可靠接到雷电接闪器上，再对雷电计数器进行检查，查看数据有没有归零。检查无误后，收拾传递绳索及滑轮，撤离铁塔。

供电公司运检部输配电线路专业人员注重加强防雷装置的运行检查和维护，密切掌握防雷装置的运行状态。防御雷害，保障安全。

30.　暑假期　防触电

暑假期间，往往容易发生一些儿童触电事故。供电公司用电检查人员加强暑假期间安全用电宣传工作，提醒用电客户家长采取安全措施，让孩子们远离触电伤害，保障暑假期间学生们的安全。

临近中午，一名 12 岁男孩爬上高压线路铁塔掏鸟窝。现场群众制止无效后，急忙向消防部门和供电 95598 打电话。消防人员和供电应急抢险人员迅速赶到，告诉塔上的男孩不要乱动，经过登塔后将男孩解救护送下来。据了解，爬上电力线路铁塔上的男孩刚放暑假。消防部门和供电工作人员提醒广大家长，暑期应注意孩子的安全问题，预防儿童触电事故的发生。

供电公司用电检查人员深入社区和乡村农户，发放和讲解《电力安全宣传挂图》和相关安全用电资料，提醒家长应加强儿童的安全教育和事故预防。

针对如何预防儿童触电事故等课题，供电公司用电检查人员提醒家长，作为孩子的第一监护人，家长平时应多教孩子电力安全方面的知识，提高孩子的安全用电意识和本领。应教育孩子不能用湿手触摸电线、插头等用电设备，告诉他们必须在关闭电源的情况下才能移动家用电器。还应教育孩子不可用手、金属物或铅笔芯等东西去拨弄电器开关。

提醒和教育孩子不可在户外配电设施附近玩耍，不可攀登户外变压器台架；在户外玩耍时，不可攀爬高低压电杆，不可晃动拉线，不可在高压线下的鱼塘边钓鱼，更不可在高压线附近放风筝。

教育孩子凡是金属制品都是导电的，千万不能用金属工具直接与电源接触；不可在电线上面搭挂、晾晒衣物，以免发生危险。

电器使用后，应断开电源。插拔电源插头时，不要用力拉电线，否则容易使电线的绝缘层受损造成漏电。如果家里的电器、插头插座、电线出现老化漏电现象，应找专业电工人员及时处理。

一旦发现有人不幸被电击倒，千万不要伸手去拉触电者，应采用正确的方法，及时关闭电源，或者用干燥的木棍等绝缘的物体挑开电线，尽快通知相关部门。

家长还应告诉孩子，当遇到有人触电时，应呼喊成年人相助，不要自行处理，以防触电。

注重多了解一些基本的电力安全常识，不违反电力法规，家长应加强对小学生的监护和安全教育，保障孩子们的平安。

31. 高温作业　关爱员工

持续的高温天气，使得户外作业的安全问题不断升温。供电公司工会注重加强对高温作业场所劳动保护工作的监督检查，把防暑降温工作落实到每个基层单位、班组、现场岗位和员工，以预防高温中暑及高温作业引发的各类事故。

工会组织认真开展以送物资、送文化、送健康、送安全、送培训等为主要内容的"送清凉"活动。依法督促落实高温作业劳动待遇，改善劳动保护条件，采用透气性能良好的棉质工作服等物品，多措并举，维护电力员工的安全健康权。

供电抢修员工为客户提供优质服务，后方管理人员则为供电员工提供优质服务，促进高温供电抢修工作安全顺畅。

管理人员注重增强"照顾好爬杆人"的理念，后勤保障工作应为一线员工着想和办事。在登杆或登塔前，后勤人员应考虑作业员工如何补充水分，以及单纯喝水登杆后可能导致尿急问题，所以，应让员工吃一些既有水分又不至于影响高空作业的水果。

供电公司关爱员工的身体健康，注重备足配齐相应的防暑降温用品和救治药品，及时向员工发放藿香正气丸、人丹等药品及防暑降温饮品。同时合理安排抢修人员作息时间，采取轮换作业等方法，避免高温曝晒、疲劳作业和人员中暑。

施工作业注重备齐安全防护用品，确保将劳动防护措施落到实处。同时对员工进行夏季防暑降温及劳动保护等方面的安全教育，增强员工抵御酷暑的能力。夏季抢修现场，应严格执行消防制度及监护制度。

供电公司在防止员工身体中暑的工作中，同时注重防范员工情绪方面的"中暑"。因为，炎热的高温天气不仅会给员工的身体带来不适，也会对人员的情绪产生负面影响。从电力工作来看，员工的工作心态十分重要。如果员工情绪"中暑"，势必会导致其心态紊乱，工作心不在焉，做事丢三落四。这样很容易出现误操作，导致安全事故。因此，高温天气防止员工情绪"中暑"，同样应引起重视。

防范员工情绪"中暑"，应关注员工的情绪。各级管理人员应认识到员工情绪对工作的重要性，从了解员工思想动态出发，建立动态情绪管理机制，及时掌握员工的情绪状态，根据实际情况进行引导、调整。切实为员工解决生活、感情等问题，化解员工心中的忧虑。举办文体活动，使员工保持平和轻松的心态，努力克服夏季高温作业产生的烦躁，以积极的心态投入工作。积极营造使员工心情愉悦的人文环境，增强安全生产决定因素的作用。

立秋

第8章

处暑

8月节气与安全供用电工作

八月份 有两个节气：立秋和处暑。

每年公历8月8日或9日，太阳到达黄经135°时，即进入立秋节气。「秋」字由禾与火字组成，是禾谷趋于成熟之意。立秋之际，预示炎热的夏天逐渐过去，秋天即将来临。

每年公历8月22日～24日，太阳到达黄经150°时，即进入处暑节气。「处」含有终止意思，「处暑」意味着气温将由炎热向寒冷过渡。

立秋时节,大部分地区气温仍然较高,各种农作物生长旺盛。一些区域早稻收割,晚稻移栽,大秋作物进入重要的生长发育时期。广袤的田野,竖起和呈现出生机勃勃的青纱帐。许多农作物对水分的要求都很迫切,此期受旱会给农作物最终收成造成难以补救的损失。

处暑节气,气温进入显著变化阶段,温度日趋下降,已不再暑气逼人。8月底的处暑节气,气温开始走低,太阳的直射点继续南移,太阳辐射减弱。"处暑热不来"、"一场秋雨一场凉"。绵绵秋雨,一叶知秋。而台风不只是夏季的产物,秋季台风也很"疯狂",往往约占总数 1/4 以上的热带气旋出现在秋季,秋台风的破坏力很强。

1. 根据节气特点　管控重点安全

立秋节气,应重点做好抗旱保电工作,加强农业生产安全用电管理。随着节气的变化特点及农村经济发展等需要,加强安全供电优质服务工作。

进入立秋节气,应注意防范"秋老虎",继续加强防暑工作。立秋之际,一时暑气难消,"秋老虎"往往肆虐。许多地方的高温会持续多日,很少有在"立秋"就进入秋季的地区。南方在此节气内,仍是夏暑之时,往往气温更加酷热。因此,应进一步开展迎峰度夏工作,加强安全供电全方位管理。仍须开展防暑降温工作,科学安排施工作业时间。现场电力工作人员应及时补充水分,在饮食上多吃一些新鲜水果蔬菜,以补充由排汗失去的钾。防范中暑等高温危害,在室内工作时还应预防空调疾病。

时值立秋,进入8月份,仍然处于汛期。往往局部区域暴雨突袭,雨量集中,容易暴发洪水灾害。因此,应重点做好抗洪抢险准备工作,努力将洪水灾害降至最低。

在立秋之后,昼夜温差开始变大,日照充足。许多地方的天气开始变得中午很热、早晚较凉。气温差异明显,午后的对流天气及大范围冷空气活动,都会造成气温骤降,从而挑战人体的免疫力。如果不注意,往往会出现腹痛、吐、泻、伤风感冒等症状。对此,应注意防范普通感冒和病毒性感冒的侵袭,防范"多事之秋",关爱和保障电力工作人员的身体健康。

如果"出伏"以后继续出现"秋老虎",往往容易形成夏秋连旱,使秋季防火期大大提前。需要提高警惕,防范山火对电力线路及设备的侵袭。

处暑时节,农村用电负荷往往有增无减。农业生产需要抓好这段时间抗旱和蓄水。因此,应加强电泵抽水等安全供电工作,助力农民保证冬春农田用水,加强厂矿企事业单位、居民小区等安全用电检查工作,防范事故发生。

还应重视防范秋台风对于电力线路、变电站等设备的危害,采取有效的安全防范措施。实行恶劣天气和突发事件的预报预警,做好防汛、防雷、防灾等安全应急工作。

处暑以后,时值秋实的季节,天高气爽,应抓住有利时机,适时启动和开展秋检工作。落实有关安全大检查重点工作计划,认真梳理排查和处理各类隐患。加强检修作业、基建施工、农网改造、营销等专业现场规范化安全管理,确保人身安全和设备安全。

2．迎峰度夏　攻坚克难

持续的高温天气、频繁的自然灾害以及不断攀升的用电负荷，给电网运行和电力供应带来很大压力。供电公司认真落实上级部署，以保障电网安全和电力供应为前提，以防范大面积停电、人身伤亡、局部影响较大事件为重点，科学安排电网运行方式，充分发挥大电网优势，加强需求侧管理，做好优质服务，确保城乡居民生活、各行业生产和抢险救灾的可靠用电，加强迎峰度夏攻坚阶段的各项安全管控。

供电公司针对临近立秋高温未消、持续高温少雨、高温热害及干旱的影响加剧等情况，采取相应的安全措施。在迎峰度夏工作中坚持安全第一，认真保障电网安全稳定。

供电专业人员注重提高认识，电网安全事关公共安全、社会稳定。因此，始终把电网安全放在首位，落实电网安全稳定各项要求，积极防止发生大面积停电。重点加强电网运行管理，严格执行调度运行规程，加强特高压、跨区电网运行控制，全面检查安全装置，重点梳理城市电网、重载变电站供电方式。依托日益坚强的国家电网主网架，及时分析负荷特性差异，最大限度用好跨区输电通道，充分发挥大电网灵活调度余缺的显著优势，保障电力供应紧张地区的用电需求。

生产一线班组人员坚持严防死守，注重保障设备健康运行。针对电力设备一直承受的环境温度高、满负荷运行的压力，注重加强对直流系统、重载变压器、配电线路等设备的红外测温，及时发现问题安排低谷处理缺陷。

加强重要输电通道的巡视检查，增加高温期间重载线路的巡视频度。深入开展换流站、枢纽变电站的设备运维，对关键设备组织特巡，及时掌握高温大负荷下设备运行工况，确保设备安全可靠运行。充分重视台风、雷暴、洪涝、地质灾害、外力破坏可能对电网安全造成的影响，切实加强防汛防灾和电力设施保护工作，营造各方关心电力设施的良好氛围。

供电公司注重认真解决迎峰度夏出现的困难及问题，注重变压力为动力，实行高标准、严要求，量化分解指标任务。充分利用"三集五大"体系建设成果，组织开展安全生产大检查，将困难估计得充分一些，把措施准备得完善一些，注重把工作做得更加扎实可靠，持续推进落实迎峰度夏任务。

专业人员顶烈日、战高温，奋战在施工、抢修、抢险、消缺和检修作业一线。供电公司坚持以人为本，认真保障员工的身体安全。面对高温来袭，大力做好安全管理工作。加强现场安全监护和监督管理，严格执行安全工作规程。落实领导干部和管理人员到岗到位的要求，开展作业现场安全勘查和风险分析，严禁随意简化工作组织流程和安全措施要求。认真执行和遵守职业健康及劳动保护有关规定，做好高温作业下的劳动保护工作，适当调整员工室外工作时间、强度。落实后勤保障和防暑降温措施，使一线员工保持良好的体力和工作状态，注重细节，保障安全。

3. 现场管控　消缺堵漏

220kV 变电站，履行完开工手续后，供电公司检修试验工作人员准备对主变压器的一个气体绝缘封闭组合电器（GIS）气室进行漏气处理。现场安全督察人员提出要核实工作人员的身份，对照风险预警书，确认人员无误后，才允许作业负责人开工。

供电公司注重实行"作业前、作业中、作业后现场安全管控"，三个环节严格衔接，防止疏忽而留下隐患。现场安全督察人员认真履行职责，全程督察作业中每个细节的执行情况。临时变更工作内容和人员，是现场安全管控的大忌，习惯性违章往往就是在这种情况下发生的。因此，核实工作人员身份，是把好作业前、作业中安全衔接的关口。

供电公司现场安全督察人员此前会同检修试验专业人员，针对现场情况、技术人员配备、安全措施等方面，做全面分析，并形成现场风险预警书。作业当天，检修试验人员特别谨慎。按照安全到位监督管理规定，认真把好缺陷原因查明、消缺工艺关。在巡视设备时，认真检查由断路器、隔离开关、电流互感器、电压互感器等设施构成的组合电气设备。组合电气各元件的高压带电部分均封闭于接地的金属壳体内，并充以一定压力的 SF_6 气体，作为绝缘和灭弧介质。专业人员发现 SF_6 气体气压有降低现象，经过充气观测，确定 GIS 气室漏气。迅速着手进行处理，回收气体，打开气室密封盖等环节，须细之又细。专业人员拿出放大镜对密封胶圈进行仔细观察，不放过任何蛛丝马迹。

经过检查比对，检修试验专业人员发现在光滑的密封胶圈上有个大约 5mm 大小的斑点。正常运行时，气室内要求具有良好的密封性，正是这个看似不起眼的斑点造成了漏气。而出现斑点隐患原因是密封圈局部老化。

"确诊病症"，实施更换密封圈的"治疗方案"。检修试验专业人员用相机对缺陷点进行拍照，认真采取安全处理措施。查出症结只是第一步，GIS 设备对防潮要求非常严格，微水如果处理不好，将给以后设备运行带来隐患。开封时间必须是在中午最热、空气湿度较小的时候。夏季雨水较多，天气变化无常，工作人员须争分夺秒，规范进行抽真空、充气、观察等多道检修工序。

作业现场严格管控，防范风险，安全处理缺陷。220kV 变电站主变压器恢复送电，比计划时间提前了 3 个小时。检修试验专业人员与安全督察人员复查设备运行平稳正常后，召开班后总结会，全面分析这次消缺作业的安全管理情况，总结经验，加强作业后的安全管控。

4. 了解雷区　防范"雷人"

山区一养蜂人在干活时，天气突变出现雷电，在收拾放在大树下的器具时，被一雷电击中严重受伤。供电公司防雷专业人员分析，雷击事故发生在农村的概率比较大。其主要原因是：农村建筑物几乎没有防雷设施，农民生产的环境往往处于旷野，遇到雷雨天气比较难以躲避，以及防雷意识淡薄，遇到雷雨天气不会采取有效措施防雷。因此，在开展安全宣传活动中，注重普及防雷知识，指导用电客户提高防雷意识和能力。

农村建筑物应注重防雷，建设新房屋选址时应避开雷区。易发生雷击的区域：地形位置较高的区域；邻近潮湿和水草的区域；处于上升气流的迎风面方向；地下有金属矿藏的区域；高压电力设施的附近。这些都属于易发生雷击的区域。新建住宅应请专业人员做好建筑材料中钢筋的接地处理，特别是处于空阔地带或地势较高地方的房屋，须安装避雷装置。

农户配电设施应注意防雷，室内电源线通过架空线路引接入户，可在低压线路进入室内前，安装一只 FYS-0.22kV 金属氧化物无间隙避雷器。可以预防雷电通过供电线进入电器，还可防止由于三相四线公用零线断线引起中性点位移而产生的过电压，防止危及人身和家用电器的安全。用电客户也可将接户线的绝缘子铁脚接地，其接地的共频电阻不大于 30Ω。另外，室内安装防雷插座，也可有效防止雷电从电源线进入电器。

家用电器需要防雷，电器的安装位置应尽量远离外墙。雷电发生前，应拔下电器电源插头。对于电视机和电脑，还应同时把有线电视信号线及网络连接线、电话线拔下来；对于有金属外壳的家用电器，应接地；对于洗衣机最好不要与水管连接。装有室外电视机天线、房顶安装有太阳能、金属水箱的客户，为了避免这些物体成为接闪器引雷入室，必须请专业人员设计安装避雷针。

雷雨天气，关好门窗，以防球形雷侵入室内。即使在安装了避雷针的情况下，也应该迅速拔掉室内所有电器以及天线电源插头，防止空间电磁波干扰造成不必要的损失。不要接触天线、水管、铁丝网、金属门窗、建筑物外墙等，应离室内各种电线、金属管道 1.5m 以外。

雷雨天时，不要用手触摸路边的树木。不可走近高压电杆、铁塔、避雷针的接地线及接地体周围，以免因跨步电压而造成触电。

在野外遇到雷雨时，应注意加强自我防护。在野外作业及进行各项活动时，应掌握预估雷电远近的方法，即根据闪电与声音之间的时间间隔进行判断。

如果看到闪电与听到声音之间的时间间隔为 5s，表明雷电距离自己约 1.5km；如果看到闪电与听到声音之间的时间间隔为 1s，即一眨眼的工夫，则表示雷电距离自己约 300m。如果感觉到身上的毛发突然立起来，皮肤感到轻微的刺痛，甚或听到轻微的爆裂声，周围"叽叽"声，这是雷电快要击中的征兆。遇到这种情况，此时应停止行走，马上蹲下来，身体倾向前，双手抱膝，胸口紧贴膝盖，曲成一个球状，千万不要平躺在地上，不要用手撑地，同时尽量低下头，因为头部较之身体其他部位更易遭到雷击。

在野外活动如遇雷雨天气，最好躲入一栋装有金属门窗或设有避雷针的建筑物内。金属容器是最好的避雷所，能躲入一辆金属车身的汽车内是再安全不过了。因为一旦这些建筑物或汽车被雷击中，它们的金属构架或避雷装置或金属本身会将闪电电流导入大地。无合适场所躲避时，应放下身上的所有金属物，尽量两脚并拢并立即下蹲，不要与人拉在一起或多人挤在一起，最好使用塑料雨具、雨衣等。

户外遇到雷电天气，应掌握 8 项特别注意：不要在山顶、山脊或建筑物顶部停留；不宜在水面和水边停留；不宜进入孤立的没有防雷设施的棚屋、岗亭等；不骑摩托车和自行车；不在孤立的大树或烟囱下停留；远离建筑物外露的水管、煤气管等金属物体及电力设备；不宜在铁栅栏、金属晒衣绳、架空金属体以及铁路轨道附近停留；关闭手机。

5. 地上地下　保障安全

临近立秋节气，气温仍在攀升，供电公司的安全管理坚持不松懈、"不降温"原则，电力员工努力发扬耐力和韧力的精神，保持"热身"状态深入开展安全活动。供电员工深刻认识到，在负荷突增，电网设备重载运行等不利因素下，如果稍有疏忽，则容易造成严重后果。所以，调度、运行、检修等专业员工坚持到岗到位，坚持工作中的精益求精，坚持严格遵守安全规制。无论是在地上还是在地下施工作业，坚守安全生产的底线，确保作业安全和电网稳定可靠运行。

盯住空中导线对地面的安全距离。

供电公司组织专业技术人员对于输电、配电线路所跨越的公路、村庄、建筑等重要部位，开展导线对地安全距离测量工作，及时发现及消除安全隐患，保障安全。

由于受气温升高的影响，电力线路弧垂变大，对地距离变小，导致部分线路的对地安全距离不足。供电公司输电及配电运检专业人员认真进行线路对地安全距离检测，专业人员分成多个小组，采取目测和工具测量相结合的方式，全面检测 220kV 等输电线路对地的安全距离，发现距离不足的，立即制定和实施有针对性的整改措施，加强安全治理。

进入地下安全敷设电力电缆。

在骄阳似火的环境下，供电公司组织专业人员进行 10kV 电缆敷设施工。在公路旁，将 2000 多米长的 10kV 电缆通过电缆井敷设到地下。而电缆井位于公路内侧的绿化带，每隔五六百米有一个。供电分公司施工作业人员从清晨就赶到现场开工作业。由于天气太热，实行早点施工，避开正午最热的时段。

供电专业施工人员做好安全防护措施，携带工器具，下到电缆井下。由于电缆直径太粗，又十分重，井内的空间太小，用不上撬杠等工具，大都要靠人工作业。地面上的供电专业人员稳稳地把电缆抬起来向井内送入，地下井内的施工人员靠肩扛手抬，齐心协力将电缆一点点拉进去。注意采取保护电缆的安全措施，小心敷设，防止将电缆刮伤碰坏，保障电缆的安全质量和性能。

地面上热浪袭人，地表温度已达到 40℃。相比起井下作业的环境，地面施工条件还是稍微好些。施工过程中，作业人员必须穿着工作服，戴着安全帽、手套，天气再热，也不能光膀子干活，这是为了安全，也是标准化作业的严格要求。

气温高，施工安全质量要求更高。针对温度太高，现场施工应注意调整作息时间，轮换作业，采取各种防护措施来减少高温作业带来的安全隐患。按照施工作业计划，实现安全快速敷设电缆的任务，为迎峰度夏、满足用电客户的负荷需求，增强安全供电能力。

6. 高温巡线　克险排患

持续高温，加重了电力线路的负担。供电公司输电线路运维专业人员认真开展巡线工作，维护电力线路的安全运行。巡线沿途环境非常艰险，运维专业人员穿的是防滑鞋、长袖长裤，防止滑倒以及防止被树枝划伤，还须防止被蛇咬伤。气温继续攀升，路上没有一丝风。太阳正射过来，线路运维专业人员绕塔基大半圈。拿出望远镜，对着铁塔和线路仔细查看。从导线、地线、金具、绝缘子等处缓缓扫过，不放过任何可能影响线路正常运行的缺陷。

巡线中注意查看导线有无断股、受伤等现象，沿线有无超高树枝接近导线等隐患。认真观察绝缘子有无脏污、裂纹、闪络等痕迹，绝缘子有无歪斜等异常现象。在线路经过化工的区域，应当注意观察导线有无腐蚀现象。注意沿线有无易燃、易爆物品和腐蚀性液、气体。线路上有无搭落的树枝、金属丝、锡箔纸、塑料布、风筝等杂物。

在巡到铁塔附近时，应查看铁塔的构件有无变形、锈蚀、丢失，螺栓有无松动等异常现象。检查铁塔基础有无损坏、周围土壤有无挖掘或沉陷现象，有无被山洪冲击的可能，以及铁塔周围防洪设施有无损坏、坍塌等。检查杆塔标志、杆号、相位、警告牌等是否齐全、明显，接地引下线是否牢靠，有无断股、损伤、丢失，接地体有无外露、严重腐蚀。

巡线应注意了解和掌握线路的环境情况，注意线路附近有无敷设管道、修桥筑路、挖沟修渠、平整土地、砍伐树木及在线路下方修房栽树、堆放土石等情况。及时检查有无新建的农药厂、水泥厂等污染源及采石爆破等不安全现象。及时查明沿线有无泥石流等异常现象，有无违反《电力设施保护条例》的违章建筑。注意观测导线对地、道路、公路、铁路、管道、索道、河流、建筑物等距离是否符合规定。

高温天气，导线会热胀冷缩，弧垂会下降 0.3 ~ 0.5m，应特别注意导线与导线、房屋、树木之间保持正常的安全距离。

线路运维专业人员应用相机拍摄线路重要部件的细节，作为资料存档。

巡线人员应仔细查看高塔的运行情况，做好记录。按平常，这样的线路一般一月一次，迎峰度夏高温期间，应每半月检查一次，及时发现线路运行中的问题。

穿越大山，走过农家，巡线人员的脚步仍在继续。行至前方线路地段，发现有大型机械正在施工。铁塔约 20m 高，线路最低点有 16m 高。吊车的摆臂很长，很可能会碰到线路上。铁塔旁边还有违章取土现象，如果影响了基础稳定性，铁塔很容易倾斜。巡线人员立即制止，阻止危险行为，并对施工负责人和施工人员进行有关法规和安全教育，改正施工方法，确保电力线路的安全运行。

7. 风雨中抢修　履行抢修单

台风袭来，部分区域发生暴雨洪涝灾害，导致部分短路设备遭受不同程度损害。供电公司组织人员在雨中进行电力抢修，同时采取措施，保障抢修人员的安全和电力设备的安全。

风雨天气，往往发生因大风、洪水导致的各类电力故障，现场抢修排险是必不可少的工作。

各有关专业、班组在事故抢修中，如果采用无票作业或口头电话命令，工作许可和安全措施实施随意性强，则不利于抢修现场作业人员的安全。

事故应急抢修可不用工作票，但是为了确保抢修过程中供电抢修人员的人身安全，应履行使用事故应急抢修单的安全管理制度与程序，并且明确和实施事故应急抢修的各项具体安全措施。

供电抢修人员执行事故应急抢修工单时，现场应采取停电、放电、验电、挂地线、装设遮栏、悬挂标示牌等安全措施，以确保抢修人员的人身安全。抢修人员到达事故现场后，应对现场进行勘察，明确现场勘察的范围和条件。现场勘察应按照事故抢修安全措施要求进行，保证事故点 8m 之内不得有行人、牲畜靠近。

进入抢修现场前，应与电网调度取得沟通联络，严格执行停电工作许可制度。保持信息畅通，杜绝事故苗头。抢修作业应严肃认真，切不可马马虎虎、慌急赶工，或抱存侥幸心理，违章进行冒险作业。

在雨中进行抢修时，如果无法直接对设备进行验电，则应进行间接验电，即通过设备的机械指示位置、电气指示、带电显示装置、仪表及各种遥测、遥信等信号的变化来判断。判断时，应有两个及以上的指示，且所有指示，综合均已同时发出。如果进行遥控操作时，则应同时检查隔离开关的状态指示、遥测、遥信信号及带电显示装置的指示，综合进行间接验电。

风雨中进行山区巡线，应配备必要的防护用具、自救器具和药品，以满足雨天巡线工作安全要求。山区巡线时，应沿着线路外侧行走，避免触碰到被雷电击落的导线，或者避免触碰被台风袭击、洪水冲刷后倾斜电杆上悬挂着的电线。

抢修人员应随时查看被洪水冲刷的杆塔基础，检查杆根是否有被洪水淘空现象。如果发现杆塔基础确实已经被洪水冲刷淘空，则应立即用铁丝将石块、沙包、混泥土块绑扎牢固，并且夯实，堆放到电杆塔基下，做好防倒杆安全措施，避免因倒杆、倒塔造成人身伤亡事故。

在台风、暴雨中抢修时，还应做好防止杆塔被冲刷的措施。特别是抢修人员到达山区后，应随时注意观察天气情况、山形山貌状况，防止突发山体滑坡、泥石流等灾害导致人身伤亡，做好相应的安全防范措施。

雨中抢修时，如果发现树木倒伏在电力线路上，应先确认线路是否已经停电，不得随意靠近或接触倒伏的树木，确定线路已经停电后，方可开展移动树木的工作。移动树木时，抢修人员应做好防止被树木砸伤的安全措施。

遇到电杆被洪水冲刷倾斜时，不可盲目登杆作业。需要用吊车等机械设备增援，吊车等设备将电杆吊稳后，工作人员方可登杆抢修。如果机械不能到达抢修地点时，抢修人员应用叉杆固定电杆，并在电杆上增设地锚拉装固定装置，方可允许抢修人员上杆作业。

在雨中抢修时，遇到深水时，抢修人员不可盲目涉水，防止被水冲倒。务求稳妥，切实保障抢修人员的安全。

8. 维护农村配变 完善防雷装置

进入立秋节气，农业生产的用电量增加。农村配电变压器的安全运行，十分关键。针对雷电频繁的威胁，供电专业人员重视加强农村配电变压器的防雷工作。

供电专业人员注重增强配电变压器抵御雷害的能力，妥善安置防雷装置，根据实际情况，采用氧化锌避雷器、管型避雷器或保护间隙。在 10/0.4kV 配电变压器的高低压侧分别安装避雷器。

高压侧装设氧化锌避雷器或保护间隙，主要用来避免雷电过电压沿高压线路侵入变压器，防止造成变压器绝缘击穿损坏。避雷器安装应靠近变压器，正确安装在高压熔断器的内侧，即可使避雷器处于跌落式熔断器保护范围内，防止避雷器正常运行时或雷击时发生故障，也能更好保护变压器。避雷器与变压器之间的距离一般应在 3m 以内，最远也不能超过 5m。

位于多雷地区的变压器，注重在低压侧安装一组低压避雷器或击穿保险器。可选用环氧树脂密封的压敏电阻 MY-400 避雷器，或 FS-0.22 型避雷器。在低压侧装设避雷器，雷电流从低压架空线侵入变压器时能起保护作用，而且当雷电流从高压架空线侵入时也能起保护作用。

避雷器的接地装置应合格，在安装的过程中应符合有关安全技术标准。

接地装置的接地电阻值应合格。变压器的防雷应采用"三位一体"接地，即变压器的防雷接地引下线、变压器的金属外壳和变压器低压侧中性点接在一起接地。对于 100kVA 及以上的变压器，其接地电阻值应不大于 4Ω；100kVA 以下的变压器，其接地电阻值应不大于 10Ω。

避雷器接地装置接地线的接法应正确，可靠将避雷器的接地线直接与变压器的外壳连接，外壳再直接接地。不允许将避雷器的接地线直接接地，不可再从接地桩另引一根接地线至变压器的外壳。否则，避雷器放电时有可能使变压器损坏。注意尽量缩短避雷器接地端到变压器外壳连接线的长度。因为，接地的连接线有电感，电感量随接地线长度的增加而增大，又因雷电流急剧变化，接地线上的压降很大。该电压和避雷器上的残压叠加，就会加剧对变压器的破坏。对于中性点不接地的低压系统，可在中性点与配电变压器外壳之间加装击穿式熔断器。

应重视接地装置的安装质量和接地材料的选择。接地体的大小，除考虑接地电阻值的要求外，还应考虑使用年限及机械强度。采用圆钢时，最小直径为 10mm；采用扁钢时，最小厚度为 4mm，最小截面积为 100mm²；采用角钢时，最小厚度为 4mm，钢管壁最小厚度为 3.5mm。避雷器接地引下线最好选用截面积不小于 16mm² 的圆钢，尽量不用铝绞线。

连接接地装置时，应用电焊或用螺钉接头压接固定。在有化学腐蚀性物质的地方装设接地装置，应对接地体进行热镀锌，对接地体外露部分涂防锈漆。如果土壤电阻率很大，可用浸渍法或置换法，使接地电阻值符合技术要求，以确保配电变压器安全可靠运行。

9. 频繁使用空调　细化安全检查

暑气未消，天气炎热，用电客户经常使用空调制冷、降温、驱热，而空调时常出现故障。供电专业人员提醒用电客户，应注重检查和保养空调，掌握正确的操作方法，安全正常地发挥空调的功能及作用。

供电专业人员在安全用电检查中发现，一些用电客户不注意检查便直接启动空调器，而空调器启动后，使用效果往往不如从前，甚至无法使用。对于这种情况，大多数情况下并非机器出了故障，而是由于保养不当，或者客户没有进行机器检查所致。因此，建议加强对空调器的检查和维护。

空调器的功率比较大，是个"用电大户"，因此，应注意检查其供电系统。供电系统中的电源引线、插头插座容量不足、接触不良，不但使空调器不能正常工作，而且还有可能因过热引发电气火灾。

检查供电系统中的剩余电流动作保护器的动作是否可靠，空调器金属外壳是否采取接地或接零保护。一旦空调器外壳漏电，接触空调器的人员就会发生触电事故。

启动使用空调器之前，应进行安全细节的检查。

空调器启用前应仔细检查电源引线，发现绝缘老化等问题应及时处理，更换电源引线时应选择截面积符合要求的导线。一般小分体机用 2.5mm² 铜芯线，3 匹柜机用 4mm² 的铜芯线，带辅助电热的 3 匹柜机最好用 6mm² 的铜芯线。

认真检查插头和插座，查看空调器的插头和插座是否接触良好。检查空调器的接地或接零保护是否完好。空调器接线回路的剩余电流动作保护器，注意检验动作确保可靠。接通电源，连续 3 次按剩余电流动作保护器的试验按钮，如果每次都能立即跳闸，则说明剩余电流动作保护器的动作是可靠的，可以放心使用。

应检查空调器排水管是否畅通，查看排水管是否有管口或管内尘埃积聚、管子变形、破裂等，以致堵塞或破裂而影响流水畅通。如果有堵塞现象，应设法排除尘埃，恢复管形，使排水管保持畅通。如果出现破裂，应及时修复或更换。

检查空调器室内机的使用环境，查看室内机周围是否有影响冷风循环的物品。如果有物品放置，冷风或热风将局限于小范围内循环，从而影响整个房间的制冷或制热效果。

注意检查制冷剂有无泄漏，观察空调器制冷剂管路的接口部位。若发现有油渍，则说明有制冷剂漏出，应及时予以处理，以免长时间泄漏而造成制冷剂量不足，影响空调器的制冷或制热效果，防止造成压缩机损坏。

空调器使用时间很长，不论室内机还是室外机的面板、机壳上，还是室内机的滤尘网上、室外机机背翅片状热交换器上，灰尘都很多，应当经常检查，并彻底清洗干净。如果发现室外机机背翅片状热交换器上的积灰过厚，连接室内外机的铜管上的保温材料的包扎损坏，应请专业人员清除积灰、包扎管路。认真解决存在的问题，加强安全维修和正确使用。

10. 配电室　防雨患

汛期，常降大雨。供电公司专业人员应加强安全检查工作，注重提示指导农村低压配电室做好汛期员工安全工作，采取有效措施，防范事故发生。

检查发现，一些农村实施了道路硬化工程，路面浇上混凝土后抬高了许多，有很多地方超过了原有配电室的地基面高度。下大雨时就容易发生雨水倒灌现象，导致配电室积水，甚至配电柜底部被浸泡，这样加快配电柜生锈腐蚀，产生安全供电隐患。如果下暴雨积水严重，可能会直接浸泡到带电部位引发相间短路或单相接地等电器事故，造成电网无法安全供电。因此，应提前防范积水隐患。

对积水隐患应采取抬高室内地面的方法，防范事故的发生。因为，原来的配电室内净高一般是300cm以上，而配电柜高度一般在220cm以下。所以，将室内地面再抬高50cm。这样配电柜上面的净空距离还有30cm以上，是不影响电器设备安全运行和维护检修工作的。如果室内地面无法抬高或抬高后也无法解决积水问题，则应重新建造或迁移配电室。

农村配电室往往采用砖、石结构，屋顶为混凝土预制板，配电变压器安装在平台上。变压器投运后受电磁振动影响会产生长期的轻微振动，屋面很容易开裂渗漏雨水。漏水滴在配电柜上面，会加快配电柜生锈腐蚀，产生安全隐患。如果滴在带电部位上，则会引起电器设备绝缘击穿，引发相间短路或单相接地等电器事故，造成无法安全供电，甚至因外壳带电危及到操作人员生命安全。因此，汛期应治理漏水隐患。

对于漏水隐患，应及时修复配电室屋面，采用质量可靠的防雨隔热材料铺面。在安装变压器的位置，应用钢筋混凝土加固，安装时变压器的放置应平稳，以减少运行中的振动。新建造配电室屋面应采用钢筋混凝土现浇，并保持2%的斜面，再采用防雨隔热材料铺面，以防止雨水渗漏。

农村配电室地面积水和屋面漏水往往会增加室内潮湿度，加上梅雨季节空气本身湿度较大。如果配电室门窗不全，雨水飘进室内将导致危害加剧。配电室内潮湿度大，容易加快金属材料的生锈腐蚀，产生安全隐患。破坏电器设备的绝缘性，特别是在电器设备表面灰尘物较多时产生爬电，引发相间短路或单相接地等事故。所以，应治理潮湿隐患。

对于潮湿隐患的防范工作，应加强巡视，发现门窗损坏时应及时修复。在门窗上面加装防雨台板，配电室通风窗改为百叶窗，上沿也应有防雨台板。

梅雨季节，配电室四周的水位上涨，淹没了蛇鼠等小动物的窝，使其容易四处乱跑进入配电室内。老鼠容易咬破进出电线绝缘层，蛇爬进配电柜内碰到带电部位等会造成设备绝缘击穿，引发相间短路或单相接地等事故。因此，应防范蛇鼠等小动物造成的隐患。

要防范小动物隐患，应注意保持配电室门窗的完好。门框底部应设置防止小动物进入的挡板，高度应不低于 40cm，窗户和通风百叶窗应设置为 $1cm^2$ 的铁丝网。设备安装完毕后，应对进、出电线孔隙，用防火、防水的绝缘材料进行封堵。从细微处入手，从而保障农村配电室在雨季的安全运行。

11. 完善配电网　提高可靠性

落实迎峰度夏工作任务，供电公司注重保障供电可靠性，增强对用电客户持续供电的能力。

供电专业人员认真维护客户安全用电和可靠用电，满足客户对供电可靠性越来越高的需求。以供电可靠性的多种因素为切入点，注意多方入手，采取技术措施，提高配电网安全供电的可靠性。

科学选择配电网接线方式与布局。接线方式一般分为两种类型：一种是无备用的单电源接线方式，通常为树状式或放射式，其特点是简单、经济和运行操作方便，但是用电客户只能从一个电源获得电能，供电可靠性差；另一种是有备用的多电源接线方式，通常为双回路或环网回路，其特点是供电方式灵活，用电客户可以从两个或两个以上的电源获得电能，供电可靠性较高。

无备用的单电源接线方式，一般 10kV 线路主干线宜分为 2~3 段并装设分段开关设备。对于树状配电网，应在主要分支处装设线路分段装置，其作用是在故障或检修时，有效减少停电户数。

环网接线开环运行接线方式，如果遇某段线路停电时，可闭合联络开关设备，使用户从另一个方向得到供电，从而有效地减少停电户数。它可以用于县城或负荷集中村镇的 10kV 中压配电网。

注意合理布置供电半径，如果配电网中的线路相对比较分散，线路较长，发生故障的概率则较大。因此，选择合适的供电半径，就能够减少线路发生故障的概率，提高供电可靠性。在农村地区，配电网 10kV 线路的供电半径，以不大于 15km 为宜。

供电公司组织专业人员采取切实有效的措施，提高配电网设备的安全健康水平。

正确选用架空线路与电缆线路，选择导线截面积时，应考虑事故情况下与相邻线路的互供能力，适当加大配电网主干线路导线的截面积。在一些特殊场所，考虑到安全和市容美观方面等原因，或受地理环境的限制，不宜架设或不能架设架空线路时，才考虑使用地下电力电缆。

避雷器对配电网设备的雷电冲击耐受水平有着直接的影响。氧化锌避雷器具有保护特性好、可靠性高、通流能力大、结构简单、寿命长、维护便捷等优点，能为输、配电设备提供最佳保护。

采用的断路器有SF₆断路器和真空断路器。其中，SF₆气体具有优异的绝缘和灭弧能力，SF₆断路器每次开断后触头烧损很轻微，不仅适于频繁操作，同时也延长了检修周期。SF₆断路器故障概率低，因此可减少故障次数，提高供电可靠性。真空断路器的灭弧介质和灭弧后触头间隙的绝缘介质都是高真空，其最大特点是触头和灭弧系统结构简单，而且主触头无需维修，寿命长，使用安全可靠。使用真空断路器可以缩短用户的停电时间，从而提高供电的可靠性。

12. 变压器故障　细分析排除

天气热，用电负荷增大，一些用电客户的变压器出现异常问题。供电公司专业人员深入用电客户现场，协助检查分析故障原因，帮助实施安全防范措施。

厂矿等用电客户变压器的常见故障：变压器内部出现异常声响，对外壳放电或发出放电声。超温运行，变压器高低压接线柱损坏，导线过热，变压器电缆"鼻子"损坏。耐压橡皮垫圈使用太久后严重老化或焦化，失去弹性。油位降低或储油柜漏油，硅胶风化。低压侧电缆长期风吹雨淋，绝缘层老化损坏。变压器油耐压降低，黏度、纯度达不到标准。继电器失灵，水银开关不跳闸，切断电源后，变压器没有发出故障信号。

供电公司专业人员分析异常状态下存在的潜在危险：一些用电客户的变压器过负荷运行，内部温度升高，导致绝缘套管上的耐油密封胶圈过热老化变硬，失去弹性。只要一个微小的外力，都会使套管和胶圈之间产生缝隙，造成漏油。常出现一相偏负荷，使变压器桩头严重过热，负荷电流超出桩头的安全载流量使接头过热，烧毁密封胶圈。当油溢至套管，吸附导电性的金属尘埃，遇上雨雾天气湿度增加时，再出现过电压，就很有可能发生套管闪络放电或爆炸。

根据用电客户的实际情况，供电专业人员提示客户密切关注负荷变化，在迎峰度夏期间，空调负荷比较集中。由于负荷不平均，往往会导致变压器三相负荷不平衡，会使变压器发热。因此，应密切关注三相电流的变化，加强对变压器三相电流的测量。用电高峰时每天至少测量一次，发现不平衡电流超过10%时，应当调整负荷，认真指导客户采取相应的处理方法，排除异常及故障。

根据不同声响来判别故障原因，采取相应停电处理方法。调整分接开关，Ⅰ挡调至Ⅱ挡，更换接线"鼻子"，修复或更换接线柱，更换橡皮垫，适当调整垫的压力。停电给储油柜加油，更换硅胶。油温应在85℃以下，夏季应不超过95℃。低压侧电缆，用红、绿、黄3种颜色胶带绑扎，为了区别A、B、C相序，零线用黑胶带绑扎。更换变压器油，换油前应经过 6kV 耐压试验黏度、纯度、含水量、杂质等项目应符合标准。电弧熄点必须符合要求，如果不合格，则不允许添装。检查继电器线路，及时处理，如果线路断线，应进行更换。

供电专业人员加强安全技术指导，不断提高客户有关负责人和电工的安全管理能力。完善设备巡视、检修制度。加强电工人员的培训，增强培训效果，认真掌握设备原理、安装程序、工艺等技能。

引导用电客户对变压器重点部位实施检查测量，发现异常时，及时采取相应措施。做好变压器的降温工作，防止变压器过负荷运行。通过对变压器常见故障的分析和运行经验的及时总结，明确安全注意事项和处理方法，确保设备安全运行。

13. 更新技术方法　保障安全运行

在迎峰度夏、防汛抗洪、抵御台风雷雨侵袭的关键时期，电网负荷持续攀升。供电公司采取措施满足城乡广大用电客户的高负荷用电需求，狠抓安全生产管理。严格落实各级安全责任，规范执行"两票三制"制度，树立全员大安全理念。认真做好电网运行方式、输电线路、变电站负荷的安排、预测和维护工作，积极探索采用灵活多样的安全技术方法，以及周密安排巡视监控，力求不间断对广大客户安全供电。

供电公司积极采取带电作业检修，减少及避免停电。带电作业是提高供电可靠性指标的一项极其有效的方法。经常实施的项目有带电直线杆分段，带电搭、拆电缆，带电调换绝缘子，带电处理缺陷等作业。

采用发电车，应急供电及抢修。发电车主要是将发电机安装在汽车上，在停电或供电困难时，利用发电车临时发电，保证客户的用电需求。其特点是移动方便、速度快、性能可靠，具有较强的机动性和适应性。

推行状态检修，集约加强设备的安全质量管理。状态检修是建立在对设备状态进行监测，充分掌握系统内所有设备健康状态的基础上，对设备进行主动维修的一种设备维修体制。实事求是、精益化进行设备维修，减少与避免不必要的检修和引起的设备停运，节省人力物力的投入，同时又能保障电力供应的可靠性。

采用配电 GIS 技术，加大运维科技含量。配电网结构复杂，设备种类和数量庞大，运行方式和网架结构多变。利用 GIS 技术，加强配电网的安全管理。利用其拓扑分析功能，可迅速提出供电方案，显示报警画面、故障停电区域，提出故障处理方案等，对提高供电企业的社会效益和经济效益都有重要的意义和作用。

加强电网设备细节维护，推进输电线路状态巡视。供电公司组织线路巡视人员，按照新发布的架空输电线路状态巡视管理规范，逐线收集输电线路状态信息，并据此开展线路区段划分工作。

按照管理规范，供电公司改变以往以单条线路为单位的运维管理方式。综合考虑线路负载率、缺陷率、故障率、设备评估结果等因素，全面收集线路状态信息。将线路通道环境细分为外破易发区、树竹速长区、偷盗多发区、多雷区、风害区、重污区、重冰区等多个特殊区段。按段落开展差异化状态巡视，针对线路状态等级和不同区段特点，分别制定线路巡视周期、巡视标准和应急预案，科学安排特巡、定点看护和应急抢修任务。

供电专业人员加强对线路特殊区段的详细维护，履行线路状态巡视管理职责、工作内容及管理标准。依据线路状态评价情况和不同区段特点确定巡视周期，并根据设备状况及外部环境变化进行动态调整。供电公司还对特殊时段的线路状态巡视周期进行明确规定，夏秋季节巡视周期为半个月，地质灾害区在雨季、洪涝多发期巡视周期为半个月，山火高发区在山火高发时段巡视周期一般为10天等。强化细节监控，保障安全供电。

14. 液压断路器　关键控制液

由于气温高，持续时间长，高压断路器设备缺陷概率相应增加，往往大多数设备缺陷集中于液压机构部分。对此，供电公司重点加强对液压机构断路器等设备的检查，分析容易出现故障隐患的原因，从而有效预防和控制缺陷的发生。

运行中高压断路器，一般配置的都是液压操动机构，其故障主要表现为阀系统中各个密封环节不好，引起的高压油路部分渗油。从而引起油泵在运行中频繁启动打压，或是油压过高引起断路器闭锁拒动。

液压机构体积小、功率大，但其故障率明显大于弹簧机构。供电专业人员经过现场调查、深入研究，发现引起液压机构故障主要有三个原因：一是密封圈损坏；二是球阀密封不良，这两种情况引起机构频繁打压；三是油压过高引起断路器闭锁。这三种情况，约占机构故障原因的90%左右。如果能解决这三个问题，就能大大降低液压机构故障率。

供电专业人员注重透过现象深入剖析，认清引起故障的内在原因。

液压油中杂质多。检修部门检修常在现场就地解体机构，用毛巾擦拭油箱及阀体。如果阀体解体时随地放置，现场滤油有时风尘很大，因此油中混入许多灰尘、杂质、沙粒等。操作时就会卡在钢球密封线上，使钢球密封不好，甚至损坏球阀密封线，造成漏压、频繁打压。

昼夜温差大。当昼夜温差很大时，白天压力正常，夜晚气温低，使压力降低，油泵启动。次日白天气温再升高，油压就会偏高，使断路器高压闭锁，造成拒动。

材料性能不佳。断路器液压机构多使用三元乙丙烯材料的尼龙垫和聚氯乙烯橡胶密封圈，其使用温度不能高于45℃，而实际使用中夏天油温常高达50℃以上，再在高压情况下容易冲坏。

供电专业人员在现场检修时，认真采取解决措施，排除及防范断路器液压机构故障。

高标准完善工艺，严格执行检修安全质量管理流程。禁止在检修现场滤油，采用在室内滤好后带至现场更换方法，以确保液压油纯净，防止漏压。阀体必须在室内解体，并且严格规定只能用海绵擦拭零件。

在机构箱内加装加热器及自动控温装置，防止温差造成的高压，使机构箱内昼夜保持一定恒温，进而达到油温恒定，油压稳定。

采用以丁氰橡胶为原材料的密封圈，使密封圈在较高油温里性能稳定，质量可靠，密封特性更好。并且规定每三年进行一次更换，在检修工艺上也采取相应的措施，保持油质纯净。提高密封圈的抗高温性能，使断路器在夏秋高温季节故障率明显下降，促进电力设备的安全稳定运行。

15. 潜水泵　晒短板

时值立秋节气，许多农民根据节气安排农业生产活动。其中，使用电动潜水泵浇地、排水、蓄水等比较多。因此，农民在怎样安装潜水泵、怎样安全使用潜水泵等方面会遇到一些问题。供电人员认真为农业生产服务，指导农民正确安装和使用电动潜水泵，根据潜水泵的性能特点，讲解潜水泵的"短板"，指出安装使用潜水泵时的危险点，防止潜水泵在水下工作时漏电引发触电等事故。

在农田现场，供电专业人员提示村民，安装或转换变更潜水泵使用地点时，应在办理有关临时用电手续后，请有资格的专业电工安装，切不可私拉乱接，否则，容易造成触电等严重事故。

在安装潜水泵时，一定要装设漏电保护开关。电缆线应架空，电源线不要太长。起吊潜水泵时应用专用的绳索，严禁用潜水泵的电缆线做起吊绳索，防止电缆线受损而发生短路或断路故障。

潜水泵不要沉入泥中，否则会因散热不良而烧坏电机绕组。安装潜水泵的地点及环境，应有可靠的防护装置。可将潜水泵安装在竹篮或箩筐内，避免杂物卡住叶轮损坏潜水泵。

使用潜水泵时，应尽量避免在低压时开机。电源电压与额定电压不可相差10%，电压过高会引起电动机过热而烧坏绕组，电压过低则会使电动机转速下降，如果电动机转速达不到额定转速的70%，启动离心开关会闭合，造成启动绕组长时间通电而发热甚至烧坏绕组和电容器。

不要频繁地开、关潜水泵，因为电泵停转时会产生回流，如果立即开机，则会使电动机负载启动，导致启动电流过大而烧坏绕组。

不可让潜水泵长期超负荷运转，不要抽含沙量比较大的水。潜水泵脱水运行的时间不宜过长，以免使电动机过热而烧毁。水泵运行时，必须随时观察其工作电压和电流是否在铭牌规定的数值内。如果不符合则应使电动机停止运转，找出原因并排除故障。潜水泵运行或出现故障时，严禁带电触摸泵体，防止漏电伤人。

平时应注意多检查潜水泵，如果发现潜水泵下盖有裂纹、橡胶密封环损坏或失效等症状，应及时更换或修复，防止水渗入机器而导致更大的危害。

转换地点使用潜水泵时，应注意在安装好潜水泵后，细心检查确定没有问题后再通电。抽水完毕，应先断开电源开关、后收电线、再收潜水泵，防止发生意外触电，以确保安全。

16．过热开关　诊断清热

夏秋之际，在迎峰度夏的关键时期，隔离开关在长期的运行中往往会出现一些故障，尤其是与母线相连的隔离开关，在检修时需要停母线，这样会扩大停电范围。为此供电公司采取专项预防措施，认真维护隔离开关的安全运行。

高压隔离开关是电力系统中使用量较大、应用范围较广的高压电器设备。工作人员在需要检修的设备和其他带电部分之间，用隔离开关形成一个明显的断开间隔，以保证人员在高压设备装置检修时的安全。

隔离开关不开合负载电流和故障电流，长期处于合闸状态而较少进行操作，其结构相对简单，易于制造。因此，隔离开关的安全维护工作常常容易被忽略。当高压隔离开关导电回路出现过热现象时，往往是长期以来积累的问题。

供电专业人员根据运行经验分析，高压隔离开关的工作电流只能用到其额定工作电流的 50% 至 60%，如果超过 70% 一般会出现过热现象。即便负荷电流没有增加，但在长时间的运行中设备的各项参数也会发生变化，从而引起发热。如果不及时检修就会使其发生恶性循环，即发热促进接触面氧化，使接触电阻进一步增加，从而使发热更加严重。

分析高压隔离开关发热的原因，主要是由多方面因素而造成的。触头弹簧长期处于压紧或拉伸的工作状态，会发生疲劳，随着运行时间的加长触头弹簧会慢慢失去弹性，甚至会产生永久性变形，造成接触不良，使电阻增大，接触部分发热。在日常维护中，应注意调整弹簧拉紧螺栓，使之压力合适，否则应更换弹簧。

触指或导电杆镀银层的厚度、硬度及附着力不足，是造成镀银层过早剥落、露铜而发热的原因之一。镀银层的附着力差和厚度不均，容易造成镀银层过早脱落露铜而导致过热，镀银层的硬度低也会造成耐磨性能差而过早出现露铜。对高压隔离开关来说，其触头系统的镀银质量，是关键的技术指标。镀银层并非越厚越好，镀硬银提高镀银层的耐磨性能至关重要。

高压隔离开关合闸不到位或偏位，会导致接触不良。出现这种问题主要是由于传动系统调试不当引发的。如果折叠式隔离开关传动系统调整不好，则会造成合闸后动静触头偏向一边的接触不良问题。所以，高压隔离开关的安装和调试质量，不但会影响动作的可靠性，还会影响其导电性能。在合隔离开关时，操作后应仔细检查触头接触情况，如果合不到位应重新合，直到合至到位。

隔离开关的部件接触面氧化，会使接触电阻增大。对于这种情况，应及时检查。可用"0-0"号砂纸清除触头表面氧化层，打磨接触面，增大接触面，并且涂上中性凡士林。

高压隔离开关如果触头系统设计不合理、防污秽能力差、出现锈蚀等情况，会影响隔离开关的导电性能，进而造成过热故障。对此，应对症诊断，有针对性地"清热"，解决热点问题。

当高压隔离开关动触头与静触头接触面积过小，或者过负荷运行时，都将导致过热。因为，如果在运行过程中电动力或合隔离开关过程中用力不当，则会造成动触头与静触头接触面积过小。对此，应调整动触头与静触头的中心线，使其在一条中心线上。对于出现过负荷运行的情况，则应及时更换容量更大的隔离开关，以确保安全运行。

17. 热湿雷雨天　用电保平安

天气炎热，多发雷雨。一些用电客户的电器出现故障，报修问题攀升。为此，供电公司用电检查人员提醒用电客户，采取安全措施，注意避免发生用电故障。雷雨天气，会对家用电器形成潜在危害。所以，应当注意防范雷击，尤其是在避雷措施不太完善的山区农村。

定期检查家用电器共同使用的接地线，注意检查地线是否完好、可靠。引入住宅的电源线、电话线、电视信号线均应屏蔽接地后引入，这样部分雷电流也会泄入地下。

由于气温较高，一些需要散热空间的电器如冰箱、电视机等，由于缺乏散热渠道，容易导致线路故障，而且耗电量增多。所以，需要将家用电器的散热空间适当增大，增加空气的流通，改善家用电器的散热环境。

一些小型断路器在使用中具有技术性能好、体积小、易于安装、操作方便、价格适宜等特点，被广泛应用在家庭照明回路和配电箱中。在安装、使用及维护过程中，应注意有关安全技术问题，防止出现故障及事故。在选择断路器容量时，应考虑被保护电器的要求。如果选用的断路器容量大于被保护对象，在未达到或超过被保护对象额定容量时，保护将不动作。这样被保护对象发生过载或短路故障时，极易被损坏。如果断路器容量小于被保护对象容量时，该断路器保护会频繁动作，被保护对象无法正常工作。因此，应根据被保护对象的要求，合理选择断路器的额定容量，使其能够正常地保护动作。

注意规范安装、压紧、接牢接线端子。小型断路器的安装，应按要求安装在固定导轨或固定支架上，否则将不便操作。断路器的接线端子一定要旋紧压牢。由于小型断路器接线端子通常是用螺钉旋具旋压的，安装时虽然压紧了，但其运行工作一段时间后，由于电流的热效应作用，接线端子螺钉会有所松动。如果不及时旋紧接线端子，长时间运行将会使断路器接线端子发热而烧毁。

注意安装检查和维护剩余电流动作保护器，以加强用电过程中的安全保护。否则容易引发事故和造成损失。某村镇配电变压器台区频繁跳闸，接到报修电话后，供电专业人员及时赶到现场。对台区配电柜内电器设备进行仔细检查，未发现任何故障。随后工作人员登杆对供电线路进行逐相排查，结果显示一切正常。

供电专业人员分析推测，其故障应与用电客户家用电器有关。于是扩大排查范围，对台区 100 多客户进行逐户排查。最终发现一客户家电冰箱漏电，而其家中未安装家用剩余电流动作保护器，导致台区频繁跳闸。经供电专业人员宣传讲解，该客户认识到安全用电的重要性，并主动请求供电专业人员帮助为其安装家用剩余电流动作保护器。防范危险和故障，加强安全运行的可靠性。

18.　抢险救灾　超前施援

风急雨骤，牵动着供电公司全体人员的安全责任之心。供电公司敏感地推测和判断汛情局势，注重及时全面分析山洪的最大危险点可能会出现在什么地方，进而采取主动出击、主动防御、超前行动、超前救援的抗洪举措。

紧急时刻，沉着果断地理清抢险应急主攻方向和思路，是救援及救灾是否及时、成效高低的关键。抗洪抢险需要认真贯彻科学发展观，注重遵循科学规律。任何抢救与救灾都应抢在"黄金时间"内，如果早一分钟行动其结果就会有天地之差。供电公司综合各个市县区的汛情，当机立断，抢占先机，调集人员，超前赶赴危险形势最大的山区小镇。

夜黑雨急，供电公司启动应急预案，组织抗洪抢险小分队急速行动，从供电公司本部所在地赶往山区小镇。暴雨倾泻，电闪雷鸣。攻坚克难，风雨兼程。

抢险队员加速前进，当抢险队员接近小镇时，眼前的一幕幕景象令人震惊。洪水汹涌，山洪暴发，冲塌山石、冲倒树木、冲毁电力线路。道路变为河床，低洼处的居民爬上房顶逃生。洪波巨流围困山区小镇，许多用电客户在水灾中断电。供电员工赶在最大洪峰袭来前，进行抢险救灾，在危急时刻，解救群众于困境。

实践证明，实行"科学判断、主动抢险、超前行动"抢险救灾思路的重要作用，为抢险救灾赢得"黄金时间"，救援队伍赶在最大洪峰到来之前进入灾区，赢得抗洪抢险的最佳时机。

抗洪抢险既要果断快速，又要冷静思考采取正确的决策和措施，不容失误。对此，供电公司在现场抓住关键环节，制定重点抢险方案，快速开展抢险行动。首先，供电公司调集抗洪抢险小分队与小镇供电所人员会合，由掌握具体情况的供电所人员带路，组成多个抢险救灾特别行动小组，明确分工，紧急行动。在暴雨和洪水中，集中优势力量，及时断开危险地段的电源，防止发生人身触电事故等次生灾害。其次，及时协助疏散、转移救护群众，协助重要用电客户保护电力设施。快速排开洪水中的杂物，主动防御，减少和避免最高洪峰对电力线路拉线、杆体、变压器台等电力设施的冲击。最后，妥善处理断线等故障，防范次生灾害，快速创造恢复送电的必备条件。

危急时刻，千钧一发，争分夺秒，掌握主动，方能提升供电员工的履行社会责任和安全应急处理能力。供电公司抗洪抢险人员与洪峰斗智斗勇，奋力拼搏，注重安全，踊跃冲在抗洪抢险的第一线，用"三个第一"，即第一时间到达灾区、第一时间开展抢险、第一时间恢复供电，实施安全快速抢险救灾。

许多从洪水中逃生的群众，历经风吹雨淋洪水冲，急需光明和温暖。灾区供电，成为第一个成功恢复救灾公共服务的项目。经过紧急抢修水毁电力线路，受灾后的第一夜，小镇 30%的电灯就亮了。迅速恢复供电，接通互联网和通信网等公用设施，改善灾区道路不通及信息不通的"孤岛"状况。及时抢修电力线路，恢复医院等重要负荷供电，使群众心里感到亮堂和温暖，为保障民生和维护安全稳定以及开展救灾工作创造重要的基本条件。

19. 科学抢修　安全高效

山洪突袭，洪水肆虐，山区小镇遭受重创。水灾造成倒杆、冲走变压器、水毁电力线路、房倒屋塌等破坏。

损毁的电力设备如果全部重新恢复，需要一至两个月的时间，群众用电不能等这么久。摆在供电公司抢修队伍面前的难题不止是设备严重损毁，还有恶劣的天气、湍急而深不可测的水流、抢险人员体力严重消耗等也让抢修工作困难重重。

供电公司抢修人员在保障人员安全的前提下，争取尽早恢复供电。在最危险的境地，及时协助救护群众，开展抢修救灾工作。受灾的第四天，受灾区域即恢复了全面供电。

在受灾严重、大量电力设备损毁的情况下，提高安全抢修救灾的效率，来源于科学抢险、安全管控。

安全高效的秘诀，即科学周密。

电力抢修涉及的物资多、现场多、情况复杂，必须有一个科学合理、周密细致的抢修方案。赶赴现场指挥抢险工作的公司领导和抢险员工，在最短时间内制定出科学恢复供电的抢修方案。

准确摸清设备受损情况，对人员进行明确分工，先集中力量恢复医院、供水厂、通信、政府救灾指挥部、有线电视网、当地大客户林业局等重要负荷的供电，给灾后民生提供保障。

确定临时立杆、架线等施工量最少的线路转带方式。充分利用环网、转带等方法，尽快恢复因灾停电线路所带负荷的供电。

实行先主干、后分支，先高压、后低压的顺序，恢复线路运行，对因灾可能产生接地的线路，尽早隔离断开，确保能恢复运行的线路第一时间供电。

供电抢修人员采用"老带新"的组合方式，在每组抢修人员中，必须由经验丰富的人员带队，在确保安全的前提下快速开展抢修工作。

在抢修恢复低压居民客户供电的过程中，注意做好对居民客户灾后安全用电的指导和宣传。

每天无论抢修到多晚，抢修领导小组必须召开抢险总结碰头会，梳理一天的抢险工作。总结经验，找出问题，明确第二天的工作内容和方法。实行科学周密的方案，在救灾抢险中发挥了巨大的作用。

安全高效的秘诀，即立体化灵活应用多种设备。

在洪水尚未有消退迹象时，供电抢修人员就开始进行隔离故障线路的作业。而此时，在摇摇欲倒、岌岌可危并有接地故障的电杆下，是深不可测的汹涌洪水，显然，不能冒着危险去登杆。对此，灵活利用斗臂车并发挥其作用非常重要，供电抢修人员为斗臂车找好地点和位置，并精确计算出角度，将做好足够安全措施的抢修人员吊起，用类似"空中飞人"的方式，将抢修人员送至电杆上部，整个过程不超过一个半小时，顺利断开接地点，其余线路即可成功送电。

在临时架设的电杆中，多数是 18m 电杆，需要焊接。可是，立杆的地点都还未恢复供电。带有电焊机的发电车立即开到现场，发电、焊杆，效率极快。现场充分利用发电车、吊车、铲车等设备，成倍提高安全抢修的效率。

安全高效的秘诀，即赢在细节。

在当地受灾断电断网断水的非常时期，供电公司注重为抢险员工自办临时食堂和伙食，想方设法为抗洪救灾的供电员工解决饮食问题，保障饮食安全。

抢修虽然紧张，但是安全不能忽略，并且应从细节做起。供电公司在救灾的第一时间，就开展了防疫工作，消毒水、口罩及防疫药品及时配备到位，防范灾区疾病，保证抢修人员安全健康工作。

及时购置配送抢险等必需用品，包括救生衣、雨衣、雨靴、应急灯、电筒、蜡烛等物品。在供电所为抗洪救灾人员安排夜间休息打盹的位置，临时购置被单等用品，想办法减缓抗洪救灾人员的疲惫。

执行信息工作应急预案，注重加强与各部门的联系与协调工作，及时向当地政府部门、林业森工等企事业单位以及广大客户群众通报电力抢险救灾信息，加强沟通，得到广泛的了解、理解、信赖和大力支持，为扩大救灾服务范围获取重要的依据和信息。

每天召开总结碰头会，安全是必须要说的事。并且依据现场勘察的灾情，细致分析第二天作业中的不安全因素，力求想得细、想得全、想得到，再由各组抢修负责人在早晨出发前传达给每一个人。

安全用电知识应注意传递给居民客户，在恢复低压客户供电过程中，供电抢修人员每修复一处，都要走进居民家中，了解线路受灾情况，叮嘱灾后安全用电注意事项。带有"洪水无情、电力有情"标语的电力抢修车，一趟趟进出现场，把安全和温暖送到群众心坎上。

紧紧围绕安全，在细节上细之又细。这种安全高效的秘诀，其实已非秘密，早已是众所周知，关键在于能否认真践行。

20. 水灾浸过电器　用电细节注意

在洪水灾害中，低洼处的部分平房被突然上涨的洪水侵袭。当洪水退去，一位居民回到被洪水泡过的家中，见衣服被褥全是黄泥。该居民拆开被褥扔到洗衣机中，她没有将前些天供电人员的安全提示当回事，麻痹大意，仍然像往常一样，接通电源，放水，就在这位居民拧动开关的一刹那，一股强大的力量把她击倒在地。附近邻居听到响动，急忙拨打120，把昏迷的触电者送到附近医院。经抢救，该位居民脱离了危险。

经供电公司用电检查人员分析，这位居民家被洪水浸泡后，被洪水浸泡过的家用电器绝缘水平下降，很容易造成漏电，严重威胁人身安全。另外，房间长时间浸水，潮气较重，电线绝缘水平同样会下降。同时，8 月份属于高温季节，人体多汗，手掌常常处于潮湿状态，这与干燥手掌的电阻是不一样的。正是由于以上原因，这位居民才会发生触电。

供电公司组织人员开展安全用电宣传活动，提示安全用电注意事项，加大安全用电的宣传力度，尤其提醒居民客户切莫存在侥幸心理，不可马虎大意忽视安全，水灾后用电应特别注意安全。被雨水浸泡过的家用电器，不要用手摸灯头、插座。所有浸水的用电设备必须送到家电专业维修部门进行绝缘检测，检测合格才能使用。如果条件具备，应用欧姆表检测室内线路绝缘情况，检测合格才能送电。

在送电前，检查剩余电流动作保护器，确保其合格。严禁用铜、铁丝代替熔丝，开关合不上时，应先查明原因，找专业电工进行检查、维修。

在合上总开关前，应将所有电器的电源插头从插座上拔下来，将电灯开关断开。然后合上总开关，待线路运行一段时间后，再逐个合上控制开关，插上电器插头。

插电源插头时，应把手擦干，站在绝缘物上。插上插头后，用验电笔检测电器外壳是否带电。如果带电应立即拔下插头，不带电时才能打开电器开关。

不要在被水浸泡过的电杆附近进行施工、取土等作业，防止电杆倾倒。发现电线低垂或折断，应远离避险，不可触摸或接近，并及时拨打电力服务热线 95598。

21. 极端天气　常态应对

针对极端天气时有发生的实际情况，供电公司注重建立健全常态化应对和应急安全管理机制，提高安全理念，明确灾情，保障连续可靠供电，主动参与抢险救灾，积极预防极端天气带来的危害，全方位采取安全应对措施。

制定应急管理体系，是做好灾害防御工作的关键保障。注重积极配合政府部门和媒体开展工作，有利于增强对突发事件的统一指挥和协调，有利于提高应对和处置突发事件的控制能力。平时注重做好应对突发公共事件的有关准备，达到"准备充分，遇事不慌"的状态。常态化完善具体预案和方法，将日常工作和应急抢险工作结合起来，健全预测、预警系统，提高应急响应的效率和能力。

坚持"提早预防、及早控制"的安全理念，实行"以人为本，科学抗灾"的安全管理方法。完善实施防汛抗台风等各项应急预案和技术操作手册，包括指挥部署、抢修队伍物资安排、安全保障、后勤保障、信息传递与新闻宣传报道等工作方案。根据历年防汛抗台风的抢险、抢修实践经验，细化充实有关预案，并加强各项预案的演习与改进。

供电公司集约部署实行"四个紧密融合"，即思想政治工作和抢险动员接受紧急任务紧密融合；舆情应急管理和救灾现场宣传工作紧密融合；后勤服务保障和抢险一线各项需求紧密融合；受灾当地供电员工和公司有关部室及专业人员在现场工作紧密融合。应急有序，方能临危不乱。形成高效协调的合力效应，全方位、全过程、立体化规避救灾遇到的各种风险。供电公司注重把握抢险救灾的正面舆情，提升抢险抢修的整体效果。

日常注重组织专业人员开展输配电线路、变电站等电力设施雨季特巡工作，对重载供电线路、重要及高危客户供电线路、重点防汛部位，实行每天巡视一次。

加强汛期个专业班组 24h 值班制，确保防汛、防台风等抢险信息畅通，指挥有力，各抢修分队随时保持待命。

建立与当地政府部门密切联系和联动的抢险机制，对重灾区、重点部位的供电设施，加大抢险人力、物资投入，确保受灾群众的生活用电、抢险救灾用电。

注重以综合素质高、专业技术强的人员作为主力，组建应急抢险突击队，积极开展抢修工作。组织安全监察、生产专业技术管理人员指导一线抢修队伍。当受灾严重时，通过应急指挥体系一调配队伍，在较短时间内恢复供电。

按照"防、避、抢"思路，有序开展防灾、抗灾、减灾等工作。极端天气发生前，通过全体总动员、设备监控等加强安全预防，尽量降低极端天气对电网的影响。在极端天气发生期间，采取积极避险的措施，避免和减少人员损伤和设备损坏，同时积极查勘电网损失情况，筹备抢修物资并制定策略。在极端天气发生后，各片区应急抢修分队按照电网损失情况积极行动，开展抢修，以最快速度恢复供电，提高应急处置的成功率和综合效率。

22. 工厂户外设备　排除雨浸故障

针对频繁降雨，供电公司组织人员加强对用电客户的安全检查与服务工作，提醒和指导用电客户在雨季加强设备巡视和维护工作，保障电力设备在降大雨时保持安全运行。

供电公司专业人员指出，由于多雨天气，户外变压器常常容易遭受雨浸而发生故障。主要是由于变压器进水受潮，导致主变压器安全运行可靠性降低。特别是自耦变压器其一二次电路直接连在一起，一侧发生故障会直接影响到另一侧。

一工厂用电客户的 10kV 变压器，由于侧套管升高座接线盒进水，导致该变压器三相开关跳闸，影响了工厂生产的正常用电。

供电公司专业人员协助用电客户，对故障情况进行分析。水分会使变压器油中混入的固体杂质更容易形成导电路径，从而影响变压器油耐压。严重情况下，造成匝间或段间短路，而对地放电是变压器绕组损坏的原因之一。

水分还会影响铁芯绝缘，铁芯绝缘老化或损坏会增大涡流造成局部过热。严重时还会导致铁芯失火，如果穿心螺杆绝缘被损坏，会在螺杆和铁芯间形成短路，形成环流，使铁芯局部过热导致严重事故。

工厂用电客户的室外变压器附件、元器件老化破损而渗漏水也会对变压器的安全运行构成威胁。

供电公司专业人员向工厂用电客户提出安全建议，指导排除设备故障，采取防范措施。

为了防止雨水渗漏浸入变压器，应对变压器进行检查处理。认真检查变压器各密封面，消除毛刺、砂眼及锈迹，使其密封面平整光滑。

检查橡胶密封圈，对变形、龟裂、老化或损坏的密封圈予以更换。紧固螺丝时应均匀用力并使密封橡胶圈有一定的压缩量，避免用力不匀或压缩量过大而使密封垫永久变形或损坏。

认真分析工厂老旧变压器常用的胶囊式或隔膜式储油柜容易老化龟裂的现象，以及易被空气中的湿气或水分侵入等相关问题。对于胶囊或隔膜老化的变压器，应当将其改造成为故障率较低、寿命长、免维护的金属波纹管式储油柜。

对于套管升高座接线盒，如果关闭盖密封不良进水受潮，将直接影响升高座内的电流互感器，进而影响变压器油和主变压器的绝缘。因此，应给接线盒加装一个不锈钢材料制作的防雨罩，以加强防雨能力。

变压器中性点电流互感器油箱，只有呼吸孔，没有温度的补偿装置，容易进水受潮导致油质变坏绝缘下降，还容易导致零序保护回路发生误动或拒动，影响变压器的安全运行。因此，应改用干式电流互感器，以达到防污、防水、防爆等功能，保障变压器的安全运行。

23. 开关绝缘子　"揭短"防断裂

加强迎峰度夏期间电力设备的安全管理，是满足广大用电客户用电需求的基础保证。

运行设备中，高压隔离开关绝缘子断裂是危害性较大的一种故障，常常会造成母线短路而引发母线停电、变电站或发电厂停电等重大事故，还容易损坏相邻的电气设备甚至伤及操作人员。

供电专业人员严密监视高压隔离开关绝缘子的运行状态，认真分析能够造成高压隔离开关支持绝缘子和传动绝缘子断裂的主要原因，从而有针对性地采取预防措施。

通过对已经折断的绝缘子断面的仔细检查发现，一些绝缘子内部有生烧现象和气隙，这使绝缘子的抗弯和抗扭强度大大降低。这种情况应属于绝缘子的质量问题，质量不佳是造成绝缘子折断的直接原因。

早期生产的绝缘子与法兰的胶装部分采用压花工艺，其内部应力集中，这是导致绝缘子根部断裂的重要原因。后来采用喷砂工艺，状况大有好转。但是，绝缘子和法兰的水泥胶装部分仍存有空隙、偏心和开裂，绝缘子受力不均也会导致断裂。尤其是胶装部分进水后，会将法兰和绝缘子胀裂。

检查还发现，有的绝缘子直线度、同轴度和平行度偏差过大，这也是导致绝缘子断裂的重要原因，其还会使支持绝缘子和旋转绝缘子长期承受一个额外的弯矩作用，同时还会造成操作力矩的加大，会对高压隔离开关绝缘子产生非常不利的影响。

高压隔离开关绝缘子老化，也是容易造成其断裂的原因之一。由于绝缘子长期受户外大气环境的影响，而且还不同程度地承受着弯矩或扭矩的作用，容易产生疲劳和老化损坏。

绝缘子实际安装质量，是影响高压隔离开关操作可靠性的关键环节，也是影响绝缘子使用安全的重要因素。在高压隔离开关的安装过程中，安装支架，由设计院设计、基建单位施工，变电站往往只负责隔离开关基座及以上部分。因此，基础和支架的施工质量会影响隔离开关的机械操作性能。因为，操动机构必须在现场与本体进行装配，水平拉杆也必须在现场进行加工装配。这不但增加了安装的难度，而且也保证不了装配质量，还会造成一些隔离开关在安装完成后机构传动不畅、操作力矩大等状况，使绝缘子受到额外作用力，多次操作后就可能造成绝缘子断裂。

隔离开关绝缘子的断裂，还与运行维护有很大的关系。如长期失修、强行操作，端子引线过重、过长，引线弛度不够运行中受力等，也是导致绝缘子断裂的重要因素。

供电专业人员针对造成隔离开关故障的主要原因，注重加强高压隔离开关的全过程安全管理，采取相应的措施，一一解决存在的问题和薄弱环节。在促进产品技术水平和质量水平提高的同时，提高专业管理水平和运行水平，增强运行可靠性，降低故障率，维护电力系统的安全运行。

24. 学习上级通报　治理习惯违章

供电公司组织员工认真学习上级部门转发的事故通报，加强警示，引以为鉴。大力开展反违章、清隐患等活动，不断巩固安全生产基础。

各专业班组在学习讨论"事故通报"过程中，注重避免"一念了之"走形式以及"外地单位发生的事故与己无关"等错误认识，注重"一厂出事故，万厂注意吸取教训"。班组人员分析事故案例，查找自身问题和差距，切实提高安全认识。事故的发生是由多方面因素造成的，既有人和设备的因素，也有管理与环境的因素。通过对人身事故的分析发现，许多人身事故是由于违章引起的，而且都与习惯性违章有关，甚至有惊人的相似之处。习惯性违章是群体性的、经常性的、反复性的违章行为，往往误以为"轻微违章，问题不大"，但是实际的负面影响非常大，反习惯性违章应常抓不懈。

班组人员分析习惯性违章的主要有以下几种类型。

不拘小节型。工作马马虎虎、粗心大意、不拘小节，习惯成自然。

得过且过型。工作稀里糊涂、无所用心，得过且过，上道工序能过得去就不管下道工序。

急功近利型。进入工作现场，拿起工具就作业，不分析危险源，不采取防范措施，不遵循作业程序。

心存侥幸型。事事存在侥幸心理，认为不是每个人、每次违章作业都一定会出事故。

明知故犯型。明知自己的做法违章，但是图省事、怕麻烦，依然我行我素，坚持不良习惯，还自以为"心里有数"，小小的违章，不会出大毛病。

胆大冒险型。把违章行为当成是个人英雄主义，别人不敢干的他敢干，满足个人的表演欲望。

盲目从众型。在作业过程中明知有违章行为，别人都这样干没有出事，我随大流也不会出事。

不懂装懂型。对岗位的安全技术、操作规程不认真学习，一知半解，不求甚解，把以往形成的习惯当成了工作经验，甚至以讹传讹，形成习惯性违章。

供电公司深化安全教育，开展杜绝习惯性违章专项安全活动。注重建立和完善配套的规章制度，认真贯彻落实各项规程规定。定期组织安全培训学习，提高安全意识，增强识别违章行为的技能。

强化保证安全组织措施，规范执行"两票"制度。对工作票签发人及工作负责人，加强对安全工作规程的熟练掌握与正确应用。

严格执行现场安全作业程序，工作负责人在工作许可人按照工作票所列的安全措施和工作内容做好安全措施后，明确人员分工，合理安排工作，进行危险源点告知并布置预控措施，对工作班成员全过程进行安全监督，确保施工中人人安全生产。

工作班成员注重履行工作票所列的安全责任，牢固树立"人人想要安全、人人能够安全、人人做到安全"的理念，掌握安规条款，将安规落实到安全生产全过程。

强化安全督察力度，加强督察队伍建设，保证督察人员经常深入施工现场，并健全监督与管理制度，防止习惯违章。

一旦出现管理、行为与装置违章，应按照安全生产"四不放过"原则进行分析、处理，并将违章责任人员请进安全教育室进行警示教育，使其真正吸取教训。防微杜渐，做到人人有能力安全，安全生产才方能长治久安。

25．电动工具　安全使用

夏秋之际，小型、分散、流动工程施工项目增多，现场电动工具使用频繁。对此，供电公司专业人员提醒和指导用电客户及施工人员，加强对小型电动工具的检查和安全使用，防止发生触电事故。

加强对电动工具的安全检查，重点具体检查项目有外壳、手柄是否有裂缝和破损；保护接地或接零线连接是否正确、牢固可靠；软电缆或软线是否完好无损；插头是否完整无损；开关动作是否正常、灵活，有无缺陷、破裂；电气保护装置是否良好、机械防护装置是否完好；工具转动部位，是否能灵活转动灵活而无障碍。电动刀具，应刃磨锋利。手持砂轮机、角向磨光机必须装防护罩。砂轮与接盘间软垫应安装稳妥，螺母不得过紧。使用大型冲击电钻时，作业场所应设防护栏杆，地面应有固定平台。

对于长期搁置不用的电动工具，在使用前必须测量绝缘电阻。如果绝缘电阻不合格，必须进行干燥处理和维修，经检查合格后方可使用。

电动工具如有绝缘损坏，软电缆或软线护套破裂、保护接地线接零线脱落、插头插座裂开或者有损于安全的机械损伤等故障时，应进行修理。在未修复前，不得使用。

维修电动工具，不得任意改变工具的原设计参数，不得采用低于原用材料性能的代用材料和与原有规格不符的零部件。在维修时，工具内的绝缘衬垫、套管等不可任意拆除、调换或漏装，非专职人员不得擅自拆卸和修理工具。工具的电气绝缘部分经修理后，必须进行绝缘耐电压试验。

手持电动工具应采用耐气候型的橡胶护套铜芯软电缆，并使电源线在工具内的联接处不受拉力、扭力。如随意接长电源线或更换插头，势必会破坏工具本身带来的成型导线和插头，降低安全可靠性。如不能满足作业距离需求时，应采用移动式配电箱加以解决。

施工人员使用手持电动工具时，应穿绝缘鞋，戴绝缘手套。操作时应握其手柄，不得利用电缆提拉。

在潮湿的场所或金属构件上等导电性能良好的场所，必须使用Ⅱ类、Ⅲ类电动工具。如果使用Ⅰ类电动工具，必须装设额定漏电动作电流不大于 30mA、动作时间不大于 0.1s 的剩余电流动作保护装置。在狭窄场所如锅炉、金属容器内等，应使用Ⅲ类电动工具。如果使用Ⅱ类电动工具，必须装设额定漏电动作电流不大于 15mA、动作时间不大于 0.1s 的剩余电流动作保护电器。

对于Ⅲ类电动工具的安全隔离变压器，Ⅱ类工具的剩余电流动作保护装置，Ⅱ、Ⅲ类工具的控制箱以及电源联接器等必须放在狭窄场所及作业设施的外面，并且应有人监护特殊场所施工人员的安全。

在特殊环境，如湿热、雨水以及存在爆炸性或腐蚀性气体的场所，使用的工具必须符合相应维护等级，还应满足安全技术要求，以确保作业人员和设备等的安全。

26. 指导客户　防范火灾

"秋老虎"发威，气温攀升，环境湿度却逐渐减小，临近风干物燥的时节。一些用电客户的电器设施由于高热等因素，出现火险、火患等苗头。供电公司注重及时加强安全检查和指导，帮助用电客户防范用电设备发生火灾、爆炸等事故。

供电公司专业人员注重根据用电客户的电器种类和性能，协助查找危险点，有针对性地采取安全措施。

用电客户的变压器，大多数属于充油式，变压器油是一种石油制品。如果遇到高温、火花或电弧，容易引起燃烧和爆炸。

重点分析，认真查找比较容易导致电力变压器产生火灾隐患的主要原因。

由于制造质量不良、检修失当、长期过负荷运行等原因，常常会使内部绕组绝缘损坏，发生短路，电流剧增，绝缘材料和变压器油等发热燃烧、爆炸。

在绕组间、绕组与分接头间、顶部接线等处，往往是薄弱环节。如果连接不好，会使局部电阻过大，从而导致局部高温，因此存在起火危险。变压器铁芯绝缘损坏后，会使涡流增大，造成温度升高，形成火患。

注重检测变压器的油质，如果变压器的油质劣化或者由于雷击、操作不当引起的过电压，均容易使油箱产生电弧闪络。油箱漏油后，散热能力下降，会使导线过热，从而产生火灾因素。

用电设备过负荷、故障短路以及遭到外力损坏、变压器保护设置不当等情况，都会导致变压器过热，形成起火条件。

供电公司专业人员指导用电客户采取安全措施，防止出现变压器的火灾。按照相应的设置规范，对不同等级和使用环境的变压器，选用相应的熔断器。

认真实施过电流继电器的电流保护和气体继电器保护，加强信号温度计的保护等工作。

保证变压器有良好的通风条件，变压器装于室内时应有挡油设施或蓄油坑，装于室外而油重超过 600kg 的变压器墩下，应有可作贮油用的卵石层。

密切关注运行中的变压器的负荷电流，保持上层油温不得超过 85℃。

认真检查熔断器的运行状况，重点分析危险点，防止熔断器引起火灾。熔断器在分断大电流时，熔体熔化产生灼热的金属颗粒飞溅到附近可燃和易燃物上引起火灾，或者分断大电流时产生的电弧引起火灾。因此，应注意选用型式和分断能力都符合要求的熔断器，安全选用合适的熔体。

一些用电客户使用的电加热设备，在工作时其表面温度往往很高。如果接近可燃物，或者本身长期过热引起绝缘损坏，或者负荷电流过大使电源线过热等，均可引起火灾。对此，供电公司专业人员认真指导用电客户，对于电加热设备必须装设在陶瓷、耐火材料、有隔热层等不燃烧、不传热的基础构件上。在使用过程中，应保持有人看管。车间操作人员离开或设备不使用时，务必及时切断电源，并检查电源线等设施有无异常情况。认真履行安全操作程序，防止发生火灾，维护人身和车间设备材料等安全。

27. 抗台风 保平安

受台风的袭击，部分电力线路、设备跳闸，供电公司积极应对，有序开展抢修工作。

在台风到来之前，供电公司密切关注台风动向，及时启动预警响应机制。召开应急视频会议，全面动员部署防台风、防汛应急措施，做好各项防御准备。

台风来袭，恰逢天文大潮期，风、雨、潮三碰头，给部分地区带来了较强降雨。220kV主变压器跳闸、110kV线路跳闸、10kV线路跳闸、多台公用配电变压器停运，造成许多用电客户断电。

供电公司紧急组织人员开展线路和变电站特巡特护，加固地势低洼地段的变电站和容易滑坡地段的线路杆塔，落实线路走廊防风偏等排查与抢险工作。

合理安排电网运行方式及检修计划，恢复电网全接线、全保护运行方式，启动重要变电站有人值班。

加强与水库等部门的联系，及时掌握泄洪计划，加强泄洪电力线路及设备的避险工作。

认真做好施工工地、临时工棚、脚手架和变电站、线路等设施的防台风、防洪、防泥石流措施。加强巡视维护、检修作业、基建施工、交通运输等人身安全防范。

供电公司组织十多支应急救援小分队，及时协助和指导用电客户采取保安措施，加强用电设施的妥善维护。

调集供电应急抢修队伍，加快抢修跳闸的线路及设备。出动发电车、配置大型应急照明灯塔、使用车载大型排水泵和潜水泵等应急装备，迅速投入到抢修工作中。

供电公司全力以赴抵御强风暴雨，重点防范强降雨可能引发的内涝、山洪等灾害。

受台风外围影响，出现强风暴雨，部分低压线路受到影响，供电员工穿街走巷进行抢修。

市区某路段发生停电，供电公司迅速组织人员前往现场查勘，通过对沿途线路的巡查，发现一基10多米高的电杆上的线路搭头跳火。由于市区的该路段建筑用房大多是木质跟水泥结构，在风雨的肆虐下，安全隐患突出。

供电抢修人员迅速制定抢修方案，展开抢修工作，在确保安全的前提下，迅速登上电杆抓紧时间作业。仅用一个小时，即恢复供电。抢修人员顾不上换全身湿透的衣服，整理好工具，又冒雨赶往另一处故障点，全力保障全市用电安全。

供电公司强化防御，做好地质灾害隐患点排查和现场勘察工作，确保新建、改建电网工程避开地质灾害隐患点。注重掌握地质灾害易发区的全面情况，加大对地质灾害点的巡视力度，及时排险。加强安全宣传，完善地质警示设施和电力设施警示标识，增强防灾避险能力。

28. 客户断电　循序判断

天气炎热，雷雨频繁，加之家庭用电负荷增大，有时用电客户家中会突然断电。往往客户不仔细查看属于哪方面的原因，就急于向 95598 报修。结果，往往不属于供电公司的维修范围，耽误时间和影响正常供电。供电公司用电检查人员深入小区开展安全用电和报修知识宣传工作，引导客户先简单地对自家的用电线路或有关设备进行检查，针对断电情况正确判断，采取相应的措施，尽快恢复用电。

供电公司专业人员提示客户，面对突发性断电，应冷静处理，注意检查确认停电的原因。

晴天时，使用中的电器设施突然断电，对于这种情况，往往是接户线或进户线中有接头，或者是家中的剩余电流动作保护器跳闸。如果接户线或进户线中有接头，特别是铜线与铝线的接头，铜铝接头暴露在空气中，时间长了，很容易氧化，造成接触不良。因此，如果在晴天发生家中停电事故，应先查看配电箱中的剩余电流动作保护器有没有跳闸。如果没有跳闸，再看一下有没有接头。若发现有接头，在确保安全的前提下，使用绝缘钳将接头处压紧，也许就能恢复用电。

雷雨过后，发生断电应先询问邻居家是不是也断电了，如果邻居家同样断电，可能是配电线路有故障造成断电，或是变压器的配电箱总剩余电流动作保护器跳闸。这时应拨打供电热线 95598，说明居民楼或者配电台区断电，供电公司根据情况组织人员进行检查、抢修。如果邻居家有电，则可能是自家的剩余电流动作保护器跳闸。家中的剩余电流动作保护器跳闸，一般有两种原因，一是雷电的影响造成跳闸；二是家中有漏电现象造成跳闸。

对由雷电影响造成的跳闸，只要将自家的剩余电流动作保护器合上，就能正常用电。对由家中漏电现象造成的跳闸，往往不能合闸，这时千万不要自行拆除剩余电流动作保护器，而应请物业电工、或者有经验、有资质的电工到家中检查。查找出现漏电故障所在的位置，并做必要的处理，才能恢复用电。

使用个别家用电器时，出现断电现象，有时刚刚把插头插上或者把开关合上，家中就停电了。这种情况大多是由于使用的电器有漏电现象造成的，这时应停止使用该家用电器。将家用电器的开关分开或者插头拔下来，然后去查看自家的剩余电流动作保护器是否跳闸。将剩余电流动作保护器合上，家中就能恢复用电。特别提醒，这件家用电器不能再继续使用，应送去检修。因为它就是造成剩余电流动作保护器跳闸的主要原因。

使用大功率家用电器时，发生断电，应查看剩余电流动作保护器是否跳闸，如果发生跳闸，则表明家用电器有漏电故障，不能继续使用。如果是配电箱中的空气开关跳闸，则有多方面的原因：家用电器功率太大，超出空气开关所能承受的范围；家用电器使用时间过长，线路发热致使空气开关跳闸；家用电器的连接线有短路故障；家用电器的使用插座有短路或烧毁现象。空气开关跳闸后，一定要先停止使用家用电器，然后请专业电工进行检查，不可自行拆卸插座或开关，注意保障自身安全。

29. 地埋线路 排除故障

在高负荷运行及施工损坏等状态下，用电客户地埋电力线路故障时有发生，而且故障种类多种多样。往往有单相接地、相间短路、相间短路接地、漏电和断芯等几种，其中单相接地故障较为常见。供电公司专业人员指导客户检查故障原因，及时排除隐患，恢复送电。

地埋电力线路出现单相接地的主要原因，往往是由于线路中一相的任何一点破皮，导致绝缘损坏而造成的。中性点直接接地系统发生单相接地时，故障相线的熔丝会熔断，故障相线对地绝缘电阻大大下降。

线路出现相间短路的主要状况和原因，相间短路包括两相短路和三相短路。新型号的地埋线，都是单根的，而且相间距离为 50～100mm。因此，埋在地下一般是不会发生相间短路故障的。但是，在引出线段却有可能发生相间短路，因为引出线段相间距离很近。发生相间短路时，故障相的熔丝熔断，相间绝缘电阻大大下降，但相对地的绝缘电阻变化不大。

地埋电力线路发生相间短路接地和相间短路的情况基本是一样的，其差别是前者有接地故障，相间的绝缘电阻和相对地绝缘电阻都会急剧下降。

线路出现的漏电现象有低电阻漏电和高电阻漏电两种。低电阻漏电是指相对地绝缘电阻下降到 $30k\Omega$ 以上的对地漏电。发生低电阻漏电时，故障相的电压明显下降，剩余电流动作保护器动作，切断电源。发生高电阻漏电时，故障相电压稍有下降，用电设备仍能正常运行。

地埋电力线路有时出现断芯现象，断芯故障是指地埋线里面的导电线芯折断，而外面的塑料外皮仍然完好。此时，故障相电路不通，而对地绝缘电阻仍保持正常水平。送电端出现有电压没电流的现象，而受电端既没有电压，也没有电流。供电公司专业人员指导用电客户采取相应措施，处理和排除地埋线路故障。

安全检查中，供电专业人员遇到一工厂客户厂房外所用 $25mm^2$ 规格的电缆，埋入地下接 380V 电压，在施工中被弄断了。供电专业人员提示客户，可以使用标准的电缆连接器进行连接，这种方法比较方便，防护等级较高，埋在带水淤泥里都没问题。埋入地后，在地表做个标号，以方便检修。电缆断头处先套一段一寸半长 PVC 管，然后用铜管或铝管进行压接，注意接头要错开，再用塑料绝缘带缠绕，将 PVC 管拉回到接头，最后往管内注电缆胶或环氧树脂。注意中间接头处最好做电缆井，施工应尽量做到不积水，然后做好标记、加盖板。如果是临时用电，PVC 套管应再加防水处理。在雨水多的地方，可以再加设一个密封盒，以保证安全。

30. 墙壁设插座 性能应自强

在用电高负荷状态时，一些用电客户的墙壁开关、墙壁插座往往出现过热等现象。供电公司用电检查人员注重指导用电客户，正确选用墙壁开关、墙壁插座，防止发生故障。

墙壁开关及插座的品种多样，良莠不齐，供电公司用电检查人员指导客户掌握选购墙壁开关及插座的基本方法。

选用墙壁开关、墙壁插座时，应注重质量。

优质墙壁开关、插座产品的导电件，应采用磷青铜，触点采用复合银，产品一般分量比较重。质量差的产品一般偷工减料，比较轻，其塑胶材料强度不足，金属材料导电能力弱，因此容易造成安全隐患。

使用的绝缘材料，对墙壁开关、插座的安全性非常重要。选用时，最好能对其外观做一下燃烧试验，如用火烧一下。一般来说，优质的开关、插座在经过试验后，其外壳不会变形、变色，也不会留下燃烧痕迹。而质量较差的开关、插座，其外壳则会变色、发软，甚至会燃烧，还伴有焦味。

如果没条件试验，从外观上看，质量好的开关插座，其制造工艺很讲究，它的外部塑胶边角及钢板支架无毛刺和瑕疵，面板色泽均匀，光亮度高，无麻点、黑点、针孔、尼龙后座无异味。大多使用防弹胶等高级材料制成，防火性能、防潮性能、防撞击性能都较高，质地较坚硬，表面光滑，很难划伤。晃动插座没有任何声响。开关拨动的手感轻巧而不紧涩，而质量较差的开关是软的，甚至经常发生开关手柄停在中间位置的现象。

检查试验插座，应用插头试一试，其插拔力度是否顺畅自然，过紧或过松都不合适。

插座的插孔从外部看如果有黑色的东西遮住，看不到里面的铜片，往往表明有保护门结构。可以拿个发卡或硬的东西捅一下，捅不进去则证明有自锁装置，其插座具有一定的安全性能。

插座的导电金属材料厚、宽，且亮度高，这样的插座质量较好。一些进口或合资的产品已不再采用传统的螺丝钉压线，而采用压板式接线端子，这样可以增加导线接触面积，提高导电性能。

开关、插座应有品牌标识，后座上应有接线端口标识、3C认证标志。额定电流、电压等标识应清晰，无生产型号、生产日期或者虽有但不清晰的产品，则并非正规产品。注意观察产品包装盒上是否有清晰的厂家地址、电话，包装内是否有使用说明和合格证。选购时，应尽量选择额定电流值高的产品。一般厂家开关产品的额定电流是10A，而有些电器，如空调柜机应选用额定电流是16A的插座，更有安全保障。

墙壁开关、插座应具有人性化设计，可以使人在使用时得心应手，注意它的防雷功能和有效保护高价值电器安全的功能。如果两个相孔之间的间距过小，则会影响插头的同时使用。查看电视插头是否采用新型接线弯头，是否可以360°全方位调整接线等，好的产品应具备各种设计方式。

有些墙壁开关、插座，采用快速接线方式，即卡接线方式，就是把线剥出来不用螺钉，直接插到开关后面的接线孔中。这种接线方式，考验开关、插座的用电安全性能，应注重细节到位，以保障安全。

31. 防外力破坏　建平安电力

在电力线路及设备附近，一些工程项目增多。有些施工者的采石放炮、修路等行为，影响及威胁电力线路及设施的安全运行。对此，供电公司加大防外力破坏工作力度，多措并举，保障电网安全运行。

供电公司安全保卫专业人员前往防外力破坏蹲守点，对危险施工作业死看死守。防外力破坏工作没日没夜，反复开展安全宣传，增强施工人员护线意识。

为了增强客户的电力设施保护意识，供电公司采用多种安全宣传方式。在扑克牌、打火机等一些物品上印上电力设施保护知识，在工地等有潜在威胁的区域发放。

工业园区修路，水泥罐车比高压线还高。供电公司人员找到施工方陈述利害，施工方停止危险作业，改变地点，并且采取安全措施，保障电力线路的安全。

供电公司通过交通部门，将市内所有大型机械车辆司机召集起来，进行电力设施防外力破坏的宣传教育。很多司机遇到拿不准的工程，都会找供电公司把关。

重点盯防，坚决制止违章行为。

电网线路分布在城乡，附近基建工程多，隐患点及危险点也随之增多。供电公司充分发挥群众护线的作用，在容易发生外力破坏的区域，组织和培训群众护线员，对外力破坏的隐患点及时发现、及时报告、及时处理。

实行供电专业人员巡线与群众护线相结合，线路运维专业人员按周期及特巡重点检查线路，发现有关外力破坏的苗头就请群众护线员留意工程动工时间及相关情况。

有些工程为了赶工期或者躲避供电企业的检查，往往会在深夜施工。附近的群众护线员只要听见机器声响，就会打电话告知供电运维专业人员。

线路运维专业人员还建立报警联络点，在线路附近交话费的地方、商店等地方张贴中国电力出版社出版的《电力安全宣传挂图》，并且注明联系方式，提示和发动广大群众，一旦发现线下施工就给供电运维专业人员打电话。

供电公司加强平安电力建设，注重建立健全常态运行机制，不断探索采用多种方式方法，构建电力线路及设施的防护网络，不断维护电网设备的安全运行。

白露

第9章

秋分

9月节气与安全供用电工作

九月份 有两个节气：白露和秋分。

每年公历9月7日～9日，太阳到达黄经165°时，即进入白露节气。

每年公历9月22日～24日，太阳到达黄经180°时，即进入秋分节气。

白露，露凝而白也。值此节气，天气转凉，白昼阳光尚热，太阳一归山，气温便很快下降，至夜间空气中的水汽便遇冷凝结成细小的水滴，密集地附着在花草树木的绿色茎叶或花瓣之上，呈现白色。经早晨的太阳光照射，看上去晶莹剔透、洁白无瑕，因而得名白露。

秋分，内涵丰富。太阳在这一天到达黄经180°，直射地球赤道，因此这一天昼夜均分，各12h，全球无极昼、无极夜现象。"秋分者，阴阳相半也，故昼夜均而寒暑平。"按我国古代四季的划分法，秋分之日居秋季90天之中，平分了秋季。

1. 根据节气特点　掌握安全要点

白露节气，气温下降，反映出由夏到秋的季节转换，不仅有台风、大暴雨、雷雨的侵袭，部分地区往往还会出现秋旱、森林火险、初霜等天气。因此，应抓住时机深入开展秋检工作，加强设备的试验、检修和维护。还应加强抗台风、防雷、防汛等安全管理和应急工作，防范恶劣天气对电力线路设备造成的危害，加强农业抗旱的安全保电工作，为农民和农场做好电灌安全供电服务工作。

白露节令，正当仲秋。"春旱不算旱，秋旱减一半。春旱盖仓房，秋旱断种粮。"

秋旱时，特别是山地林区，空气干燥、风力加大，森林火险进入秋季高发期，应及时防范山火对电力线路及设备的危害，加强对电力线路的巡视检查，认真排查周边存在的山火隐患。掌控防范山火的主动权，维护电力线路在森林火险期间的安全可靠运行。

进入秋分节气，电力大修、技改工程、电网建设与改造等工程，也随之进入"黄金季节"，应充分利用好秋季晴好、气温适宜的优势，周密安排和开展各项工程的施工作业。加强工程管理，提高工作质量，保障各项工程施工作业的安全。

秋分节气，是农业生产的大忙季节。秋分时棉花吐絮，正是收获的大好时机。东北及时抢收和加工成熟的农作物，保颗粒归仓。西北和华北地区开始播种冬麦，"白露早，寒露迟，秋分种麦正当时"。长江流域及南部广大地区忙着抢晴耕翻土地，播种油菜。江南"秋分天气白云来，处处好歌好稻栽。"无论南北，秋收、秋耕、秋种的"三秋"大忙显得格外紧张。因此，应当及时开展电力支农工作，积极协助做好农业用电设施的安装、检查和维护工作，保障秋收、秋耕、秋种"三秋"安全供电。

秋分时节，大部分地区已经进入凉爽的秋季。"白露秋分夜，一夜冷一夜"、"农历八月雁门开，雁儿脚下带霜来"。昼夜温差逐渐加大，气温下降速度日趋加快，午后温暖干燥的天气逐渐变得有些湿冷，逐渐步入深秋季节。电力员工在户外施工作业时，应适时添加衣物，注意防范着凉感冒。

秋分以后，南下的冷空气与逐渐衰减的暖湿空气相遇，产生一次次的降水，气温一次次地下降，"一场秋雨一场寒"。在雨水频繁的地区，往往容易发生泥石流、滑坡等地质灾害。应当加强危险地段电力线路、变电站的安全防护工作，防止地质灾害危及电力设施，确保电网的安全稳定运行。

2. 大修与技改 旧貌换新颜

供电公司加强大修技改工程管理，集约治理设备存在的缺陷，保障变电站等设备安全稳定运行，提升综合安全功能。

大修技改工程管理是一项系统工程，电网过渡方案复杂、特殊运行时间较长，涉及供电区域广泛。因此，应加强对每一个环节的安全管控，突出安全和质量成效。

供电公司采用集约管理方法，解决大修技改工程中面临的各项难题。在运作程序中，加强项目管理单位各部门的高效衔接，实行有机配合，达到相互支持。在施工的外部环境中，营造良好的建设环境与氛围，积极与政府、大客户等方面进行沟通和交流。

相关专业、施工单位、监理单位实行每周两次例会制度，加强协调配合，建立协同互动机制。按照计划，变电站的 HGIS 主设备应该到位了，但是厂家却没能生产出成品。供电公司运维检修部、物资部与厂家加强沟通协调，厂家分期分批加快将设备散件运到现场，实行边组装、边实验，保证工期。

供电公司向重要及高危客户发放安全提示资讯,告知电网设备大修技改有关运行方式，提醒客户在项目实施期间，提前做好相关停电检修预案。

由于有的变电站技改属停电改造，在停电作业前，供电公司为相关设备进行全面"体检"，线路班的成员分组展开 24h 不间断巡线，及时消除缺陷。开展全面评估风险，编制应急预案，深化安全风险管控。加强纪律约束，中心工作全过程监控，各方保障"精准着陆"。加强安全管理，各级负责人权责清晰，各负其责。建立员工论坛，开展 HGIS 项目风险管控技术论坛活动，集思广益，让参与施工的人员对技改项目有更深刻的了解，提出安全建议，促进项目安全顺利实施。

实施大修技改工程时，应注重攻坚克难、连续奋战。规范安装隔离开关、敷设电缆、二次接线等工作，改造工程应注重有条不紊地推进。运检专业人员认真进行开关检查及分合闸可靠性调试。注意检查接线是否正确可靠，观察开关状态是否正常。在多个施工面作业时，注意在环节上一环套一环，工序上打时间差，确保工期与质量都不出问题。

供电公司专业人员以项目实施为契机，注重提升工程管理水平。施工人员打开端子箱，核对小卡片，这是在变电站综合自动化改造工程中使用的运行提示卡。一个长方形的小卡片，图文并茂，将设备运行、检修、操作事项叙述得一清二楚。主控室有 200 多个屏柜，回路更是多得数不清。二次保护系统被喻为变电工程的"大脑"，应确保"大脑"功能正常稳定。

针对改造工序繁杂、交叉作业面多、安全压力大等情况，注重加强集约化运作、精益化管理。使得专业之间的配合更灵活、分工更明确，工作效率更高。排列整齐的设备，干净整洁的道路，已运行多年的变电站焕然一新，通过实施技改工程，确保电网的安全稳定运行。

3. 适时开展秋检　保障安全供电

供电公司适时组织开展秋季安全大检查工作，认真加强秋检期间安全管理，使秋检工作规范有序开展，保障秋检期间人身、电网和设备安全，维护秋检期间电网安全稳定运行和可靠供电。

在实施秋季检修工作中，供电公司注重加强组织领导。各级负责人组织和部署秋检安全工作，及时解决影响安全生产的突出问题和苗头性问题。各级管理人员加强现场安全监督指导，严肃查纠和避免现场各类违章。一线员工严格执行各项安全规章制度和"两票三制"，提升检修安全质量。

供电公司严格实行停电计划的刚性管理，精心编制秋季设备停电检修试验计划，杜绝不必要的设备停电、临时停电和重复停电。严格执行检修工作安全措施审批制度，停电计划变更和追加计划，按照"高一级审批"、"谁批准、谁监督"等规定执行。

强化安全风险管控，贯彻执行《安全风险管理工作基本规范》、《生产作业风险管控工作规范》等规章标准，严格落实"三个百分之百"要求，严肃安全纪律，落实安全责任。

严格执行到岗到位制度，编制实施《到岗到位监督计划》，把领导干部和管理人员到岗到位纳入生产控制流程，严格实行考核管理。

切实加强现场安全管理，严格落实现场标准化作业要求。计划性检修和典型消缺工作，认真执行安全风险控制卡或作业风险控制指导书，杜绝发生人身触电、高处坠落以及误操作事故。

各专业、班组加强事故隐患排查和治理，细化设备状态监视。开展重要输变电设备特巡检查，及时排查消除缺陷隐患。对一般事故隐患实施立即整改，对重大事故隐患指定专人管理，做到责任、措施、资金、期限和应急预案"五落实"。

现场严防恶性误操作和人身伤亡事故，加强倒闸操作的全过程管理。严格加强解锁钥匙和解锁程序的使用与管理，注意防止发生人身触电、高处坠落、物体打击等事故，采取相应的监督措施。

在秋检中注重加强安全教育培训，深刻吸取近年来电网、设备、人身事故教训，进一步提高安全意识。组织针对性的岗位技能培训，提高员工安全生产业务水平。

加强运行设备运维和监控管理，控制减少设备事故，杜绝设备烧毁事件发生。设备运维专业与客户服务中心加强工作协调，加强用电客户接入点设备操作、许可管理，严禁外包、外协操作。加强和改进现场安全稽查管理，做到有序、有效开展，进一步提升安全管理水平。

开展秋季安全用电宣传工作，落实对高危客户特别是煤矿企业自备电源及应急预案的督导。加强负荷分析等工作，跟踪管理重点用电项目及客户的工程建设，注重提前介入，超前谋划，做好秋季安全供电服务工作。

4. 检查分析　防震抗灾

供电区域发生地震，值班人员感觉到明显震感。供电公司按照"预防为主，综合防御；突出重点，分期实施；平震结合，常备不懈"的方针，对电力设施的耐震性能加强检查分析。

供电公司对已投运的电力设施，根据 GB 18306—2001《中国地震动参数区划图》的变更及电力设施的具体情况进行验算，进行抗震能力评估，确保电力设施满足所在地的地震最低设防烈度和地震动加速度值的要求。

地震中易受损的是变压器，地震后往往出现主变压器本体发生位移，固定焊接部分或螺栓损坏，瓷套管破裂、折弯、移位、渗漏的发生率很高。因此，应着重检查变压器的固定情况，加固变压器基础，采用钢筋混凝土工艺，防止震中基础震散。变压器本体底部应用制动装置加强固定，防止变压器震移出轨、倾覆、掉台，切不可直接放在基础平台上。

在室外安装的变压器，高、低压引线宜用软连接方式，对于采用硬母线连接的应在套管处装设伸缩节，不能直接用硬母线连接在套管上。室内安装的变压器，还应该防止屋顶坠落器物砸坏变压器套管。

变电站屋外构（支）架上的电气设备抗震能力比较弱，多是由瓷套管损坏引起的开关设备断裂倾倒、本体变形、漏气，避雷器及支柱绝缘子断裂等状况。变电站内的构（支）架抗震性能较好，只要地基稳定不发生倒塌，一般不会发生中间断裂，和构（支）架上绝缘瓷件损坏的事故。

变电站的主控室、开关柜室等是变电站最重要的建筑物，保障屋顶不塌不落物至关重要，应当严格按照国家标准 GB 50011—2001《建筑抗震设计规范》的要求进行验算，抗震设防烈度应符合新的中国地震动参数区划图规定的地震基本烈度，不符合要求的可以进行结构加固。

开关柜是配电的基础设备，地震时常会出现柜体变形、错位和母线支柱绝缘子损坏的情况，通常是由屋顶落物、基础塌陷、绝缘子受力等原因造成的。

重点检查固定屋顶的电缆线槽、母线桥架等设备，加固开关柜基础，附加槽钢，并进行多点焊接。柜内母线支柱绝缘改用夹板式固定，而不采用穿钉式固定。柜内设备（如电容器等）基础固定，引线采用软连接等方式。

输、配电线路应注意防止由于地基不均匀沉陷、山体滑坡、泥石流造成的塔体倾斜、倾倒、构件损坏等危害，应注意检查、加固线塔的基础。检查配电杆杆下是否有底盘，出土是否有卡盘，减少耐张段长度，增加防风拉线。

供电公司加强地震事故预案并作好演练，视重要程度配备通信手段，配备双路电源，配备应急发电机、应急发电车、应急灯等设备，预先定好并网地点及接地切换点，提前配备消防器材。

针对恢复供电的薄弱点在于客户的配电系统；注重提前做好应对准备，保持设备不损坏，或将损坏控制在一定范围和程度内，迅速恢复供电。

在电力设施建设之初，就应当严格按照 GB 50260—2013《电力设施抗震设计规范》的要求，依据所处地震带烈度分级，适当提高抗震标准，增强电网抗灾能力。

变电站站址选择应在无不良地质地带和地质构造相对稳定的区域，避免在地震断裂带附近建站。变电站内建筑物的设计应严格按照 GB 50223—2008《建筑工程抗震设防分类标准》的要求，尽可能小型化，站内建筑最好采用单层建筑，分散布置。地震烈度在 7 度及以上的地区，其屋外配电装置构架结构应在满足结构受力和设备变形要求的前提下，具有适当的地震变形的延性特征。组合电气设备和有硬连接的设备基础，应采用整体钢筋混凝土基础或加强基础之间联系梁，以抵抗不均匀变形造成的设备损坏。

输电线路路径的选择应避开易出现滑坡、泥石流、崩塌、地基液化等不良地质地带。当无法避开时，应适当提高抗震设防标准或采取局部加强等措施。地质灾害易发区多回输电线路，宜多通道架设，以降低灾害风险。

5. 加强质量管理　提升安全效能

供电公司深入开展"质量管理月"活动，在秋检预试、大修、技改、电网建设与改造等工程作业中，加强全面质量管理，周密部署，精心组织，狠抓落实，采取切实有效的措施，抓好安全生产各项工作。

开展安全质量大检查工作，注重做好分析评估，梳理整改问题隐患。进一步健全安全生产长效机制，高度重视安全、质量、责任、效益管理。加强电网运行风险管控和新设备启动调试，周密制定调度实施方案，促进实现电网平稳运行、管理安全有序、设备健康水平有效提升等目标。

强化设备运维管理，加强重要输电通道运维保障，推进重点配电网建设改造。分析度夏情况，有序实施重载、过载配变增容、分装和线路切改、负荷调整等工作。加强秋检计划与组织，开展设备状态评价，合理安排检修任务。针对电网设备在高温高负荷运行过程中出现的问题，通过秋检进行充分整治，以满足安全可靠运行等要求。秋检预试以全面提升设备健康水平为核心，突出做好暑期期间暴露问题设备、老旧设备、重载设备和存在缺陷设备的管理，统筹安排好停电检修和不停电带电检测，加强巡视与特巡，确保设备通过整治，以满足恶劣天气和大负荷下运行要求，有效控制设备跳闸事件的发生，减少停电损失。加强秋检预试与大修技改、基建工程停电切改等工作的紧密结合。针对现场检修任务复杂、作业现场控制难度高等情况，深化生产作业风险管控，强化员工安全教育培训。加大重点工程施工现场管理力度，现场施工作业实行细化安全管理。

强化安全生产布控分析闭环管理，严格执行公司、单位、班组三级风险布控要求。以"查领导、查思想、查管理、查规程制度、查隐患"为重点，以防止人身事故、防火、防小动物、防污闪等为主要内容，将闭环管理分为分解实施计划、班组自查整改、公司复查整改、总结提升等阶段。各级管理人员坚持下现场，做到人员到岗、思想和责任到位，防止发生人身事故。将秋检与"质量管理月"活动、安全风险管控等活动紧密结合，认真做好当前安全生产工作。做到有计划、有落实、有检查、有总结，严禁形式主义，切实将秋季安全大检查工作和"质量管理月"活动落到实处。在秋检期间，各级安全监察人员深入班组和一线跟踪检查秋检开展情况、检查整改的及时率和完成率，加大宣传曝光和考核力度。

　　加强检修质量管理考核，实行质量责任追溯制度。坚持该修必修、修必修好、修必保证周期，对检修质量实行检修周期内的责任追究考评。严格执行缺陷管理制度，特别加强缺陷分析，查清缺陷原因，追究责任，严格考核。实行周密组织，充分准备，确保设备缺陷处理一次清，减少和杜绝重复停电。本着"分工明确、及时整改、重查隐患"的检查原则，确保秋检不"简"，执行安全质量标准到位，突出成效。突出季节性电网、设备、人身安全隐患排查、整改和风险防控工作，与"中秋"、"国庆"保供电工作相结合，确保电网秋季安全稳定运行和电力有序可靠供应。

6. 灯具频闪　防范伤害

在开展"质量管理月"活动中，供电公司与政府部门联合开展安全质量检查工作。在对一些企事业单位进行巡视检查时，发现一些车间及办公场所存在灯具频闪问题，灯具频闪不利于安全生产和人员的身体健康。对此，联合检查组提出整改措施，促进解决和防范灯具频闪带来的危害。

灯具频闪现象涉及安全技术问题，往往被人们所忽视，但实际上却事关安全与健康。交流电的频率是 50Hz，灯具在正常工作时，随着电压、电流的变化，光的亮度也在不断变化，其光强每秒变化 100 次，这种光强的闪烁就是频闪，由此产生的危害称为频闪效应。

在光强不断变化的光源下工作或学习，视觉系统需要不断调节瞳孔的大小来保证视网膜的稳定性和成像的清晰度。这样，必使瞳孔括约肌过度疲劳，从而会对眼球的光学系统部分造成损伤。由于瞳孔括约肌的调节频率跟不上光强闪烁的速度，因而到达视网膜的光强必然有一定的波动。在强闪烁的光源下工作与学习，会使视网膜神经元因活动频繁而产生不良后果，如视网膜酸碱度变化，神经元代谢的有害物质积累等，从而对视网膜造成损伤。

在一些工厂，当频闪效应比较严重时，会使操作人员产生错觉，往往把正常高速转动的物体看成慢转甚至反转，把高速飞行的球看成是断续的。如在有转动物体的车间，当转动频率是灯光闪烁频率的整数倍时，转动的东西看上去像静止一样，因此容易造成事故。

机械行业一般用的高压钠灯、金属卤化物灯，轻工、食品、印刷、电子、纺织等行业普遍用的电感镇流器驱动的 T8 直管日光灯，都存在比较严重的频闪效应，会引发工作人员视觉神经疲劳、偏头痛，影响生产安全。

供电公司专业人员向移动客户讲解鉴别灯具频闪的方法，购买灯具时带一个小陀螺，在灯光下旋转陀螺，如果没有产生倒转或不转的视觉错觉，说明灯具基本没有频闪效应。还有更专业的直观鉴别与评价灯具频闪与频闪效应的专用陀螺。将专用检测陀螺放在太阳光下旋转，看到检测陀螺上的图案是多道黑白相间的光环，在旋转的全过程中，陀螺上的图案并不随着旋转的速度的变化而变化，而是稳定固定。这种黑白相间，并且稳定固定的光环图案，表明太阳光没有频闪。

可将专用检测陀螺放在灯具下旋转，若看到近似于在太阳光下的效果，表明没有频闪；若专用检测陀螺产生多道色彩不同的光环，并且各道光环会随着陀螺旋转速度的变化而变化，表明该灯具产生频闪。色彩越浓的灯具，频闪与频闪效应危害越严重。

供电公司专业人员加强现场安全指导，提供降低频闪的方法。

选用无频闪荧光灯：目前市场上的无频闪荧光灯有直流无频闪荧光灯和高频无频闪荧光灯两种。高频电子镇流荧光灯，在高频 30～60kHz 状态下工作时，可降低频闪效应，同时发光效率高，低压下能启辉，前几年具有较强的市场竞争力。直流无频闪荧光灯，是把交流电通过直流电子镇流器变换成电压、电流平稳的直流电，点亮直流荧光灯管发出连续均匀的光，适用于蓄电池、船舶、应急及家庭照明。主要优点是无频闪、不会产生电磁辐射污染、高效节能、启动快、亮度高、寿命长等。

将两只日光灯串联：使用单相电源的用户，可采用将两只日光灯串联的方法，其中一只日光灯接的启动器换成电容器，这样可使两灯管的工作电流相位不同，使光通量相互补偿，以达到降低频闪的目的。其中所接电容器的容量为 8W 日光灯，电容量为 0.1μF；15W 日光灯，电容量为 0.3μF；20W 日光灯，电容量为 1μF，耐压值大于 200V。

采用不同相电源：在有三相电源的场所，把两只日光灯分别接入不同的两相电源中组成一组。由于两只灯管的工作电流相位不同，光通量可以相互补偿，这样就可以大大降低闪烁。也可以把三只日光灯分别接在三相不同的电源上组成一组，由于三相交流电的瞬时有功功率是不随时间变化的常数，所以效果会更好。

7. 隐蔽电路　预控隐患

供电公司用电检查人员在小区和乡镇开展安全用电宣传和巡视时发现，进入秋季以来，一些用电客户进行房屋装修。但是在装修中，对用电线路等的安装缺乏安全意识和安全知识，电线的安装不规范，存在安全隐患。因此，在小区和乡镇加强对用电客户的安全指导，提醒用电客户在房屋装修安装过程中，千万不可忽视"隐蔽工程"，防止发生危险及遗留严重的隐患。

用电客户在进行房屋装修时，没有选用有证有资质的专业电工。一些施工人员为了省事，电线不穿套管、暗埋线路时直接将电线埋入抹灰层，而没在导线外套 PVC 管。一旦房屋出现漏水或者线路被腐蚀，电线很容易发生短路，甚至引发火灾。

有些电线虽然套了管，但套管中的导线有扭曲硬弯和接头错误等现象。有些施工人员在线路拐弯的地方直接将 PVC 管折弯，而不使用弯管、弯头，这样会折到电线，很容易造成短路。

用电客户在装修时，大都采用暗埋线路的方法，这样看起来很美观。但是，如果线路施工处理不好，这些暗埋线路往往隐藏危险，严重时可能会引起火灾或者漏电伤人事故。

供电专业人员提醒用电客户注意所选用的电器材料质量应符合标准。选用的电器材料十分重要，电路改造中涉及的材料有 PVC 管、导线、开关、插座等，这些电气设备都需要通过国家 3C 认证。此外，在电路改造时，应尽量实时监督工程，以保证施工质量。

施工结束后，应留存电路图，以备查验。现在正规的装修公司以及有证电工，对于所有隐蔽工程会有《隐蔽工程检查单》，由专业技术人员签字确认。更专业的施工队伍及电工，会留有隐蔽工程检查时的照片，用电客户应保存好这些资料。

导线走线时，必须穿管。一般选用 PVC 管，而且应当先固定好管，再进行穿线。这样的话所有线路都是活线，遇到问题容易修理。遇到转弯处时，需要用 90° 弯头或软管连接好，并用管卡固定好。一般的转弯直径需要是导线直径的 6 倍，否则容易造成导线弯折。所有导线在 PVC 管子里不允许有接头。墙面开布线槽注意规范，应横平竖直，不可斜拉，尽量少开横槽，否则会影响墙的承受力。强电和弱电导线，即电源线和有线电视线、电话线等不能装在同一线槽内，更不能在同一个管内，这点必须注意，否则容易形成电磁干扰，影响电视电话等设备的使用。

电路改造一般工期较短、造价较低。因此，常常被用电客户所忽视。一些施工人员便乘机做手脚，选用次质量的材料，或在施工中缩减工序，不按技术标准操作，埋下严重的安全隐患。选用的导线如果线径较细，会使电线发热，从而导致火灾。所以，提醒用电客户注意防范，以确保安全用电。

8. 电网防雷　加强检修

雷雨频发，输配电线路时常遭到雷击而发生跳闸等故障。供电公司持续加强电网防雷击工作，确保输配电设备安全稳定运行。

供电公司开展设备防雷检查，注重提前防范。加强对供电区域内输配电、专变台区防雷过电压专业管理和技术监督，加大对输配电设备防雷设施检修和技改。采取输配电线路规范化管理等措施，防止过电压对电网设备造成的危害。

供电专业人员全面检查线路，结合地方气候特点，对输电线路防雷保护设施进行细致检查。重点加强对接地装置检查和接地电阻测量以及防雷接地开挖检查，对不符合规程要求的接地装置和接地电阻及时处理。将绝缘子爬距达不到要求的情况，列入技改行列并及时整改。开展配电台区接地电阻的测量工作，对接地电阻不合格的台区制定消缺方案，并及时消缺。

注意做好低压避雷器的安装工作，低压避雷器规范安装在配电台区各路出线的首端，以确保能够保护配电柜内全部配电设备。对接地电阻合格或经消缺合格的配电台区，尽快制定低压避雷器安装计划，并组织安装。

供电人员应加强对配电变压器接地电阻和防雷装置的检测，将发现的破损避雷器、瓷绝缘子及各类隐患，尽快消除，提高雷雨季节电网的防雷击能力。

根据当地雷电活动情况，掌握避雷器投入运行的时间，一般在每年 3 月初到 10 月，确保投入运行。定期做好避雷器和接地装置的测试、维修工作。

在雷雨季节，增加特殊巡视。认真巡视检查具体项目，如查看瓷套是否完整、导线与接地引线有无烧伤痕迹和断股现象、水泥接合缝及涂刷的油漆是否完好等。检查 10kV 避雷器上帽引线处密封是否严密、有无进水现象、瓷套表面有无严重污秽。检查动作记录器指示数有无变化，判断避雷器是否动作并做好记录。

电力系统接地装置包括地上部分引下线和地下部分接地体，应当一个月一小修，半年一中修，一年一大修，并做好检修记录。利用设备的检修阶段，做好接地装置的检修工作。

对于地上明设的接地装置引下线容易松动的部位，应当定期检查并紧固。注意检查有无损伤、折断和腐蚀现象，发现问题应当及时解决。对于锌皮、油漆脱落，以及接地线跌落、碰弯等有碍运行的状况，应当及时补救。

对于隐蔽工程，即埋于地下的接地体应定期测量接地电阻及通断情况，并对测量结果进行分析比较，发现问题并找出原因，对于难以修复的要重新敷设并验收合格。

对于酸、碱、盐等严重腐蚀区域的接地装置，应根据运行情况，一般每 3～5 年挖开接地引线的土层，检查地表以下 500mm 以上部分的腐蚀程度，当截面锈蚀达 30% 以上时应予以更换。

9. 自备电源 依法管理

秋检停电作业相应增多，对客户的自备电源管理尤其重要。供电公司注重依法管理，严控安全环节不松懈。

注重利用多种载体和方式，加强《中华人民共和国电力法》和《供电营业规则》等法制、法规宣传，让用电客户理解"多家办电、一家管电"的道理。供电部门和有自备电源的客户严格履行有关合同，确立违约责任。供用电双方应当明确客户接入系统方案、供用电双方的产权分界、供用电设施的运行维护和安全管理责任、备用电源和应急电源配置、供电中断情况下的非电性质保安措施等内容。电力行政主管部门应依法对客户安全行为进行监督检查，受理单位和个人投诉，依法查处违法供用电行为。

供电公司依法加强双电源的管理，严格检查双电源的运行管理情况，防止发生反送电造成人身触电事故。对于双电源客户，不论是从电力系统双回线供电的客户，还是有自备发电机的客户，在倒闸操作中，都具有可能向另一条停电线路反送电的危险性。还有一种情况是客户甲有可能通过低压联络线向客户乙反送电，这些都容易造成人身伤亡事故。因此，应实行严格的安全管理流程。

对于有两条以上线路同时供电的客户，分段运行或环网运行、各带一部分负荷、因故不能安装机械的或电气联锁装置的客户，这些线路的停电检修或倒换负荷，都必须由当地供电部门的电力系统调度负责调度，用电单位不得擅自操作。客户与调试部门应就调度方式签订调试协议，客户应制订双电源操作的现场规程，指定专人负责管理并应定期学习和进行考核，以保证操作正确。

客户由一条常用线路和一条备用线路或保安负荷供电，在常用线路与备用线路开关之间应加装闭锁装置，以防两电源并联运行。对装有备用电源自动投入装置的客户，则应在电源断路器的电源侧加装一组隔离开关，以备在电源检修时有一个明显的断开点。

供电公司依法要求客户不得自行改变常用、备用的运行方式。对于一个电源来自电力系统，另备有自备发电机作备用电源的用户，除经批准外，一般不允许将自备发电机和电力系统并联运行。

供电专业人员督促和指导客户自备发电机的投切，必须由专业技术人员操作。严禁私自改变运行方式、私拉乱接，以及禁止向其他用电客户转供电。

督导用电客户在启动发电机前，检查低压断路器是否已断开。只有在断开低压断路器并拉开与电网电源隔离的双投隔离开关后才能开机。与电网有关联的自备电源客户，其两路电源之间必须有电磁型或机械型闭锁装置，不得任意拆除闭锁等安全技术装置。注意防止因开关机构失灵，在电网供电中断时低压断路器并未自动跳开而造成反送电事故，为了确保供用电双方的安全生产，提高客户用电的可靠性，防止因双电源或自备发电机组倒送电至公用电网而造成人身伤亡或设备损坏等恶性事故。

自备电源客户在进户线电杆处、电缆线路在电源电缆头以及用电设备等接线方案发生更动之前，必须征得供电部门同意，在供电专职人员指导下方可进行。线路计划检修停电时，供电公司应事先通知客户，并根据《国家电网公司安全工作规程》的有关规定，对可能及送电到检修线路的分支线及客户线路都要挂设接地线，以保证检修人员的安全。

10. 检查农用配变　防范绝缘老化

供电公司组织人员开展秋季安全大检查，发现有的农用配电变压器有缺陷，其往往是由绝缘老化、变质、失效造成的。对此，供电专业人员结合安全工作实践经验，分析农用配电变压器绝缘老化原因，提出预防措施。

变压器的绝缘材料是有一定的机械强度和电气绝缘强度的，能承受一定的机械荷载和电压击穿。在其运行过程中，由于受到周围环境温度湿度、氧化反应以及本身运行工况等因素的作用，其绝缘材料会逐渐老化、失效。主要表现为承受电压击穿的能力大大下降，或耐压强度急剧下降。绝缘材料变脆、变硬、无弹性，破裂脱落等，甚至使用寿命终结。由于变压器绝缘材料变质，使其失去了抵抗电压击穿的能力，在工频额定电压的作用下，变压器也可能引起局部绝缘击穿，从而发生局部短路。在冲击电压的作用下，则更容易发生绝缘被击穿的短路事故。绝缘材料变脆、变硬、失去弹性，在电动力、电磁力或其他外力的作用下，极易发生破裂，造成配电变压器损坏。

供电专业人员根据绝缘材料老化现象，认真分析其主要原因。

变压器绝缘材料的老化变质，主要是由于运行温度、环境条件、空气中水分和氧化作用，以及配电变压器自身的绝缘油在运行过程中进行分解时所发生的某些化学反应等多种因素共同作用的结果。其中运行高温、环境高温对绝缘材料老化变质的影响为最大。

供电专业人员针对原因，提出和预防变压器绝缘材料老化变质的措施。积极防止绝缘损坏，加强变压器的安全使用与维护。

应注意把农用配电变压器安装在阴凉、通风良好、四周无易燃、易爆气体、粉尘和杂物的场所，使农用配电变压器有良好的运行环境。

及时对变压器容量偏小的供电点进行增容改造，避免长期超负荷运行，严禁变压器在超出规程所允许的工况条件下运行。做好负荷侧预测，抓实削峰填谷工作，尽量减小峰谷负荷之间的差值。

认真做好巡视、检查、检测工作，防止变压器低压侧出口处发生短路事故，在低压侧出线桩头上装设绝缘防护套。加强配电线路的安全运行管理，主动排查隐患，防止低压线路发生短路、接地等事故，从而防止变压器绝缘性能的破坏。

注重在变压器高、低压侧避雷器采用性能良好的硅胶避雷器，以提高对配电变压器的防雷保护水平，防止绝缘击穿。

11.　电器火险　分析防范

一位用电客户买了个电磁炉，结果拿到厨房使用时，插上插座后，刚一打开电磁炉开关，插座烧坏了，差点引起火灾。

供电公司用电检查人员根据火灾险情，分析客户插座或室内线路存在的老化等现象，使用电设备发生短路、过载，导线接头接触不良而发生电火花和电弧。指导用电客户检查和正确使用插座等用电设施，避免事故的发生。

认真了解插座的构造，尤其是对多孔插座应注意检查。插座里面的铜片厚度应当适中，而且是纯铜质材料。弹簧应良好，插座的绝缘材料应优质。

使用插座时，应考虑插座的额定电压和额定电流。有的客户在使用多孔插座时，不考虑插座的额定电流，甚至盲目使用。插座有多少孔，就插多少用电器，这样用电是危险的。还应注意用电器开关与插头的配合，一般情况下在连接用电器时，应把用电器的电源开关关掉，再把插头插入。

带有三插孔的插座，最上边标有接地符号的为接地端。应将专用的接地线引入插座接地端，切不可把中性线或者相线引入插座接地端。

使用过程中，如果发现插座内部打火或接触不良，应立即停止使用该电器，并对插座进行修理，查看哪个部位接触不良。

注意了解容易造成电气火花、甚至火灾的具体原因，从而引起重视和防范。

设备绝缘老化击穿，导线和地线选择不当等情况，都是产生电器火灾的直接原因。而麻痹大意，对电器设备维护管理不善，则是发生火灾的主要因素。电气火灾的具体原因比较复杂，情况较多。

绝缘导线因长期露天运行，因受高温、潮湿或腐蚀、过载、绝缘碳化等影响而绝缘能力降低，可能发生短路。

裸导线由于安装高度不符合要求或线间距离不够，当受到风吹、树枝等触碰时发生短路。

导线截面积过小，而用电负荷过重，使导线严重过热而引起短路。

电气连接点由于过热长期振动或接触部位处理不好而发热、打火，甚至产生电弧，从而使金属变色甚至溶化，引起绝缘物或可燃物的燃烧。

供电公司用电检查人员注意举一反三，采取措施，预防电气火灾。

对于架空的用电线路，应当经常修剪线下的树枝。而对于穿墙、转墙、叉接的导线，应当加装硬塑料管或瓷护管，以防碰线短路。

根据各支线负荷控制要求装设支路断路器或熔断器，以便负荷剧增时切断电路。

用电增容时，要考虑原导线的载流能力。

严禁用铜丝、铁丝、铝丝代替熔丝。

应经常对运行设备进行巡视检查，发现设备运行异常，及时进行处理。

一旦起火，由于水是导电的，因此必须立即切断电源，然后再用水扑救，以防触电。

12. 安全管控　精实细严

供电公司认真实施秋季安全大检查工作，规范做好电力设备的检修、试验等作业，提高设备健康水平。严格执行《电力安全事故应急处置和调查处理条例》，全面防范安全事故风险。探索实行"精、实、细、严"的安全管理方法，全面排查整治安全隐患，确保电网设备安全稳定运行和电力的可靠供应。

"精"心策划部署安全大检查工作。供电公司推进落实"全覆盖、零容忍、严执法、重实效"的安全管理要求，精心策划部署安全大检查的工作方案和细则。以防范人身伤亡、电网大面积停电、主设备损坏、拉路限电、防误操作为重点，深入开展电网结构、设备运维、施工检修、现场作业、供电安全、交通消防、防火、防汛、防灾、应急管理等全方位的安全检查，切实做到不打折扣、不留死角、不走过场。

"实"打实将秋检与重点工作紧密结合。与"质量管理月"等活动相结合，突出实效，深化隐患问题的发现与整改；与电网防汛、防雷、防山火等工作相结合，保证电网安全稳定运行和电力可靠供应；与防范人身伤害相结合，强化运维检修、基建施工、应急抢险等领域的安全风险管控措施的落实；与开展安全管理提升活动相结合，不断加强安全基础管理。

"细"致检查、整改突出的薄弱问题。供电公司把抓细节作为大检查的着力点，细分检查专业、设备和元件，逐站、逐线、逐杆、逐台区开展排查，确保细致入微、没有遗漏。

全面细致地检查梳理网架结构、运行方式和事故预案，落实电网安全稳定控制措施，强化"安全防线"。科学合理安排钢铁、化工等重要用电客户供电方式，确保城市电网和重要客户供电安全。加强农网建设改造现场安全管理，严禁各类误操作行为，坚决防止人员伤亡。全面排查防洪、排涝供电设施，加大电力设施保护力度。加强各环节监督，坚持边检查边整改，以检查促整改，对检查出的问题"零容忍"，切实做到整改到位，确保大检查取得实效。

"严"格加强安全监督与考核。供电公司组织全体员工严格执行《电力安全工作规程》，加强工作现场安全检查，对各类违章行为"零容忍"。加强安全制度和措施落实情况检查，按照"四不放过"的要求，做到有迹象就查，露苗头就抓，见倾向就纠，出问题就追，进一步加大安全事故查处力度。

供电公司成立安全大检查组，从责任落实、工作进展、整改成效等方面，对所辖各单位进行监督考评。对隐患存而未查、查而不纠的，进行通报批评，对造成严重后果的，严肃追究责任。

在大规模实施设备秋检、大修、工程改造和基建施工等工作中,供电公司注重采取"精、实、细、严"的安全管理方法,提高生产系统安全工作的重视程度,严格落实责任到位和制度执行,确保安全生产局面的稳定。

13. 深入小区宣传　提示装修安全

　　供电公司组织人员深入社区,开展安全用电宣传工作。针对秋季装修增多等实际情况,重点提示用电客户在装修中应注意打好安全用电的基础。

　　装修时,如果忽略安全问题,极易造成隐患,往往会导致负荷超载,电气及接头发热,以及线路漏电、短路等事故。装修所用材料大多具有可燃性,所以对电气设施的改动应谨慎,否则容易造成火灾。因此,应掌握安全注意事项,避免出现因电气线路改动造成的故障及事故。

　　选择电线时,应选用铜线,忌用铝线。由于铝线的导电性差,通电时容易发热,甚至引发火灾。

　　配线时,应考虑不同规格的电线有不同的额定电流,注意避免"小马拉大车"的情况,防止线路长期超负荷而引发危险。

　　由于敷设电线属于隐蔽工程,所以应对每一条电路都要认真检查,将隐患降到最低点。

　　电源直接隐在墙内,如果安全质量不合格,等于家里潜伏着一颗定时炸弹,随时都可能漏电,发生事故。因此,在施工中应注意不能直接在墙壁上挖槽埋电线,而应采用正规厂家生产的穿线管套装。

　　穿线管是为了保护隐藏的线路不被破坏而设的,如果在该套穿线管时不套或使用不适当的穿线管,施工当中或今后使用时则不能较好地避免线路可能受到的损伤,可能因此留下隐患。

　　在施工时,墙壁的隐蔽线路应使用 PVC 硬质线管,注意要与线号配套。地面走线要考虑线路会长期处于受压状态,施工当中会受影响,所以最好使用镀锌铁管,而且要固定好,不要让它串位,避免因穿线管产生的隐患。

　　使用穿线管时应注意,各种不同的线路不能走同一管线。如把电视天线、电话线和配电线穿入同一线管,则电视、电话的接收会受到干扰,必将影响这些设备的使用。

　　线路接头过多及接头处理不当也会产生隐患。一些线路过长,在施工时必然会有一些接头。由于施工人员受技术水平限制,和责任心不强等原因,对电线接头、绝缘及防潮处理不好,从而可能引起断路、短路等故障。如果墙壁潮湿,导致墙壁带电,可对人产生严重危险。应当尽量减少接头,并且做好绝缘及防潮处理。

　　对于布好的线路,应注意防止后续施工的破坏,避免引发电路隐患。墙壁线路被电锤打断,铺装地板时 PVC 线管或护套线被气钉枪打穿等情况,时有发生。虽然这些问题从表面上看不属于电气施工人员的问题，但在施工时，电气施工人员最好能在已隐蔽好的线路上做好标记，以示提醒，避免在进行下道工序时被无意破坏。

有些居民在装修时，嫌总开关位置明显，影响美观，所以就通过一些设计把总开关隐藏，留下难以察觉的火灾隐患，不利于检查和维护。因此，不能封闭总开关。

电气工程线路，虽然在提高家居美观方面没有大的作用，但是为了安全，应当选购正规厂家的产品。不同的厂家生产的产品质量一般都有较大的差别，在选择穿线管、电线、接线盒等材料时，最好到正规超市购买，以具备安全为先决条件。

14. 客户故障抢修　讲究安全方法

电闪雷鸣，连降秋雨，在河沿、山坡，雷电活动频繁地区用电客户的自行维护线路故障率相应增加，尤其是架空用电线路的机械故障和电气故障也相应增加了。因此，供电专业人员指导用电客户采用科学有序的流程和方法进行抢修，以确保人员安全和电力线路的安全运行。

注意做好抢修前的故障准确排查工作，无论发生哪种故障，抢修人员都应认真应对，尽量缩短故障停电范围和时间，采取稳妥的安全措施。

当发生故障断电时，客户电气工作人员应立即查明停电性质，是设备故障，还是电力线路故障，是电气跳闸故障，还是外力致使倒杆断线故障。迅速启动应急预案，同时与供电公司相关专业人员进行联系。

对于有备用电源的客户，应注意防止反送电到电力线路上。在确认内部设备无故障的情况下，应迅速切到负荷，保障重要负荷供电。在保障安全的前提下，尽量缩小故障停电范围和减少事故损失。

客户电气工作人员应根据有关故障信息，迅速对线路及相关设备进行全面巡查，直至故障点查出为止，并向单位领导和供电公司通报事故地点和原因。

当发现是客户自管线路发生问题时，应考虑量事故的性质和检修能力。当确实没有能力抢修时，应迅速与当地供电公司联系请求帮助，并作好配合供电人员抢修的协助工作。

如果系统没有计划停电，而是由其他途径或调度通知的，诸如单相接地或线路掉闸重合成功等线路故障，应立即组织查线，但应注意线路是带电的。

明确抢修工作应遵循的原则，掌握安全的抢修程序。在抢修的过程中，应严格执行安全作业规程，有针对性地安排组织措施、技术措施和安全措施。特别是对带电的线路和设备，应停电后再抢修，以保证人身安全和设备安全。

事故抢修可不填写停电申请单，但应由具备接交令资格的人向调度员提出检修申请。

线路事故紧急处理、故障点隔离、清障工作，可不填工作票，但必须严格履行工作许可手续，做好安全措施。如果设备损坏，需要更换，必须填写工作票。

低压线路事故抢修可不使用工作票。但是凡进入配电变压器台架或需要 10kV 及以上线路配合停电的低压线路抢修等工作，仍应使用配电变压器台架上工作确认票，做好安全措施。

抢修工作中应严格落实电气操作技术措施，经验电、装设接地线后才能工作。不但要注意检修线路，还应注意交叉跨越线路，更应当防止电容器存留电伤人。抢修中，应保障通信、交通系统畅通。

如果是线路上的熔断器或柱上断路器跳闸时，不得盲目试送电，必须详细检查线路和有关设备，确无问题后，方可送电。

中性点不接地系统发生永久性接地故障时，得到调度许可后，方可用柱上的开关或其他设备分段找出故障段。

紧急情况时，可在保障人身安全和设备安全运行的前提下，采取临时措施，但事后应及时处理。

抢修工作完成后，应履行工作终结手续，经验收后，才能向电力调度申请恢复供电，以确保安全。

15. 损坏拉线 违法危险

供电公司用电检查人员在安全大检查中发现，有的乡村儿童晃动电杆拉线，并向电力线路上乱扔杂物玩耍，还发现有的农民为耕种与收获庄稼方便，偷偷将自家农田里的电杆拉线拆除。供电公司用电检查人员及时制止这些行为，严厉指出这些做法不但危害很大，而且还是违法行为。针对这些行为，供电公司应加强安全法制教育，讲清道理，指出危害，警示改正其危险行为。

供电线路中的电杆拉线，是为稳固电杆和平衡电力线拉力而架设的。如果人为晃动，特别是剧烈晃动，会使电杆和导线产生振动，导致拉线松弛或电杆失去平衡，极易发生电杆歪斜或倒杆事故。同时，导线振动，还有可能造成相间短路故障。如果拉线与导线同时振动，还极有可能造成拉线与电力线路碰触，造成接地故障。晃动拉线的儿童还会因此而触电，造成意外伤害。一旦发生事故，后果将不堪设想，会给社会和他人造成重大的经济损失和严重危害，严肃地说这是一种违法行为。

往电力设施上乱扔杂物，容易对其他共同玩耍的儿童造成人身伤害，对电力线路安全运行会造成威胁。万一有较长的导体，如金属、潮湿的秸秆等扔在电力线路上，就会造成短路而跳闸，甚至烧断线路，引发大面积停电。认真提示村民，教育并管好自己的孩子，不要晃动在村庄、农田等环境中的电杆拉线，也不要向电力线路上乱扔杂物玩耍。

私自拆除电杆拉线，是危害电力设施的行为。《电力设施保护条例》第十四条第十款规定，任何单位和个人，不得私自拆卸杆塔或拉线上的器材；第二十八条规定，危及电力设施安全的，由电力管理部门责令其停止作业、恢复原状并赔偿损失；第三十条规定，违反本条例并构成违反治安管理条例的单位和个人，由公安部门根据《中华人民共和国治安管理处罚条例》予以处罚，构成犯罪的，由司法机关依法追究刑事责任。

私自拆除电杆拉线，造成的危害和后果很严重。

拆除拉线过程中，如果拉线上把触及导线，就会产生放电现象，私自拆除者就有可能触及电力线路的导线而发生触电事故。

拆除电杆拉线底把后，如果拉线上部处理不当，会随风起舞。即便拆除者没有受到伤害，上边的拉线舞动，随时会引起带电伤人。尤其是遇到大风、雷雨等恶劣天气时，拉线放电给电力线路和过往行人带来安全隐患。

当电杆的拉线被拆除后，电杆遭受剪切力，会向受力侧倾斜。特别是导线在风力等作用下，导线的拉力加大，电杆会产生严重的裂纹，甚至会发生倒杆断线的事故以及烧毁设备等事故，给电力线路和人身安全带来危害。因此，必须严厉禁止和严肃惩处偷拆电杆拉线的违法行为，维护电力线路和群众的人身安全。

16. 雨中激战　抗风排险

台风抵达，狂风大作，暴雨倾城。多条 10kV 配电线路遭受台风不同程度的破坏。供电公司立即启动应急预案，组织人员快速抢修出现故障的线路。配电运检专业迅速集结各方应急抢险小分队赶往故障现场。

在邻近树木的杆塔地段，一棵拦腰折断的大树倒在线路上，压断了绝缘导线，导致 28 栋住宅楼的 2000 多户居民客户用电受到影响。

抢修现场负责人按照抢修预案划分工作任务，交代安全措施，抢修全面展开。搬移树木、拆导线、卸金具，抢修作业有条不紊地进行。在搬移树木的过程中，应防范砸伤人员。雨中抢修，应设置应急照明，防止因雨中视线不清而发生误碰设备和误操作等不安全事故。抢修工作紧张有序，稳中求进，最终安全顺利地完成抢修任务，恢复送电。

暴雨持续袭击，降雨量加大。一时间，城区积水暴增，河道水位猛涨，积涝严重。

某小区配电室进水，危及带电设备，配电运检专业立即组织人员排除险情。抢修人员立刻赶到该小区配电室，刚一进门就听到"哗哗"的水流声，电缆的进线通道已有大量的雨水渗漏进来，配电室内积水已有 50cm，水面离变压器高压桩头已很近。如果水位继续上涨，变压器将会短路跳闸，整个小区都将停电，而且会给下一步排水抢险工作带来更大的困难。

抢修现场工作负责人果断指挥，抢修人员迅速把门口的防鼠挡板拿掉，加快排水。抢修现场工作负责人将抢修人员合理分成两组，一组负责寻找电缆通道漏水的源点，并将其堵住；一组紧急调用两台抽水泵进行排水，并调来大功率排风机排除配电房内的湿气，对配电设备进行干燥处理。一小时后，险情排除。

在暴雨期间，市区多个居民小区由于配电房建在地下，雨水倒灌造成设备损坏，这部分抢修工作占全部抢修量的 1/2。

供电公司专业人员认真总结分析，针对地下配电室的关键部位应采取更加严格的封堵措施，重视对排水系统的改造与完善，保障排水工作的正常进行。

抢修结束后，供电公司对现有的地下小区配电室进行全面梳理排查，对小区配电室电缆井等关键部位采取更严格的专业封堵，彻底杜绝雨水渗漏。同时，将原来位于地下的小区变排水设备开关全部移到室外，一旦遇到险情可以第一时间启动排水系统，防止小区配电室内积水损坏电力设备。增强抵御台风、暴雨等侵袭的能力，保障安全供电。

17. 氧化锌避雷器　查缺陷防故障

农网改造以来，氧化锌避雷器得到了大规模应用。氧化锌避雷器具有先进的过电压保护器，其核心元件电阻片由氧化锌及多种金属氧化物制成，与传统碳化硅避雷器相比，改善了电阻片的伏安特性，提高了电阻片的通流能力，给避雷器带来了很大的改变。但是针对氧化锌避雷器在运行过程中出现的爆炸问题，供电公司专业人员高度重视，认真分析查找发生故障的主要原因。

氧化锌避雷器密封出现问题，主要是生产厂采用的密封技术不完善，或采用的密封材料抗老化性能不稳定。在温差变化较大时或运行时间接近产品寿命时，因密封老化、密封不良使潮气侵入，造成内部绝缘损坏，加速电阻片的劣化而引起爆炸。

电阻片抗老化性能存在问题，往往造成泄漏电流上升，甚至造成瓷套内部放电。放电严重时避雷器内部气体压力和温度急剧增高，引起避雷器本体爆炸，内部放电不太严重时可引起系统单相接地。

瓷套遭受污染问题，在室外运行的氧化锌避雷器，瓷套容易受到粉尘的污染。特别是在高污染区，由于粉尘中金属的比例较大，故会对瓷套造成严重污染。因污秽在瓷套表面的不均匀引起污闪，而使沿瓷套表面电流也不均匀，势必导致电阻片的电流或沿电阻片的电压分布不均匀，使流过电阻片的电流较设计值大 1~2 个数量级，使吸收过电压能力大为降低，从而加速电阻片的劣化。

出现高次谐波问题，高污染企业的大吨位电弧炉、大型整流、变频设备的应用及轧钢生产的冲击负荷等，使电网高次谐波值严重超标。由于电阻片的非线性特性，当正弦电压作用时，就有一系列奇次谐波，而在高次谐波作用下，更加速了电阻片的劣化速度。

抗冲击能力差的问题，氧化锌避雷器多在操作过电压或雷电条件下发生事故。其原因是电阻片在制造过程中，由于工艺质量各控制点的控制不严，而使电阻片耐受方波冲击的能力不强，在频繁吸收过电压能量过程中，电阻片的劣化速度加速而使避雷器损坏，失去技术性能。

供电专业人员注重采取技术措施，防范氧化锌避雷器出现故障。

注重选用经过多年实践检验运行稳定的产品。在选择生产厂家时，选择有先进工艺设备和完善检测手段的生产厂家，保证所选的氧化锌避雷器具有高的抗老化和耐冲击性能，在寿命周期内稳定运行。

增设在线监测仪，加强对在线监测仪的巡检力度。特别是在雷雨后和易发生故障的部位增加巡检次数，定期给氧化锌避雷器进行各项电气性能测试，并校验在线监测仪。

采取必要的防污措施，开展定期清扫或涂防污闪硅油，选用防污瓷套型氧化锌避雷器。

加大电网谐波的治理工作力度，在有谐波源的母线段增设动态无功补偿和滤波装置，使电网的高次谐波值控制在国家标准范围内。

加强对氧化锌避雷器的技术管理，即对运行在网上的每一只氧化锌避雷器建立技术档案。将出厂报告、定期测试报告及在线监测仪的运行记录，存入技术档案，维护氧化锌避雷器的安全运行。

18. 操作熔断器　顺序很重要

在秋检中，往往需要对 10kV 线路中配电变压器的跌落式熔断器进行操作。拉闸与合闸等操作顺序，直接关系到人员和设备的安全。因此，配电专业人员注重加强安全分析，掌握正确的操作顺序及方法。

在操作实践中，供电专业人员通过对高压跌落式熔断器操作的认真总结，发现三相负荷在开断第一相时，断口电压较低，产生电弧较小，开断第二相时，断口电压较高，切断电路后，往往出现强烈的电弧，容易使邻相短路，最后拉第三相时，因电路已无电流，也就不会产生电弧。因此，拉第二相是确保安全的关键。另外，气流对操作的安全影响也较为明显。当气流将电弧拉长后，有可能引起相间短路，造成大的弧光，危及操作人员的安全。一般跌落式熔断器没有消弧装置，所以在变压器停送电时，为了防止电弧烧伤事故，应避免带负荷拉闸。

根据实践经验，拉闸时应先拉断中间相，然后拉断下风相，最后拉断剩下的一相。合闸时应当先合上风相，然后合另一侧的边相，最后才合中间相。拉闸时先拉中间相，其余两相电流仍能够通过，仅使配电变压器由三相运行改为两相运行，所以拉断中间相时产生的电火花最小，不会造成相间短路。拉下风相时因为中间已被拉开，下风相与另一侧边相的相间距离便增加了一倍，即使有过电压产生，造成相间短路的可能性也很小。最后拉断上风相时，仅有配电变压器对地的电容电流，产生的电火花则更是轻微。合闸时先合上风相，其次合另一侧的边相，此时中间相未合上，相间距离较大，即使产生较大电弧，造成相间短路的可能性也很小。最后合中间相，使配电变压器由两相运行变为三相运行，其产生的电火花更小，也就相对更没问题。

变压器停电，应先拉低压侧各分路、支路开关，再拉低压线路总开关，最后拉变压器高压熔断器，变压器送电操作顺序与此相反。为了防止误操作，在拉合高压熔断器之前，应先检查低压开关是否在断开位置。RW-10F 型跌落式熔断器带有灭弧罩和灭弧触头，可以拉、合变压器的额定电流。因此，不受以上操作顺序的限制。为了安全起见，工作人员在操作高压跌落式熔断器时，应采取安全措施。

操作人员在拉开跌落式熔断器时，必须使用电压等级适合，经过试验合格的绝缘操作杆，穿绝缘鞋、戴绝缘手套、绝缘帽和防目镜或站在干燥的木台上，并有人监护，以保人身安全。

操作人员在拉、合跌落式熔断器开始或结束时，注意防止冲击。冲击将会损伤熔断器，如将绝缘子拉断、撞裂，"鸭嘴"撞偏，操作环拉掉、撞断等。操作人员在对跌落式熔断器分、合操作时，千万不要用力过猛而发生冲击，损坏熔断器，并且注意分、合操作必须到位。

拉、合熔断器的过程，注意准确用力及掌握节奏，慢与快适宜，防止操作冲击力，造成熔断器机械损伤。拉、合熔管时用力要适度。合好后，应仔细检查"鸭嘴舌头"能牢牢扣住舌头长度三分之二以上，可用操作杆钩住"上鸭嘴"向下压几下，检查是否合好。如果合闸未能到位或未合牢靠，熔断器上静触头压力不足，极易造成触头烧伤或者熔管自行跌落事故。对此，应当注意防范。

认真掌握配电变压器停送电的正确操作顺序。一般情况下，停电时应先拉开负荷侧的低压开关，再拉开电源侧的高压跌落式熔断器。在多电源情况下，按上述顺序停电，可以防止变压器反送电。从电源侧逐级进行送电操作，可以减少冲击启动电流、负荷，减少电压波动，保证设备安全运行。如果遇到故障，可立即跳闸或停止操作，便于按送电范围检查、判断和处理。停电时先停负荷侧，从低压到高压逐级停电，可以避免开关切断较大的电流量，减小操作过电压的幅值。

操作中尽量避免带负荷拉、合跌落式熔断器，如果发现操作中带负荷错合熔断器，即使合错，甚至发生电弧，也不准将熔断器再拉开。如果发生带负荷错拉熔断器，在动触头刚离开静触头时，便会发生电弧，这时应立即合上，可以消灭电弧，避免事故扩大。但如果熔断器已全部拉开，则不许将误拉的熔断器再合上。对于容量为200kVA及以下的配电变压器，允许其高压侧的熔断器分、合负荷电流。但必须采取安全防护措施，以保障操作人员的安全。

19.　电动机　防过热

供电公司组织人员对厂矿用电客户进行安全检查，发现客户车间的一些电动机存在过热现象，检查结束后供电公司人员帮助用电客户分析查找原因，防止电器火灾及人身触电等事故的发生。

认真测试分析，查找一些电动机负荷过大的原因。电动机与负荷机械不配套，拖动机械的传动带太紧或转轴不灵活，负载机械本身故障均会造成电动机负荷过大。注意检查电动机的电流、电压是否正常，如果发现负载电流大于电动机的额定电流，应当减轻负载，或更换电动机。

运行中的电动机，其电压存在过高或过低的现象。如果电压过低而负载不变，电动机电流就会增加而引起铜损增大。如果电压过高，则会使磁路过饱和而引起铁损增大，导致电动机发热。应检查变压器的输出电压，把变压器的电压调节开关调整到合适位置。

电动机短时间内启动过于频繁，应限制启动次数，正确选用适合生产的电动机。

电动机外部连接线，存在错误。一种情况是将三角形接线误接成星形接线，空载时，电流很小，虽然可以轻负荷运行，但负荷稍大时，电流就会超过额定电流而引起发热；另一种情况是将星形接线误接成三角形连接，空载时，电流可能超过额定电流，造成电动机温度迅速上升而无法运行。发生以上情况时，应按正确方法接线。

电动机发生单相运行现象，运行中的电动机绕组或接线一相断路后，造成电动机单相运行而又无断相保护。当负荷较大时，电流超过额定电流值很多，电动机温度会迅速上升，甚至烧毁绕组。当电动机出现这种情况时，噪声会增大。因此，应检查三相电流是否严重失衡，如果严重失衡，应立即切断电源找出断路处，并重新接好。

电动机绕组断路或接地。当电动机定子绕组局部匝间短路接地，过保护又不动作时，轻则电动机局部过热，重则绝缘层被烧坏，发出焦味，甚至烧毁。对此，应测量各项绕组的直流电阻，找出断路点，用绝缘电阻表检查绕组有无接地。

定子、转子铁芯相擦或错位严重。虽然空载电流三相平衡，但大于额定值，并发出连续的金属碰撞声，会使铁芯温度迅速上升，产生铁器摩擦的特殊气味，严重时造成电动机冒烟甚至烧毁，并伴有绝缘层烧焦的气味。此时应检查和校正铁芯位置。

电动机绕组出现故障。由于电动机绕组严重受潮、表面不洁、覆盖灰尘较厚，因此绝缘层性能降低。对此，应测量电动机的绝缘电阻，并对其进行清扫、干燥处理，使其保持通风。

电动机的环境温度过高。用电改善通风及冷却条件，或更换耐热电动机。

通风系统出现故障时，应注意检查风扇是否损坏，旋转方向是否正确，通风道是否阻塞。

根据电动机的各种异常现象及症状，采取相应维修及更换等措施，及时避免电动机过热而引起的事故，提高电动机的安全健康水平。

20. 严防操动失灵　检修排除故障

秋检现场，供电专业人员对断路器进行检修维护。有针对性地对断路器的操动失灵故障进行技术分析，并根据分析结果采取维护改进措施，保障断路器的安全运行。

操动失灵是指断路器的拖动或误动。由于高压断路器最基本、最重要的功能是正确动作，进而迅速切除电网故障。如果断路器发生拖动或误动，将对电网构成严重威胁，主要是会扩大事故影响范围，可能使本来只有一个回路故障扩大为整个母线，甚至会使全变电站停电。如果延长故障切除时间，将会影响系统的稳定运行，加重被控制设备的损坏程度，容易造成非全相运行。其结果往往导致电网保护不正常动作和产生振荡现象，容易扩大为系统事故或大面积停电事故。

导致断路器操动失灵的主要原因有操动机构缺陷、断路器本体机械缺陷、操作控制电源缺陷等。

断路器的操动机构，包括电磁机构、弹簧机构和液压机构。统计表明，操动机构缺陷是操动失灵的主要原因，约占70%。对于电磁与弹簧机构，其机构机械故障的主要原因是卡涩不灵活。卡涩的原因，既可能是原装配调整不灵活，也可能是维护不良。造成机构机械故障的另一个原因是锁扣调整不当，运行中断路器自跳闸，往往属于此类原因。各连接部位松动、变位，多半是由于螺钉未拧紧、销钉未上好或原防松结构有缺陷。松动及变位故障，远多于零部件损坏。因此，防止松动的意义并不亚于防止零部件损坏。

对于断路器的液压机构，其机械故障往往是密封不良造成的。因此，保证高油压部位密封可靠，特别关键。

断路器机构电气缺陷所造成的故障，主要是由辅助开关、微动开关缺陷所致。辅助开关的故障多为不切换，由此造成操作绕组烧坏。除此之外，切换后接触不良还会造成拒动。微动开关主要是指液压机构上的联锁、保护开关。有SW6型断路器的事故统计资料表明，其微动开关故障约占其机构电气故障的50%。除辅助开关、微动开关缺陷外，机构电气缺陷中比例最大的为二次回路故障。

造成断路器本体操动失灵的缺陷，皆为机械缺陷，其中包括绝缘子损坏、连接部位松动，零部件损坏和异物卡涩等。

为了避免运行中灭弧室的油漏进三角箱，一般都把导电杆动密封调得很紧。夏季气温上升时，动密封往往会把导电杆抱住。当断路器接到分闸命令时，导电杆运动要克服抱紧力，往往晚几十至几百毫米才能完成分闸动作。这种"晚动"现象，在事故后仅检查断路器是不易查出的，只有看故障录波器示波图才可发现。为了避免此类事故的发生，SW7-220型少油断路器检修工艺中，已对导电杆拨出力的允许范围作了规定，只要认真执行检修工艺，运行中便不会发生"晚动"事故。

断路器的操作电源缺陷，也是造成操动失灵的原因之一。在操作电源缺陷中，操作电压不足是最常见的缺陷。其原因，多半是由于变电站采用交流电源经硅整流后作操作电源的原因。系统发生故障时，电源电压大幅度降低，或虽有蓄电池组，但操作电源至断路器处连线压降太大，使实际操作电压低于规定的下限。某变电站因一条配电线路发生故障，断路器在重合时发生爆炸。另一变电站44kV线路相位接错，合闸并网时断路器爆炸。这些都是由于硅整流器电源由本变电站供给，当线路故障时，母线电压降低所致。因此，应采用蓄电池和储能式操动机构，改造和完善变电站操作电源，加强可靠安全管理。

21. 整治设备缺陷 防范发生触电

一天下午，天气突变，大雨滂沱，大风随之而起。游泳者已准备离开时，游泳池北侧遮阳篷突然倒塌，将一根电线刮断，电线随之落入水池内，导致多人触电受伤。游泳池用电客户使用的电线破损、剩余电流动作保护装置也存在缺陷。游泳场所经营者却忽视用电安全，进而导致事故的发生。

对此，供电公司用电检查人员提醒用电客户，公共场所应当特别注意用电安全。经营公共场所的单位，应该对本单位的电气设施加装剩余电流动作保护装置，并采取接零接地保护。而且露天设备、配电装置必须安装防雨、防雾、防尘等安全设施，还应对重点部位安排专人巡视和检查，以切实有效防范事故的发生。

供电公司用电检查人员深入现场，指导公共场所经营单位建立用电安全管理制度，防患于未然。督促客户加强对作业人员安全用电系统培训和动态管理，明确本单位人员安全用电责任，确保用电安全。

定期检测电器设备，特别是景观照明设施、经营性公共浴场、娱乐场所、宾馆饭店等电气设备、灯具、潜水泵、外壳带金属部件的用电器具，加强用电设施的检查，包括检测室外景观设施和动力、照明线路的绝缘电阻等状况。

供电公司用电检查人员对有关客户提出建议，公共场所经营单位应及时消除隐患，对存在严重隐患和不符合安全要求的用电设备及设施应坚决淘汰。

一旦发现用电设备设施未安装剩余电流动作保护装置、电气线路破损、绝缘失效、设备设施未接零接地保护、露天设备及配电装置未采取防雨、防雾、防尘等问题，应立即整改，切实消除隐患，确保安全。

在开展安全检查活动中，供电公司专业人员发现，某厂区配电变压器旁有的配电箱竟然没有门，里面的配电设备暴露无遗。暴露出用电单位不重视配电设备安全运行管理的问题。配电箱破损缺门，存在安全隐患，影响配电设备的使用寿命。

配电箱中的配电设备包括电能表、电流互感器、熔断器、剩余电流动作保护器、交流接触器、电压表、电流表、一次线、二次线等设施，这些设备、设施大多属于精密仪器、仪表，如果长期暴露在外，风吹日晒雨淋，会大大缩短其使用寿命，影响剩余电流动作保护器的正常投运。

按照有关规定，剩余电流动作保护器应安装在通风、干燥的场所。而缺门的配电箱在刮风下雨等恶劣天气下，雨水会直接落到剩余电流动作保护器上，造成剩余电流动作保护器不能正常工作，对安全构成一定的威胁。

鉴于配电箱破损缺门，存在的种种安全隐患，供电公司用电检查人员对客户进行现场督导，将破损缺门的配电箱及时进行修理，杜绝因配电箱不安全而造成的设备损坏和触电伤亡事故。

22. 微波炉　宜与忌

供电公司组织人员到小区开展安全用电宣传活动，一些居民客户询问有关微波炉的安全用电问题。对此，供电专业人员，认真解答，指导安全、节能使用微波炉。

微波炉的负荷功率比较高，其核心部件是磁控管。可产生每秒钟振动频率为24.5亿次的微波，使得水分子高速振动而产生摩擦热。所以微波加热非常迅速，而且水分含量高的食物加热得更快。但微波的穿透力有限，加热大块的食物耗时就会长。而且它不能穿透金属，有金属边的容器及壁厚的容器都是不安全的或者耗时、耗电的，所以不宜使用。

微波炉产品用的时间长了，就会老化。噪声可能会增大，效率可能会降低。以前加热一袋牛奶，高火1min即可，用了七八年以后，可能就要用1分半了。这会造成用电隐患、加大耗电量，也会增加辐射的危险。

用微波杀菌，既快又好。家里的一些物品，可以隔一段时间用微波炉杀一下菌。尤其是有肝病、胃病患者的家庭，可避免病菌在家庭成员中传播。

忌将微波炉置于卧室。微波炉应放在平稳、干燥、通风的地方，炉子背部、顶部和两侧均应留出10cm以上的空隙，以保持良好的通风环境，同时应注意微波炉上的散热窗栅不要被物品覆盖。

忌使用保鲜膜接触食物。使用保鲜薄膜时，在加热过程中最好不要让其直接接触食物。可将食物放入大碗底，用保鲜膜平封碗口，或不用保鲜膜而直接用玻璃或瓷器盖住，这样也可将水汽封住，使加热迅速均匀。

忌油炸食品。因高温油会发生飞溅导致火灾。如万一不慎引起炉内起火，切忌开门，而应先关闭电源，待火熄灭后再开门降温。

忌用普通塑料容器。普通塑料容器会变形，并且普通塑料会放出有毒物质，污染食物，危害人体健康。

忌用金属器皿。微波炉的工作原理是利用电磁波发出能量加热食物，而金属会阻止能量传导，导致无法加热金属器皿中的食物。

忌使用封闭容器。加热液体时应使用广口容器，因为在封闭容器内食物加热产生的热量不容易散发，使容器内压力过高，易引起爆炸事故。

忌超时加热。食品放入微波炉解冻或加热，若忘记取出，如果时间超过2h，则应丢掉不要，以免引起食物中毒。

注意安全使用微波炉，经常检查插头和插座，确保接触良好。防止出现过热现象，避免过负荷和接触不良而导致火灾或触电事故。

23.“三秋”用电　清理隐患

秋分之际，时值“三秋”大忙季节，供电公司加强农业生产安全用电服务工作。组织人员深入田间地头院内，宣传安全用电知识，协助农民检查用电线路和用电设施，防范用电事故的发生。检查中发现有的农民使用“地爬线”，连接脱粒机等电气设备，供电专业人员协助农民对“地爬线”做了架空安装处理。

由于“三秋”用电大多是临时用电，因此现场的安全管理也因临时性而往往得不到应有重视。"三秋"使用的电线随意拖、拉，零乱混杂，既没有架空，也不采取保护措施，甚至有的电线还浸泡在水中或者被物体碾压，私拉乱接、电线老化、表皮破损、用电器具和零件缺损、多用插座等电器无防雨措施以及不按规定装设剩余电流动作保护器等现象，在一些农村时有发生。随时都可能发生人身触电事故，给公共安全造成严重威胁。

加强"三秋"用电现场管理，禁示村民使用"地爬线"，预防事故发生。提醒村民，不可随意拖拉电线，线路应尽量采用架空线路，不能架空时应采取保护措施。不要让电线浸泡在水中或被物体碾压，电线老化、表皮破损、用电器具和零件缺损时要及时更换和维修，按规定装设剩余电流动作保护器。

规范安装"三秋"用电设备和线路，禁止私拉乱接。熔丝是比较常用的保护装置，具有简单的过电流及短路保护作用。在通过超出额定值的电流后，因发热或瞬间过热使熔体熔断，以达到断开电路的功能。因此，应掌握熔丝安装的正确方法。固定熔丝的螺钉应加平垫片，熔丝的端头绕向应与螺钉紧固方向一致，且不重叠。螺钉不要拧得过紧或过松，以接触良好又不损伤熔丝为佳。

闸刀开关安装的正确方法是垂直安装，电源端自上方引入，负荷端从下方接出，不可倒装和横装。如果倒装，当闸刀开关拉开的时候，由于振动或其他原因，很容易使闸刀开关的操作手柄因自重而落下使其自行合闸，造成触电事故。

安装螺口灯头，应把相线接在中心点上。把零线接在螺口上，以保证装卸灯具时一旦触碰螺口不至于发生触电事故。

临时用电线路应装设控制开关和插座，不可将电线直接在地上拖来拖去，防止把绝缘层磨破，更不能直接挂在金属物体上。严禁导线直接钩挂在闸刀上，闸刀开关不可就地摆放。不允许未安装插头直接把两根线头插入插座。

使用潜水泵时，不要用拉线开关控制，应当用闸刀开关控制。如果用拉线开关控制，只能控制一根导线。如果控制的是零线，那么相线就直接通到水泵。一旦水泵有漏电现象，是很危险的。尤其是潜水泵，漏电电流会直接通入大地，将造成严重的经济损失。

剩余电流动作保护器需要认真检查和试验，严禁私自退出运行。对于频繁跳闸情况，应当查看是保护器本身损坏引起的，还是线路及电器剩余电流动作引起的。对失灵的剩余电流动作保护器应及时更换，对因电器或线路跳闸的，也应及时进行检修整改。

在拆除和移动电器时，一定要在切断电源后再进行，以确保人员安全。

24. 根据秋季特点　指导安全用电

根据秋季特点以及客户在实际用电中存在的问题与需求，供电公司组织人员开展"安全用电、现场排忧"活动，深入厂矿、医院、学校等场所，实行安全用电指导与服务工作。

供电公司用电检查人员到钢管厂用电客户设备现场，对照《客户停电检修现场安全督察卡》的 28 项具体内容，对该厂当天进行的 1 号主变压器启用检修预试工作，进行全过程指导监督。采用督察卡，是供电公司将标准化安全管理经验延伸到客户的举措，细化实施加强客户安全运行管理。

以往，对客户设备的检修、施工等作业过程，缺乏细化监督，客户不规范作业容易给自身设备和电网安全带来隐患。供电公司在开展为客户设备安全性诊断的基础上，参考供电企业自身电气设备运行、检修有关安全过程控制等规定，对客户设备的管理、检修作业流程，制定实施《客户停电检修现场安全督察卡》和《客户事故抢修现场安全督察卡》，进而推进客户设备检修标准化。供电公司用电检查人员重点上门指导客户，确保客户在秋检等所有作业过程中规范有序。

供电公司用电检查人员对重要客户进行安全用电专项检查，走进政府、民航、铁路、医院等重要客户设备现场，重点检查客户供电电源配置、客户电气设备运行情况、双电源、自备电源、安全工器具、应急预案、从业人员资质等方面内容。

在专项检查中，工作人员严格执行重要客户用电安全检查制度。对发现的问题及整改措施现场告知客户，加强对客户隐患治理的专业指导和跟踪服务。重点督促指导客户完成电气运行管理，加强对供电电源及自备应急电源配置等方面隐患的排查治理。

供电公司加强应急管理，充分结合工作实际，完善重要客户供用电安全突发事件应急机制，做好超前预防，形成闭环管理。

供电公司组织人员利用休息时间，来到中小学校，开展用电安全"会诊"，帮助查险补漏，以确保校园新学期用电安全可靠。

由于假期时间较长，学校用电设施大多处于空置状态，在酷暑高温影响下难免产生用电安全隐患。同时，由于学校新建的视频教学室即将投入运行，用电负荷倍增。对此，供电公司组织技术骨干人员和"安全检查服务队"，对中小学校应当设施以及学校附近的供电设备、低压线路等设施进行认真排查。对发现的设备老化、开关接触不良等用电隐患，及时进行处理。并与学校联合开展"关爱学生自护教育"，呵护学生安全健康成长。

25. 迎接国庆　预控保电

国庆节前夕，供电公司注重提前做好节日安全供电工作。做好节日期间安全供电方案，合理安排电网运行方式。加强巡视检查电力线路及设备，及时发现和处理缺陷。周密安排节日期间值班管控，保障国庆节安全供电。

供电公司认真实施保证电网安全稳定运行、安全生产等工作。做好组织发动工作，提高人员安全思想意识。国庆节长假保电既是常规保电，又高于日常保电，供电绝不能出现任何纰漏。认真学习落实上级各项部署，细致扎实地做好各项保电工作，努力确保供电万无一失。加强设备运维管理，防止外力破坏，保障设备安全稳定运行。做好基建施工现场安全管理，确保人身安全。提升优质服务水平，履行社会责任，确保重要客户和百姓的可靠供电。完善和加强应急管理工作，切合实际地制定各项应急预案。维护员工队伍和谐稳定，做好保电的各项基础工作。

各专业、各班组注重把各项安全措施落实到位，确保电网稳定运行和电力可靠供应，对节日期间的保电任务进行再分解、再细化。开展拉网方式巡检，排查杜绝隐患。对施工工地存在隐患问题，进行书面告知，做到服务、告知、备案到位率 100%。鉴于工程施工的关键阶段，现场环境很复杂，供电专业人员每天到工地检查督导，防范危险施工，解决实际问题，确保国庆节期间不发生外力破坏事件，保障电网安全。

对重要用电客户告知用电隐患，督促整改；对煤气公司等用电客户印发安全用电隐患告知书，及时指出煤气管道靠近 10kV 线路地下电缆，采取安全措施，防范事故发生，供电专业人员一直在现场监控。坚持实行整改意见，得到用电客户的理解，客户单位的态度由从抵触变为认真配合。

供电公司应急电源车的电源设备全部启动，接受"体检"，以备迎接国庆节保电任务。重点检查电缆接头和金具，及时发现和处理漏油等缺陷。加强电源车的全面体检，确保在国庆期间安全正常运行。专业人员趴在车底，用手电仔细检查每个螺钉，不放过任何细节。操作应急电源车需要精细认真，应提前检查车厢内进风口、排风口是否通畅，箱冷却液是否足够等等。车辆运转起来后，应注意并检查电池电压、电缆温度等。利用测温装置，实时测试电缆和接口温度。调动电源车，主要适用于重要保电或紧急抢险两种状况，为高危及重要客户提供临时应急电源。迎接国庆节，充分备战。

供电公司组成各专业保电小分队，组织应急抢修力量，加强对政府、医院、新闻媒体、重要厂矿企事业单位、旅游景区等场所的保电工作，全力确保国庆节期间电网安全可靠运行。

26. 绝缘电阻表测试　防失真除湿

秋季的早晨，往往会结露。在施工检修作业中，当环境比较潮湿，使用绝缘电阻表试验绝缘时，由于物体表面有凝露或附有水膜，有的物体表面又存有积灰，使被测物体表面电阻大大降低，表面泄漏电流上升。另外，某些绝缘材料有毛细管，会吸收较多的水分，相应增加了电导，使绝缘电阻值大为降低，导致测量数据严重失真。

供电公司专业人员注重根据实际环境情况，掌握导致绝缘电阻测量值失真的主要原因：试品表面有水分、尖端放电、测试设备自身受潮、试品周围环境不佳。

针对实际原因，供电公司专业人员在测量时，采用相应可靠防潮湿方法，以保证测试结果准确。

对于试品表面有水分的问题，检查测试设备的外观并擦拭，用电吹风将测试设备吹干。实行可靠接地，以及将测试线表面拭净。

对于尖端放电的问题，灵活采用有效防范措施。调整试验回路中各带电点的对地距离，减少高压引线与大气直接接触面积。将与试品连接处用绝缘罩罩住，使之与四周隔离，以及将非加压端的各相线头分别用绝缘物罩住。

对于测试设备自身受潮的问题，采取的措施是：将试品表面擦拭洁净；测试线悬空；试品上加屏蔽环；必要时可用热风吹干，或用防水膜绝缘材料涂于瓷套表面。

对于试品周围环境不佳的问题，则采取相应的解决的方法。清理试品附近杂物，尽量将所连接的其他设备拆离并视情况用绝缘隔板加以遮蔽，从而保障绝缘电阻表试验及测试结果的准确。

27. 农村线路　巡检要点

农村电力线路，经过夏季高温、高负荷等考验后，在"三秋"供电的过程中继续发挥重要的作用。因此，供电专业人员加强对农村架空线路的巡视检查，完善对架空线路的运行维护工作。

供电专业人员通过巡视检查，及时发现缺陷，并采取防范措施，保障线路的安全运行。在巡视架空线路的过程中，掌握检查要点。

认真检查杆塔有无倒塌、倾斜、变形、腐朽、损坏及基础有无开裂等情况。检查金具构件有无弯曲、松动、歪斜或锈蚀。查看杆塔铁螺栓或铁螺丝帽的丝长度是否有不够、螺钉松扣、绑线折断和松弛等情况。查看杆塔上是否有鸟巢以及其他外来物体等。

查看横担和金具状况，检查横担和构件是否移位、固定是否牢固、焊缝是否开裂、螺母是否缺少等现象。

掌握沿线环境情况，检查沿线路的地面是否堆放有易燃、易爆或强烈腐蚀性物质，勘察沿线路附近有无违章建筑物。查看有无在雷雨或大风天气可能对线路造成危害的建筑物及其他设施。检查杆塔上是否架设其他电力线、通信线、广播线，以及是否安装广播喇叭等。查看线路有无擅自接用电器设备。

检查导线和避雷线有无断股、背花、腐蚀、外力破坏伤痕等状况。查看线间、对地面以及邻近建筑物或邻近树木距离、弧垂等是否符合要求。检查三相导线弧垂有无不平衡现象。查看导线接头是否良好，有无过热、严重氧化、腐蚀痕迹等。

仔细检查绝缘子，观察绝缘子有无破裂、脏污、烧伤以及闪络痕迹。检查绝缘子串偏斜程度、绝缘子铁件损坏情况。

查看防雷装置，检查保护间隙大小是否合格，辅助间隙是否完好。检查管型避雷器外部间隙是否发生变动，接地线是否完好。检查阀型避雷器瓷套有无破裂、脏污、烧伤及闪络痕迹，密封是否良好。检查避雷器引下线是否完好、接地体有无被水冲刷而外露，接地引下线与接地体连接是否牢固。

检查电杆拉线情况，查看拉线是否有锈蚀、松弛、断股和各股铁线受力不均等问题。检查拉线桩、保护桩是否有损坏情况。查看拉线地锚是否松动、缺土及土灌下陷状况、拉线棒、楔形线夹、UT 形线夹，拉线抱箍等金具是否有锈蚀。检查 UT 形线夹的螺帽是否有丢失、花篮螺钉的止动装置是否良好。检查拉线在木杆捆绑处有无勒入木杆现象。

巡查杆上开关设备，检查开关设备安装是否牢固，有无变形、破损及放电痕迹。检查操动机构是否完好、各部引线之间及对地间距是否符合规定。

查看交叉跨越点动态，有无新增交叉跨越点，跨越距离是否满足安全要求，原交叉跨越点是否危及线路安全运行，防护措施是否完善等。

通过详细巡查，认真维护秋季电力线路的安全运行。

28. 节前走访客户　维护节日安全

国庆节来临之际，供电公司认真组织人员深入到厂矿等用电客户工作现场，认真开展安全用电检查和宣传工作。提醒用电客户采取安全措施，保障假日期间车间、办公楼等电气设施的安全，防止发生电气火灾等事故。

企事业单位等用电客户往往会安排假日期间的值班工作。其中，安全保卫工作是各单位比较重视的一项工作。然而，一些单位在重视安全保卫的工作同时，往往容易忽略车间、配电室、办公楼等场所的电气安全工作。因此，节假日期间应注意防范电气火灾。

供电公司用电检查人员高度重视企事业单位用电客户的设备库房、加工车间、配电室、办公场所等安全用电问题，尤其注意防范节假日期间由于用电不当而引发的电气火灾事故。因此，督促和指导企事业单位用电客户加强假日期间设备库房、加工车间、配电室、办公场所等的安全用电管理，采取切实可行的安全措施。

提前周密安排有关放假通知要求，制定和实施电气安全措施，对假期不使用的电气设施、无人办公室等场所，安排相关人员关闭电源。根据实际情况和条件，切断有关设备库房、加工车间、办公场所等电源，适当减少楼道照明灯具亮灯的数量。同时组织人员对设备库房、加工车间、办公场所等电气设备进行一次全面检查，尤其是茶水机、景观灯、车库、配电室、电瓶车充电场等电气设备应认真检查，对于存在缺陷的电气设备，应利用节假日进行及时检修。

对有多部电梯的办公大楼，应采取只开一部电梯的措施，这样既可节约用电，又可加强对大楼进出人员的监控，有利于保障安全。

鉴于平时企事业单位用电客户的用电负荷较大，而节日期间用电负荷减少的实际情况，合理调整负荷，配有多台变压器的用电客户，应根据假期实际用电负荷停用个别变压器。防止在低负荷情况下，由于电压过高而引发过电压、电器发热等问题，避免电气火灾的发生。

用电客户在假期安排的值班人员，除考虑加强对各库房、车间、办公场所等安全保卫外，还应当安排电气工作人员值班，加强电气安全应急工作，加强对电气安全和消防设施的检查和维护，防止电气事故的发生。

节假日期间，认真采取有效措施，保障电气设备安全运行，维护电力平安。

29.电"频闪"为哪般

供电区域内，一个写字楼用电客户向95598供电服务热线反映，该写字楼近段时间经常发生瞬间停电事故，严重影响正常办公，亟须安全处理。

供电公司报修专业人员到达现场后，写字楼供电已恢复正常。写字楼业主介绍，停电在眨眼工夫后就恢复了正常。这种情况有时一天发生几次，有时好多天才发生一次，由于这种瞬间停电、瞬间恢复送电的现象，造成电脑不能正常运行。

供电报修专业人员认真检查现场，该用电客户由一台配电变压器供电，总控、分控开关都是空气开关断路器，此类开关不具备重合闸功能。台区内有8档低压架空绝缘导线，3处地埋电缆。一般家用电器、照明电器等电器设备不会受电"频闪"现象的影响。但是，对于正在运行中的电脑、监控器等电器，则可能因线路瞬间断电而停机。

供电报修专业人员根据故障现象、用电设施等情况，结合以往故障排查经验，认真分析查找有关故障原因。

针对该台区接有大启动功率的基建用电设备情况，分析基建用电设备启动功率较大，会造成电压大幅下降。对供电质量要求较高的电器、如电脑等设施，会因为达不到最低电压要求而关机。但是当时周围基建工作已全部完工，不存在使用大型启动设备的情况。

排查发生单相接地故障，如果发生了单相接地故障，而且持续10多天，在过电压、大电流情况下有可能早已发生线路烧断，引起缺相的故障。如果是这样，应该很快会查找出原因并处理。报修工作人员用验电笔现场测试零线无带电现象，三相电压均在正常范围内，当时电脑都能正常运行，未发现故障根本原因。

检查导线接头有无松动状况，如果接头松动，大负荷用电时可能会发生瞬间接触不良而缺电，造成设备停机。当负荷减小时，又能正常运行的情况。但是，经过仔细检查，从变压器跌落式熔断器、避雷器、变压器高低压接头桩头、开关、导线等设施，都没发现放电痕迹。

了解台区情况，整个配电台区的电脑，在使用中都存在"频闪"停电现象。而由这条 10kV 线路供电的其他专变客户、公变客户都没有发生电器设备"频闪"停电现象。因此，可以肯定问题出在台区。为了继续排查故障，并且保证客户可靠用电，将写字楼客户临时调整到其他供电点用电。

现场开展深化调查，供电报修专业人员判断这个台区地埋电缆线在某一点存在瞬间接地而释放大电流，造成瞬间大压降，使电脑瞬间停电而停机。按照这个排查思路，供电报修人员逐段对地埋低压电缆进行检查，发现有一处地埋电缆绝缘程度较低，并且下杆接火线为铝芯电缆，路对面分接箱却是铜芯电缆。

供电报修专业人员推测中间必有铜铝连线接头，由于铜铝相连，极易氧化。当接头处理不好，绝缘老化，地下潮湿严重时，会造成瞬间放电。现场由于是水泥路面，不能擅自开挖水泥路查找具体故障点。因此，供电报修人员把跨路故障电缆电源拆除，更换新的电缆，再将写字楼客户调回该台区用电，该写字楼客户没有再出现瞬间断电现象，电"频闪"问题得到了解决，恢复了安全正常用电。

30. 变电站设备 防治"风湿病"

秋季，频频降雨，并且夜间结露。供电公司变电运维专业人员认真巡视检查设备，发现有的端子箱受潮进水、绝缘子发生污闪、开关柜内产生凝露等现象。对此，专业人员高度重视，采取措施解决问题，防止引发事故。

认真分析和解决端子箱受潮进水的问题。

秋雨时节，室外开关端子箱内容易潮湿凝露积水，极易导致直流二次回路对地绝缘电阻下降，严重时会形成直流正电源或负电源接地。如果造成直流两点接地，则会引起直流熔断器熔断，保护拒动或误动，甚至损坏设备，引发事故。

积极采取多种方法，排除隐患。在开关端子箱体两侧装上专用通风孔，可形成对流风，起到降温作用。保证箱体内部元件干燥，注意防雨和防止小动物进入。

在端子箱门边框处加装橡胶条，增加箱门密封性，防止雨水从箱门渗入端子箱内。

在开关端子箱内安装防凝露除湿加热控制器，在潮湿环境中使用，防止凝露造成绝缘能力降低和短路故障。

对端子箱进行改造，使用不锈钢材料，防止其发生锈蚀而渗水。定期对端子箱进行检查，发现异常及时维护。

及时分析和解决绝缘子发生污闪的问题。

秋雨使空气湿度变大，绝缘子表面的污染物被湿润，其表面导电率剧增，使绝缘子在工频电压下发生闪络。电力设备污闪伴随的强力电弧易导致电气设备损坏，易造成大面积停电，严重影响电力系统安全运行。

采取措施，防范污闪危害。检查和清扫绝缘子，特别是秋雨时应加强巡视，充分利用秋季检修设备停役时清扫绝缘子。

在绝缘子表面涂有机硅油等防污涂料，以增强其抗污能力。对出现裂缝的绝缘子进行及时更换，防止绝缘强度进一步降低。定期对绝缘子进行检查，阴雨或大雾天气时应安排特巡。

注重分析和解决开关柜内产生凝露的问题。

设备处于备用状态时，柜内温度可能低于柜外，很容易生成凝露，其绝缘性能会大大降低。秋雨来临时，环境湿度较大，开关柜底部比较潮湿，为设备安全运行埋下了安全隐患。

排除隐患，实施解决方案。当环境湿度达到80%时，应开启开关柜上的凝露控制器。适时开启开关室内的除湿器和空调，保持室内环境干燥。在开关室内做到清洁时，防止灰尘污秽在设备上沉积。

巡视中注意开关柜内有无放电声，发现异常情况及时维护消缺。

定期查看电缆沟是否有积水现象，如果有，及时消除。

除了认真解决以上问题外，秋雨时节还应做好变电站日常维护工作，周密制定和完善应急预案，对易发生故障的设备进行有针对性的检查，保障变电站各开关室门窗密封完好，各排水沟疏通正常。

对于墙体开裂情况进行及时整改，做好入冬准备，防止渗水对运行设备的影响。充分考虑户外设备高压放电试验、主变压器吊芯、六氟化硫设备补气等对环境湿度有严格要求的工作的可行性，做好变电检修计划，保障设备安全运行。

10月节气与安全供用电工作

十月份有两个节气：寒露和霜降。

每年公历10月8日或9日，太阳到达黄经195°时，即进入寒露节气。寒露之意，露水更多，且带寒意。标志着天气由凉爽转向寒冷，露珠寒光四射。

每年公历10月23日或24日，太阳到达黄经210°时，即进入霜降节气。霜，地面的水气遇到寒冷天气凝结而成，霜降节气含有天气渐冷、开始降霜的意思。「气肃而凝，露结为霜矣」。

寒气凝露

第10章

霜降

到了寒露，会产生寒露风，是由秋季冷空气入侵引起的明显降温，气象灾害之一。北方南下的冷空气和逐渐减弱难退的暖湿气流相遇，通常会出现低温阴雨天气，其特征是低温、阴雨、少日照、昼夜温差大。绵雨甚频，朝朝暮暮，溟溟霏霏。当冷空气南下与台风相遇时，风力较大，并伴有大雨、雷雨、暴雨或连阴雨，雷暴活动较多。

霜降是秋季的最后一个节气，是秋季到冬季的过渡节气。秋晚地面上散热很多，空气中的水蒸气在地面或植物上直接凝结形成细微的冰针，或形成六角形的霜花，色白且结构疏松。北方大部分地区秋收扫尾，东北北部、内蒙古东部和西北大部平均气温已在0℃以下，土壤冻结，冬作物停止生长，进入越冬期。纬度偏南的南方地区，离初霜日期还有三个节气。在华南南部河谷地带，则要到隆冬时节，才能见到霜。

1. 根据节气特点 落实安全措施

寒露时节，应抓住时机，深入进行秋检工作，全面处理设备缺陷，提高设备安全健康水平，为迎峰度冬做好准备，加强设备的基础保障工作。周密组织开展大修、技改、电网建设与改造工程工作，充分利用有利时机，推进落实有关计划。保障工期进度，同时保障各项工程的安全与质量。应继续加强防雷工作，不可误以为雨季即将结束而掉以轻心。认真防范雷电、台风、局部暴雨和洪涝等造成的灾害，不可麻痹大意。完善实施有关应急准备和巡视检修等工作，做到防患于未然。

霜降节气，应抓好秋检收尾工作，并且做好迎峰度冬准备工作，提前布置，加强设备的防寒防冻安全管理。认真检查电力线路重点地段杆塔基础、变电站操动基础、门窗孔洞等设施，防止入冬基础冻鼓、构架倾斜引发操动机构失灵、设备冻坏造成事故。应当早安排、早准备、早行动，预防低温冷害事故的发生。电力员工在施工作业中，应注意增添衣物，采取防寒措施，预防感冒。

雾霾天气，使空气质量明显降低，电力员工外出作业应当加强防护。由于能见度较低，驾驶人员应控制好速度，保障交通安全。施工作业现场应视天气情况，采取安全措施，确保安全作业。

雾霾天气，还易造成电力设备闪络、线路跳闸等事故，雾霾无疑成为威胁安全供电的"温柔杀手"。因此，应加强对电力设备的巡视与检修，防范雾霾导致的危害，保障电网的安全稳定运行。

霜降时节，大部分地区环境比较干燥。因此，应当高度重视护线防火等相关工作，加强安全用电检查工作，防止电气火灾等事故的发生。紧紧把握节气特点规律和安全形势，认真组织开展迎峰度冬工作，保障冬季电网的安全运行。

2. 国庆假日巡检 维护平安供电

国庆节期间，供电公司加强值班安全管理，组织人员开展设备特巡、维护、应急等工作，全力以赴保障电网安全平稳运行。

国庆节期间，供电公司全面开展设备特巡工作，派出员工对各个电压等级的输电线路和配电线路展开巡视，并针对重要变电站及线路线下走廊安排特巡。重点巡视线下施工等外部隐患危险点和易受外力破坏的区段，加大重点监视区段巡视力度。开展隐患摸排，及时发现和处理威胁线路安全运行的异常情况。

变电运维专业人员在节日值班中，加强现场巡视检查，发现变电站旁路开关 B 相六氟化硫压力示数为 570kPa，A、C 两相示数均为 620kPa 左右，B 相六氟化硫压力示数有明显下降趋势。

供电公司立即组织人员分析危险点，开展故障排除工作。各专业紧急行动，密切配合。运行人员布置好旁路开关等相关安全措施，检修人员办理工作票，现场开展检漏工作。现场快速处理缺陷，维护设备的安全健康运行。

供电公司加强应急值守，严格落实负责人带班制度。所有值班人员随时待命，确保在第一时间应对处理突发事故。注重形成上下贯通、多方联动、协调有序、运转高效的应急队伍管理工作机制。供电公司按照主辅专业搭配、技能和体能兼顾的原则，建立应急队伍体系，包括应急基干队伍、应急队伍、应急管理专家库，组建训练有素、反应迅速、装备齐全、保障有力的应急队伍，以应对各类突发状况，提高应急处置能力。

节日期间，供电公司强化电力基建现场安全管理。合理安排基建、检修作业计划，严格履行节日加班作业审批手续。严格落实到岗到位要求，组织开展作业现场安全检查，加强安全监督管理。严肃查纠违章现象，严防发生人身伤亡、误操作等人为责任事故。

国庆节之前，供电公司提前做好办公楼、调度中心、变电站、主控室、通信设备机房等重点部位安全防范措施。严格实行门禁管理，节日期间所有人防、技防、物防措施全部启动，注重维护，使其处于良好状态。先后模拟不同类型的故障演练，重点检验专业人员对设备的熟悉程度以及现场抢修组织能力，确保在国庆节期间，电力线路和变电站等设备安全可靠运行。

在国庆节期间，供电公司加强防外力破坏工作。组织专业人员开展对城乡接合部架空线路的重点特巡，统一摸排线路保护区内施工点的安全隐患。将安全隐患告知书递到施工方负责人手中，督导工地在施工时做好安全措施，防止损坏供电设备。认真加强施工工地建筑塔吊、流动作业吊车等高危作业工具的安全监控，地毯式排查主网电缆通道，补加标识牌、警示牌，消除缺陷和隐患。保障国庆节期间电力平安，维护电力线路设备安全可靠供电。

3. 节日用电　防范危险

节假日里，往往用电增加，如果不注意安全用电，后果十分危险。居民用电客户拨打供电服务热线 95598 和咨询供电值班人员，询问安全用电方面的技术问题。

供电值班人员指出，家庭节日用电应注意防止有悖于安全用电的错误，严禁违反安全用电基本常识。这也是发生比较多或比较常见的"误操作"，注意举一反三，积极向居民用电客户宣传家庭用电的注意事项，以及提出安全用电指导意见及建议。

湿手或赤脚的时候不要接触开关、插座、插头和各种电器电源接口。因为，人体本身是良性导体，此时若用湿手去触摸电器开关和插头，极易造成触电。

家庭用电有一个非常重要的原则，即尽量用右手操作电器设施。人站在地面上如果左手触电，电流将直接经过心脏和肺，这是最危险的途径，击中心脏后一般无法获救。反之，如果右手触电，电流可能从右脚流出，不经过心脏，死亡的概率要小很多。以此类推，如果双手同时触电的话，那么电流的路径是由一只手到另一只手，中间要通过心肺器官，这也很危险；如果是一只脚触电，电流的路径则是从这只脚到另一只脚，对人体的伤害要比以上两种路径轻一些。

家庭用电中比较常见的错误还有使用湿布抹擦电灯或其他电器设备，这也是很危险的行为。此外，在移动电器设备的时候，应确认电源已经切断，否则容易漏电或者发生电器爆炸或火灾事故。

供电服务热线 95598 接到报修电话，位于郊区一幢平房的居民客户发生了用电故障。

供电报修值班人员立即赶往现场，进行检查处理。发现该用电客户的电路布线很不规范，私拉乱接电线情况比较严重。在故障点排查中发现，电线发生了短路故障，还发现其他容易引发事故的隐患。

按照农村低压接户线改造工程技术原则及工艺标准，单户配电箱应利于操作和维修，并且安装在坚固的建筑物墙上。而该户配电箱的安装没有达到安全要求，配电箱安装位置不规范，应当整改。

该客户私拉乱接电线，而且多处使用的是电缆。室内使用的护套导线作为移动线路用电，这些都是存在安全隐患的，应当拆除，重新规范安装。

使用不合格的电气材料，该客户使用废旧电缆线，并在多处有接头，接头处的铜芯暴露在外，用医用胶布包扎，存在严重的事故隐患。

供电报修人员帮助该客户排除故障，恢复正常用电。并且，对该客户进行严肃安全教育，制止其私拉乱接电线的行为，并为他提供相应的用电设施整改措施，以确保安全用电。

4. 维护电力线路　保障安全距离

国庆节期间，天高云淡，秋风习习，一些居民领着孩子放风筝。群众护线人员向供电公司值班报修人员打电话，报告称有人在社区广场附近放风筝，距离电力线路比较近，存在危险。

供电公司值班报修人员迅速前往广场查看,看到一些市民带着小孩在社区广场放风筝。并且发现,有一位市民正爬到一棵树上去摘被电线缠绕住的风筝,这种情况和行为十分危险。供电值班报修人员立即上前劝阻当事人,避免事故的发生。供电报修人员对放风筝的群众进行安全教育,认真讲解在电力线路附近放风筝的危害,加强安全宣传工作,提高群众安全用电意识。

广场整修工程施工单位缺少警示标志,社区广场工程施工期间没有设立"施工期间严禁非施工人员出入"的警示标牌,对一些存在安全隐患的地点,如架设的临时施工电线,以及比较低的配电箱未悬挂安全标识或警示标牌。

供电报修人员提醒市民应当增强安全意识,在电力线路特别是高压线路附近放风筝,存在重大隐患。教育市民应当提高安全认识,保护电力线路安全运行。尤其应该认识到如果风筝挂在电线或者树枝上,不可贸然去取,防止发生触电和摔伤事故。

经过及时制止和讲解宣传后,市民们停止了在社区广场放风筝的危险行为,维护了电力线路的安全运行,保障了居民群众的安全。

供电报修人员顺便巡查附近正在施工的工地,发现一正在建设安装的道路广告牌,离路边的高压线约有 30cm,且附近企业、居民众多,特别危险。于是,及时制止和整改施工方案,解除隐患。

施工现场,供电报修人员认真向施工方讲解员工安全规定,加强平安电力宣传工作。指出这个广告牌属于严重的违章设置,如果不停止施工,很可能发生施工人员触电、线路跳闸、全线或部分线路停电事故,严重影响用电客户,甚至容易发生连带事故。

当广告牌接近电力线路而造成电力线路跳闸后,通过低电压传输,以跳闸处为圆心,200m 以内容易烧坏家用电器,8m 以内会形成跨步电压,导致人身伤亡。此处就在公路旁边,给过往行人和车辆埋下安全隐患。

提示施工方认真遵守安全法规,掌握安全知识。根据《电力设施保护条例》第五条规定,架空电力线路保护区,是为了保证已建架空电力线路的安全运行和保障人民生活的正常供电而必须设置的安全区域。各级电压导线边线在计算导线最大风偏情况下,距建筑物的水平安全距离必须符合以下要求:1 kV 以下为 1.0m;1~10kV 为 1.5m;35kV 为 3.0m;66~110kV 为 4.0m;220kV 为 5.0m;330kV 为 6.0m;500kV 为 8.5m。

5. 电路防火　检查更新

午后,乡村一农户发生火灾。虽经村民和消防队员奋力扑救,大火还是吞噬了房屋。据消防队现场勘察,认定为电线老化发热所致。

据统计数据表明,电气火灾约占所有火灾的 1/10,其中民宅电气引起的火灾占大多数。电气火灾的原因主要有电线老化短路、过负荷发热引起电器自燃、接地不良过电流、雷击导致过电压和过电流等。

供电公司专业人员在检查中发现，电线老化短路引发火灾在农村较为常见。由于早年敷设的电线绝缘老化，特别是电线接头处包裹的绝缘层老化，一遇到潮湿或漏雨，很容易引起短路发热引燃附近易燃物而起火。

随着农村居民生活水平不断提高，家电下乡使农村家用电器增多，老旧电线负荷加大，引起电线发热自燃而引发火灾的事故增加。另外，农村使用的各类电器缺乏可靠的接地，电器内部故障电流不能及时泄漏，导致电器起火引发火灾。

电气火灾具有一定的季节性和地区性，春夏南方多雨潮湿，是老化电线和电器极易引发电气火灾的季节。秋冬干燥，北方易发生电线、电器老化自燃火灾。

供电专业人员提醒村民应预防民宅电气火灾，指导村民改造和更换老化的电线和电器。对没能及时更换的线路和电器，采取安全防护措施。

对使用多年的屋内电线进行全面检查，将接头处的绝缘包裹重新除去氧化层后，使用新的绝缘胶布进行包扎。发现过热开关和电线马上调换，防止发热起火。

对使用多年的电视机、冰箱、洗衣机等，定期进行除尘处理。外部可自己清洁处理，内部除尘需送专门的修理店处理。需要注意的是所有家用电器都有使用年限，如电器已超过使用年限，最好予以更新。

检查家里的电器有无接地，如果没有需要安装专用电线和可靠接地装置。新房子一般都有专用的接地电线，其中电器三孔插座中有单独一孔是用来接地的。老房子没有专用接地线，可以在各电器的接地线桩引线单独安装。

大多农村老房子室内电线只是根据建房时的用电负荷设计的，如果增加新家电，可重新敷设专用线路。尤其是洗衣机、电热水器、空调、微波炉等一些大功率家用电器，更需要敷设单独线路。既可防止电线过流过热，又不影响其他家用电器的用电质量。

严格按照额定电流使用熔丝，切不可用铜丝或其他金属丝代替，根据条件可更换家用空气开关。

6. 漏电保护　正确应用

时值秋收大忙季节，一位村民请电焊工在家中焊接农具，电焊工触电受伤。经现场勘察发现，触电原因是电焊机漏电，而村民家中又没装剩余电流动作保护器。

供电公司专业人员开展安全检查工作，发现一些居民安装剩余电流动作保护器之后就不再进行维护和试验，更有甚者为图省钱，拒绝安装剩余电流动作保护器，导致发生触电事故。因此，供电公司专业人员向村民宣传安装剩余电流动作保护器的重要作用，讲解剩余电流动作保护器是一种有效的电气安全技术装置，已被城乡家庭广泛使用。

供电公司专业人员向居民群众宣传，家庭应使用合格剩余电流动作保护器。剩余电流动作保护器关系到人身的安全，因此安装剩余电流动作保护器非常重要。认真指导居民客户，掌握选用安装剩余电流动作保护器的安全知识。

注意选择合格产品。市场上一些剩余电流动作保护器属假冒伪劣产品，一旦购买使用，就会给家庭成员的安全埋下隐患。因此，建议居民到大超市或正规电器店购买。

应请有资质的电工安装。安装剩余电流动作保护器前应经过详细检查，确保产品合格。安装环境必须通风、干燥，避免雨淋和烟尘等侵蚀。安装完毕后，还应进行模拟试验。

认真加强检查与维护。定期清扫灰尘，保持剩余电流动作保护器外壳及其部件、连接端的清洁、完好和牢固。经常检查剩余电流动作保护器动作的可靠性，每年请专业电工对剩余电流动作保护器进行一次全面检修。

避免超期服役。对到了使用年限的剩余电流动作保护器，及时更换。按规定，家用漏电断路器的有效使用年限电子式为 6 年，电磁式为 8 年，到了使用年限后应当及时报废和更换。

注意正确、安全使用剩余电流动作保护器。不可忽略对剩余电流动作保护器的定期试验，检验其跳闸动作的可靠性。剩余电流动作保护器发生跳闸动作后，不可强行送电，更不允许将其退出运行，在查清和消除隐患后才能恢复通电，确保家庭用电安全。

安装剩余电流动作保护器并非万无一失，也不可能绝对"保命"。因为，在两相触电不接地的情况下，保护器就不会动作。另外，剩余电流动作保护器本身也有损坏或动作失灵的时候。因此，即使安装了剩余电流动作保护器，也应做到预防为主，严禁带电维修。

闸刀开关与剩余电流动作保护器不能互相替代。不可用剩余电流动作保护器替代闸刀开关，更不能用闸刀开关替代剩余电流动作保护器。

严禁剩余电流动作保护器"带病"使用，当剩余电流动作保护器出现故障后，应及时请专业电工修复或更换。严禁私自拆卸漏电保护器的内部器件，以保障漏电保护器的安全运行。

7.　电能表　勤呵护

供电公司专业人员在开展安全宣传与检查活动中，看到农村一些居民用电客户的电表箱旁边堆满了柴草等易燃物以及许多杂物，存在严重的安全隐患。对此，供电公司专业人员开展有关清理工作，现场提醒用电客户，注意维护电表箱等电力设施的安全。

电表箱及箱内的电能表等设施，是重要的供电及计量设备，关系到安全性和准确性。电能表为照明灯具、电水泵和电动脱粒机等用电设备计量消耗电能，也直接关系到安全用电，其安装和使用应遵守安全要求。居民客户使用的电能表箱，安装地点应安全，运行环境应良好。

电能表应安装及运行在明亮、干燥和易于抄表的地方。电能表环境温度一般应在 0～40℃，以 15～20℃较好，与加热系统的距离应不小于 0.5m。温度过高或过低或变化剧烈，都会影响计量的准确度。电能表的安装地点应无易燃易爆物品和潮湿易腐蚀气体，无严重污秽，无强磁场的干扰。

如果几块电能表安装在一起，每块之间距离应保持在 50mm 以上，电能表的水平中心线距地面高度应在 1.8～2m。安装地点与带电部分距离应符合要求，电压为 380V 时，电

能表与带电体之间的安装遮栏应为 0.5m，无遮栏时为 0.7m。低压用电客户计费电能表，以及配合电能表用于计量的电流互感器，不允许在 10%额定负荷以下，或负荷超过额定值 125%以上运行。

日常加强对电能表箱构件及电能表的检查与维护，保证电能表与地面保持方向垂直，且各电能表的间隔一致。外壳应接地良好，表盖密封严密。耳封尾封齐全，接线正确。

接至电能表的导线应使用铜芯线，截面积不小于 1.5mm²。导线中间不应有接头，线头导线金属部分不外露，端子接头接触良好，整齐美观，每根线头均应编号挂牌。电能表电压端连接片不准解开，表盘转向或转动应正常。在多雷地区，应在表前安装低压避雷器或防电间隙。

供电公司专业人员提醒用电客户，认真清理电能表箱周围的杂物，保持电能表箱的清洁，不受外界杂物等影响。平时可以通过观看电能表外观有无异常现象，初步判断电能表是否损坏。

如果发现玻璃窗里面有白、黄色斑痕及绕组绝缘烧损等异物，或闻到有烧焦气味等情况，则说明电能表出现烧坏的故障。发现问题后，用电客户不可自行启封拆卸，应及时联系供电专业人员检查处理，共同维护电能表的安全可靠准确运行。

8. 把握季节变化　保障秋检安全

供电公司认真把握节气规律，在深入开展秋季安全大检查活动的关键阶段，强化检修预试、投产调试、调度运行、建设施工、客户工程等安全风险管控。

在秋检的重要环节，供电公司重点推进安全生产责任到位制度。根据体系建设和机构人员调整情况，修订完善安全生产职责规范，层层签订安全生产责任书。明确"三级控制目标"，细化采取措施，落实相关安全生产责任。

供电公司详细制定事故隐患排查治理、电网风险防范措施、作业现场风险管控措施等的查处方式和相关细节，全方位、多角度保障安全生产局面的持续稳定。

各专业、班组逐项落实《安全大检查重点工作实施计划》，重点梳理排查出的问题和隐患，强化检修及抢修作业、基建施工、农网改造、营销等专业现场的规范化安全管理，确保人身安全。加强防火防灾应急管理，做好恶劣天气和突发事件的预报预警工作。全面强化同业对标管理，注重优化部门之间协调和联动，加强评估与考核。建立同业对标评估和考核机制，以考核促管理、促提升。

全面加强安全监督，严查秋检违章行为，采取多项举措打造"零违章"秋检。在秋检现场营造浓厚安全氛围，悬挂安全标语，提高员工安全意识，从思想上杜绝违章意识。不断变换秋检安全监督方式，实行人人都是安全员，人人互相监督安全的方式，专揪检修安全死角。小到一个螺钉一件检修工具，大到安全带、梯子等都必须规范和到位，互相配合互相监督。强化作业现场安全管控，在检修现场设立违章监督台，提醒作业人员必须按规程严格开展标准化作业，提升秋检工作管理水平和检修质量。

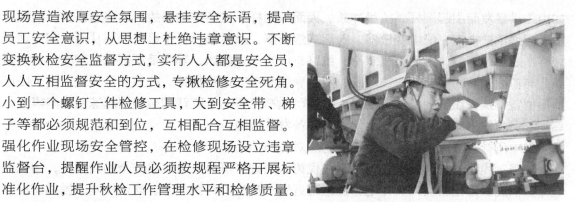

检修前，召开班前会，分析作业危险点，了解安全技术措施，作业结束后及时召开班后会，总结安全漏洞，全面做好安全隐患排查工作，让违章隐患消失在检修工作之前。

供电公司规范推进资产全寿命周期管理工作，深入开展主要设备和逾龄资产清查工作，实现"账、卡、物"一致。推进电能质量在线监测系统的建设，确保按时完成系统上线。完善公司系统应急指挥中心互联互通建设，启用电力执法程序和电子操作平台，抓好秋检及冬季冰雪天气期间的车辆交通安全管理工作。

重点加强公共资源应急处置联动，开展高危及重要客户安全隐患整治行动。实行居民侧阳光代办，严把设备入网及送电验收关。在与高危、重要客户联合督察中，督促整改重大隐患。高度重视高危客户、特别是煤矿企业客户应急备用电源管理工作。认真分析 10kV 农网线路跳闸原因，针对问题提出方案，落实整改。做好施工现场安全督察、质量监督、工程进度和智能电表采集器安装调试，实行"包片进村"，对查出的问题，及时整改落实。

供电公司认真贯彻上级有关安全工作会议精神，发动员工逐项落实安全要求。加快电网建设，做好项目计划的申报工作。申报支撑材料充分、翔实，分析论证有理有据，重点突出，表达清楚。对项目实行跟踪，责任落实到人。加强营销安全服务，采取措施跟踪重点用电项目的客户工程建设。做到提前介入，超前谋划。加强安全技术监督，把好测试、验收等安全关口。

9. 山区线路　灵活防护

根据季节和天气变化等情况，供电所加强对山区配电线路的检查与维护工作。10kV 配电线路往往由于点多、线长、面广、受地理环境和气候的影响比较大，容易遭受各种自然灾害和外力的破坏。因此，供电所将 10kV 线路检修工作与排除故障，作为重点安全工作抓紧、抓好、抓落实，以保证山区居民群众的正常用电。

供电所人员认真分析山区配电线路容易出现的故障，找出原因，引起重视，采取防范措施。

山区配电线路的故障原因，往往还包括人为因素，如山区开山取石而进行爆破，飞石打破或损坏电力线路，因振动使线杆倾斜造成停电的事故时有发生。存在许多自然灾害因素，如由山洪暴发而引起倒杆、拉线冲断、大面积倒杆以及断线的事故。线路遭雷击，绝缘子发生闪络或被击穿，配电变压器、跌落式熔断器、避雷器等设备极易损坏从而引起接地、短路、断电等事故。入冬天气寒冷，线路有可能产生覆冰，导线受压而弧垂增大，造成断线。当覆冰脱落时又会使导线跳跃，发生导线相连的短路故障。秋后大风天气，由于山区地理位置特殊，线路的档距有的很大，有可能产生振动、跳跃和碰线引起速断跳闸事故。鸟类、鼠类等小动物，往往也会使线路设备发生故障。

供电所针对故障因素，采取相应的应对与防范措施。

加强对线路的安全管理，特别是在伐树、爆破有可能危及线路安全的情况下，加强安全保护措施。禁止各类人员在电力线路附近采石放炮、开挖土方、砍伐树木、抛掷树枝、铁丝等杂物，以确保线路通道的安全。

根据季节特点，提前控制危险点。对极易被洪水冲刷的杆基、拉线，提前加固或调整移位。新线路施工时，尽量避开在洪水易冲刷的地方立杆、打拉线。在雷雨季节，及时校验高低压避雷器，复测各种接地电阻。对变压器进行高压耐压试验和绝缘电阻测量，凡损坏和达不到要求都及时更换和处理。

根据地理位置，对特殊地段的线路，在易遭雷击的杆塔上加装避雷针或避雷器。在档距大的杆塔上更换长横担，增大导线线间距离，还可根据情况加装防振锤等。

在大风和冰雪天气到来之前，注意加固杆基、对断股导线及时修复。在鸟群活动较多的线段，采取驱鸟措施。将档距较大的导线和杆塔，作为巡视的重点。冰雪封冰时，及时做好除冰冻工作。尽量提前做好迎峰度冬的准备工作，加强线路的防寒防冻工作，保障山区配电线路安全运行。

10. 六氟化硫　充气防毒

在秋检工作中，供电公司加强对六氟化硫断路器的检修与维护。然而六氟化硫气体有毒，对人身体有危害。因此，供电专业人员认真实施六氟化硫断路器检修过程的安全措施，注意在户外、天气晴朗、通风良好的前提下，为六氟化硫断路器充气，采取严密的安全流程和安全操作方法。

供电专业人员谨慎安全地将六氟化硫断路器退出运行，并采取相应的安全保障措施。将六氟化硫气瓶直立放置，严丝合缝地接上充气减压阀，将充气管与减压阀连接好。

谨慎打开气瓶阀门，再开启减压阀。使低压侧压力为 0.02 ~ 0.04MPa，然后用一直径为 8mm 的紫铜棒将充气管阀芯顶开，放气 5 ~ 10s 冲洗管道。

测出断路器周围的环境温度，根据厂家提供的温度及压力曲线，查得断路器在充气时额定压力实际值。根据当天的气温，得出该台断路器终止充气气压为 0.05MPa 左右。

认真将断路器 C 相传动箱下的堵头旋下，把充气管接上，然后缓慢开启减压阀对断路器充气。当听到连接管中有充气声音时，停止操作减压阀，观察减压阀低压侧与断路器的压差不大于 0.05MPa。操作减压阀应缓慢进行，否则无法控制充气量与速度。特别注意应缓慢进行充气，以避免断路器压力过高。

当断路器内气体充到额定气压时，关闭减压阀。先将充气管从断路器接口卸下，随即把堵头拧到接口上，将接头与充气管连接处旋开。关闭气瓶阀门，卸下减压阀，将减压阀和接头放到干燥的地方存放，以备下次再用。

断路器充至额定压力后，应对所有密封进行定性检漏。检漏采用灵敏度为 6～10 的卤素检漏仪，不应有漏点存在。如果发现漏点，应与生产厂家联系并进行处理。

加强断路器内六氟化硫气体含水量的检查，水分测量应在断路器充气 24h 后进行。利用断路器充气口，接上一个锥形针式减压阀，用以控制气体流量，用微量水分检测仪进行测量。测得数据应根据环境温度并对照厂家提供的水分含量及温度曲线，数值不应超过 150μL/L（20℃），运行中不超过 300μL/L（20℃）。

应详细记录当天的温度、湿度及六氟化硫压力等，并在断路器六氟化硫压力表指示处做一标记，以利于今后开展观测比较和比对，对比判断其运行状态是否存在异常状况，保障其长期安全运行。

11. 低压开关柜 选择细考量

用电客户新增负荷，需要选用低压开关柜。供电公司专业人员指导客户正确选择开关柜主要涉及的技术参数、电器元件选型等因素，以及重点把握低压开关的性能指标、结构特点、系统的具体接线方式等安全技术参数。

低压开关柜所有出厂产品必须符合 3C 认证要求，这样才能保证产品质量的一致性。

柜体结构应与客户的使用环境条件、安装方式、操作要求等密切相关。对于灰尘较多或潮湿的环境，应采用高防护等级的开关柜。对于高温环境或者采用高防护等级时，低压开关柜内所有一次载流元器件，均需要考虑由于散热条件变差载流能力降低的因素，即应当考虑降容系数，增加母排截面积，增大电器元件的壳架电流等级等。安装海拔高度大于 2000m 时，也应考虑降容系数。

应正确选择水平母线，配套选用低压进线断路器。水平母线规格的选择与很多因素有关，应考虑的主要因素有：环境温度、开关柜的通风情况、防护等级、电源接入点的最大短路容量及短路阻抗、最大负荷电流、正常负荷电流、水平母排的布置方式、投入资金限制等情况。

水平母线具体规格需参照具体低压开关柜母线布置方式、使用环境条件等因素，参照开关柜相关技术参数选择。

注意选择柜体的结构，应符合带电防护等安全要求。应充分保护操作维护人员的安全，在选择低压开关柜时，对带电部件的防护方式需要做到全面了解。其中，有以下几种方式可供选择：开门操作，无带电防护、断路器上端带母排，并带防护板；采用单层门，直接将断路器操作手柄凸出到柜门外；采用双层门，直接将断路器操作手柄凸出到内门外；柜门上直接安装断路器操作手柄，柜外操作；采用固定分隔柜，水平母线室与单元之间、单元与单元之间加隔离防护；采用抽屉柜，单元与母线室、接线端子完全隔离，操作防护性能则最高。

注意柜体表面应达到稳固、耐久、防腐要求，使用年限超过 30 年的低压开关柜，应选择金属结构件及门板。湿度较大场所，应采用防腐强度高的柜体。金属结构件通常采用钢板加工而成，表面处理方式有电镀锌、喷塑、镀锌钢板、敷铝锌板等，可根据实际要求选用。

全盘考量，认真选择电器元器件。电器元器件在低压开关柜价格中所占比重较大，选购时应选择销售服务体系完善、服务质量高的品牌元器件。对于特殊使用条件的低压开关柜，在选择电器元器件时，应核实元器件的适用性，相关技术参数应满足使用要求，以帮助运行中的安全。

12. 加强班组建设　增强管理活力

班组是电力企业的细胞，许多具体安全生产任务需要依靠班组实施和完成。因此，供电公司注重加强班组建设，积极探索完善班组安全管理的方式方法，以促进提升基层班组的安全生产整体素质。

基层班组的工作复杂多变、难度大，日常管理记录必不可少。班组长应通过工作日志将当日的天气情况、生产纪实、对下一步的工作安排和部署进行翔实记录。

除常规的每日记录外，班组长还会将班组成员、工作事件、安全动态等情况，经过深入分析后记载在班组日志里。针对班组成员的思想状态、合理化建议、安全隐患等业务工作，理顺要点，形成纪要，有针对性地加强安全生产管理工作。

注重让班组的活动记录充满生机和活力，在每天工作结束后，班组日志除了记录日常工作中的出勤情况、配合度、纪律、荣誉、学习态度、设备控制等情况外，班组成员

还需要用几分钟的时间，把当天的工作情况、工作中遇到的难题等记录下来，做简要的总结和回顾。及时汇总"微小经验"，点滴汇沧海，提高班组建设和安全管理水平。

将班组的安全生产实践活动准确地记录在班组工作日志中，有利于提升班组成员的理性认识。注重以工作目标为导向，除了记录每天的工作实施进度外，更重要的是应记录每天所做的每一项工作的工作成果，通过成果来反馈当天工作开展时的方法是否正确以及员工执行是否到位。注重将工作日志中的任务逐一分解量化为具体的数字、步骤、责任，使每一项工作内容都能看得见、摸得着。促进"人人有事做，事事有人管"。实行"用事实和数字说话"，记录和整理班组管理资料时应避免形式主义。

注意灵活运用科学方法，将班组的管理工作做得"有声有色"，利于查询、比对、研究、探索。在日常工作中，用相机把会议、活动、工作的重要内容拍摄下来，收集所有人员、现场、设备的照片，图文并茂。并且将现场及安全活动，用录音笔进行录音。图片、录音形成多媒体文件，录入电脑。班组工作人员根据多媒体资料信息，提前对现场的设备、故障进行全面分析判断，在出发之前就做到心中有数，为事故抢修争取时间。根据录音，可以深入开展安全分析，查找不足，推进规范管理。

班组工作大部分是常规工作，但是每天的常规工作又有所不同。加强班组安全管理，应在相似的工作中寻找不同，积累管理素材。注重不同的细节，特别是一些常规性工作，如线路运维，不应只是粗略地记载"进行线路运行维护工作"，而应记录当天巡视过程中发现问题，导致这些问题的原因，下一步该如何解决等。班组工作日志应与班组的工作计划和总结相结合，对照计划和往日工作，进行差异化比较。找差异、找特点、找原因、找方法，从而准确推出对策和措施，增强班组安全生产的处理能力。

13. 产品须检测　严把入网关

秋季以来，一些工程加快施工，相关电力设备需要投入使用，而运行中的电网设备构成的整体系统，包括用电客户使用及运行的设备，必须确保其性能安全合格，否则会造成越级跳闸等危害电网整体系统的事故。对此，供电公司高度重视，认真加强入网设备的安全检测管理，防止假冒伪劣设备混入电网而造成严重事故，深入开展技术监督工作。

供电公司质量检测专业人员对待检的变压器等设备按照规范程序，进行严格全面的质量检测，只有样品检测合格，相应批次的设备才能接入电网。

检测人员架好安全围栏，铺好绝缘地垫，做好安全措施。先做空负载试验，抬来箱式负载测试仪和立柱式调压仪，准确地将仪器接上变压器。转动调压仪顶端的转盘，测试变压器参数，几分钟后，测试仪显示屏跳出"空载损耗值"、"容量"等 6 个参数。通过几个指标初步判断变压器绕组、铜芯材质和工艺的关键参数，需要特别注意核对，并与标准参数仔细对比。对于核定型式和容量、检测绝缘电阻及吸收比等参数，须仔细对着检测单上的项目逐一检测，并且检测一项，记录一项，检测结束后，检测单上会精确地记录下 100 多项数据。

检测变压器设备安全质量是否存在缺陷，测试项目增加到 10 多项，方可看出基本问题。全面质量检测范围应当覆盖"三个 100%"，即 100% 批次、100% 型号规格、100% 供应商及其产品。

注重实现检测意义和目标，保障设备安全入网运行。电缆试验采用严谨的程序，工作人员对待检区中的 10 多根 2m 长的电缆样品整齐摆放，黑色的电缆护套截断处清晰地标有白色签名，试验人员认真核对是否都有签名。这种"签名"是检测委托方的签名，一半留在样品上，一半留底，两边拼接起来才是完整的姓名。确保电缆不被调包，保障检测样品准确、安全入网。

试验人员细心剖开并剥掉"里两层外两层"的绝缘护套和钢铠，锃亮的铜芯露出"庐山真面目"。其多层保护套是为了保护电缆芯在各种环境中不受侵害，保障安全运行。护套及绝缘层厚度达到标准且椭圆度均匀，安全绝缘性能才稳定可靠。工作人员用影像测试仪测量内外护套的精确厚度，并且测量纤芯的直流电阻等参数。

经过检测，有的电缆内护套偏心率没有在标准区间内。试验人员做好产品登记，放入供应商业绩考评档案中，将不合格的电缆放进不合格的产品展示区，做出相应的处理。

展厅内，有的变压器被解体。针对可疑的变压器，专业人员在初步检测后进行解剖检查。试验人员发现本应为铜质的变压器绕组，却被换成了价格低、质量次的铝制绕组，其硅钢片锈迹斑斑也是旧材料拼装的。针对在检测中发现的不合格产品，供电公司将其集中展示，邀请供应商、施工单位和业主单位参观。在安全检测结果面前，有关供应商不得不改正错误，更换多台"冒芯"变压器，并主动接受处罚。

供电公司对检测不合格的电气产品，要求供应商现场修复，或换货，或延长质保期，以确保设备的安全质量。对于产品出现问题的供应商，采取约谈、通报批评、处罚、扣减评标分值、暂停评标、列入黑名单等措施。制止供应商的不诚信行为，保障设备安全入网运行。

14. 安装熔丝　一丝不苟

熔丝，也称保险丝，是用一定规格的铅、锡、锑、锌等材料制成的，是线路和电气设备中最简单、最常用的短路保护装置。它只能允许正常的电流通过，当线路中发生短路或严重过负荷时，由于电流的热效应，熔丝会被熔断。从而切断电路，保证线路及电气设备的安全，避免线路上因出现过大电流而引起火灾事故。

用电检查人员发现，一些用电客户对熔丝的安装、使用不当，随意加粗熔丝甚至用铜、铝丝代替，使熔丝起不到保护的作用，埋下事故隐患。因此，开展有关安全宣传咨询工作，指导用电客户在使用和更换熔丝时，注意有关安全问题。

不可带电更换熔丝，拆除及安装熔丝，必须先切断电源。更换熔断器内熔丝时，应当掀开绝缘盒盖。更换闸刀开关中的熔丝，必须拉开闸刀断电，并确保人体不与闸刀开关接电源的静触点等带电部位接触。更换熔丝的过程，操作者应站在绝缘物体上，确保操作人员的安全。

固定熔丝的螺钉下边应加平垫片，不得将熔丝直接压在螺钉底下。否则会造成接触面积减小或接触不良而发热以及烧坏开关装置。

安装熔丝，包括安装跌落式熔断器的熔丝，都应当注意熔丝的正确缠绕方向。熔丝端头的绕向，应与螺母旋转方向一致，方能越拧越紧。安装时，应将熔丝两头沿顺时针方向绕固定螺丝一周，而且熔丝端头绕向不重叠，以免拧紧时把熔丝挤出来。

注意掌握好压接熔丝螺钉的拧紧程度。具体要求是：以保熔丝不会变形为宜，既要拧紧螺钉，确保熔丝和螺钉紧密接触，又不可因拧得太紧而挤伤熔丝。因为拧紧螺钉的力过大，会损伤熔丝，减小熔丝的截面积，会导致局部发热。相反，如果拧螺钉的力过小，会导致接触不良，同样会导致局部发热而产生故障。熔丝的松紧应当适宜，过紧容易受损伤，熔断电流减小。熔丝过松会弯曲，容易造成短路。

安装熔丝时，应避免人为划伤和碰伤熔丝。否则，会使熔丝截面积缩小，发生不正常熔断。

当一根熔丝容量不够时，不能用几根小容量的熔丝合股来代替。因为合股熔丝的熔断电流之和并不等于单根熔丝的熔断电流。

注意正确选用熔丝规格，如果熔丝使用过程中反复熔断，甚至接通电源就熔断，说明线路或用电器已有故障。造成熔丝熔断的主要原因有：过载，添加大功率用电器；接触不良，在安装更换熔丝时，与螺母接触不良；接触电阻过大，造成发热打火；瓷插、闸刀上固定熔丝的螺钉氧化烧损；发生短路，线路及电器老化，存在绝缘破坏等隐患。熔丝熔断后，应及时请电工查找原因，清除隐患后才能使用，不允许随意换用额定电流大的熔丝，或用铜、铝等金属丝来代替，注意保障安全。

15. 施工用电　治理隐患

在一工厂用电客户院内，4 名工人粉刷厂房外墙。在移动脚手架时，不慎碰到附近的 10kV 高压线路，因而发生触电事故。

对此，供电公司专业人员协助客户进行事故调查，并且加强安全检查和隐患排查，防范此类事故的发生。本次事故存在工地危险点监控不到位，施工现场没有做好工人作业监控等工作，正是这些原因导致触电事故发生。

供电专业人员在加强安全检查中发现，各类企业在施工时，现场往往存在电力安全隐患。用电危险点缺乏监控，施工用电大多是临时用电，因此施工现场的安全管理会因临时性而往往得不到应有的重视。一些客户的用电安全责任制落实不到位，缺乏对操作者必要的安全用电交底，重要危险作业点缺乏必要监控。

按照《电力设施保护条例》规定，严禁在电力设施保护区内进行作业，保护区是指电力线路外侧导线水平延伸并垂直于地面形成的平等面区域。

一些现场用电安全管理混乱，施工现场使用的电线被随意拖、拉，既没有架空也不采取保护措施，甚至有的电线被物体碾压，电线老化，用电器具和零件缺损、多用插座等电器无防雨措施的现象较为普遍。

设备缺乏电气安全检验，施工现场的电气设备、绝缘工器具和绝缘防护用品等设施，缺乏定期的直流电阻、绝缘电阻、耐压、泄漏等国家规定的电气预防性试验。随意进行作业，作业人员操作时缺少防护措施和监护人。

剩余电流动作保护器的装设存在漏洞，施工现场应严格执行总配电箱、分配电箱、开关箱、总保护器、分保护器的"三级配电二级保护"。但是有的工地没有安装总剩余电流动作保护器和作业危险点漏电分保护器。即使有些工地安装了，大多没有充分考虑过保护器的剩余电流、短路、过负荷保护等特定功能，和保护器的额定动作、分断电流的大小，在水淋、阴雨、特别潮湿等安装位置的特定环境下，保护器的选型以及保护器相互之间动作电流的级差和动作、分断时间的级差的配合等技术性能应满足要求，安装和使用随意性大，没有做定期检查、试跳、送检、试验和记录。

针对建筑等施工用电存在的安全隐患，供电公司专业人员对客户提出建议和指导意见，加强用电现场的隐患整治和规范管理。

严格加强施工用电现场的作业管理，使用的电线不能随意拖、拉。线路尽量采取架空线路，不能架空的也应采取保护措施。不要让电线浸泡在水中或被物体碾压，电线老化、表皮破损、用电器具和零件缺损等要及时更换、维护和维修。严禁使用拖线圆盘、无防雨措施的多用插座等电器。应特别注意施工现场与邻近架空和敷设电力线路的安全距离，避免钢筋、水管、工器具、吊机的钢臂等金属物件触碰高低压电线。

严禁在电力线路保护区内违章施工作业。必须在电力设施保护区内施工作业的，应经电力管理部门批准，并采取安全措施后方可施工作业。《电力设施保护条例》第十条规定，10kV 及以下架空线路两边线外侧 5m 内为电力线路保护区；35～110kV 架空线路，两边线外侧 10m 内为电力线路保护区；500kV 高压线路架空线路，两边线外侧 20m 内为电力线路保护区。

严格执行"三级配电二级保护"的用电安全规范，总配电箱、分配电箱、开关箱配置齐全。隔离开关和分路隔离开关、熔断器和分路熔断器、自动开关和分路自动开关、电压表、电流表、电能表等应配置齐全。动力配电与照明配电也应分别设置。总配电箱、分配电箱必须设置合适的剩余电流动作保护装置。而且，在特别潮湿、容易被碾压、易进水的地方进行工作和操作时，如用震动棒、手电钻、手动砂轮机等手提式电动工具操作时，均必须加装合适的末级剩余电流动作保护器。剩余电流动作保护器必须定期试跳并做好记录。

16. 电缆断芯　查找控制

用电客户的电缆在运行时，往往会出现一些故障，准确查找电缆断线点，尤为重要。电缆全线穿管越来越被城市及工业企业广泛应用，由于全线穿管电缆一般都埋在地下，一旦电缆发生故障，快速准确查找故障点便成为困扰用电企业的难题。

供电公司专业人员指导用电客户排查电缆故障点，提高安全工作效率。

采用电容法和感应法相结合的方法，检查缆芯的断芯情况。要求缆芯外未包覆金属层，而且没有挤包护层。查找方法是先用电容比较法找出断线的大致位置，再用感应电压法精确查找断线点。感应电压法是在断芯的一端接 600V 的交流电压，断芯的另一端及其他芯子接地，用一支可发射声光信号的感应笔进行测试。当感应笔从断芯处滑过时，其声光信号会发生明显变化，从而精确地查找到断线点。

采用恒流源和电桥法相结合的方法，检查成品电缆或已包覆金属层的缆芯。查找方法是先用恒流源将断芯处绝缘烧糊、击穿，再用电桥法故障定位仪精确定位故障点。将恒流源的电极接在断芯的两端，增加电压，使断芯处的空气间隙击穿，然后调节恒流源的输出电流为 30～50mA，保持 5min，使断芯处的绝缘及相邻芯子的绝缘被烧糊。将恒流源的电极接在断芯一端及相邻芯子的导体上，增加电压，使绝缘击穿。由于上一步已将绝缘烧糊，因此这一步将绝缘击穿是很容易的。由于已形成一个高阻击穿点，使用电桥法故障定位仪可以很方便而准确地找到这个击穿点，误差在 2m 左右。

采用精确定位声测法，在电缆的故障相上施加足够高的冲击高压，强迫故障点发生闪络击穿。由于故障点击穿瞬间会发出"啪啪"的声音和强烈的电缆震动波，此震动波会经泥土介质传到地表面。采用高灵敏度的声电传感器接收此微弱的震动信号，使之变成电信号放大后由耳机监听。地面接收的声音最大处即为电缆故障的具体位置。

对于全程穿管的地下电缆，高压冲击闪络瞬间发出的声音及震动波会被管壁隔离，使得震动波的强度及声音降低，故障点的声音不容易被监听到，若现场再有很大的噪声，将会给实际定位带来很大的困难。因此，采用该方法时应注意周围的环境条件，尽量选择噪声较小的时候寻测，以排除对声音监听的干扰。升高冲击电压，使得故障点击穿瞬间的放电声音变大。在电缆首尾两端重复确定故障点，如电缆总长度为 200m，在首端测得距离故障点约为 140m，在末端测得距离故障点约为 60m，则可基本确定故障点的大概位置。在用高压冲闪法对故障相加压时，其他相悬空不接地，使电压加在故障相对地之间，让信号增强，在确定的大概位置处反复仔细监听定位。

采用合适的方法，准确找出故障点，从而实施检修方案，排除故障，维护电缆的安全运行。

17.　三相不平衡　实施"四平衡"

中午，几户村民打电话报修，当地供电所人员迅速到达现场，经检查后发现，低压分支线的 20 多户村民同时使用空调、电磁炉等家用电器，同时出现无法正常用电的现象。

供电所人员进一步沿线排查原因，发现附近有一村民在使用农业机械时，不慎将低压分支线中的中性线刮断了，造成变压器台区分支线三相负荷严重不平衡，经过测试，负荷较重的一相相电压只有 100 多伏，而较轻的那一相相电压为 300 多伏，家电因电压低而无法使用。

变压器台区三相负荷不平衡，往往使低压电网的三相负荷不平衡度加大。这不仅关系到供电可靠性和稳定性，还会增加低压线路的线损，使变压器出力下降。因此，变压器台区三相负荷不平衡问题，引起供电所人员的重视。对肇事村民依照有关规定进行教育和责任处理。现场举一反三，认真分析，采取防范措施，防止三相负荷不平衡带来的危害。

应当加强台区负荷测试，安全实施调整，把握负荷测试等安全操作要点。

负荷测试工作应当细化、经常化，特别是对各相电流的测试要选择在用电高峰时段进行。注意测量变压器出口电流、各支路出口电流、各干线电流，查看其三相电流的不平衡度是否超过规定要求。在用电高峰负荷期间、负荷变化较大时等特殊情况下，可增加测量次数。当新增负荷或负荷变化较大时，可在必要时随时测量。不要仅凭各相电能表显示的数字来判断负荷情况，必须实地测试，然后进行分析比较。

负荷调整应做到"四平衡"，即在调整三相不平衡负荷时，应保障计量点平衡、各支路平衡、主干线平衡、变压器低压出口侧平衡。在这四个平衡当中，重点是计量点和各支路平衡，应将用户平均用电量作为调整的依据。把用电量大致相同的作为一类，分别均匀地调整到三相上，尽最大可能保持三相负荷平衡。

线路及台区运行时，存在多种会造成不平衡的现象的因素。如果台区管理人员对台区的负荷变化规律和负荷分配的情况不熟悉或不重视，在新增单相用电设备时，特别是大的单相设备在分配时，没有及时按三相负荷平衡分配，就会导致变压器台区三相负荷的不平衡。

对此，供电所人员应加强对农村低压台区三相负荷不平衡的管理工作，经常检测。严格实施考核项目，提高管理人员解决三相负荷不平衡的技能，切实保证三相负荷平衡。

供电专业人员应熟悉台区每个客户的用电情况、设备安装地点、用电能量变化情况，特别应注意大功率用电设备的数量和容量等情况。及时掌握其分布在哪一相，然后根据情况及时调整负荷。

完善线路改造计划与方案，在改造台区供电方案前，应先了解所改造台区的负荷变化规律和负荷分配情况，对所改造的台区进行现场勘察，掌握负荷分布情况，同时绘制台区负荷分配接线图，并严格按照三相负荷平衡的原则进行布线。尽量使三相四线深入到各重要负荷中心，对于负荷较大的单相用电客户，在条件允许的情况下，将其改为三相供电。

负荷平衡调整，应当注意选准时间。电流测试以及负荷调整，都应选准时间段，一般情况下，电流测试选在用电高峰时，负荷调整选在用电低谷时。不宜在夜间进行测试，以确保人员的安全。

18. 农业安全用电　探索集约管理

随着农业经济发展的需要，农业用电量在不断提升，供电公司注重加强农业安全用电管理，积极服务农村经济社会发展，在服务农业安全用电方面，采取系列安全举措。

供电公司注重加强农业安全用电的集约管理，建立健全服务农业用电安全工作保障体系，明确管理责任部门，设立专责管理岗位，探索建立供电企业服务农业用电安全组织体系。推动构建政企联动、乡村实施、电力服务共建机制。坚持电力为民服务，开展农村用电安全宣传教育工作，规范农业用电设施维护，开展供用电设施保护活动。

构建乡村及社区电力服务组织，为农村集体及农户用电设施提供服务，强化用电安全管理，细化用电秩序管理。结合当地农事特点，建立进村服务农业安全用电机制。

　　供电专业人员注重提升供用电安全保障能力，结合农网改造升级等工程，提高农网装备水平。集中开展农村中低压配电设施隐患治理，整治危及人身安全的农村中低压配电设施隐患。

　　按照农网改造升级技术标准，开展标准化线路、配电台区的建设和改造工作。制定专项资金计划，配置、改造台区剩余电流动作保护装置。研究分析解决农业排灌存在的用电安全问题。针对农业安全用电情况，与地方政府共同构建农村排灌电力设施安全秩序与环境。

　　对农村群众大力普及用电安全知识，发放讲解《电力安全宣传挂图》等安全资料。认真实施计划，推进落实剩余电流动作保护装置安装运行符合规定要求，实现农村配变台区总保护必装，中级及分支保护按规定配置。各级剩余电流动作保护装置的安装运行管理、检测维护和投运更换应符合要求。通过开展宣传教育活动，提高农村用电安全普及率，增强农村群众用电安全意识。

　　加强农业临时用电规范化管理，开展综合治理，减少和避免农村挂钩用电的私拉乱接违章用电行为。农业临时用电应实施规范管理，规范安装，保护到位，标准统一。

　　深入开展输配电设施安全防护工作，对农村 10kV 配电线路、配电台区等的对地安全距离、交叉跨越安全距离加强检查监控和整改，使其符合安全规定。积极构建农村供用电设施规范，供用电安全技防措施有效，警示标志、标识等物防措施完备的安全供用电环境。

19. 接地体 "接地气"

入冬之前，供电公司重点检测和改善接地体，确保接地体能够有效地保持"接地气"，保障接地电阻值合格，使其与大地紧密可靠连接，从而起接地保护作用。将电气设备需要接地的部分与大地、土壤作良好的电气连接，即为接地。接地之"接地气"，是确保电气设备正常工作和安全防护的重要措施。

电气设备接地，通过接地装置实施。接地装置由接地体和接地线组成，与大地直接接触的金属体称为接地体，连接电气设备与接地体之间的导线或导体称之为接地线。供电专业人员根据不同的类型与需要，在秋季土壤未封冻之前，抓紧时间检测、调整、改造和完善接地体等设施。

加强工作接地。将电力系统的某一点可靠接地，实施工作接地，以满足电力系统及电气设备的安全运行需要。

改善防雷接地。防止雷电过电压对人身和设备产生危害而设置过电压保护接地。认真检查避雷针、避雷器等接地设施，及时处理缺陷。

注意保护接地。防止电气设备绝缘损坏造成人身触电事故，将设备外壳的可导电部分接地，将金属外壳对地电压限制在安全电压内，进行保护接地。保护接地的范围广泛，包括配电、控制和保护用的盘、台、柜的框架；交直流电力电缆的构架、接线盒和终端盒的金属外壳、电缆的金属护层和穿线的钢管；室内外配电装置的金属构架或钢筋混凝土构架的钢筋及靠近带电部分的金属遮拦和金属门；架空线路的金属杆塔的钢筋以及杆塔上的架空地线、装在杆塔上的设备外壳及支架；变、配电站各种电气设备的底座或支架；居民电器的金属外壳，如洗衣机、电冰箱等。

实行防静电接地。根据节气，尤其在环境日趋干燥的季节，容易产生静电，采取防静电接地措施，消除静电对人身和设备的危害。

加强屏蔽接地。防止电气设备因受电磁干扰而影响其工作，或者对受电磁干扰的其他设备的屏蔽设备，进行接地。

供电专业人员为保障接地装置能够切实"接地气"，认真实施有关安全技术措施。

对变、配电站的接地装置，严格执行技术工艺要求。接地装置的接地体应水平敷设。其接地体应采用长度为 2.5m 直径不小于 12mm 的圆钢，或厚度不小于 4mm 的角钢，或厚度不小于 4mm 的钢管，并用截面积为 25mm×4mm 的扁钢连接为闭合环形，外缘各角要做成弧形。接地体应埋设在变、配电站墙外，距离不小于 3m 处。接地网的埋设深度应超过当地冻土层厚度，最小埋设深度不得小于 0.6m。变、配电站的主变压器，其工作接地和保护接地要分别与人工接地网连接。避雷针、线，采用独立的接地装置。

对于易燃易爆场所的电气设备，应完善其保护接地的措施。易燃易爆的电气设备、机械设备、金属管道和建筑物的金属结构，均应接地，并应在管道接头处敷设跨接线。为防止测量接地电阻时产生火花引起事故，测量接地电阻时，应在无爆炸危险的地方进行，或将测量用的端钮引至易燃易爆场所以外的地方进行。

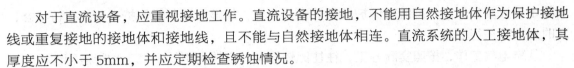

对于直流设备，应重视接地工作。直流设备的接地，不能用自然接地体作为保护接地线或重复接地的接地体和接地线，且不能与自然接地体相连。直流系统的人工接地体，其厚度应不小于 5mm，并应定期检查锈蚀情况。

对于手持式、移动式电气设备，应保持可靠接地。接地线应采用软铜线，其截面积应不小于 1.5mm²，以保证足够的机械强度。接地线与电气设备或接地体的连接，应采用螺栓或专用的夹具，保证其接触良好，并且应符合短路电流作用下的动、热稳定要求，以保证安全。

20. 选聘电工　把握要点

供电公司举办厂矿等单位用电客户电工培训，根据一些单位用电客户的需求，指导用电单位选聘电气工作人员。重点提出有关意见和建议，确保电气工作队伍具备应有的素质。

作为一名合格的电气工作人员，应严格执行国家的各项法律法规。认真遵守电力安全工作规程、安全管理制度、技术标准等规章要求。遵守职业道德，爱岗敬业。

厂矿等单位用电客户选聘电气工作人员时，应明确需要的电气工种和操作级别。一般分为低压运行及检修工、高压运行及检修工、电缆工和继电保护工等专业岗位。

作为电气工作的从业人员，应具有一定的文化水平，且身体健康，无妨碍特种作业的疾病，应了解电力法内容，且掌握相关专业规程、标准等，熟悉基本的电气知识。

厂矿等单位用电客户应了解被聘人员的工作经历，考核及学习电气工作情况。避免应聘人员造假，和没有工作经验的人员盲目上岗。否则将给安全工作带来极大的隐患。

规范有关专业岗位的职责，明确岗位要求。

低压运行及检修工应能够胜任并安全从事低压运行及检修工作，包括低压配电室的值班、操作、巡视、检修等工作，又能够安全熟练地对低压设备进行巡视、保养、检修、更换设施以及故障处理等作业。

在电气行业工作中，比较繁杂的设备是低压设备。安全工作的重点，也应当在低压电器工作中。这就要求低压电工的责任心和技术水平应当不断地提高，注意掌握低压电气的特性、操作规程等知识。对于没有从事过的电气工作，应有专业的人员传授帮助带领，考核合格后方可上岗工作。

高压运行及检修工应能进行高压运行及检修工作，除应具备低压工的技术水平外，还应具备专业的操作水平和事故处理能力。高压设备不易修理，一旦损坏需要请厂家技术人员处理。这就要求运行人员了解设备正常运行状态，有正确判断能力。

电缆工主要从事电缆工作，具有比较强的专业性，因此其应具备电工基础理论知识，并且应从事过电气工作。由于技术的不断发展和更新，现在对电缆工的要求越来越高，其应能对电缆运行状态进行分析，具备故障查找、定位及处理等检修维护技能。

继电保护工，由于电网和广大用电客户对安全可靠供电的要求越来越高，继电保护专业技术也发展得很快。从事继电保护工作，不仅应掌握调试、校验技能，同时还应掌握基本的定值计算工作。熟悉继电保护装置的工作原理，能够分析判断保护装置的运行状态，及时对故障进行处理。

从事电气工作，按照实际分工，往往比较复杂。掌握通用的电气工种特点和性质，有利于促进安全用电管理，保障安全生产和电网的安全稳定运行。

21. 电工资质 "三证"齐全

供电公司认真开展安全用电检查工作，加强安全用电管理。一些厂矿单位用电客户负责人、社区物业以及城乡居民客户，往往询问有关电工资质和电工种类等实际问题。对此，供电公司专业人员认真解答，指导客户正确选用有资质的电工，以利于规范安装、检修及维护电力设施，保障安全用电。

供电公司专业人员提醒客户，应明确电工的概念。一般地，凡是从事与电有关设备的安装、检修、运行和试验的工作人员，称为电工。

电气工作业务复杂，电工的分类也比较多。按属性可分社会电工和行业电工。按工作性质可分为安装电工、运行值班电工、维修电工和生产管理电工。按工作范围可分为企业电工、农村电工、建筑电工、物业电工。按技术等级可分为初级电工、中级电工、高级电工等资质。按电压性质可分为高压电工、低压电工和特种电工。按电压高低，可分为强电电工、弱电电工。虽然统称为电工，但是不同种类电工之间的工作内容，差别比较大。不论哪种电工，都应当取得电工证，即获得电工职业资格证书。

电工职业资格证书，即表明持证人具有相应的从事电工所必备学识和技能的证明。劳动保障部门职业技能鉴定中心，应当对电工的技能水平或职业资格进行客观公正、科学规范的评价和鉴定，对合格者颁发相应的国家职业资格证书。

国家职业资格的等级，分为初级、中级、高级、技师、高级技师共五个等级。职业资格证书是全国通用的，是不需要进行年审的。按国家职业分类大典，与电工有关的工种有维修电工、变电设备安装工等种类。

特种作业操作证，即国家规定特种作业操作人员必须要做到持证上岗，电工特种作业操作证的作用相当于上岗证。必须具备，才能从事电工工作，主要证明持证人具有电工安全操作的知识和能力。电工特种作业操作证，由国家安全生产监督管理总局颁发，有效期为 3 年，到期后必须复审。

电工进网作业许可证，即在用电客户的受电装置或送电装置上，从事电气安装、试验、检修、运行等作业的许可凭证。进网作业电工，应在电工进网作业许可证确定的作业范围内，从事进网作业。电工进网作业许可证分为低压、高压和特种三类，由国家电力监管委员会颁发，有效期为 3 年，到期后必须复审。

在安全生产实践中，往往要求电工持"三证"上岗，即要求电工操作人员，同时具有国家职业资格证书、电工特种作业操作证、电工进网作业许可证。"三证"各有要求，并且有不同的区别。

电工职业资格证书，是表明从事电工职业的等级资格的证明，用以证明持证人电工知识和技能水平高低，是持证人求职、任职、开业的资格凭证，也是用人单位招聘、录用、招调过程中，判断电工能力、确定工资级别的重要依据，其不能代替电工特种作业操作证，单独持此证是不能从事电工工作的。

电工特种作业操作证，是主管部门对单位进行安全生产检查的重要内容之一，是追究单位和作业人员安全事故责任的重要依据，也是用人单位招聘和录用的首要依据。从事低压电气操作、安装、维修等工作，必须取得电工特种作业操作证方可上岗工作。

电工进网作业许可证，是表明电工具有进网作业资格的有效证件。进网作业电工，应当按照规定取得电工进网作业许可证。未取得电工进网作业许可证、或者电工进网作业许可证未注册的人员，不得进网作业。

三种证书，应当按国家的法令法规执行和操作。并且这"三证"在全国范围内通用，遵守统一的安全规程和安全管理规定，确保工作中的安全。

22. 电力电缆　安全敷设

秋季，抢抓节气时机，电力电缆工程施工作业比较多。供电公司加强电力电缆规程的施工管理，保障执行电缆的安全技术标准。

在电力电缆敷设施工中，由于各种复杂的因素，电缆容易受到损伤，对以后的运行造成隐患。因此，供电公司专业人员在施工中，注意采取相关安全防范措施。

注意把握好敷设的温度。按照国际标准规定，在敷设电缆前的 24h 内的平均温度以及敷设现场的温度不应低于 0℃。交联聚乙烯绝缘电缆的敷设温度最好高于 5℃。当施工现场的温度不能满足要求时，应该避开在寒冷期施工，或者采取适当的加温措施。

认真把握热机械力效应。对于大截面积电缆，在负荷电流变化时，由导体温度的变化而引起膨胀或收缩所产生的机械力是十分巨大的，这种膨胀或收缩力，总称为热机械力。与电缆的线膨胀系数、导体的截面积和导体的温升成正比。

因此，敷设时应特别考虑导体纵向位移和电缆径向膨胀这些影响安全运行的重要因素。对于导体截面积较小、电压等级不太高、绝缘厚度不厚的交联电缆，热机械力效应不会很严重。然而，在敷设安装更高电压等级、大截面积交联电缆时，务必认真处理。从敷设安装角度来看，可采取蛇行敷设，并应考虑电缆径向膨胀。

细节把握防潮防水环节。在安装电缆附件时，应特别注意防潮，对所有密封零件必须认真安装。需要特别指出的是，中间接头的位置应尽可能布置在干燥地点，直埋敷设的中间接头必须有防水外壳。

在放缆过程中，由于牵引头、电缆帽密封不好，或意外操作导致的拉伤电缆外护套、牵引头电缆帽造成电缆进水进潮气时，必须进行除潮处理。除潮完毕后应进行微水检测，通过比对的方式判定电缆潮气是否符合标准要求。对于进水严重的情况，必须更换电缆。

施工过程中应注意安全问题。电缆盘吊装在放线装置上，放线装置最好带有一定的刹车装置，如果没有，应采取人工等措施，保证电缆匀速放出。

在电缆入口处，尽可能利用各种滑轮组合，托好电缆，保证电缆以不低于规定的弯曲半径和允许的侧压力进入，防止电缆损伤。

在敷设路径落差较大或弯曲较多时，即使对牵引力做过计算，在实际敷设中也很可能超过允许值，因此必须在牵引钢丝绳和牵引头之间串联一个测力仪，随时核实拉力。

严格注意牵引速度和履带输送机速度保持一致，速度的一致性是保证电缆敷设质量的关键，两者的微小差别会直接反映到电缆的外护套上，易造成拉破或鼓起等问题。

敷设路径存在弯曲部分时，牵引和输送机的速度应适当放慢，过快的牵引和输送都会在电缆内侧或外侧产生过大的侧压力。外护套材料为 PVC 或 PE 时，当侧压力大于 $3kN/m^2$ 时，就会产生损伤，严重的会导致金属护套扁平、扭绞变形等情况。注意防范此类问题，以保障电缆的安全性能。

23. 农村配变　细致维护

在秋季安全大检查工作中，供电专业人员注重加强农村配电变压器的技术指导和维护管理。农村配电变压器经过炎热夏季的考验，需要认真检查维修，以防造成变压器烧毁等事故。因此，供电专业人员对农村变压器认真实施秋检，重点加强"四项"安全管控。

加强容量安全管控。自夏到秋以来，农村用电量有增无减。有的配电变压器容量逐渐超载，长时间超载会使变压器内部元件老化，容易造成变压器烧损。因此，供电专业人员认真检查容量与负荷状况及数据，及时掌握每个台区用电量的增加趋势，根据实际情况，采取增容等有效措施，防止变压器因超载严重而损坏。

加强高低压熔丝更换管控。在高低压熔丝熔断后，供电专业人员应按技术标准，更换熔丝。对农村电工加强安全培训，高压熔丝不可用铝丝、铜丝代替，防止低压短路或超载时高压熔丝无法正常熔断而烧毁变压器。注意防止高低压熔丝配置比例过大，以避免变压器严重超载而不熔断事故的发生。如果熔丝失去了熔断器应有的作用，容易导致变压器烧毁。因此，在更换变压器熔丝时一定按要求更换。

100kVA 以上的变压器高压侧熔断器的熔丝额定电流，应为变压器高压侧额定电流的1.5～2.0 倍。

100kVA 及以下的变压器高压侧熔断器的熔丝额定电流，应为高压侧额定电流的2.0～3.0 倍。低压侧熔丝额定电流，可稍大于低压侧的额定电流。

加强三相负荷平衡管控。三相负荷不平衡，将引起重负荷相绕组和变压器油过热、加速绝缘老化、加快变压器油劣化、缩短变压器使用寿命，还会造成中性点偏移。三相电压不对称，严重时会导致低压用电设备烧坏。三相负荷不平衡容易造成变压器、线路、配电设备及用户用电设备损毁。特别是在用电高峰期时，由于用电负荷远超过平时负荷，三相负荷不平衡造成的影响更大。因此，一定不能忽视三相负荷平衡的问题，应认真测试变压器的三相负荷，对负荷不平衡的进行调相，从而最大限度地减少不平衡现象的发生。

　　加强巡视检查管控。应认真细致地对变压器进行巡视，在特殊天气和用电高峰期时更应增加巡视次数。着重检查变压器的高低压接线柱的接线是否接触良好，绝缘柱是否损坏，变压器是否渗漏油，声音是否正常，油温、油位、颜色是否正常。当发现油位、油色、响声等异常情况时应及时处理。油位应在油位计的正常标线之间，低了应及时加油。油的颜色应当为浅黄或淡红，如果浑浊或有悬浮物应取样送检，发现问题及时处理。上层油温一般不超过 85℃，特殊情况下不超过 95℃。检查和控制变压器的"体温"，以确保其安全健康运行。

24.　零线断　"都有电"

　　供电公司报修专业人员在处理客户用电故障时，发现零线断线的隐患。对此，引起高度重视，认真分析故障特征及原因，讲解安全用电维护知识，并且及时排查故障，采取相应安全防范措施。

　　零线断线现象，在 220V 低压线路上常发生零线断线故障。该故障发生时，许多居民客户家里会停电，用验电笔验电，零线和火线都有电。用万用表测量，火线和零线都显示 220V 以下的电压，但是火线与零线之间却没有电压。

　　零线断线的故障，也存在于配电变压器中性点接地线的断开或者因严重锈蚀而断线。变压器零线桩头与导线接触不良，或者主干线路上零线断线。这种情况表现为一部分用电客户的电灯亮度不够，日光灯不能启动，电视机亮度下降，图像缩小，而一部分用电客户的电压明显升高，电灯特别亮，电扇转速加快，但是往往只有几分钟，这些电器和灯具因过电压而烧毁，这种情况在农村台区也较常见。

　　对于零线断线故障，应认真检查，及时处理。如果发现家庭电灯不亮，用验电笔验出两根线都有电，就可以认定是零线断线。用验电笔从故障设备向电源方向测试，当发现两根线都有电，再往前找，发现一根有电一根没有电时，就可判断出故障点在此以下。对这个范围重点检查导线接头，闸刀开关。如果是接触不良，磕碰一下导线或闸刀开关，会出现打火现象，则故障就出在这里。比较隐蔽的故障是导线内部断线，这要分段检查。查出故障点，根据情况，或更换新导线和闸刀开关、熔丝，或将氧化及烧熔的导线接头剪断重接，用绝缘胶带裹紧。

　　应检查配电变压器接地线是否锈蚀，接地体附近是否十分干燥。可以测量一下接地电阻，当发现接地电阻远远超过规定值时，应重新设置接地体或使接地体附近的泥土保持潮湿；当发现接地线断裂，或两种不同的金属连接处氧化时，应更换接地线。

　　对于变压器的零线桩头，应作为检查重点。并且注意查看计量箱里的零线接头。当发现有金属熔化现象或螺钉松动时，应更换材料或紧固螺钉。变压器桩头与导线连接，最好用同一材质的导线，因为不同的材质连接，其受热膨胀系数不一样，经过一段时间运行，发热、冷缩的循环，会出现接触点松动现象。如果零线桩头引出导线是铝绞线，应使用铜过渡线板连接。

认真检查低压主干线零线是否完好，如果发现接头处松动，应剪断重接紧固，排除故障，维护线路的安全运行。

25．手机充电"矫正"习惯

一位居民用电客户在给手机充电时，发生了触电事故。由于家中有人，及时关掉电源开关，触电者才脱离了生命危险，但却成了植物人。经过有关部门调查，发现触电者使用的是非正规厂家生产的充电器，这是造成事故的主要原因，地方电视台对此事故进行了连续报道。

供电公司用电检查人员对此高度重视，有针对性地开展安全宣传活动，提醒居民用电客户，在为手机充电过程中注意安全用电事项，防范触电等事故的发生。

在社区和农村，供电专业人员向用电客户发放《电力安全宣传挂图》，并提醒用电客户使用质量合格的充电器。一些用电客户喜欢使用"万能充"，这种价格低廉、结构简单的充电器，往往是"三无"产品，存在很大的安全隐患。一般正规手机充电器都标有充电电压、电流等安全技术参数，而此类"万能充"则没有，其内部结构非常简单，没有设计过电压保护装置。长期使用此类充电器充电，过高的电压或者短路，极易损坏电池内部电路，把电池充鼓包，甚至爆炸。

供电专业人员在安全检查活动中发现，一些用电客户在给手机充完电后，为图省事，不拔插头，直接拿起手机就使用。因为这样下一次充电时，可以不用四处找充电器，直接连上即刻充电。但是这种不良习惯，不仅耗电，还存在着较大的安全隐患。

插座中的充电器，仍处于通电工作状态，长期不拔充电器，容易使其受热老化。从而埋下一定的安全隐患，甚至发生火灾、爆炸、意外触电等事故。同时，充电器大多有很长的连接线，如果不做好连接线的整理收纳，在充电器仍插在电源插座上的情况下，任由连接线拽、拉、碰、刮，容易导致漏电、短路而引起事故。插座持续过热，容易引起电器火灾。

供电专业人员提醒广大居民用电客户，使用手机充电器，不要怕麻烦，注意"矫正"不良习惯，充完电应顺手拔掉插销上的充电器。在拔、插过程中，注意不要触碰金属部件。充电时，先连手机端连线，后插插座端。充电完毕后，先拔插座端，后拔手机端连线，以防充电器出现故障而发生危险，保障客户的安全用电。

26．使用电焊机　检修防火灾

霜降节气，根据气温变化，许多工程抢抓工期，在各种工程施工中，电焊机的使用比较普遍。供电公司专业人员重视提醒用电客户，加强对电焊机的检修与维护，正确使用电焊机，以保证安全及防止发生火灾等事故。

应定期维护保养电焊机。定期用压缩空气打扫电焊机内沉积的尘埃和异物，保持清洁。不允许有水、油和其他杂物落入电焊机内，以免形成短路而烧毁电焊机甚至引起火灾。

注意及时加注润滑油。对采用机械机构调节电流的电焊机，在机械调节机构的运动面上，至少每隔半年加注一次润滑油，确保机构正常运行。

认真检测电焊机的绝缘电阻。如果电焊机的绝缘电阻低于规定值，说明电焊机受潮或绝缘老化，应进行烘干处理或维修，待绝缘电阻值达到国家标准后，才能继续使用。

在高层建筑物等高空处进行焊接作业时，应注意火花的飞向，预先将其所涉及范围内的易燃、易爆物品清理干净。在焊接过程中，严禁乱扔焊条头。作业结束后，认真检查是否遗留火种，确认无火灾隐患后，才可离开现场。

认真吸取某地由于电焊机引起火灾造成重大人员伤亡事故的教训，采取切实可行的安全防范措施。

遇到电焊机火灾，不可惊慌失措，应当科学应对，正确处理，及时控制火情，减小及避免更大的损失。

准确判明火灾的部位以及引起火灾的物质特性，迅速拨打火警电话报警。在消防队员到达之前，现场施工人员应根据起火物质的特点，采取有效的方法，控制事故的蔓延，如切断电源、将事故现场危险物品移到安全地带，正确选用灭火器材灭火。

一般可燃物着火，应使用酸碱灭火器或清水灭火器。油类着火时，使用泡沫、二氧化碳或干粉灭火器扑灭。电器着火时，必须先拉闸断电，然后再灭火。在未断电前，不能用清水或泡沫灭火器灭火，只能使用 1211、二氧化碳、干粉灭火器灭火。

事故现场必须由专人负责，统一指挥，以免造成混乱。灭火时，灭火人员应采取措施预防中毒、倒塌和坠落物伤人。火灭后，应保护好现场，请当地公安消防部门认真查清事故原因，严肃处理事故责任者，使事故责任者和当事人接受教育，并且落实切实可行的防范措施。

27. 检查客户隐患   督促实施整改

入秋以后，用电客户的用电负荷有增无减，这对电网设备的运行、管理提出了更高的要求。供电公司注重加强企业用电管理，组织人员深入客户，宣传安全注意事项，促进客户规范用电行为，保证秋季安全生产及电网的稳定运行。

供电专业人员在安全检查中发现，一些区域的客户对设备的老化问题解决不力。随着用电设备使用期的延长，维修更换不及时等问题比较突出。有的客户变电站、配电室设备陈旧，更新改造能力有限。设备运行条件恶劣，但没有资金更换和及时检修。某电机厂油断路器套管密封不严进水，发生爆炸。

由于机加工、冶炼、化工建材行业的气体及粉尘污染较严重，尤其是室外安装的电气设备，容易受导电粉尘或化学气体的污染，在小雨雾天气发生爬闪。由于大雨将冲掉和稀释导电粉尘或化学气体，不会对电气设备造成危害，而即将入冬，小雨雪及雾天很容易造成事故。如某单位电镀气体进入主控室，又遇小雨雾天气，造成闪络。由于一些客户对于新产品缺乏运行经验，也容易造成事故。如某用电客户线路合成绝缘子串断裂，导致厂内停电事故。

由于新设备、新技术的应用，用电客户往往忽视操作中的制度。某厂倒闸操作中，不严格执行安全操作规程，在倒闸操作中，仅凭声音判断断路器已跳闸，结果误拉合隔离开关，造成带负荷及环流拉隔离开关的恶劣事故，所幸没有造成人员伤亡。经过认真分析，供电专业人员采取相应的防范措施。

加强设备维修管理，指导客户及时发现电气设备老化及存在的缺陷，根据严重程度进行整改和处理，以保证安全运行。对污染严重易引起电气事故的单位，建立严格的绝缘监测系统，监视设备的附盐密度、化学气体的浓度及天气状态。特别是初春及晚秋时节应做好检修清扫，必要时缩短清扫周期和采取必要的措施，如水冲洗、排风等改善环境。

采用安全试用程序，注意掌握新设备、新产品的性能。对于新产品，应在非重要的线路及设备上试用，取得一定的运行经验后，全面推广，做到既发展应用新技术，又不至造成事故而影响供用电安全。

加强客户变电站的管理，严格执行有关安装标准，在条件允许的情况下使用安全等级高的设备，尤其是 10kV 及以下设备及设备区，应进行房屋及电缆隧道的封堵，防范小动物的破坏。设备区门口应加装挡板，裸露的带电部分加绝缘套。不能在变、配电室内用餐，更不能存放杂物及食品。

加强客户电气人员的培训，提高人员素质，加强值班、运行、检修管理。对于一些老设备，督促客户进行相应的改造。完善进线隔离开关与断路器的联锁等设施，注意有效避免误拉合隔离开关等事故。防范带地线合闸，采取相应的技术防范措施，以保证安全供用电。

28. 高压线下垂钓 一挥竿成"火人"

有位爱好钓鱼的村民在河边钓鱼时，选择的地方，恰好是高压电力线路的经过之处，用的钓竿是由碳素材料制成的，碳素属半导体，会导电。有村民提醒他，不要在这里钓鱼，会被高压电线电到的。

钓鱼的村民没有在意，继续垂钓。当他抬起钓鱼竿时，鱼竿接近高压电力线路，立即传来仿佛开山炮似的爆炸声。只见钓鱼的村民全身起火，当即被烧成"火人"，倒在地上。

其他村民立即采取措施，帮助其灭火，同时拨打 120，将其送往医院进行抢救。

供电公司专业人员提醒村民，注意电力线路设置的警示标示，钓鱼必须避开高压电力线路。

事发地点的上方是 110kV 高压电力线路，在事发河道附近以及高压电力线路下方，供电公司在线路投入运行时，早已设置了有关安全的警示牌。这条 110kV 高压电力线路的导线与地面最小垂直高度符合安全规定。

　　渔具店人员介绍，鱼竿的长度一般有 2.7、3.6、4.5、5.6、6.3、7.2m 等不同规格，8m 以上的鱼竿也有。市面上许多钓竿都是用碳素材料制成的，碳素属半导体，接触到高压线时，会引起触电事故。

　　钓鱼竿的握把处，多数是不绝缘的。有一些钓鱼爱好者会在鱼竿握把处套上一些塑料材质的东西，但这些都不是关键，重要的是钓鱼者自己应该避开附近有高压电线的地方。

　　供电单位作为高压电力线路的维护者，对电力设施认真履行监管职责，在危险区域设置警示标志。因此，对于不听劝阻，冒险钓鱼者引发的后果，依法不承担赔偿责任。

　　钓鱼者是具有完全民事行为能力的成年人，应能预见到在高压电力线路下钓鱼存在危险，且在有警示标志、村民提醒下，仍未尽安全注意义务，对损害事实的发生具有自身过错。供电公司专业人员加大安全宣传的力度，走街串户，发放和讲解《电力安全宣传挂图》。认真教育村民，珍爱生命，远离高压电力线路垂钓。

29. 电抗器接头　防过热烧焦

　　工厂用电客户的电气工作人员对主变压器油温、油位及油泵例行检查时，闻到一股烧焦的气味。在对控制楼设备室及房间逐一检查时，发现是电抗器室分裂电抗器处散发出来的气味。对电抗器外观进行检查，并无异常现象，现场其他设备也没有烧焦痕迹。

　　客户的电气工作人员在查看后台时，发现分裂电抗器负荷电流达 2600A。申请停电后，经过进一步检查，发现是电抗器连接母线排接头过热，造成绝缘漆融化而产生气味。由于接头包着热缩套，正常运行时无法通过红外线测温进行判别。供电公司专业人员协助客户处理缺陷，并进行原因分析。

　　导致接头过热的主要原因有变压器用软连接作引出线时，连接螺栓可能回松。采用硬连接作引出线时，工频及谐波电流在变压器铁芯中产生交变磁通，引起变压器及其导电杆振动。这种振动与相对较为固定的硬连接引出线之间产生相对错位运动，会造成变压器母线排接头与引线间连接螺栓回松。回松增加接触电阻，接触电阻加剧发热。

　　供电公司专业人员指导用电客户，重点采取相关的防范措施。

　　在变压器母排接头连接螺栓引线侧加装固定支架，支架在确保安全距离基础上尽可能靠近引线连接螺栓。

　　安装方式一种是依附变压器安装，另一种是单独加装。依附变压器安装时，变压器接头及支架均处在同一平台上。当存在内、外部振动应力时，引线接头两侧基本无相对运动，不会因错位振动而造成螺钉回松。

　　注意将连接螺钉回松损失及危害降到最低，对于变压器母排接头，应尽量靠近导电杆底部安装。这样即便丝扣烧毛时，仍可采用导电杆上部丝扣实施引线连接。

如果丝扣损坏较多并且无法正常连接时，可以加工内外均有丝扣的衬套拧在导电杆丝扣上。引线金具加大规格后，重新并接在衬套外部丝扣上。

排查隐患，处理缺陷，应在细节上"丝丝入扣"，防止出现误差，往往"差之毫厘，谬以千里"，应在小处认真把握，保障设备的安全运行。

30. 正确急救　分秒必争

供电公司专业人员加强对厂矿等用电客户电气工作人员的培训指导，讲解触电急救方法，提高安全救护技能。

电击伤也称触电，是由于电流通过人体导致的损伤。大多数是因人体直接接触电源所致，也有被数 kV 以上的高压电或雷电击伤的。

接触 1000V 以上的高压电多出现呼吸停止，200V 以下的低压电易引起心肌纤颤及心搏停止，220～1000V 的电压可致心脏和呼吸中枢同时麻痹。触电局部可能因深度灼伤而呈焦黄色，与周围正常组织不同，有两处以上的创口，一个入口、一个或几个出口，重者创面深及皮下组织、肌腱、肌肉、神经，甚至骨骼，都将呈炭化状态。

注意掌握正确的急救方法。有人触电后，可能由于痉挛或失去知觉等而不能自行摆脱电源，这时快速使触电者脱离电源是急救的关键。应立即切断电源，或用不导电物体如干燥的木棍、竹竿或干布等物使伤者尽快脱离电源。急救者切勿直接接触触电伤者，防止自身触电而影响抢救工作的进行。当伤者脱离电源后，应立即检查伤者全身情况，特别是呼吸和心跳，发现呼吸、心跳停止时，应立即就地抢救。

轻症，即神志清醒，呼吸心跳均自主者，但有头昏、出冷汗、恶心呕吐等症状，应让伤者就地平卧，严密观察，暂时不要站立或走动，防止继发休克或心衰。

受伤者心跳尚存，但神志昏迷，应使触电者就地安静休息，保持周围空气流通，做好人工呼吸和心脏按压的准备工作，并立即联系救护人员送触电者去医院抢救。

呼吸停止，心搏存在者，就地平卧解松衣扣，通畅气道，立即口对口人工呼吸，有条件的可气管插管，加压氧气人工呼吸。亦可针刺人中、十宣、涌泉等穴，或呼吸兴奋剂。

心搏停止，呼吸存在者，应立即作胸外心脏按压。

呼吸心跳均停止者，则应在人工呼吸的同时施行胸外心脏按压，以建立呼吸和循环，恢复全身器官的氧供应。现场抢救最好能两人分别施行口对口人工呼吸及胸外心脏按压，以 1∶5 的比例进行，即人工呼吸 1 次，心脏按压 5 次。如现场抢救仅 1 人，用 15∶2 的比例进行胸外心脏按压和人工呼吸，即先作胸外心脏按压 15 次，再口对口人工呼吸 2 次，交替进行，坚持到底。

处理电击伤时，应注意有无其他损伤。如果触电后弹离电源或自高空跌下，还可能会引起颅脑外伤、血气胸、内脏破裂、四肢和骨盆骨折等，如有外伤、灼伤均需同时处理。

急救过程中应当掌握的安全注意事项。

现场抢救中，不要随意移动伤员，如果确需移动时，抢救中断时间不应超过 30s。移动伤者或将其送医院，除应使伤者平躺在担架上并在背部垫以平硬阔木板外，还应**继续抢救**，心跳呼吸停止者要继续人工呼吸和胸外心脏按压。

救护触电者最关键的就是迅速，而且方法应得当。因为在触电后一分钟后救治，90%都能取得良好的效果。

在抢救过程中应特别注意急救要尽早地进行，不能等待医生的到来，在送往医院的**途**中，也不能停止急救工作，以保障受伤者转危为安。

31. 部署迎峰度冬　保障安全供电

供电公司根据节气变化规律和实际情况，适时组织落实迎峰度冬工作。深刻把**握安**全形势和特点规律，切实加强安全生产管理。

时令转换，电网进入迎峰度冬阶段，电网运行方式相应发生转变。针对电力建设**改造**任务繁重、重点工程集中调试投产、暴雪冰冻等恶劣天气即将加剧、电网运行面临严**峻考**验等情况，供电公司采取可靠的安全举措，降低事故风险，保障安全作业和实现电网**的安**全稳定运行。

各专业人员注意增强责任意识，始终把安全工作放在首位。各级安全第一责任人针对安全特点和规律，组织分析安全形势和主要风险，坚持工期和进度服从安全的原则，**统筹**安排好电网运行、基建施工、投产调试等工作。认真贯彻上级安全工作部署和要求，**维护**安全生产稳定局面。

供电专业人员加强冬季电力供需平衡分析，合理安排电网运行方式，保证电网有**足够**备用容量。重视安全运行管理，认真落实反事故措施要求，有针对性开展事故预想和**防范**工作。针对冬季电网设备运行特点，落实输、变、配设备防范雨雪冰冻等恶劣天气各项措施。抓好重点工程调试、改造、投产工作，合理安排基改建接入计划，严格执行停电施工计划与调试试运期间的调度方案。针对电网结构的较大变化和新设备投产等，开展有关继电保护和安全稳定控制装置控制策略及定值的校核工作，确保与电网运行方式相适应。

供电公司强化施工安全管理，合理安排施工进度，加强基改建工程和农网改造升级工程的安全风险管控。严格审核近电作业、高空作业等安全措施方案，落实防倒塔杆、**防风**等反事故措施。对环境条件恶劣的施工项目开展专项隐患排查，防止因大雪大风等恶劣天气造成坍塌事故。实行全面防范各类安全事故，加强消防安全管理，组织开展冬季消防安全检查，加强交通安全管理，排查治理安全隐患，杜绝重特大安全生产事故。

重点加强应急处置和保电工作，针对冬季可能发生的输电线路大面积覆冰、舞动，制定完善应急预案，组织开展应急演练。加强重要客户的供电保障工作，梳理排查高危企业和重要客户的安全隐患，落实供电保障措施和应急抢修方案。加强与气象部门的协**调联**动，提前做好灾害预警。一旦发生突发事件，按照预案规定立即启动应急响应，快速开展抢修恢复，尽快恢复重要用户和居民供热设施的可靠供电。实行统一部署，深入**实施**安全风险管控，深化隐患排查治理，推进全面质量管理，提升应急处置能力。深入开展设备隐患治理，做好防雨雪冰冻、防污闪等工作，特别是冬季负荷大，及早落实电网度冬各项安全措施。

供电公司在迎峰度冬中组织开展"三查一整改"活动，即查制度、查管理、查隐患。切实加强安全生产和质量管理。强化作业过程安全监督管理，严格执行安全工作规程和"两票三制"。认真组织作业风险辨识，落实风险防范和预控措施，实施标准化作业要求。健全安全工作长效机制，全面提升安全生产管理水平。

立冬

第11章

小雪

11月节气与安全供用电工作

十一月份有两个节气：立冬和小雪。

每年公历11月7日或8日，太阳到达黄经225°时，即进入立冬节气。立冬，表示冬季开始。

每年公历11月22日或23日，太阳到达黄经240°时，即进入小雪节气。小雪，由于天气寒冷，降水形式由雨变为雪，此时由于「地寒未甚」故雪量还不大，所以称为小雪。

时至立冬，北半球获得的太阳辐射量越来越少，由于此时地表储存的热量还有一定的剩余，所以一般还不太冷。晴朗无风之时，常有比较温暖的"小阳春"天气。

小雪节气，往往出现大范围大风降温天气，是寒潮和强冷空气活动频数较高的节气。各地降水量明显减少，高原雪山上的雪已不再融化。华北等地往往出现初雪，此时降水的形式出现多样化，有雨、雪、雨夹雪、霰、冰粒等。当有强冷空气影响时，江南也会下雪。在大气中积累的水汽和污染微粒结合凝结后，形成烟雾或是浓雾。西南、江南，如果早晨气温偏低，往往有成片大雾出现。

1. 顺应节气变化 实施安全方法

随着节气的变化和冷暖的加速过渡，农业及农村安全供用电管理工作进入比较特殊的阶段。江淮地区"三秋"接近尾声，江南忙着抢种晚茬冬麦，抓紧移栽油菜，而华南却是种冬麦的最佳时期。华北及黄淮地区田间土壤夜冻昼消，农民抓住时机电灌浇麦、浇菜、浇果园，补充土壤水分，改善田间小气候环境。江南及华南地区，开拓田间"丰产沟"，进行清沟排水，防止冬季涝渍和冰冻危害。北方抓紧颗粒归仓、脱谷打场。各地农事繁忙，都在抢抓节气。因此，电力人员应当不失时机地抓紧时间为农业生产提供安全用电服务工作。注重紧紧围绕农业节气的变化，主动协助农民及各农场检查维护用电线路及用电设施。加强田间及打场临时用电管理，协助安装和启动电泵排灌、大棚恒温、电动脱粒等用电设施，保障农业生产及农村安全用电等需求。

立冬前后，风干物燥，植物趋于凋零。因此，应当加强林区电力线路及设备的防火工作。组织开展特殊巡视等工作，检查和排查火患的苗头，避免火灾危及电力线路及设备的安全运行。加强对厂矿用电客户及居民用电客户的安全宣传与指导工作，及时采取措施，控制电器火险，维护平安用电。

小雪节气，需要注意加强电力交通安全管理，防止由于浓雾和降雪对道路的影响而出现交通事故，保障冬季电力交通运输安全。还应防范雨夹雪、雾霾等恶劣天气对电力线路及设备的危害，加强设备的巡视和检修，积极做好电力设备的防污闪等工作，防止污闪跳闸故障及相关事故的发生。

应当注意寒潮及强冷空气降温对安全生产的影响，缜密落实迎峰度冬安全措施。注意提早做好入冬采暖等安全供电工作，协助供热等有关部门检查用电设施，助力于供热用电设施的适时启动及安全投入运行。

进入小雪节气以后，气温下降的趋势明显加快。在施工、检修及作业中，电力人员应注意防寒保暖，防止出现冻伤等不安全事故。

根据小雪节气的变化和用电趋势等特点，应当持续加强冬季用电客户的安全检查与服务工作，实施技术监督和改造，协调、指导客户冬季安全用电。在入冬高峰负荷等不利状态下，应认真加强电力设备的巡视检查、接点测温、设备及负荷调整等工作。

对有关电力设备及时采取防寒防冻等安全措施，保障电力设备平稳入冬安全运行。

2. 风雪袭击　有序应急

夜间，出现大范围降雪天气，供电公司及时启动应急预案，密切跟踪天气发展趋势，做好各项应急准备，加强巡视，及时组织抢修，保障电网安全稳定运行。

供电公司应急指挥中心与各生产专业保持安全信息互联互通，领导小组办公室组织相关专业工作组责任部门进驻应急指挥中心，开展 24 小时应急值班。全面掌控设备状况，做好防御冰雪工作。加强设备运维监视，特别是加强覆冰舞动区域线路的观测，利用在线监测装置和可视监测装置获取线路有关信息，做好应急准备。

各生产专业人员到岗到位，组织落实应急物资供应，做好应急抢修准备。变电站值守人员恢复监盘工作，与变电操作班双轨运行。值守人员全部在主控室值班，确保站内设备发生异常、事故时及时准确处理，并每隔 3 小时对站内设备进行特殊巡视。变电操作班每隔 3 小时电话咨询值守人员站内设备及降雪情况，并将设备情况、天气情况及时短信通知专业领导、生产管理人员，确保信息畅通。

变电运维专业人员对所有变电站开展"拉网式"雪中特巡，及时排除因降雪造成的设备隐患。巡视过程中，检修人员按照不同专业，依据特巡卡要求分别对站内设备进行细致的巡视检查。做到不遗漏一台设备、不漏检一项参数。站内运维人员重点查看易发生直流接地严重故障的老旧端子箱，检查箱内是否有积雪积水，电缆绝缘层是否良好，保证变电站设备安全稳定运行。

山区的暴风雪逐渐加大，电网线路受到暴风雪侵袭，积雪深度已达 45cm。专业人员密切监控电网和设备运行状态，关注枢纽变电站、重要输电线路的运行情况，对输电线路跨越电气化铁路、高等级公路的重要跨越地段实行定点守护。同时，加强对变电站设备及电力线路的巡视和缺陷处理等应急工作的处理能力。

输电线路在遭受积雪、树压等因素影响时，易发生 220kV 电网故障、其他低压等级的电力线路故障，线路因导线覆冰舞动会发生跳闸事故。

供电公司及时加强预警工作，在电网高负荷状态中注重合理安排调度运行方式。值班调度员沉稳应对，维护全网电力的平衡，快速进行故障线路试送，尽最大努力确保主网结构完整。

风雪中，故障线路主要集中在山区，累计有 2 万户居民用电受到影响。从早晨开始，供电公司陆续出动应急抢修队伍，全力以赴投入到故障查找和抢修之中，尽快恢复故障线路供电。

由于路面积雪结冰，交通受阻，线路覆冰情况严重，供电抢修难度较大。对于车辆不能到达的地区，供电公司组织人员对故障线路进行徒步巡查，争分夺秒找出具体故障点，加快速度排除故障，修复线路。专业人员迎风斗雪，认真守护着输电大动脉的安全运行。

3. 服务供暖企业 供热安全用电

供电公司深入开展"供暖安全用电"服务活动，组织专业人员对涉及供热的重点电力线路进行全面巡视，深入各供热点协助供暖企业检查维护供暖用电设备，排查设备安全隐患，解决各供热点、锅炉房的电力设备故障，确保供热期间设备可靠运行。对供热用电申请开辟绿色通道，使用电客户尽早用上安全电、放心电，为群众尽早送去温暖。

针对寒冷的天气，供电公司及时将供热企业用电问题作为重点工作，组织人员专门为供热企业开启办电绿色通道，同时尽快消除潜在的设备隐患，确保安全温暖度冬。

缩短办电流程，确保用电可靠。提前对各个供热站发出安全用电提示，告知其供热需要办理的用电手续和流程，督促提前进行申请复用，及时检查测试电力设备，及时启动用电设施，及时供热用电。对于重要供热站及加热站的用电设备，进行全面排查。查出安全隐患，发出整改通知书，要求存在隐患客户限期整改，并跟踪整改结果，确保供热系统用电安全。

热力公司的一个供热站送电后发现设备不正常，工作人员打电话给供电公司求助。供电公司立即组织人员协助客户进行检查，发现故障是变压器高压跌落式熔断器的底座静触头上端引线螺母打火。虽然变压器产权属于热力公司，但供电专业人员从客户急于用电供热出发，主动协助处理，排查和处理工作，确保供热站正常用电。

对于新增加的热力站因施工进度影响，入冬客户提交竣工申请。面对紧急情况，供电公司采取超常规举措，缩简手续，加快送电，实现如期供热的用电需求。大开绿灯，助力安全供热惠民。供电专业人员积极协调供热泵站施工企业，对电力设施配套工程进行监督、检查，确保供电设施一次验收合格、送电成功，适时供热。

供电公司认真实行供电安全保障和技术服务，解决供暖用电问题。入冬供暖设备全部如期启动，安全用电服务为客户提供宝贵的机组调试时间。供电公司克服业扩工程点多面广、时间紧、任务重等困难，对各项供暖民生工程给予高度重视，提供实时跟踪服务。全面检查客户用电设备、消防设施、工器具管理等内容，摸底供暖设备负荷情况，加强重要客户信息的核对、认证，健全、完善客户档案，做到"一患一档"。同时，加强与客户保电预案之间的衔接，提升供用电双方及时排除故障的能力及双方协同应急处理能力，建立事故状况下双方应急处理协作机制。

随着天气的转冷，在供暖企业调试机组等关键阶段，供电公司积极配合，实行制定供电方案与处理安全隐患同步进行。组织相关专业人员深入现场，采用"望、闻、问、切"四诊法，进行全方位集中"把脉"。"望"即实地检查热力生产客户用电设备；"闻"即倾听客户用电需求；"问"即询问客户用电有无异常；"切"即协助电力客户排查用电安全隐患。准确掌握用电客户设备整体运行情况，并对发现的安全隐患，逐户开具"药方"，协助整改，实行通知、服务、督办、安全整改到位率达 100%。深化客户用电隐患排查工作，确保服务供暖的电气设备安全运行。

4. 控制塔吊　防范危害

气温逐渐降低，一些建筑工地突击任务，施工现场显得十分繁忙，其使用的塔吊时常会对电力线路构成威胁。供电公司组织人员对建筑工地集中开展安全检查工作，排查预控隐患，维护施工及电力的安全运行。

供电专业人员对建筑施工现场附近线路开展特巡，重点仔细巡查异常情况。发现一台新架塔吊在电力设施附近作业，没有办理相关手续，并且在施工中容易与附近的 10kV 电力线路发生接触。供电专业人员立即上前制止塔吊继续作业，而那台塔吊的吊臂顶端险些碰着 10kV 线路。千钧一发之际，果断制止了险情的发生。

野蛮及危险施工被制止，供电专业人员督导工地办理相关手续，采取相应的安全措施，防止塔吊触碰高压线，避免引发供电线路及变压器设备等发生严重事故。供电公司加强预防，并结合以往触电事故实例，对现场施工人员认真进行电力设施安全距离、电力设施保护条例和电力法等的讲解，告知在线路防护区内违法作业会导致的严重后果。找到施工项目负责人，对其加强《电力设施保护条例》及《施工现场临时用电安全技术规范》的宣传教育，对其下达隐患告知书，要求其在施工现场增加"高压危险"等警示标识，及时做好塔吊安全相关措施，并时刻提醒施工人员保持警惕，确保人身和线路安全。

注重引导客户及施工项目负责人认真遵守《电力设施保护条例》第二章第十条对架空电力线路保护区的明文规定，明确导线边线向外侧水平延伸并垂直于地面所形成的两平行面内的区域属于电力设施保护区，在一般地区各级电压导线的边线延伸距离：1～10kV 为 5m，35～110kV 为 10m，154～330kV 为 15m，500kV 为 20m。供电专业人员在现场明确指出，施工者在 10kV 高压线下工作，属于在《电力设施保护条例》划定的电力设施保护区内从事危及电力线路安全运行的作业，违反《电力法》第七章第五十四条，该条明确规定：任何单位和个人需要在依法划定的电力设施保护区内进行可能危及电力设施安全的作业时，应当经电力管理部门批准并采取安全措施后，方可进行作业。

塔吊在电力设施附近作业前，必须向供电企业提出申请并落实安全措施。塔吊的施工范围，应当避开电力线路。塔吊操作，应落实专人负责，塔吊的操作人员必须经过专业培训，并且考试已合格，须执证上岗。

塔吊必须设置高压静电释放装置和防护设施，落实专业监护人对塔吊操作的安全监督，严禁违章作业。施工方如果违反相关安全承诺，一旦发生人身和财产及电力设施的损坏，由塔吊施工单位承担全部责任。明确施工方的安全责任，监督其有关安全操作，以保障电力线路的安全。

5. 检查计量箱　安全不漏项

根据气温的寒冷变化，供电公司组织用电检查人员加强 10kV 配电变压器计量箱的安全检查工作。

在实际运行中，计量箱既涉及安全问题，同时也涉及线损管理等问题。因此，供电专业人员注重综合同步加强计量箱的检查和维护。

用电检查人员针对计量箱大部分安装在变压器低压二次套管上的特点，加强检查过程中的安全防范工作。因计量箱严寒侵袭情况下，需要认真查看有无脱漆、门锁能否灵活开启等情况。箱体部分锈蚀后往往会留有小孔，风雪天气容易进雪，应当注意防范烧毁表计、互感器等隐患。

在抄表时或不定期开箱时，重点检查箱内的表计、互感器、接线点，一、二次导线的接触及运行情况。认真检查箱体正前方抄表观察窗玻璃是否完好，发现损坏应立即更换，以防小动物进入造成短路起火、停电等事故。对发现的安全问题，及时整改。小心将配电变压器二次导线穿入相应的塑料管内，防止抄表人员观察表码时离导线太近发生触电危险。因为，导线长期在外风吹雪侵日晒，黑皮线外皮绝缘层容易损坏和破裂。将导线穿入管内，可增强绝缘隔离性能，以防触电事故的发生。

电能表、互感器的校验和测试工作很重要，而计量接线的一些细节问题更不容忽视。接线端子的接线工艺直接影响安全及准确性，应注意检查电能表、互感器的接线端子处垫片、紧固螺钉等连接部位是否受潮锈蚀、松动，如果接触不良，应及时加固连接，保持接触良好。

计量箱的二次导线应选择配置得当，通过互感器与电能表相连的二次导线，按要求应该选用单股硬铜线，如果选用软铜线，软铜线在接线处压紧螺栓的压力下容易产生断股，使导线有效截面积变小，加大回路电阻，造成不安全和计量误差。在农村有的配电变压器低压计量装置的电压回路，为了图方便将电压计量采用直接从变压器低压支柱就近破口 T 接的方式。由于一般变压器低压出线都采用铝导线，而计量电压引线却是铜导线，形成铜铝连接。长运行时间，在铜铝连接部位将会产生一层氧化膜，出现安全隐患，影响计量准确。对于这种情况，应当及时进行整改。

用电检查人员加强对接线端子状况的检查，对锈蚀接线端子及时进行更换与处理，连接线避免出现铜铝线直接连接。对于确有需要的铜铝连接，则采取对线头进行搪锡处理的措施。

供电公司专业人员针对计量回路二次导线存在的隐患，加快整改，严格选用单股硬铜线，使二次导线的截面积符合要求，以保障安全性能，降低在导线上的电压损失和电流损失。认真遵循技术规范和要求，计量电压引线采用 $2.5mm^2$ 的单股硬铜线，电流引线采用不小于 $4mm^2$ 的单股硬铜线。二次回路导线的长度接线工艺按照安全技术要求，应横平竖直，尽可能短小，规范采用有色相线。这样既方便安装，减少接线差错，又方便平时计量安全普查，避免差错及不安全问题的发生。

6. 插座插排 直系安危

由于冬季家中取暖设备大多为大功率电器，同时一般都会满负荷运转，因此，造成火灾的主要起因，很大一部分就是使用劣质插座、插排或插座、插排使用不当。

用电检查人员注重宣传和指导客户安全用电，通过专项走访，调查插座、插排的使用情况，发现存在的问题惊人。用电客户对如何正确选择和使用插座、插排知之甚少。不少用电客户认为，插座、插排仅仅是连接电源和电器的一个工具，外观看着差不多就可以。再被问到插座所依据的技术标准和检测插座的方法以及使用插座的注意事项时，大都不在意或不清楚。同时还发现，一些居民家庭对插座的使用存在严重的隐患，不少用电客户随意将插座放置在潮湿或高温环境中。更有甚者，认为插座是用阻燃塑料材料制成，不会燃烧，直接将插座放在靠近燃气灶、取暖器等地方使用。营造安全的用电环境，需要从选择和使用两方面着手。

供电人员提示用电客户，在插座选购方面，应选择符合国家质量标准的正规企业生产的品牌产品。劣质插排、插座里的金属簧片很薄、导线的线径很细。产品不仅偷工减料，而且材质不合格。其触片对插头的压力全靠铜片自身的反弹力，如果铜片材质很薄，用不了多久就会失去弹性，继而出现电器电源时断时续，用手按一下插头，电器开始工作，手起电器又断电。久而久之，轻者缩短家用电器的使用寿命，重者可造成电器损坏，尤其是接触面过小或接触不良，电阻增大时。在负荷较大时，如接电炉、电熨斗、烤箱等电器，因插头与插座接触不良很容易发热、打火、燃烧，易烧坏插头、插座及周围物品，引起火灾。

合格的插排及插座所用的材料具有阻燃性，大多使用防弹胶等高级材料制成，防火、防潮性能强，防触电等安全性能高。品质好的插排、插座，其接触面积大，接触紧密，能有效防止发热。冬季应选择大功率插座、插排，注意定期进行检查，发现问题及时更换。在使用插座时，切忌超负荷运转。随着家庭中的大功率电器的增多，往往在一个插排上插满电器设备，插座是有额定功率限制的，在使用时应特别注意所用电器设备的总功率不要超过插座的额定功率。对于老化、破损的电源插座、插排，不可"带病上岗"。如果长时间外出，应切断室内所有电源，避免火灾隐患。正确选购和使用插座及插排，才能紧密可靠地接通安全电源，享受安全和温暖。

7. 立冬施工作业 加强安全措施

立冬之际，大部分地区气温下降。冬季施工、检修、作业多有不便，给安全带来不利影响。供电公司采取安全措施，及时消除安全隐患，确保冬季施工检修作业安全。

各基层单位负责人、班组长坚持每天早上开展安全短训活动，安排每名员工当天的工作任务，因人、因事制宜，分别进行对口安全帮教。将冬季施工作业安全知识、操作步骤、关键环节、注意事项进行示范指导，帮助参与施工作业人员做到心装安全工作，消除违章操作现象，杜绝不安全事故发生。

各专业围绕施工作业人员的安全健康，充分考虑冬季各类不安全因素，加强落实各施工项目部、管理单位、安全责任人的职责。注重抓好低温条件下的劳动作业保护，配备好防寒、防冻等防护用品，落实好防冻、防滑、防高空坠落措施。遇到风雪、冻雨等恶劣天气时，根据安全状况停止高空作业，确保人身安全。

施工现场负责人、班组长注意提示一线员工注意安规保护，保障施工安全。利用信息平台发送安全操作提示温馨短信，定时提醒作业人员严格按照冬季安全规程作业施工，全面增强低温下作业的自我保护意识，做到先安全、后施工，不安全、不施工。

冬季深入开展巡访检查工作，成立冬季电网建设施工安全检查巡视小组，由安监部门牵头，参建单位互相配合，实行运料、施工、运行、监督一体化管理。根据气候变化特点及易发安全隐患，对施工的主要危险点、重点危险源进行定期检查，对应制定防范措施，强化监管和控制，杜绝不安全现象的发生。

供电公司强化现场安全管控，推进"三个结合"，施工与现场安全监督、隐患排查、迎峰度冬保电相结合，确保生产检修工作按照计划有序安全推进。强化现场到位监督和风险分析，实行作业现场"工作任务图板揭示制"，规范细节流程，杜绝各类违章行为。结合冬季作业现场，对设备检修、工程施工、施工机具、作业工器具等开展专项隐患排查，对安全隐患做到排查、通知、报告、督导"四项同步"。重点检查电网迎峰度冬的生产准备情况，反事故措施预案的制定情况，细化保电方案，落实保电措施，做到每个重要环节、每个关键点责任到人。

工作人员在开工前，特别是带电作业时，应仔细查看设备各个环节的安全措施是否良好、工作任务与设备名称及编号是否一致、安全警示牌及补充措施是否到位等。仔细检查是否存在危险因素，防范由于天寒冻脚、冻手影响操作敏捷性、准确性而带来的危险。现场认真提问相关人员自己的工作范围是否安全，是否会给自己和他人安全带来危险等事项。在确认安全防范措施到位，无任何事故隐患后，方可开始动手施工、检修、作业，防范天寒地冻带来的隐患，确保冬季工作人员及电力设备的安全。

8. 空调制热　防火防爆

一工厂用电客户的厂房中央空调发生爆炸，消防人员及时赶到现场，组织工人撤离。据现场的消防人员分析，该爆炸由中央空调起火引发。

天气寒冷，用电客户使用空调制热取暖，往往存在安全隐患。供电公司用电检查人员，积极协助用电客户检查和排除空调制热取暖存在的不安全因素。

检查中发现，一些客户空调安装位置不当，其把空调安装在可燃构件上或周围有易燃物、室内外机通风不良、室内外机距离窗帘间距很近、空调冷凝器受阳光照射时间很长的地方，因此，极易引发空调电器火灾。

有的客户在使用空调时其配电设施过负荷运行，如选用的导线截面积过细，选用的插座、空气开关容量过小等，均会造成超负荷起火。熔丝选用与空调器容量不匹配，甚至用铜丝代替熔丝，当出现短路故障时不能迅速熔断容易引起火灾。电源线连接部位接触不良或松动，接触电阻过大，导致连接部位过热打火引热空调机塑料外壳等可燃物起火。插头与插座接触不良、插头锈蚀等导致插头与插座接触不良，接触电阻过大，容易引发火灾。

空调内启动电容器击穿或因受潮漏电时产生的高温火花，会引燃机内衬垫与分隔板的外壳等起火。电热型空调器的风扇因故障停转，电热管产生的热量无法及时散发，就会引燃电热管附近的可燃物，造成火灾事故。单相空调器的全封闭压缩机密封接线座被击穿，导致压缩机冷冻油从全封闭机壳内溢出，流到空调器底盘上，如果不及时处理，遇到火种就会起火。

一些客户在空调停止后又立即被启动，因压缩机进、排气两侧压力差比较大，造成压缩机负荷增加，电流剧增，导致电动机被烧毁，甚至引起火灾。空调器在电热状态时，客户不按照说明书进行操作，停止制热后，没有用通风挡冷却其电热部分。因电热丝的热惯性，在很长的一段时间电热部分仍继续保持着较高的温度，容易烘烤着四周的可燃物而引起火灾。多种电器同时使用，用电量过大，用电电流大大超过电线的最大允许电流时，电线容易发热着火。

空调的正常工作电压是 220（1±10%）V，电源电压过高时，会造成电容器击穿，引发火灾；电源电压过低时，首先造成风扇转速过低影响散热，在制热状态时，温度过高，引燃可燃隔热板衬垫起火。如果造成压缩机电动机电流过大，绕组过热，容易发生短路起火。当压缩机启动困难、噪声加大、力矩不足时，有可能烧毁压缩机甚至引发火灾。

供电专业人员向用电客户提示，应采取预防措施，避免空调发生火灾。

空调的安装，应由专业人员进行。空调器安装的高度、方向、位置必须有利于空气循环和散热，并应注意与窗帘等可燃物保持足够的安全距离。空调器运行时，应避免与其他物品靠得太近，严禁将窗帘搭在空调器上。

注意正确选用与空调器相匹配的导线、插头、空气开关等设施，每台空调应当有单独的保险熔断器和电源插座或空气开关，不可与其他电器共用一个插座，空调器的电源插头与插座的接触一定要牢靠。空调应有良好的保护接地或接零，以防触电，同时随时导出静电，预防静电打火引起火灾。在运转空调时，不可对其喷气雾剂、花露水，或其他挥发性液体，以免漏电酿成火灾。

注意正确使用空调，不可随意按动遥控器，短时间内不要频繁关闭空调，应特别注意空调的运转时间，不要长时间使用，室内无人时应当关闭空调器并切断电源。使用中若听到异音、闻到异味、遇到电压不稳等情况，应立即停机，及时检查处理，避免"带病运行"。使用电热型空调时，用电客户停止其制热后，应先用通风挡冷却其电热部分，待 2～3min 后方可关机。

超期服役的空调，其内部电路、元器件的绝缘严重老化，随时存在漏电、短路而引发火灾的危险。家用空调器的平均使用寿命是 10～12 年，如果空调器使用年限超过其使用寿命，应及时更换新的空调，以保障安全。

9. "零缺陷"投运　"电保姆"安检

入冬之际，电力工程竣工投产呈现小高峰，作业现场比较分散，安全风险进一步加大。供电公司注重加强工程安装、调试、竣工验收等环节的安全管理，集约组织工程投产。对基建工程存在的安全问题进行集中整治，制定整改措施进行重点治理。加强新扩建工程生产验收和运行管控，对新建工程实行"零缺陷"按期移交投入冬季运行。规范标准化作业程序，及时纠正现场违章行为，确保人身、电网和设备安全。

供电专业人员战冬寒，加快设备改造。施工人员迎着凛冽的寒风，加快对电力线路的升级改造施工。落实农网等改造升级工程任务，及时更换老旧变台等设备。加强电网抵御严寒强风等极端天气的能力，针对大风恶劣天气所暴露出的薄弱环节，认真解决运行维护中突出的安全问题。强化电力线路防风偏等反事故措施，加强重点地区城市配网建设和运行维护管理，深化施工现场安全监督管理，严格执行现场标准化作业，为电网安全迎峰度冬奠定基础。全面贯彻执行变电站标准化管理，做好设备检修工作，提高设备健康水平。

供电专业技术人员对重要用电客户加强安全检查工作，采取"电保姆"方式开展安全用电检查服务，呵护电力设备的安全健康。深入工业园区企业、医院、宾馆等重要用电客户，排查电源配置情况和配电设施安全隐患。

在工厂用电客户设备检查中，注意排查安全隐患，提示配电房等专业场所需要增设应急照明灯，定期对安全工器具进行试验。注重以迎峰度冬安全检查为契机，结合安全供电优质服务等活动，细化编制和实施重要客户隐患排查整治专项行动方案。每到一家企业，供电安全检查人员根据方案细则，认真检测客户的电源配置、配电设施、自备发电机、安全工器具和危险源等情况，及时解答客户提出的安全用电问题，共同分析存在的风险和隐患，有条不紊、不留死角。严格加强安全用电隐患排查工作，及时填发整改通知单。对发现问题的客户，采取动态跟踪管理方式，帮助客户达到规范用电管理，提高客户生产用电安全水平。

初冬季节，农村临时用电往往存在安全隐患，容易发生人身触电等事故。各基层供电所成立电力检修服务队，深入村屯和粮食加工场院等场所讲解安全用电知识。广泛开展冬季安全用电宣传活动，在广场、人群密集场所设置宣传站点，展放电力安全宣传挂图，普及安全用电及事故应急管理知识。

协助巡视检查用电设备及农民的电动机械，消除用电事故隐患。供电专业人员加强初冬特巡和夜巡，防止违章用电。加强冬季临时用电管理，协助和指导客户安装所需线路及设备，加强冬季安全用电管理。

10. 新增配变 配套把关

迎峰度冬，需要认真解决用电需求激增的问题，保障群众安全可靠用电的任务迫在眉睫。随着系统容量和电网规模的扩大，配电变压器故障给电网安全经济运行造成越来越大的影响，为确保配电网稳定运行，最基础的工作就是做好日常维护和新增配电变压器的安全投运工作。

根据负荷发展情况及趋势，在对用电设备进行全面检查后，供电公司对一些小区和乡村安装及投运新的配电变压器，为即将到来的春节用电高峰做好电力供应保障。

立冬以后，降温迅速。供电人员奔忙在现场施工，应抓好安装配电变压器的关键环节，在配电变压器投运前应采取有效的安全措施。供电人员注重正确配备高低压侧保护装置，配电变压器高压侧采用跌落式熔断器的熔断件，按照通过配电变压器的最大持续工作电流来适度进行选择。根据安全运行的经验值来准确选择，100kVA 以上的配电变压器，按高压侧额定电流的 2.0 至 2.5 倍选配，100kVA 以下的配电变压器，则按高压侧额定电流的 1.5 至 2.0 倍选配，但注意不得小于 3A。配电变压器的低压侧配备熔丝，注重配以合适的负荷开关、空气断路器或脱扣器，注重配套使用。注意按配电变压器的低压侧额定电流稍大一些选择熔丝。按照断流能力不小于 1.5 倍配电变压器的低压侧额定电流，或者大于配电变压器低压侧出口处的短路电流来选择负荷开关、空气断路器或者脱扣器。

在安装配备高低压侧保护装置过程中，根据冬季的情况，同时考虑春夏季的运行状态，全面安装与四季相关的设施，规范安装防雷等装置。并且在公历十一月也往往有雷电出现，只要发生打雷，应立即启动防止高压侧线路落雷的措施，避免雷电波袭入而损坏变压器。高压侧装设避雷器后，避雷器接地线注意与变压器外壳以及低压侧中性点连接后共同接地，从而充分发挥避雷器限压作用和防止逆闪络。在低压侧也装设避雷器，以限制低压绕组过电压的幅值，正、反变换过电压也就得到了有效抑制，从而保护高压绕组。

供电人员安装新的配电变压器时，应处理好接地装置。接地装置的质量是配电变压器在过冬以后防雷装置能否起到良好保护作用的关键。因此，接地可靠、符合技术规范，才能很好地起到分流作用，从而保护变压器。因此，在冬季安装配电变压器时，应当处理好接地装置。

根据土壤情况，对土壤电阻率不合格的问题，则应采取特殊降阻措施。可以采取增加降阻剂、碳粉等方法，使接地电阻率合格。接地电阻值应满足技术规程要求，对于 100kVA 以上的配电变压器，接地电阻值应不超过 4Ω。重复接地每台不少于 3 处，每处接地电阻值应不超过 10Ω。对于 100kVA 及以下的配电变压器，接地电阻值应不超过 10Ω。重复接地每台不少于 3 处，每处接地电阻值不超过 30Ω。而避雷器接地引下线，即与配电变压器外壳间的连线则越短越好。保障变压器的主要技术标准合格到位，方可将新增配电变压器安全可靠投入运行。

11. 冬季用电　如何平安

气温持续走低，居民取暖用电负荷大增，但是一些居民客户因缺乏安全用电常识，容易引发事故。

供电专业人员对居民用电出现的不安全现象，加强原因分析。随着天气寒冷，电暖气、空调等电器进入家庭。很多居民室内的线路还是多年以前敷设的，这些旧电线、插座等设施存在安全隐患，容易引发火灾等事故。

室内线路超过使用年限，一些居民客户重使用、轻维护，不按规程布设线路，随意接线。室内装修时，往往只图好看，更改线路路径，走线集中并扎在一起，有的暗线甚至不穿保护管。不注重购买合格的电线、插座等设施，劣质插座在插上大功率电器长时间使用后，容易打火、燃烧、短路。

布线安装时不请专业电工安装，造成布线混乱。当剩余电流动作保护器经常跳闸后，客户往往图省事，而将剩余电流动作保护器取掉强行用电。购买使用大功率电器，而不考虑室内线路的承载能力。

针对冬季如何保障安全用电问题，供电公司组织人员大力开展安全用电宣传与服务工作，提醒居民客户冬季家庭用电不可大意，指导居民客户采取可靠的安全措施，在细节上注意有关安全事项。

冬季，由于线路超负荷引起的火灾，在电气火灾中占相当大的比例，其主要原因是线路导线截面积太小、线路中接入过多的或功率过大的电气设备。

供电专业人员开展安全检查，宣传提示居民客户注意安全用电。在低温天气到来时，应当谨慎防止线路超负荷。在敷设线路时，合理选择导线截面积和导线种类，在条件允许的情况下留出一定余量，以备增容。空调、电热水器、电磁炉、电火锅等尽量不要同时使用。多种电器不要共用一个插座，以免插座过载发生危险。严禁使用电炉子明火取暖，电暖气等取暖设备应当远离易燃物，关闭后应拔下电源插头。

选购家用电器应认准 3C 标识，根据家庭线路承载能力，配套使用电器设施，以防线路过热起火。如果家用电器总负荷超过线路承载能力，应对用电线路及相关配套设施进行改造。

室内线路老化，应及时请专业电工更新维修。不可私拉乱接，对线路应当认真检查维护。电线穿墙的部分应设置导管，防止线路磨损而造成漏电、短路现象。电线因特殊情况没有穿墙的部分，应设置阻燃导管，避免因线路起火而引燃室内其他可燃物。主线路和各分支线路都应安装相应熔断器、自动开关或剩余电流动作保护装置，以便及时切断电源，控制事故范围。当家用电器出现焦煳味时，应立即切断电源。当发生断电或出现其他电力故障情况时，应检查和判断其原因。如果属于供电报修的范围，可拨打 95598 进行咨询及报修。一旦电气线路着火，应当沉着冷静，立即关闭总开关及电源，用黄沙或二氧化碳灭火器立即灭火。

12. 迎风迎冰雪   防冻防坠落

随着节气变化，大风、雨雪、冰冻等天气逐渐增多。供电公司积极应对，实行早准备、早安排、早行动，逐级落实责任，加大反违章纠察力度。做到责任到人、措施有力、工作到位，确保冬季登电杆、登铁塔等作业过程中的安全。

专业班组坚持实行"安全第一、预防为主、综合治理"的方针，针对立冬节气变化特点，结合作业环境，确定防范重点，严把冬季安全作业关，严格防止高空坠落、高空坠物伤人、冻伤及因低温影响施工质量等情况的发生。在进行野外作业时，为作业人员备好防寒防护用品，防止冻伤和由于防寒措施不得当造成人身伤害。作业人员加强对关键部位、关键环节的管控，严格执行标准化作业流程。作业前认真检查安全防护用品，登高作业中注意防冻、防滑、防坠落。

在作业现场，工作负责人向作业人员交代安全注意事项，现场检查指导作业人员人身安全防护措施，增强作业人员冬季现场作业自我保护意识和安全互控意识。

立冬以后，天气寒冷，同时也是野外线路施工作业的黄金季节。在没有青纱帐及农业生产项目相对减少的环境中，便于电力线路作业施工。但是冬季的电杆、铁塔表面上出现的冰霜，给攀登电杆、铁塔的电力施工作业人员带来了不安全因素。由于电杆、铁塔表面裹有冰霜，电力施工作业人员在攀登过程中，会比较光滑。

由于气温低，作业人员穿着棉衣、棉裤比较厚，攀登杆塔的动作受到一定的影响，严寒也往往冻得作业人员手脚不够灵活，使作业人员的敏捷度相应降低，在电杆上作业时间久了，脚部还容易发麻。因此，在寒冷的冬季，攀登电杆、铁塔作业，应当是安全管控的重点，应采取安全防护措施，防滑、防冻、防坠落。

严格进行安全检查,保持脚扣等工器具的完善及增强防滑性能。攀登电杆的进程中,应及时调整脚扣伸缩杆的长度,及时适应登杆过程中杆径粗细的变化。防止图省事、怕麻烦而导致危险,应注重及时调整脚扣,以保持和增大脚扣与电杆之间的摩擦力,防止由于冰滑坠落而发生人身伤亡事故。

无论是攀登电杆,还是攀登铁塔,作业人员所穿的棉鞋应当认真讲究与选择,达到舒适保暖轻便等要求,尤其需要注重选择棉鞋的鞋底,应具有良好的防滑性能。当专业人员在杆塔上作业时间比较长,出现手脚麻木等不利情况时,应当及时更换人员。适当轮换安排在电杆、铁塔上的作业,以确保冬季检修、施工、作业的安全。

13. 小区业扩　规范管控

入冬之际,一些新建住宅小区纷纷收尾竣工。供电公司集中专业人员和力量,对新建和在建小区业扩报装业务进行专项检查和服务,保障居民客户及时、优质、安全用电。

许多区域的新开发小区明显增多,供电公司专业人员热诚受理审核各开发商住宅配套电力设施供电方案。经过分析比对,发现一些小区存在建设标准不统一、管理不规范等情况,直接影响客户供电可靠性,损害广大居民正当用电权益。因此,供电公司加强对报批的新建、在建小区业扩报装情况的实地检查。

在现场检查过程中,供电公司专业人员针对小区电力建设中存在的安全隐患,向各开发商发出整改通知书。对存在的共性问题,现场召开业扩专题会,并给予明确提示和解答。制定实施相关整改方案,营造安全的供电市场环境,促进客户用电工程早验收、早送电。

针对小区高楼和电梯的增多,供电公司注重有针对性地采取安全措施。协助客户防范突发停电、设备故障停电等导致电梯突然停机瘫痪、危及电梯乘客生命安全等隐患。认真维护用电客户的安全,主动协助减少电梯安全事故的发生。供电公司专业人员在小区用电报装和用电检查管理过程中,严格把好安全用电关。

注重加强小区业扩报装的基础管理,把好投运关。针对小区高楼多、可靠性要求高等特点,供电专业人员严格按照相关规范组织勘察设计、方案制定、设计审查、中间检查和验收投运工作,确保小区供用电设施配置可靠,安全质量、工艺都满足安全用电要求。签订与履行小区配备自备电源的安全协议,认真解决客户配备发电机等备用应急电源问题,以备不时之需,并且严密采取防止客户反送电到电网设备上的安全措施。

注重加强小区计划停电管理,把好预先通知关。对于小区的计划停电和临时停电,供电公司均应严格审批,并按照规定提前 7 天或 24 小时告知。实行人性化、灵活化、个性化等安全服务,采取短信通知、电话通知、张贴公告等方式,多渠道通知小区业主或物管,提前做好有关停电的准备。供电公司将这些安全服务举措规范化、制度化,认真实施。强化小区停电事宜的管理,确保小区执行计划停电或临时停电期间不发生隐患及事故。

　　注重加强小区的安全动态巡视管理，把好监督关。供电作业人员按照相关规制，加强对小区供用电设施的安全巡查，并对发现的安全隐患提出整改意见，下发安全隐患整改通知书。督促小区及时整改，消除缺陷。加强沟通和痕迹管理，将安全隐患整改通知内容送达当地政府主管部门安监局等备案。对于拒不整改的小区用电客户，提请政府主管部门监督整改，规避供电企业品牌形象风险，同时为小区用电客户认真负责，保障小区的安全用电。

14．有载调压开关　调节防范异常

　　随着冬季用电峰谷差距的拉大以及迎峰度冬安全工作的深入，变压器有载调压开关调节次数日趋频繁，对有载调压开关的安全性能提出了更高的要求。因此，供电公司专业人员注重加强变压器有载调压开关的检查和维护，以保障发挥有载调压开关的可靠性及重要性。

　　在供电系统电能传输过程中，电压在用户侧负荷处产生电压降，电压降随着用户侧负荷的变化而变化，并且供电系统变压器本身存在阻抗，也影响着电压降的波动。系统电压的波动加上用户侧负荷的变化将引起电压较大的变动，从而造成供电系统的不稳定供电。在变压器中安装有载调压开关，在不停电的状态下，通过分接开关改变变压器绕组的匝数进行电压调整，使变压器的输出电压处于规定的波动范围内。在实现无功功率就地平衡的前提下，当电压变动超过规定值时，有载调压开关在一定的延时后动作，按照一系列设定的动作顺序进行电压的调压，保持电压的平稳，并可保证电网系统供电稳定性。

　　迎峰度冬，需要保障电网的供电质量。有载调压开关被广泛应用于变压器的电压调整，同时有载调压开关在变压器事故中的占有率也逐年增加。因为，有载调压开关作为变压器中唯一经常动作的部件，其安全性能直接决定变压器能否安全可靠运行，对电力系统的供电可靠性影响也很大。所以，有载调压开关的性能直接影响变压器是否能稳定运行，其故障将影响电力设备和系统的安全可靠性，可造成供电中断等供电事故。

　　供电公司专业人员针对有载调压开关的使用情况和故障趋势，认真研究有载调压开关运行状态的诊断分析方法，及时解决设备故障等课题，保障电网系统的供电可靠性和安全性。

　　有载调压开关是能够在高电压、大电流下动作的设备，容易产生绝缘劣化和机械故障。在运行实践中，变压器有载调压开关的异常现象多种多样：调压开关电动机构故障，主要包括电动机构连动、箱体进入雪水、齿轮盒渗漏油等，这种故障占总故障的 70% 左右；开关本体出现故障，主要包括油室渗漏油、紧固件松动、触头运动卡滞、触头磨损等，这种故障易导致接触不良等症状。供电公司专业人员认真分析和解决有载调压开关的异常及故障问题，对具体现象及问题，分门别类，实行具体分析、具体逐项解决。

当升降分接头都不能动作时，供电公司专业人员重点检查总电源，仔细检查把手，看其位置是否正确。如果是电容损坏引起的不能操作，应及时更换电容。当某一个升降分接头不能操作时，表明电机主回路无故障，主要应检查故障电路中所串接的触点、元件及回路。

当储能机构失灵的故障时，供电专业人员加强分析和防范。分接开关干燥后，在无油情况下操作，或者有异物落入切换开关内，往往会引起储能机构失灵。因此，对于调压开关，严禁在干燥后无油操作，应经常做好清洁工作。

当调压开关出现手动操作正常而电动操作拒动故障时，往往是操作电源失电或电动机控制回路发生故障。对于操作电源问题，供电专业人员使用万用表进行测量。其测量结果如不正常，则应查找电源点。如果是电动机控制回路故障，则应检查手动机构中弹簧片有没有复位。如果没有复位，则会造成闭锁开关触点没有接通，从而导致拒动。对此，采取相应的故障排除技术措施。

对于有载调压开关本体上盖密封垫渗油，或有载调压上气体继电器密封垫渗油问题，供电专业人员应紧固压紧螺栓，或者更换密封垫。

当变压器有载调压开关储油柜油位异常升高或降低时，应采取调整开关储油柜油位措施，如果继续出现类似故障现象，则应判断为油室密封出现故障，因此造成有载调压开关储油柜油与主变压器本体油互相渗漏。这时应该打开有载分接开关查找渗漏点，抽尽调压开关油室内绝缘油，在变压器本体油压下观察绝缘护筒内壁、分接引线螺栓及转轴密封等处是否有渗漏油。根据具体故障原因，进行更换密封件或进行密封处理。切实加强变压器有载调压开关的检查与维护，为电网迎峰度冬打好设备安全基础。

15. 严寒抢险　趋利避险

随着节气的变化，供电抢险及抢修的现场环境发生了变化，室外往往是风雪弥漫、冰雪交加。对此，供电公司高度重视在严寒状态下的抢险及抢修安全管理工作，组织专业班组勤练内功，采取有效的安全措施，在快速处理故障的过程中，保障人员与设备的安全。

各有关专业班组针对易发设备短路等故障，开设冬季安全技能大讲堂，全体人员需要熟悉和掌握故障的处理流程和安全措施。组织经验丰富特别是经历过特大抢险的专业人员讲课，带领班组人员查找容易出现的隐患，模拟和探讨抢修细节过程。开展应急培训，加强演练，举一反三，不断提升在严寒环境中的应急抢险能力。

在风雪中抢险与抢修过程中，应当加强人员的自我保护。平时预备及配置好棉衣、棉裤、棉手套、棉安全帽等御寒物品，以保障有足够的御寒条件。否则在严寒中抢险与抢修，由于冻手、冻脚、冻耳朵会严重削弱抢险抢修的力量和效率，甚至会冻坏人员身体，危及安全。因此，应当重视和准备好足够的御寒衣物及备品，这是在严寒中抢险与抢修的重要安全基础工作，不可马虎大意。

在严寒中抢险与抢修时，应当全面考虑，谨慎处理。出发前，工作负责人应根据实际故障整合工器具、图纸、备件等材料，切勿由于慌忙而有所遗漏。冰雪之路，往返不易，应当掌握"慢就是快、快就是慢"的道理，稳妥周密，提高整体效率。

风雪中抢险与抢修，需要"知己知彼"，方能"百战不殆"，应当详细了解恶劣天气中的风力、降雪及冰冻等情况，准备的人力及物力能否满足抢险等要求。须知抢险不是冒险，不可盲目抢险，否则往往 "祸不单行"。在特殊情况下必须马上进行的抢险与抢修，应当及时汇报，确认无误后，方可行动。

各有关专业班组，应按照所负责的设备、区域，分解细化落实抢修程序及方案，绘制安全可行的抢险作业流程图。认真根据现场实际情况和自然灾害的不确定性，灵活编制实施反事故措施。

迎风斗雪，到达现场后，工作负责人应全面快速地提示故障点、危险点，告知抢修的思路、分工及防护等措施。在抢险与抢修过程中，必须严格执行作业规范及安全措施，不可为了抢进度而违章作业，工作负责人应实时跟踪进度，结合严寒环境及时调整抢修方案。充分根据故障类型以及班组内人员的状态和技能水平，合理安排抢险与抢修步骤。根据险情的轻重缓急情况，实行先高压后低压等顺序，及时恢复主干线路供电，尽快缩小险情危害的范围。机动灵活采用临时性措施，尽快排除险情，恢复供电。

对于触电及火灾现场的抢险，应快速切断电源；对于倒杆抢险，应当尽量采取临时电缆加快通电；对于变压器损坏的紧急情况，应当采取临时装设变压器的措施，应急供电。

总之，应做好安全抢险应急分析与谋划，保持思路和条理清晰，越是特殊情况，越要保障安全，尽快脱离、隔离险情及其各种危害。应特别注意现场的危险点，加强现场安全监督检查。安监人员应坚守在抢险、抢修的一线，及时纠正各类不安全行为，保障抢险及抢修的全方位、全过程安全。

16. 警惕频繁跳闸　切勿强行送电

供电公司认真开展迎峰度冬工作，重视排解严冬高峰负荷带来的各种安全隐患，不断加强安全检查和防范工作。针对用电客户剩余电流动作保护器，即剩余电流动作保护器频繁跳闸等问题，供电公司高度重视。组织专业人员帮助用电客户查找剩余电流动作保护器频繁跳闸的原因，提出相关处理方法和技术对策。

许多用电客户重视执行安装剩余电流动作保护器的有关规定，在低压用电设备安装剩余电流动作保护器。供电公司加强对用电客户进行安全用电检查，治理不安全和不规范用电现象。剩余电流动作保护器能够在线路漏电、人触电的情况下自动断电，可以有效防止因触电、漏电造成的人身伤害和电气设备损坏事故。当剩余电流动作保护器频繁跳闸时，应注意不要强行合闸送电，而应引起警觉，认真检查存在的隐患及问题。

当剩余电流动作保护器跳闸时，需要考虑剩余电流动作保护器本身是否存在问题。可将保护器出线拆下试送电，若试送不上，则说明保护器本身有问题，应及时检修剩余电流动作保护器，或者更换合格、安全功能正常的剩余电流动作保护器。低压电网一般采用三相四线制供电，当中性线发生断路时，由于居民客户共用一根中性线，相线则是从三相电源接入的，当三相负荷不平衡时，中性点就会发生偏移，用户电源进线电压可由原来的220V升至380V，从而导致保护器跳闸。处理这类故障时应慎重，可先用验电笔检查两根电源进线是否带电，如果都带电，需要用万用表测量进线电压，如果电压达到300V左右，则可能属于中性线断路。这时处理好故障后再合开关送电。否则有可能因为电源电压过高而烧坏电器设备，甚至引起火灾事故。

如果保护器在安装时接线螺钉未拧紧，时间一长，会导致接线处氧化、发热，甚至容易使电线绝缘层被烧焦，并伴有打火现象。如果能够闻到橡胶、塑料燃烧的气味，则表明是欠压而使剩余电流动作保护器跳闸。此时重新紧固接线柱螺丝，就可以恢复正常用电。

居民客户常用的剩余电流动作保护器，其额定电流一般为 5～10A 或 10～20A。随着居民家用电器的增多，许多家庭的负荷电流已远远超过漏电保护器的额定电流，造成保护器过负荷跳闸。这种情况大多发生在空调器、电暖气等大功率电器的使用中，应将大功率电器单独分路供电，或更换一只额定电流与负荷电流相匹配的剩余电流动作保护器，频繁跳闸问题就可以解决。

在居民用电客户的室内线路或设备发生短路时，剩余电流动作保护器势必跳闸。遇到这种情况，则应检查室内隔离开关熔丝是否熔断，若熔断则要对室内线路及设备进行详细检查。排除故障后，方可恢复送电。切勿在未排除故障的情况下，使用导线代替熔丝强行送电，以免引起火灾事故。排查此类故障可采用分段切除法，先将隔离开关更换成合格的熔丝，将所有用电设备的开关断开后试送电。如果试送电成功，则说明故障点在已切除的电器设备上，然后逐一试送，逐步找到短路的电器设备。如果试送电不成功，则表明故障点在室内线路上，按照"先主路、后分路"的顺序进行试送排查。

当室内线路或用电设备发生接地漏电时，保护器也会跳闸。如果是家用电器漏电，应当把所有用电设备的插头或开关断开，即可恢复合闸。如果在断开所有家用电器设备的电源后，送电后仍然跳闸，则表明是线路漏电。排查线路漏电的方法同样可以按照"先主路、后分路"的顺序进行检查。只要消除故障隐患，剩余电流动作保护器频繁跳闸问题就会解除，从而起到正常的安全保护作用。

17. 接入光伏电　注重保安全

随着光伏发电技术的应用，供电公司专业人员加强有关安全管理工作，以保障电网的安全运行。

根据电力线路的输送容量和变电站负荷，装机容量 5MW 左右的发电机组一般接入 10kV 电压等级。10kV 及以下、6MW 以下光伏发电，为分布式光伏发电。

接入分布式光伏发电后，应当重视维护配电网安全运行的稳定性。因为，接入分布式光伏发电后，传统辐射状的无源配电网络变成充满中小型电源的有源网络，潮流开始双向流动，电网各项保护定值和机理发生重要变化。分布式电源并网运行可能会引起电网电压和频率的偏移，电压波动和闪变等电能质量问题也会给电网安全稳定运行带来很大威胁。这种情况下，应注重保证配电网安全运行和可靠供电。线路、装置、控制保护，应当更加智能和先进，各种管理和保护措施也必须到位。

加强智能电网的建设，为分布式电源的接入以及互动创造空间和条件。分布式光伏接入后，配电网智能化应注重解决安全问题。在配电系统和分布式电源用户之间，应增强电力和信息的双向交换和配电自动化系统功能。加强分布式电源运行、并网、环境状况等方面的监测数据采集，深入开展分布式电源接入配网系统的故障诊断、保护定值远方设置与控制等工作。

供电公司组织专业人员认真执行国家电网公司印发的《分布式光伏发电接入典型设计》文件要求，在遵循"安全可靠、技术先进、投资合理、标准统一、运行高效"的设计原则下，审核通过有关客户的光伏发电项目接入系统方案。

根据分布式光伏发电资源分散、项目容量小、发电出力具有波动性和间歇性等特点，其接入方案应满足分布式光伏发电与电网互适性要求。供电公司通过各专业审查确定安全原则，分布式电源与电力客户在同一场所，单点并入电网后自发自用剩余电量上网。既满足电站接入要求，又便于运行管理。为保证电网安全，分布式电源发电侧必须采用断路器保护，逆变器具有防孤岛检测安全防护功能。

分布式电源接入点的产权侧加装具有明显断开点的隔离开关等安全防护装置。分布式电源电能量计量关口表按双表设计，精度要求不低于 1.0 级。加强低压谐波测量与治理、分布式电源的电能质量考核以及运行维护管理。接入分布式光伏发电的规模，由光伏接入所在的线路特性、变压器容量等一次设备特性决定。严格执行有关标准，接入分布式电源容量的上限应不超过上级变压器所带负荷容量的 25%。

分布式光伏发电均并到主网运行，不存在切换问题。分布式电源投切时，应注意维护电网的正常供电。开发微电网配置储能装置，实现持续供电，避免出现电灯"眨眼睛"频闪现象。微电网由多个分布式电源及其相关负载按照一定的拓扑结构组成，通过静态开关关联至常规电网。微电网对于主电网形成补充，成为构建智能电网领域的重要组成部分。

供电公司注重在工商业区域、城市片区及偏远地区推进应用，积极推进微电网的快速发展。开发和延伸微电网，充分促进分布式电源与可再生能源的大规模接入，实现对负荷多种能源形式的高可靠供给。推进实施主动式配电网的技术手段，加快向智能电网迈进，增强电网安全运行的稳定性。

18. 绝缘穿刺线夹　掌握安装要领

加快实施电网建设改造，推广采用架空绝缘导线，促进电网绝缘化率的大幅提高。在架空绝缘导线施工过程中，利用绝缘穿刺线夹进行线路搭接。在现场实际安装过程中，往往因技术工艺不熟、操作不当，而导致接触不良、导线卡断等不安全问题。对此，供电公司注重加强人员施工培训，使其正确掌握绝缘穿刺线夹的安装施工方式和方法。

安装之前，应注意正确选择参数规格。根据搭接导线和主干导线的规格型号，认真选择相对应的绝缘穿刺线夹。不能把高压绝缘穿刺线夹，用在低压电网上，也不能把低压绝缘穿刺线夹，用在高压电网上。应当注意，由于高压绝缘导线的绝缘层，比低压绝缘导线的绝缘层厚得多，使用后会出现接触不良，甚至不通电的情况，或者出现把规格较小导线卡断的现象。

掌握安装前的注意事项，明确绝缘穿刺线夹不能用于裸导线的连接。裸导线与绝缘线连接是不能够用绝缘穿刺线夹的。安装前应当将绝缘穿刺线夹表面清理干净，附着杂物会使线夹的导电性、密封性大大降低。

施工中，应正确使用专用力矩扳手。在绝缘穿刺线夹安装过程中，应使用专用力矩扳手，夹紧绝缘穿刺线夹。在线夹与导线接触到位后，力矩螺母自动断裂脱离。这样夹紧后接触良好紧密，且不会卡伤导线。如果使用其他普通扳手，如活络扳手等工具进行施工，往往会由于用力不均匀，拧紧螺栓会提前断裂或不断裂，也会造成接触不良，或是造成导线卡伤卡断的结果。

根据工艺要求，线夹只准一次使用。由于穿刺型绝缘线夹的力矩螺母，由里外两层组成，外层的力矩螺母是只能夹紧线夹用的。在两根导线搭接时随着螺母的拧紧，穿刺线夹的刺针穿过导线绝缘层后碰在导线金属体上，其针头会变形变钝受到阻力增大，达到设计好的预定值时外层的力矩螺母断开。里层的力矩螺母是在拆卸绝缘穿刺线夹时用的，如果第二次再使用，则无法保证紧密接触。

注意安全质量，辅助技术措施应当到位。由于绝缘导线在遭雷击时，泄放雷电流困难，容易造成断线。因此，在冬季施工时，不要忽略夏季的防雷问题。线路五档及以上时，应当在其首端、末端、中间加装避雷器。

采用绝缘导线，发挥其优点的同时，但也应当重视解决其存在的缺点。当进行电力线路停电检修时，在绝缘导线上装设临时接地线会出现困难。因此，应当在施工时就注重选择适当的位置，预先装好穿刺形接地环，以便于在线路检修时，采取装设临时接地线的安全技术措施，以保障检修人员的安全。

19. 保护电力设施　实行多措并举

针对冬季外力破坏的特点，供电公司加大安全宣传力度，增强群众护线、护电意识。随着经济社会发展、城镇化进程的加快以及群众生活水平的不断提高，电网规模不断扩大，安全管控、电力设施保护的压力与日俱增。

电力设施保护，宣传必须到位，供电公司积极营造安全用电氛围。出动宣传车，走街串巷，开展宣传。针对部分村庄留守儿童、留守妇女比较多的状况，广泛发放《电力安全宣传挂图》，通俗易懂、雅俗共赏，普及安全用电及电力设施保护知识。在中、小学校，供电人员为学生们讲解电力设施保护课程。提高孩子们安全用电意识。同时供电公司实行开展联防工作，层层签订安全目标责任书，传递安全管控压力。

由于电力设施分散，一些设备和线路不能保证每天都能巡视到。因此，供电公司积极发动群众与员工共同护线，对发现或举报电力设施被破坏的群众给予一定的物质奖励。供电公司积极与当地政府、公安等部门加强沟通，联合采取措施保护电力设施。细化实施废旧电力设施器材收购管理规定，要求登记出售者基本信息、物品来源、规格、数量等，且登记记录保存应不少于两年。加强采石场的安全管控，扩大禁止开展爆破作业的范围，在电力设施附近，严格规定采石场的爆破范围应不小于 500m。实施电力设施保护办法，加强保护监督与管理，保障电力设备的安全。

树障问题是电力设施保护的一个难题，在解决的过程中，往往不能一劳永逸。由于政策性强，砍伐难度大，涉及方方面面的利益，在处理树线矛盾、房线矛盾和违章施工矛盾时，供电公司积极与有关部门沟通协作，把供电服务的优势转化为开展工作的优势，有效处理各种问题。协调解决存在的树障隐患，以政府文件等形式，办理线路通道处理行政许可手续，解决树线矛盾问题，实现线路安全与地方森林防火双赢的局面。加强电力线路的通道治理工作，在巡查中，多上门做宣传，用真实的案例，提高群众对线下树障和建房危害的安全认识，重点做通思想工作，变堵为疏。

供电公司注重探索技术方法，加强和改善电力设施安全保护，有效提升电力设施安全管理水平。积极采用便捷式带电导线安全警示牌，防止夜间超高车辆及吊车触碰导线，其在夜间微弱光线下也能发光，警示效果强。警示牌注重安装方便、操作简单，在电力线路正常运行情况下，灵活悬挂和拆卸。带电导线安全警示牌在房屋、公路、场院等附近的高压线路上悬挂，增强电力设施安全警示效果。

20. 用起万用表　奥秘知多少

在电力工程施工及检修作业过程中，经常使用万用表。顾名思义，万用表的用途多种多样。使用万用表时应注重安全和准确，认真掌握其"奥秘"。

操作万用表进行测量时，如果测量直流量，应先判明被测项目的极性。如果测量电压量，应把万用表并接在被测电路上，测量电流量，则应把万用表串接在被测电路中。

在测试状态下不可以换挡，也不允许带电测量电阻，否则会烧坏万用表。在测量时，如果需要换挡，应首先断电，然后重新进行调零。另外，在使用万用表时，必须把表水平放置，以免造成误差。同时，应注意避免外界磁场对万用表测量值的影响。不可在电阻挡，测量微安表头的内阻。不可用电压挡，测量标准电池的电压，以防止造成被测电路短路事故。

万用表有指针式、数字式，应根据各自的特点，注意适当选用。指针式万用表，读取精度相对比较差。但是，其指针摆动的过程比较直观，摆动的速度、幅度有时也能比较客观地反映被测量的大小。数字式万用表，读数直观。但是其数字变化的过程看起来杂乱，不太容易观看。指针式万用表内一般有两块电池，一块是 1.5V 低电压的，一块是 9V 或 15V 相对高电压的。其黑表笔相对红表笔来说是正端。数字式万用表，通常只用一块 6V 或 9V 的电池。在电阻挡，指针式万用表的表笔输出电流，相对数字式万用表来说要大很多，用 R×1Ω 挡可以使扬声器发出响亮的"哒"声，用 R×10Ω 挡甚至可以点亮发光二极管（LED）。在电压挡，指针式万用表内阻相对数字式万用表来说比较小，测量精度比较差。在某些高电压微电流的场合甚至无法测准，因为其内阻会对被测电路影响较大。数字式万用表电压挡的内阻很大，至少在兆欧级，对被测电路影响很小。但极高的输出阻抗使其易受感应电压的影响，在一些电磁干扰比较强的场合，测出的数据可能是虚的。

经过比较，大电流高电压的模拟电路，适用于指针式万用表。低电压小电流的数字电路，则适用于数字式万用表。

使用指针式万用表时，应当掌握的安全方法和注意事项。在使用指针式万用表之前，应当先进行机械调零，使万用表的指针指在零电压或零电流的位置。操作指针式万用表时，不可用手去接触表笔的金属部分，保证测量的准确性和测量人的人身安全。使用指针式万用表测量电流与电压时，不可旋错挡位。如果误用，就极易烧坏万用表。也不能在测量时换挡，尤其是在测量高电压或大电流时，否则会使万用表毁坏。如需换挡，应先断开表笔，换挡后再去测量。使用指针式万用表测量电压、电流时，如果不知道被测电压或电流的大小，应采用"先高渐低"的测试方法。先用最高挡，而后再逐步选用合适的挡位来测试，以免表针偏转过度而损坏表头。对于所选用的挡位愈靠近被测值，测量的数值就愈准确。使用指针式万用表，测量直流电压和直流电流时，应当注意"+"、"−"极性，不要接错。如发现指针反转，应当立即调换表棒，以免损坏指针及表头。

指针式万用表在使用完毕后，应将转换开关置于交流电压的最高挡。如果长期不使用，还应将电池取出来，以免电池腐蚀表内其他器件。

使用数字式万用表时，应当掌握安全方法和注意事项。

电力工作人员在使用万用表测量之前，应当先检查测量挡位是否正确。大多数情况下，数字式万用表的损坏是因为测量挡位错误而造成的。如在测量较高电压时，测量挡位选择置于电阻挡，这种情况下表笔一旦接触，瞬间即可造成万用表内部元件损坏。当使用完毕后，应当将挡位置于交流 750V 或者直流 1000V，这样在下次测量时无论误测什么参数，都不会造成损坏。

在实际测量中，有些数字式万用表的损坏是由于测量的电压、电流超过量程范围造成的。如在交流 20V 挡测量较高电压，很容易造成交流放大电路损坏，使万用表失去交流测量功能。在测量直流电压时，所测电压超出测量量程，同样易造成表内电路故障。在测量电流时，如果实际电流值超过量程，也会引起万用表内的熔丝烧断。因此，在测量电压参数时，如果不知道所测电压的大致范围，应先把测量挡置于最高挡，通过测量其值后再换挡测量，以得到比较精确的数值。对于所要测量的电压数值远超出万用表所能测量的最大量程时，则应另配高阻测量表笔。数字式万用表，除了能够检测电流、电压数值，在实践经验中，还有一些特别的灵活、巧妙用途。

巧用数字万用表，能够判断线路或器件带不带电。数字式万用表的交流电压挡很灵敏，哪怕周围有很小的感应电压都可以有显示。电力工作人员可以充分利用这一特性，将数字万用表当作测试电笔用。其测试方法是，将数字万用表打到交流 20V 挡，黑表笔悬空，手持红表笔与所测路线或器件相接触。这时数字万用表会有显示，如果显示数字在几伏到十几伏之间，注意不同的数字万用表会有不同的具体数据显示，如果有相应的数值，表明该线路或器件带电；如果显示为零或很小，则表明该线路或器件不带电。

巧用数字万用表，能够区分导线是相线还是零线。将数字万用表打到交流 20V 挡，黑表笔悬空，手持红表笔与所测路线或器件相接触。这时数字万用表会有显示，进而进行判断。显示数字较大的就是相线，显示数字较小的就是零线。还有一种测试方法，不需要与被测量的线路或器件接触。可将数字万用表打到交流 2V 挡，黑表笔悬空，手持红表笔使笔尖沿线路轻轻滑动。这时表上如果显示为几伏，表明该线是相线，如果显示只有零点几伏甚至更小，则说明该线是零线。这种判断方法，不与线路直接接触，不仅安全，而且方便快捷。

巧用数字万用表，能够寻找电缆的断点。当电缆线出现断点时，电力工作人员利用数字万用表的感应特性，就能很快找到电缆的断开点。先用电阻挡，判断出是哪一根电缆芯线发生断路。然后，将发生断路的芯线一头接到交流 220V 电源上，将数字万用表调到交流 2V 挡，黑表笔悬空，手持红表笔使笔尖沿线路轻轻滑动。这时表上若显示有几伏或零点几伏的电压，注意电缆不同读数往往不同，如果移动到某一位置时表上的数值突然降低很多，记下这一位置。一般情况下，断点就在这一位置的前方 10～20cm 的地方。

万用表不使用时，应将表存放于干燥、无尘、无腐蚀性气体且不受振动的场所，以维护万用表的安全可靠性能。

21. 防止反送电 技术控关键

供电公司不断加强用电客户自备电源的安全管理，注重从技术手段上采取可靠措施，防范用电客户自备电源反送电到电力线路及电网设备上，避免人身事故的发生。

用电客户的自备电源运行期间，自备电源系统与接入电网电源系统之间，在各方面至少设置一个明显的断开点。设置隔离开关，并拉开隔离开关，这是杜绝自备电源向电网反送电的重要技术环节。

供电专业人员加强督导，通过技术措施保证客户常用电源开关未退出运行，其备用电源开关不能投入运行，或者备用电源没有退出运行，常用电源不能转入运行状态。对于手动操作的开关，设置机械闭锁；对于电动操作的开关，设置电气或逻辑闭锁。

为了缩短用电过程的中断时间，应当设置双电源自动切换装置。注重指导客户选择质量可靠，并经过电力产品技术监督权威部门认可、可以入网运行的产品，以保障设备和人身安全。

设置双电源自动切换装置，在常用电源、备用电源都不具备运行条件时，应当保证任何一路电源开关不会自动合闸。任何一路电源具备运行条件后，只有通过人员操作才能投入运行，以防设备突然加压对在负荷回路工作的人员造成威胁。并且应当设置常用电源以及备用电源的电压监视装置。

用电客户的备用电源，应有足够的容量，相对总负荷还应有一定的余度，以保证大容量负荷顺利启动。如果由于负载回路短路或其他短时不能消除的故障而失去电源时，应保证备用电源不会自动投入运行，以防止事故扩大。

客户的一路负载，只可设置一个备用电源，不可设置多路备用电源，以防非同期并列造成电源设备的损坏。客户备用电源的保护装置，应注意科学合理。保护动作值不可设置过大，以保证自备电源能够长期稳定运行。用电客户的自备电源在投入运行前以及运行后，要求客户必须及时通报供电公司电力生产调度，以利于对突发等事件的全面妥善处理。

供电专业人员对于有自备电源和备用电源的客户，应当加强安全检查。认真清理自备电源的使用情况，认真审查客户自备电源是否按照规定履行了申请、验收等程序，确保采取了必须的机械闭锁等防止反送电的技术措施。严格监督其操作规章制度等是否完备、客户值班员是否执证上岗，以确保客户值班人员的上岗资质和安全技能。

对于不具备安全用电条件的客户采取控制措施，限期整改。用电管理人员应当定期对自备电源客户进行检查，及时发现和处理问题，特别是对发现的不安全因素，严格限期整改。对于违反《自备电源客户用电协议》的现象，应及时制止并按有关规定严肃处理，并做好记录。

供电专业人员应当认真把好客户自备电源的安装、并网、运行的技术关，严格执行自备电源及备用电源投入使用的安全规定。凡有自备电源及备用电源的客户，在投入运行前必须向供电公司提出申请并签订协议，必须装设防止向电网反送电的安全装置。凡需并网运行的电源，必须依法与供电公司签订并网协议后方可并网运行。

切实加强对有自备电源及备用电源客户的日常安全管理和技术监督，建立完备的用户档案资料，在电气一次系统图和线路图上都应当有完整的体现。依法监督用电客户认真执行国家有关电力法规及行业规程与规定，指导客户建立健全产权范围内的设备检修和运行台账等基础资料，制定实施相关的制度，确保自备电源和备用电源的正确投、停，以保障电网的整体安全。

电力工作人员应严格执行安全工作规程，认真做好停电、验电、挂接地线等技术措施。在断开有可能反送电的断路器及隔离开关时，应配套悬挂"线路有人工作，禁止合闸"的标示牌。在工作地点的各端必须挂接地线，对有可能送电到停电线路的分支线也必须挂接地线。控制每一个技术环节，从而防止反送电造成的人身触电事故的发生。

22. 小雪大风　敏锐反应

进入小雪节气，受强冷空气影响，出现降雪降温天气，最大风力达 6 级以上。供电公司积极采取措施，全力应对节气和气温变化，确保电网安全稳定运行。

供电公司加大对输配电线路和变电设备的巡视力度，对重点线路、设备增加特巡频次，重点防范大风降雪降温引发的设备异常、导线舞动、倒杆断线等故障的发生。全面清理线路走廊，严防树木倾倒造成设备跳闸。积极与气象部门联系，密切关注天气变化，及时补充抢修物资，安排好抢修队伍，强化对施工现场的安全防护监督管理，保障人员设备安全。

调度作业人员加强电网运行监控，实行科学规范调度，合理优化和调整电网运行方式。密切关注电网负荷变化情况，及时跟踪电网运行状况。强化电网调度和稳定运行分析工作，针对气温下降导致电网用电负荷明显增长的趋势，注重做好大负荷下电网运行方式的调节及发供电平衡工作，加强电网潮流监视，确保电力可靠供应。及时制定故障应急预案，超前做好事故预想，深入分析掌握电网负荷变化，强化需求侧管理和过程管理，全力保障恶劣天气下企业的正常生产和居民的正常生活。

供电公司成立以主要负责人为组长的迎峰度冬保电领导小组，采取有效措施，应对各类自然灾害。加强组织专人对变电站进行特巡排查，掌握重要客户的供电方式和用电情况，确保及时发现并消除隐患。成立应急抢修队伍，加强人员、物资、工器具的及时补充和调配。严肃值班纪律，各变电站及调度人员严格遵守值班制度，动态了解设备运行状况，做好各项预防事故的措施。认真贯彻落实"安全第一、预防为主、综合治理"的方针，加强人身、电网和设备的安全管理，强化电网安全管控。

同时，供电公司全面加强个人劳动防护用品管理，开展冬季施工安全生产知识的宣传、教育和培训，提高作业人员的自我防范意识和安全操作技能。严格落实冬季施工的防冻、防滑、防高空坠落等措施和到岗到位制度，认真检查各项安全措施，并结合天气情况制定有针对性的措施。

认真落实防寒防冻、防外力破坏、防小动物、防污闪等季节性措施。加强对大负荷设备的接点测温工作，加大充油充气设备的巡视检查力度。检查供电设施的防火防爆、防污闪状况，对发现的薄弱环节认真分析并消缺。根据天气变化情况及时投入取暖设备，做好设备维护工作，强化电网安全管控。对于重要、高危客户加强安全检查，从供电服务、安全监督、客户用电设施管理等方面，查找安全隐患。对于不符合安全要求的客户督促整改，发挥安全技术监督作用，强化迎峰度冬安全管理。

23. 安全生产　人人有责

电力安全生产是电力企业生存与发展的基础工作状态，更是一种对社会、对企业、对员工的责任。在设备、环境和人员这三者因素中，人的因素至关重要。因此，安全生产应当遵循以人为本的科学发展观。实行人人有责、人人给力，提升安全意识和保证安全生产的能力。

在电力安全生产实践中，有的管理人员往往对于安全生产漠不关心，误以为安全操作、检修、施工、作业那是生产一线岗位人员的事情，检查纠正现场违章那是安监人员的事情，进行电网改造、建设与投运那是专业人员的事情。在安全生产中存在的直接或间接管理不到位问题，会影响安全生产的整体氛围和效能。有的班组安全管理比较粗放，班站长对安全细节控制不到位。个别员工的执行力不强，作业现场存在不安全现象。安全生产培训工作往往"大帮轰"，安全教育培训开展的不均衡，差异化、个性化的培训不到位。针对队伍中存在的"不到位"等问题，电力企业认真寻求解决问题的途径和安全方法，加强实行全员、全方位落实安全生产责任制。

电力安全生产涉及方方面面，政工、人力资源、资产财务、物资供应、营销、后勤服务等岗位，其工作作风和工作质量都与电力安全生产息息相关。电力企业需要技术和业务高密集分工与合作，每个人都应是安全生产的责任人。供电公司组织开展安全生产综合分析，查找"短板"。个别管理者在工作中处理问题不当，会引发员工抵触情绪。如果对于安全生产不够重视、不予支持、配合不默契、一点点的细微环节消极与失误，都会直接影响电力安全生产。因此，电力企业应当制定实施全员安全生产责任制。

找出薄弱环节，注重把责任细化到每一个人，做到安全人人有责。注重真正做到齐抓共管、防患于未然。安全工作天天讲，月月讲，年年讲，在每一个人心里形成一道道安全防线，形成安全"大环境"和整体氛围，实现安全生产的长治久安。

电力企业各级管理者应当关心、关爱、关注安全生产一线员工及事故、检修、作业状况，了解其安全生产需求，解决实际困难，解除后顾之忧。严格细致制定安全生产管理办法，明确管理者的安全责任，实行管理失误责任追溯制度，摒弃敷衍塞责等行为。在考核检查等方面坚持原则，雷厉风行，公平公正，奖罚分明。管理者平时应当多下基层，加强和一线员工的沟通。及时化解各种矛盾，让员工以良好饱满的精神和健康的心理状态投入到电力安全生产工作之中。

生产专业班组对安全教育应常抓不懈，对具体安全管理应持之以恒，还应注重安全措施的日臻完善，安全生产管理水平的不断提升。班组长在管理方面应当以身作则，"身到、心到"严格管理，坚决执行各项规章制度。提前召开施工检修作业协调会，对工作内容进行研讨。综合解决人员提出的问题，明确具体工作任务、范围和交叉作业等注意事项。周密制定实施检修作业等综合计划，按工作内容，在作业计划的基础上进行任务划分。对参与检修施工作业的人员合理分组，明确现场工作负责人及小组安全员，认真落实安全工作措施。发现问题或隐患应及时处理，将不安全问题控制在萌芽状态。

现场工作负责人应对作业人员的安全以及工作项目的安全和电网设备的安全负责，现场指挥、协调施工作业等工作，并按照工作任务，将作业人员分成若干个作业小组，每个小组各指定一名小组负责人，负责各小组工作。加强现场安全教育，加强教育和疏导，纠正各种习惯性违章，使被教育者做到端正心态，直面问题，认识错误，在及时正确解决问题的同时，将安全生产措施落到实处。

生产一线往往任务繁杂，一线员工应当加强安全隐患排查治理，认真落实安全生产岗位责任制。认真开展危险点分析检修、施工作业安全问题，对电力事故案例进行仔细剖析，结合自身工作加强各类风险的警示和预控。举一反三，吸取教训，采取防范措施，规范安全作业行为，夯实安全生产责任基础。

24. 电流互感器 性能与选择

在电力系统设备中，电流互感器的应用比较广泛，其作用是能够将数值较大的一次电流，通过一定的变比转换为数值较小的二次电流，起到测量与保护的作用。电力工作人员应当注重掌握其技术要点，重视电流互感器的正确选择，发挥电流互感器的安全准确等重要性能。

电流互感器依据电磁感应原理，主要由闭合的铁芯和绕组组成。其一次绕组匝数很少，串在需要测量的电流的线路中。因此，经常有线路的全部电流流过。二次绕组匝数比较多，串接在测量仪表和保护回路中。电流互感器在工作时，二次回路是闭合的，测量仪表和保护回路串联绕组的阻抗很小，电流互感器在实际工作状态中接近于短路。

电流互感器实质上是一种电流变换器，利用一、二次绕组不同的匝数比将系统的大电流变为小电流。变比为 400/5 的电流互感器，可以把实际高达 400A 的电流，转变为 5A 的电流。在选择的过程中，注意满足测量仪表、继电保护、断路器失灵判断和故障录波等装置的需要。在发电机、变压器、出线、母线分段断路器、母联断路器、旁路断路器等回路中，均设具有二次绕组的电流互感器。对于大电流接地系统，一般按三相配置；对于小电流接地系统，依具体要求按二相或三相配置。

应当谨慎选择保护用电流互感器的装设地点，如果有两组电流互感器，且位置允许时，应当设在断路器两侧，使断路器处于交叉保护范围内。

电流互感器应布置在断路器的出线或变压器侧，防止支柱式电流互感器套管闪络造成母线故障。用于自动调节励磁装置的电流互感器，应布置在发电机定子绕组的出线侧，以减轻发电机内部故障时的损坏。用于测量仪表的电流互感器，应装设在发电机中性点侧，便于分析和在发电机并入系统前发现内部故障。

在供电及用电线路中，电流的数值大小往往相差悬殊，从几安到几万安，情况不等，为了便于二次仪表测量需要转换为比较统一的电流，另外，线路上的电压都比较高。如果直接测量是非常危险的，应根据情况，充分考虑电流互感器的使用地点及其位置，以起到变流和电气隔离作用。

认真掌握电流互感器的选择与检验原则，电流互感器额定电压不小于装设点线路额定电压。根据一次负荷计算电流，选择电流互感器。根据二次回路的要求，选择电流互感器的准确度并校验准确度。

正确选择电流互感器的变流比，电流互感器一次额定电流和二次额定电流之比，构成电流互感器的额定变流比。一般情况下，计量用电流互感器变流比的选择，应使其一次额定电流不小于线路中的负荷电流。如线路中负荷计算电流为350A，则电流互感器的变流比应选择400/5。保护用的电流互感器为保证其安全性，可以将变比适当选得大一些。

注意电流互感器准确度的选择，准确度是指在规定的二次负荷范围内，一次电流为额定值时的最大误差。对于不同的测量仪表，应选用不同准确度的电流互感器。用于计费计量的电流互感器其准确度为 0.2～0.5 级；用于监视各进出线回路中负荷电流大小的电流互感器其准确度为 1.0～3.0 级。认真遵守准确度选择的原则，以保障电流互感器的安全可靠性。

25．电暖宝　防烫爆

随着寒潮的来袭，一些用电客户纷纷使用名叫"电暖宝"，也叫"电热暖手宝"的电热取暖用品。与传统的橡胶热水袋相比，电暖宝外形新颖、使用方便，只要充上几分钟电，电暖宝就能保温几小时。因其价格便宜、使用便捷，在天冷时被频繁使用。但是在使用时，一些用电客户因其故障而受害。对此，供电公司专业人员重点提示用电客户，电暖宝市场鱼目混杂，在选购和使用过程应注意安全。

电暖宝按其外形及所用材质，分别有袋类和金属外壳类。袋类，内注液体，手感柔软；金属外壳类，状如铁饼，内无液体，发热体为内置的电阻丝。无论哪一种电暖宝，都需要通过接电来加热。在使用电暖宝时应注意安全，避免爆炸烫伤居民客户事故的发生。在医院烧伤科前去急诊的烫伤患者中，因电暖宝破裂而烫伤的人员占有一定的比例。由于电暖宝这类产品技术门槛并不高，市场上还充斥着不少"山寨版"产品，安全难以保障。一些电暖宝的包装粗糙，无厂家名称、无厂址、无产品合格证，属于"三无"产品。产品质量良莠不齐，存在极大的隐患。

供电公司专业人员开展安全宣传工作，指导用电客户正确选购和使用电暖宝。电暖宝按其内部加热方式与构造，可分为电极式和电热丝式两种。其中，电极式电暖宝中有正负两个电极，直接和袋中的液体，即电解质溶液接触，电极通电后，溶液就带电加热，加热时间较短，约 2~8min，液体膨胀较快，容易爆炸。电热丝式电暖宝中有一个绝缘体绕组，体积比电极式发热体要大。

国家对家用和类似用途电器的安全储热式电热暖手器都有特殊要求，其中关于电热暖手器的承重能力、温度升高情况、断电情况、密封程度，都作了明确而具体的规定。电极式电暖宝因为不符合标准的要求，且容易发生漏电和爆裂危险，被禁止生产销售。

然而一些居民对所使用的电暖宝，并不知道是电极式电暖宝，还是电热丝式电暖宝。供电专业人员提醒用电客户，应当在正规商店购买电暖宝，选择经过国家认证且有明显标识的产品。注意电暖宝应当具有使用说明、合格证明、检测报告以及"3C"认证，切勿贪图便宜购买"三无"产品。使用前应当仔细阅读产品说明书和警示说明，严格按照说明使用。

充电前，应当保持插座干燥。严禁海水、苦咸水、超标自来水注入袋装电暖宝。充电过程中，应先将插头插入贮水式电暖宝上的插口，再接通电源。切忌将电暖宝抱在怀中边充电、边取暖，以防触电事故。袋装电暖宝在充电时，如果发现袋身明显涨起，说明袋内有剩余空气，应先切断电源，再拔下袋身插头，取下注水口处的排气囊，将袋内空气排净，直到注水口有水溢出。袋装电暖宝严禁针刺以及重压，否则会造成漏液、漏电危险。严禁使用强溶剂擦洗，或在水中浸泡擦洗电暖宝。应经常检查电暖宝，一旦老化或破损，应及时更换，以确保安全。

26. 校园用电　严控隐患

夜晚，一中专学生在寝室不慎触电。同学们急忙拨打 120 急救电话，将遭受触电的同学送医院救治。据校方介绍，该学生触电的原因是寝室内电线有多处接头裸露在外，在检查电线时，不慎碰到裸露的接头，造成触电事故。对此，供电公司专业人员提醒校方，安全用电需多方保障，以避免校园触电事故的发生。

学校在装设线路时，应聘请有电工资质的电工持证上岗，进行规范安装。学校应当加强安全用电检查，所有的电器绝缘部分应完好。连接电路的电线外表不可有损伤，如果发现有损伤，应立即停止使用并整改更换。尤其是使用比较频繁的插座，应当统一检查，及时维护。每个教室和寝室都应安装剩余电流动作保护器，并安排专人管理，每月定期进行试跳检查。学校应加强安全用电管理，学生在寝室内不可使用大功率电器和不合格的电器，以保证学生的用电安全。寝室里"热得快"使用比较普遍，容易使电线或插座起火。劣质电线、插座或应急灯的电线外皮容易破损，也易引起短路或起火。对于电炉子、电水壶、电暖器、电炒锅等大功率电器，温度过高，安全隐患较大，易引发火灾。因此，学校应禁止使用。

供电公司组织青年志愿者走进校园，开展安全用电宣传活动。发放《电力安全宣传挂图》等安全宣传资料，详细讲解校园内及寝室用电的安全知识。对学生加强安全教育，引导其掌握用电安全注意事项。尤其是新生们，注意用电安全至关重要。不可用湿手触摸电器，不可用湿布擦拭电器。不随意在寝室内更改、安装电源线路以及插座等设施。

学生宿舍里使用的电脑、音箱、台灯等与学习生活有关的电器，应限于低功率，不可超负荷用电。严禁在床上拉电线，移动式插座不得靠近被褥、衣服、书本等易燃物品，电线周围不可有易燃物品。不可接过多的电源插座，以防插座负荷过大，引起短路，烧毁电器及引起火灾。

宿舍发生线路故障时，应及时报有关维修部门更换或维修，严禁私自更换或维修。不可在宿舍内、走廊及卫生间等区域私拉乱接电源电线。不可在枕边充电，有的学生为了晚上发微信方便，会将手机放在枕边充电。边充电边发微信，这种做法存在安全隐患。手机长时间靠近身体会产生大量的辐射，伤害身体。尤其在手机充电时，使用其发短信或者打电话，会由于有电流、不稳定等原因，发生烧手机或者电池的事故，这时候的电磁辐射更大，并且有触电的危险。

注意做到人走关灯、关电源，各种用电设施使用完毕后，应及时关闭电源开关，以保障学生及校园的安全。

27. 蓄电池虽小　关系大动作

变电站室外风雪弥漫，一条 10kV 线路发生电流速断跳闸现象。电力专业人员处理故障，进行恢复送电操作。在操作过程中，发现高压室内线路开关柜断路器无法合闸，而且直流系统有异常现象。经过检查，该开关柜真空断路器操动机构为电磁机构。观察指示灯，绿灯亮，表明合闸回路正常。装置显示直流母线电压正常，请示电力调度试合闸，以观察故障现象。拉开故障开关柜负荷、电源侧隔离开关，在操动机构处采用加力杆手动合闸正常。测量操动机构处合闸电压、合闸线圈阻值均正常。操作人员在主控室对该开关柜断路器进行合闸，发现该断路器不能合闸，但直流接触器动作。主控室测控、自动装置屏幕和指示灯在合闸瞬间全部失电，约经数秒钟之后恢复正常。

电力专业人员针对实际情况认真分析，查找故障原因。绿灯亮，合闸回路正常，但却不能合闸，表明线圈并没有通过正常的工作电流。室内现场无绝缘烧焦等异味，直流电源开关均没有跳闸。因此，判断不属于直流短路故障。继续合闸试验，用万用表测量合闸母线电压瞬间为零，几秒钟之后又恢复到 230V。因此，循序推断可能是蓄电池出现异常。进行直流屏检测时，选择蓄电池项目无显示。使用数字万用表，逐个测量单体铅酸蓄电池两端电压。当测量到 6 号蓄电池时，显示电压为 146V，其他蓄电池为 15V 左右。因此，判断 6 号电池出现故障。将该电池拆除后短接引线，初始充电电流显示 5A，约几分钟后降为 1.2A。专业人员在主控室试送电，合闸正常。对此，电力专业人员重视蓄电池运行异常问题，加强其故障分析，防范导致开关拒合事故。

电磁机构合闸时，通过合闸线圈的电流属于短时冲击负荷，主要依靠直流蓄电池组储存的电能来完成，而跳闸线圈工作电流很小，充电模块输出的直流就可以使其正常跳闸。因此，断路器跳闸时并没有发现其异常。6 号单体电池端电压为 146V，其内部接近于开路，此时整组蓄电池即无法充电，也无法放电。信号、测控、自动装置的运行，需要靠直流屏充电模块来完成。

电力专业人员注重采取技术方法，加强对蓄电池的检查和维护，以保障其发挥应有的电能作用。电力系统运行过程中，蓄电池组为断路器的合闸提供"能量"。在设备故障情况下，为继电保护、自动装置和断路器的动作同样提供"动力"。因此，应确保蓄电池组不间断供电，可靠满足电压质量及容量等安全要求。

免维护阀控式密封铅酸蓄电池在直流系统中应用比较多，投入运行几年后，会逐渐出现一些故障情况。因此，电力专业人员应注意加强维护和检测。可以经常通过直流屏上的检测单元，对蓄电池组进行检查、监控。如果早期的产品设备没有检测功能，应使用万用表直接测量单体电池两端的电压。常用的单个蓄电池额定电压为 12V，如果发现比其他电池平均电压高 1V 以上时，应及时对其进行维护处理或者更换。

蓄电池虽小，但却起着大作用，应引起足够的重视。注重保持其维系开关柜断路器等正常动作，进而保证电力系统的安全稳定运行。

28. 短路电起火　安装须规范

一制鞋厂发生火灾，经有关部门组成的事故调查组调查分析，该起火灾事故的直接原因是电线短路，产生高温引燃可燃物所致。供电公司组织专业人员加强冬季安全宣传，深入用电客户现场检查电气设施情况，协助分析短路原因，排查火灾事故隐患。

用电客户的电线短路原因有多种，不根据环境选用绝缘导线及电缆，导线的绝缘受高温、潮湿或腐蚀影响失去绝缘能力。线路年久失修，绝缘层陈旧老化或受损，线芯裸露。电源过电压，造成导线的绝缘被击穿。用金属线捆扎绝缘导线，或将绝缘导线挂在钉子上，日久磨损和生锈腐蚀，使绝缘受到破坏。

裸导线安装太低，搬运金属物件时不慎碰在电线上。安装修理人员接错线路，或低压带电维修时，造成人为碰线短路。私接乱拉，维护不当，都会造成短路。电气线路发生短路，容易引起火灾。电路起火，火势传播快，如果扑灭不及时，容易造成重大损失。针对已经发生过火灾的客户，提出警告，指导其采取预防电气火灾的安全措施。

落实消防规范要求，安装必要的消防设施。建筑的电源总进线，应设置剩余电流动作保护器，其动作电流不超过 500mA，一般可取 300mA。剩余电流动作保护器可有效地防止接地故障引起的火灾，并可作为防止人身受电击伤害的防线。按照规定安装断路器或熔断器，以便在线路发生短路时能及时、可靠地切断电源。

注重按照设计要求选用电气产品和电气材料，不可使用伪劣假冒电气产品和淘汰电气产品。配电间应采取防水措施，注意施工过程没有安装到位的封闭母线接头以及没有穿线的预埋套管，应对其加强保护，防止杂物和水进入。施工完毕，应及时清除杂物及可燃物。桥架或线槽内敷设的电缆、电线，不得在其内部分支。接头应设在桥架或线槽外部加装的接线盒内，敷设的配线应严格按技术规范要求实行穿管保护。

综合考虑电气设备合理的安装位置和配线走向，尤其是高层和超高层建筑，其配电线路应根据环境和用途，选用阻燃和不燃的电线、电缆、母线槽及防火桥架、线槽及其他防火物材料。注意电气装置的接头接线端子，应当与线路可靠连接，防止连接松动而引起打火和起弧现象。配线应按防火要求敷设和进行保护，配线时认真清管，做好护口护套措施。防止穿线时线路受到损伤而留下短路和漏电的隐患，套管管口两端应及时采用耐火材料堵塞。易燃易爆的车间、场所及其电器设备、照明器具等应采用防爆系列产品设施，以确保安全。

29. 配电线路　筛查故障

在风雪等恶劣天气下，10kV 配电线路在运行中，易发生单相接地等故障。对此，供电公司专业人员注重探索安全、快捷的排查隐患方法，以便快速排除故障，尽快恢复正常供电。

当配电线路发生单相接地故障后，故障相对地电压降低，非故障两相的相电压升高。出现这种情况，往往线电压依然对称，因而不影响对用电客户的连续供电，系统可继续运行约 2 个小时，这是小电流接地系统的优点。但是，如果发生单相接地故障后仍长时间运行，会严重影响变电设备和配电网的安全经济运行。

当配电线路发生单相接地后，应及时进行人工选线，根据故障现象判断出接地类型和重点地段。分组对有接地故障的线路进行逐杆检查巡视，如果不是隐形故障一般都能查找到。在巡查的过程中，应注意突出重点，理性分析故障原因，根据安全运行经验，将树木碰线、断线、外力破坏、绝缘子损坏等因素，列入巡查的主要范围。

配电线路附近的树木易被大风吹、被积雪压而碰触到导线，或者导线因风力过大，与其他物体接近而引起接地。树枝碰触导线易发生放电，由于风力大，树枝断落在导线上，也易造成线路接地故障。导线的连接部位，往往是配电线路运行的薄弱环节。长期运行的线路接头，接触电阻可能会增大，接头接触不良、恶化，极易发生氧化、腐蚀、冬季"冷缩"而发生断线故障。

如果接地故障发生在良好的天气里，则往往是由于外力破坏所致。在线路附近砍伐树木，树木砸在线路上，引起故障。线路跨越道路的地段，被行驶的超高运载车辆碰断，或者有人将金属物抛落在导线上等现象，都会导致故障的发生。

配电线路的绝缘子、跌落式熔断器等电气设备，由于长期运行，绝缘子长期处于交变磁场中，绝缘性能逐渐变差，出现绝缘材料裂纹、掉渣、脏污、闪络放电等现象，造成绝缘子被击穿。配电变压器台上的 10kV 熔断器绝缘击穿、配电变压器高压绕组单相绝缘击穿或接地、线路上的分支熔断器绝缘击穿等情况都会造成线路接地故障。对此，应明确排查重点，以提高巡查的质量和效率。

如果接地线路比较长，线路上又有分支开关，应拉开分支开关。采取分段检测的方法，逐步缩小接地故障的查找范围。拉开分支开关后，用验电器检验电源侧的电压，如果验电器像其他两相一样闪光，表明故障点在已停电的分支上，再逐步巡视查找具体故障点。当切除所有分支开关后，接地故障仍未消除，应拉开线路末端的分支开关。用验电器检验接地是否消除，如果没有消除，应向电源侧逐段排除，直至找到故障点。

经过逐杆查找，没有找到故障点，则可能是隐性接地。变压器内部接地的可能性比较大，应逐个拉开配变开关，用验电器检验是否消除接地。由绝缘子击穿而形成的隐性接地故障，其查找比较困难，应通过测量绝缘电阻的方法予以确定。

在正常情况下，通过电缆三相电流之和等于零，当电缆中一相接地，则三相电流之和不等于零，这样就可测出电缆或电缆配出的高压线是否接地。

使用接地故障测试仪，查找接地故障点。线路发生单相接地后产生接地电流，含有高次谐波，并产生相应的磁场。探测仪是高次谐波接收器，可以在接地范围内收到高次谐波产生的磁场，在仪器上显示出来。接地故障范围之外，高次谐波较弱。手持仪器从接地的高压线路首端开始，调整好仪器，沿线路前进。时刻注意仪器指示，如果仪器数字突然变大，向前进又变小，表明该段有故障接地，应采用分段办法，逐步缩小故障范围，提高查找故障点的速度和准确性，加快排除故障，强化配电线路的安全运行。

30. 实行"四不伤害" 群众路线管控

新时期电力企业安全生产面临新的情况、新的任务、新的要求、新的课题，电力人员应注意积极探讨新的工作方法，加强思想作风建设，切实以人为本，加强机制和制度建设，安全生产管理坚持走群众路线，深化安全实践活动。实行安全生产"四不伤害"，加强电力安全生产的集约监督管控。汇集起强大的安全生产正能量，实现长周期安全生产目标。

以前电力企业开展的是"三不伤害"活动，即不伤害自己、不伤害他人、不被他人伤害。针对新形势和任务的变化，应全面分析安全风险因素，在"三不伤害"的基础上，完善补充加上"保护他人不受伤害"。从而由"三不伤害"，拓展延伸为"四不伤害"。新增加的内容在安全管理内涵上由被动转变主动，从单纯自律提升为"自律与他律相结合"，从而形成安全的合力效应。

安全生产是电力企业的生命线，而安全生产工作的重点在于科学管理，管理中最积极、最活跃、最关键的因素是人。因此，应注意紧紧依靠员工群众，实现规范化与人性化相融合安全生产管理。

认真开展"四不伤害"活动，建立健全管理机制，科学实施安全活动方案、细则，制定实施《"四不伤害"监督管理办法》、《施工作业现场到岗到位考核细则》等系列规章制度。

提高电力人员风险辨识能力，保障不伤害自己。在平常工作中，电力人员应严格贯彻执行各项安全生产规章制度和本岗位的安全操作规程，规范遵守工艺流程和劳动纪律，避免蛮干，做到不违章、不冒险作业。开展技术比武等活动，促进学习和丰富安全知识，主动接受安全生产教育和培训，增强自身的防护能力。现场按标准使用个体劳动防护用品，并正确使用和爱护设备、工具。明确当班作业现场和生产过程中致害因素和防止方法，并用各项安全规章制度规范自己的作业行为，认真进行标准化作业，增强事故预防和应急处理能力。

增强安全责任理念，保障不伤害他人。注重教育和引导电力人员严格执行安全规制，正确遵守安全操作流程，严防由于错误操作和不当言行而危害他人的安全。针对作业现场的人员、工器具、设备、环境等各种因素，高度重视最不稳定的因素。警惕每个人的失误可能形成的危险源，注重提前预警。发现谁的情绪有问题，立即停止其参加作业，通过及时谈话沟通，了解原因情况，及时做好思想工作，梳理调整心态情绪，确无问题后再让其继续作业。注重人员息息相关、相辅相成的安全关系，明确每个人的负责，就是对他人安全的负责。注重每一次心理的关怀和安全技术的帮助，就多消除身边的一个隐患，及时制止违章苗头等于拯救现场更多生命的安全。注意观察他人岗位上有无异常现象，相互关爱，相互协助。

超前防范隐患因素，保障不被他人伤害。注重提升员工团队的综合素质，深入开展现场反违章和"不安全，我不干"等活动，确保不被他人伤害。现场及时纠正不安全现象，加强责任考核。各安全督导组织随时观察作业现场，注重及时发现现场不安全苗头，及时进行隐患排查。在日常作业施工中，应注重预示、提示、警示，施工作业人员应随时注意他人的行为会不会对自己构成危害。注重提醒各方面安全注意事项，随时根据变化情况加设安全防护措施。

树立大安全理念，保护他人不受伤害。引导员工大力弘扬团队精神，在检修施工作业中，实行联动互动、相互协助配合。制定实施安全操作关联审核制和安全作业联保制等制度，对作业方案及现场行为，实行连环把关制约和立体监护机制。深入开展安全管理提升等活动，深化隐患专项治理。深入实施标准化作业，规范落实安全举措，确保作业人员的安全和检修工艺质量的可靠与安全。

第12章

大雪

冬至

12月节气与安全供用电工作

十二月份 有两个节气：大雪和冬至。

每年公历12月7日或8日，太阳到达黄经255°时，即进入大雪节气。

每年公历12月21日或22日，太阳到达黄经270°时，即进入冬至节气。大雪后十五日，为冬至。

大雪，顾名思义，雪量大"大者，盛也，至此而雪盛也"。到了这个节气，千里冰封，万里雪飘。雪往往下得大、范围广，故名大雪。

冬至之日，太阳高度最低，日照时间最短。阳光几乎直射南回归线，北半球白昼最短，黑夜最长，天短，短到极致。但是，短与长也相应开始发生转变，冬至以后，白昼逐渐变长。因此，有冬至长之转变趋势，其后阳光直射位置向北移动，白昼渐长。

冬至节气，与数九天密切相关。在严寒冬季，人们常说数九寒天，而数九天，就是从冬至开始的，每九天为一个九。冬至当天，即为一九的开始。人们将冬至以后的八十一天，划分为九个阶段，每一个阶段为九天，即称作数九天。其中，最冷在三九，即冬至后的第十九天到二十七天。天气由寒冷到最冷再逐渐转暖，各地流传着其变化规律与物候现象的"九九歌"。

1. 遵循节气规律　实现安全目标

大雪节气，严冬积雪覆盖大地，天寒地冻。往往在强冷空气前沿的大部分地区，普降大雪，甚至暴雪，对电力安全生产构成严重的影响与威胁。因此，在大雪节气里应加强防范冰雪对电力线路及设备的侵袭。完善和及时启动应对冰雪灾害的抢险、抢修预案，加强电力线路与设备的巡视与特巡，及时清除电力设备上的积雪与覆冰，切实保障继电保护等装置的正确动作率，提高输电、变电、配电等设备的安全运行水平。深入开展迎峰度冬工作，灵活调整负荷，科学安排电网运行方式，维护电网的安全可靠运行。

大雪节气，南方等地容易出现冻雨现象。冻雨是从高空冷层降落的雪花，到中层有时融化成雨，到低空冷层，温度虽低于 0℃，但仍然是雨滴的过冷却水，过冷却水滴从空中降下达地面，碰到地面上的任何物体时，包括电力线路及设备，就会发生冻结。往往形成厚厚的冰壳，对电力设施造成极大危害和损毁。每年 12 月，长江中下游地区气温在 -3~0℃时，容易出现冻雨现象，冻雨出现的概率高达 76%。因此，防范冻雨、结冰等危害，应是电力安全生产的重中之重。积极探索和开展融冰等安全技术攻关工作，切实采取各种有效措施，及时抵御和消除冻雨结冰对电力系统造成的威胁，主动开展攻冰行动，趋利避害，保障电力设备的安全。

进入冬至节气，日照虽然逐渐增多，但地表热量收支仍然是入不敷出，所以气温仍然继续下降。大部地区进入隆冬时期，电力线路与设备以及电力工作人员常遭强冷空气，甚至寒潮的袭击。因此，应积极防止发生冻害，注重加强抗寒保暖等安全措施。

冬至节气，西北、东北以及长江流域大部，往往有雾凇出现，湿度大的山区比较多见。雾凇是低温时空气中水汽直接凝华，或过冷雾滴直接冻结在物体上而形成的乳白色冰晶沉积物。雾凇虽然是一种自然美景，但是也是一种自然灾害，严重时会将电力线路压断，影响安全供电。应加强防范，避免雾凇导致的电力设备运行故障及事故。

冬至节气，在早晨气温比较低，或是在降雪过后，往往会出现成片的大雾区。北方城市的雾霾，往往比较严重，应提高警惕，及时巡查与维护电力设备。认真防范由于大雾及雾霾造成的电力设备闪络、跳闸等事故的发生，注意有针对性地把握关键环节，切实做好迎峰度冬安全工作，保障电力系统的安全稳定运行。

2. 优化运行方式　及时处理缺陷

受冷空气影响，气温不断走低，客户采暖用电负荷持续攀升，电网负荷居高不下。地区统调用电最大负荷连续多天突破新高，不断刷新纪录。

供电公司根据迎峰度冬工作安排及重点安全方案，采取多项措施提高供电能力，保障客户冬季安全可靠用电。加强主配网潮流监控，强化电网实时在线运行分析，充分做好不同方式下的电网事故预想。结合往年安全工作经验，客观分析当前电网安全工作特点、负荷变化和低温恶劣天气等因素对电网有可能造成的不利影响。

认真开展负荷特性分析及预测，不断优化调整电网运行方式及停电计划安排，加强与省调、电厂的沟通。加大设备巡视和隐患排查力度，对供暖用供电设施增加特巡，并统筹安排应急抢修工作，保障电网安全稳定运行。

供电公司不失时机地布置安全工作任务，做到常敲安全警钟，紧绷安全之弦。制订详细的安全工作计划和安全目标，明确职责分工，采取检查摸底、隐患排除、督导考核等于一体的安全管理方法。积极做好应急处理工作，加强设备的运行维护，落实应急和事故抢修力量，做好人员、车辆、工器具、材料的配备。快速应对故障报修，随时处理突发电力事件。按照防寒防冻、防污闪、防小动物、防火等冬季安全重点，组织人员对变电站、重点线路设备进行特巡，防范低温天气引起电力线路跳闸停电故障，落实电网防低温、大雾、雨雪等各项安全措施。线路专业人员及时发现导线覆冰等情况，第一时间上报，供电公司安排及时处理。密切关注天气变化，组织抢修力量，配备应急物资，及时开展线路抢修工作。

变电运维专业人员精心巡视检查，对变电站设备开展巡视测温工作。运维专业人员发现一台主变压器隔离开关异常，手中的成像仪发出了"嘀、嘀"的声音。仔细查看仪器上的读数，隔离开关温度显示高达 101℃，在这种天气下出现这么高的温度，表明隐患严重。经过多名专业技术人员会诊，确定是由于天气寒冷主变压器负荷增大，造成隔离开关隐患，必须立即停电处理，否则将严重危及电网安全。

供电公司根据"重大缺陷不过夜"制度，组织专业人员连夜实施刀闸抢修工作。专业人员仔细查明发热隔离开关的厂家、型号、规格，并根据现场环境等情况，认真讨论实施检修流程及方案，明确危险点，采取安全措施。抢修现场工作负责人认真组织现场安全作业，实施严格监护。参加抢修的专业人员在隔离开关构架上，准备好应急灯，接好电源，进行试验，分工有序，注意交叉作业中的安全。

拆卸设备进一步检查，找出隔离开关高温故障的具体原因。其隔离开关 B 相静触头灰尘较多，造成接触松动所致。

抢修专业人员立即对 B 相静触头进行更换，并对 A、C 两相做清扫小修。接着将隔离开关的传动回路、三相同期和分合闸等情况认真进行调试，及时排除设备隐患，恢复主变压器供电。

3. 电取暖 重安全

冬季，一些用电客户采用电器取暖，纷纷使用电暖器、空调等电器，负荷进入高峰期。供热企业的用电设备全面投入运行，并且不间断供电。供电公司加强配电等设备的运行监测，开展隐患排查工作。完善配网抢修流程，落实迎峰度冬系列安全措施。

冬季，供暖问题尤为重要，需要各方协同加强安全管理。供电公司加强安全宣传与沟通互动工作，认真开展供热、取暖安全用电服务活动。协调发电企业科学调整发电机组运行方式，做好燃煤存储和保障燃煤质量等工作。督导用电客户遵守有关条例与规则，避免随意增容及超负荷用电，注意安全用电事项，防止发生火灾和人身触电事故。供电公司专业人员认真检查客户采暖用电情况，指导用电客户掌握电器采暖的安全用电方法。

利用电能采暖，使用采暖电器时，应注意三查看：查看取暖器具的最大电流及最大功率；查看使用场所或者家中电线的规格是否符合使用条件；查看电能表的容量是否在允许范围内。同时使用的电器功率，不能大于电能表和电线所承受的电流。否则会出现线路和电能表超负荷，导致设备烧毁等用电事故。

使用电暖气时，应选用质量可靠的合格产品，配具有安全接地的三孔插座。从安全角度出发，使用的电暖器功率，最好在 2000W 以下，功率过大容易发生断电和意外事故。电暖器大多设置高、中、低 3 挡功率，应注意选择合适挡位，不宜将温度设置过高。注意经常检查电源线和插头插座是否发热发烫，如果发现异常应立即停用。人员离开时，应关闭电暖器并拔掉电源插头。

使用空调时，除特殊情况外，温度设置不宜过高，以防长期运行出现过热，缩短空调使用寿命。空调使用两个小时左右，最好关闭一段时间，对空调的使用寿命和人体都有好处。

电暖气、空调、电热水器等尽量不要同时使用，不可在一个插座上插上几个大功率的电器。如果大功率的电器同时使用，连接插座的电线易因线径小而发生意外，轻者烧坏导线，重者可能引发电气火灾。

取暖的电器设备，应当远离易燃物。平时，应注意加强安全用电自查，避免隐患及事故的发生。定期自查电源插座是否松动，电源线接头的绝缘胶布是否包好。电器使用是不是有良好的外壳接地，电源插头及插座是否设置在幼儿接触不到的地方。使用电热水器洗澡时，一定要检查且断开电淋浴器电源，防止漏电及突然带电而引起触电事故。

在检查电器时，一旦发现险情，应保持镇定，切莫惊慌失措，惊慌失措容易一错再错，出现更大的连锁危险。如果发现电器损坏，应请专业人员进行维修，不可着急私自乱拆、乱卸，防止电击伤人。当发现电器着火时，应沉着冷静，立即切断电源。当发现电线裸露及断落时，无论带电与否，必须与电线裸露处及断落点保持足够的安全距离，以确保人身安全。

4.　冰临线路　巡查融冰

冻雨天气，城里城外，线路上下，遍布结冰。尤其是一些电力线路的杆塔、导线、绝缘子上出现覆冰现象。供电公司注重防止冻雨结冰造成的电力设施灾害，采取综合整治方法，治理冰患对电力设备的危害，维护电力线路及设备的安全稳定运行。

供电专业人员认真完善电力设备的基础资料，深入开展结冰线路特殊巡视。组织专业人员，专门收集与分析电力线路防冰冻数据和课题，及时发现缺陷安排组织人员快速进行消缺，防止发生设备事故。生产专业还加大线路等设备维护工作的科技含量，充分利用红外测温仪、GIS 定位、测高仪、数码相机等装备，准确记录电力线路走向、负荷状况、交叉跨越情况和线路安全水平，不断加强线路基础数据的积累与利用。

供电公司周密制定和实施冰冻事故应急处理预案，及时开展抢修工作。认真探索防范冰雪灾害的专项攻关技术，明确落实专业人员的职责。制定实施冰雪异常状态下居民客户和重要客户的安全保电措施。开展各类事故预想、危险点预控等安全活动，实行各级用电客户按照用电需求等级用电。组织抗击冰雪反事故演练，增强保电队伍的应急能力。

有关专业注重遵循节气规律，储备生产抢修物资。在冻雨结冰天气，安排专人密切关注气象信息，加强实地勘察，及时掌握山区道路通行情况。备足抢修车辆、发电机组、防滑链、抗冻柴油等应急物资，依据电力线路杆型，储存足够的电杆、横担及附件。设立专门仓库进行入库管理，确保抢修物质及时供给。

供电公司注重研究输电线路融冰方法，采用直流融冰和交流短路融冰等技术。

开展直流融冰作业，主要通过对输电线路施加直流电压并在输电线路末端进行短路，使导线发热对输电线路进行融冰。由大功率直流融冰装置输送数千安培的直流大电流，在线路上产生足够的热量，将包裹在线路上的冰雪由内而外融化。通过采用直流融冰技术，超过 300km 的线路的冰层可以迅速"瓦解"，从导线上脱落。

采用交流短路融冰技术，利用变电站的无功补偿装置，通过改变输电线路的接入方式，实现低成本、高效率融冰。主要原理是将所需融冰的输电线路分别接入两个变电站的母线和无功补偿装置，形成融冰回路。利用无功电流使线路升温，进而达到融冰效果，解除导线覆冰造成的危害，维护输电线路的稳定运行。

5. 高压柜 排故障

高压柜是工矿企业用电客户较普遍使用的电气设备，在冬季高峰负荷等情况下，高压柜故障时有发生。对此，供电公司专业人员认真协助用电客户分析高压柜设备故障的，具体原因，采取措施，排除故障。

高压柜发生轻瓦斯报警时，供电公司专业人员指导客户值班电工迅速到高压柜前，按复位开关。如果报警没有消除，应立即和相关工作人员查看高压柜所维系的变压器气体继电器轻瓦斯是否动作。如果动作，说明变压器内部有气体。

产生气体的原因有三个：变压器内部有故障；变压器缺油；变压器加油后没有放净气体。应逐项排除，并采取相应措施。履行值班安全责任，按照相关程序，将放气阀门打开，待气体放净后，拧紧阀门。值班电工回到柜前按复位开关，消除故障信号。

高压柜发生重瓦斯跳闸时，应仔细检查和确认是否真正跳闸，重点查看运行指示灯和综合显示屏。如果确已跳闸，则表明高压柜所带的变压器内部有较大故障，往往是绕组匝间短路，或者严重缺油等原因。应立即通知调度和相关负责人，查找具体的原因，及时将故障处理完毕后，通知调度和生产车间，送电试运行。

高压柜发生单相接地跳闸时，应通知调度和生产车间，高压柜所带的电气设备有一相接地，找出具体接地部位，做出有效的消缺处理。试送电良好后，恢复正常用电。

高压柜电压互感器二次回路断线，往往是控制断路器没有在合位，控制回路线头松动等原因所致。因此，可把开关合上，紧固端子，然后按复位开关，消除故障信号。

高压柜发生速断跳闸，如果监视屏上显示速断跳闸，应迅速来到高压柜前，查看指示灯和断路器的分合指示牌，确认是否跳闸。确已跳闸，应迅速报告调度，说明线路或设备有重大故障。然后检查是哪里的线路出现了相间短路或接地，检查变压器内部是否有重大故障。逐项排查，找出并排除故障点。

高压柜发生过电流跳闸，其主要原因，往往有两个，线路和设备有故障或存在过负荷问题。如果是线路和设备有故障，应按解决速断跳闸故障的方法处理。如果是过负荷问题，应立即通知调度和相关人员，查找过负荷的原因，检查是过负荷，还是电机等故障，相应进行处理。

高压柜发生异常情况，如果没有跳闸，则属于信号回路误报，应认真检查信号二次回路，紧固相关二次线，按复位开关，即可消除故障信号。

高压柜机械故障的判断与处理。高压柜常见的机械故障主要有机械连锁故障、操作机构故障等。故障部位多是紧固部位松动、传动部件磨损、限位调整不当等引起的，应具体问题具体分析。

高压柜机械连锁故障。高压柜内设置了一些机械连锁，以保证开关的正确操作。例如，手车进出柜体时，开关必须是分闸，开关合闸时，不能操作隔离开关。高压柜机械连锁故障情况多样，应当沿着机械传动的途径，逐步进行查找。一般防护机构比较简单，与其他机构很少交叉，查找比较方便。

高压柜操作机构故障。高压柜操动机构出现比较多的故障，往往是限位点偏移。有的机构中，扇形轮与脱扣半轴的啮合量是机构调整的关键。啮合量较大，脱扣阻力就大，容易卡死；啮合量较小，则容易连跳，不能合闸。应改变限位螺栓长度，调整分闸连杆的长度。

尽管高压柜的故障多种多样，重点是把握关键环节。当事故跳闸、电动手动不能分合闸时，应能正确判断高压柜的常见电气或机械故障。并根据故障现象和检查结果，准确锁定具体故障部位，快速排除故障，发挥高压柜安全稳定运行的作用。

6. 依法护电　综合防控

开展防范外力破坏工作，保障电力安全，由于不同的季节有不同的特点，其治理方案和工作重点也不尽相同，应当常抓不懈、实行常态化运行，注重实施电力设施保护的新方法、新模式。因此，供电公司重点建立法治化管控、互动联动、标准化运作的防护管理机制，严格把守电网安全运行的基础防线。

冬季是防止外力破坏的重要时节之一。供电公司将防止外力破坏作为安全工作的重点内容，组织人员加强现场巡查。

一些山区在进行爆破作业时，给电网设备造成重大安全隐患。一个施工队擅自扩大爆破范围，导致附近的变电站震感强烈。对此，供电公司联合公安部门，制定电力设施 500m 范围内的爆破作业必须经过电力安全风险评估的制度。经过沟通协调，政府部门下发通知，明确电力设施保护区内施工作业的电力安全审查制度，对擅自建设的单位和个人可采取不供电、不予用电报装等措施，从源头上有效避免对电力设施造成的安全隐患。

对于获准在电力设施保护区内从事施工作业的单位，其不仅要与电力设施产权单位签订施工安全协议书，还应交纳一定数额的安全保证金。如需对电力设施采取稳固山体、砌护坡等安全防护措施，还应当承担由此产生的安全加固费用。

在规范执行上级规定及各类标准的基础上，供电公司结合地方实际，制定并完善防外力破坏管理标准和流程。对于爆破作业，须由施工单位提出申请，供电员工到现场勘察，对符合安全条件的现场出具同意意见，不符合要求的坚决拒绝。在涉及保证金、受损赔偿、安全防护费用的核定上，均由权威的第三方设计、审计并由物价认证部门出具报告。

供电公司充分利用电力设施保护的法律法规，争取地方政府的政策支持。用活、用好有关规定，维护电力设施的安全。对由线下建房、擅改方案导致部分建筑对线路安全距离不足等现象，采取得力措施，督促施工方将违建部分自行拆除。

日常注重与政府相关部门、其他电力设施产权单位形成良好联动机制，有重大电力外破安全隐患直报政府部门协调解决，与规划部门联合做好电力设施保护区内的建筑安全审查工作，成立电力警务室，与警方联合实行废品收购站电器器材实名制登记，并且实行群众举报奖励等制度。

在开展防外力破坏工作中，实行政企联动、警企共建、群防群治、全民护线的电力设施保护机制。针对外力破坏事件，供电公司相关专业负责人组成专案组，及时奔赴现场取证、勘察，由物价部门价格认定中心出具价格认定报告，并将停电损失和线路修复费用计列其中。由公安部门根据涉案金额大小及所带来的后果严重程度，发布案件督办通知，督促当地公安机关立案查处，确保电力设施保护工作落到实处。

供电公司参考公安部门办案程序，制定实施防外力破坏工作流程和隐患整治管理制度。明确专业、班组、巡视人员的责任，建立防外力破坏隐患特殊巡视台账，根据防外力破坏预警机制将隐患巡视情况，进行归类存档。隐患消除后，下发结案通知，形成安全闭环管理，规范保障电力线路及设备的安全。

7. 大雪中　保平安

节气变幻，普降大雪，气象台紧急发布暴雪预警。供电公司结合地区电网运行特点，积极应对大到暴雪的侵袭，全面采取合理安全应急措施，保证电网安全稳定运行。

供电公司各有关专业根据负荷变化情况，及时调整电网运行方式，加强对重载设备、重要输电线路和重要变电站的监控。加强与气象部门的联系，及时掌握区域内预警和天气信息。输电、变电、配电专业组织员，增加线路及设备的巡视次数。各专业人员冒雪对所负责的变电站、线路开展特巡级重点隐患排查故障。

重点加强线路防舞动特巡，积极与护线员联系，及时了解各线路铁塔、导线有无覆冰情况。做好员工安全防护，配备防寒、防冻用品，防止冻伤和由于防寒措施不得当造成人身伤害。巡视重负荷线路和充油、充气设备。检查绝缘子、导线等有无结冰现象，并通过监控系统、红外测温等手段严密监视设备运行状况。认真检查水泥电杆及铁塔基础有无积冰、积雪等情况，对重载设备进行红外线测温，清扫设备上的过厚积雪。由大雪及暴雪导致的变压器台短路等故障，供电公司紧急组织专业人员，全力抢修故障设备。

某条 10kV 线路因故障停电。供电抢修人员赶赴现场，与用电客户沟通了解情况。抢修人员克服困难，认真寻找故障点。现场工作负责人对抢修人员进行明确分工，有的拿接地线，有的拿绝缘操作杆，有的准备登杆作业，注重有条不紊地进行。抢修人员一步一步按要求做好安全举措，相互提示重点安全环节和防范危险点。经过检测，找到故障点，大雪造成电缆接头短路，将电缆烧坏。抢修人员拿出备用电缆和工具，将电缆更换，排除故障。

在暴雪中，另一条 10kV 线路出现故障，使附近工厂及居民客户无法正常用电。供电公司立即组织运维专业人员前往抢修，经现场检查是线路覆冰严重造成线路短路接地跳闸，导致无法送电。线路运维专业人员立即做好各项安全作业措施，快速处理搭在线路上的树枝，敲掉电力线路上的覆冰，砍伐树障，进行登杆操作。暴雪打在抢修人员的身上，发出啪啪的声音。现场参加抢修的人员，注重杆上杆下密切配合，谨慎对每基电杆导线进行清雪作业。迅速排除冰雪危害，将线路恢复供电。

8. 二次回路　处置断线

迎峰度冬，变电站易发生二次回路断线故障，严重影响其他设备的正常运行。对此，供电公司专业人员加强技术分析，积极探讨二次回路断线的处理解决办法。

二次回路断线从设备上区分，主要包括电流互感器二次回路断线、电压互感器二次回路断线以及直流系统二次回路断线等情况。

分析电流互感器二次侧断线状况及原因。

电流互感器一次绕组直接接在一次电流回路中，当二次侧开路时，二次电流为零，而一次电流不变，使铁芯中的磁通急剧增加达到饱和。剧增的磁通在开路的二次绕组中产生高电压，直接危及人身和设备的安全。电流互感器二次侧开路时，由零序、负序电流启动的保护装置频繁动作，或者保护装置启动后不能复归。差动保护启动或误动作。电流表指示不正常，相电流指示减小到零。有功、无功功率表指示减小，电能表走得慢。开路点有时可能有火花或冒烟等现象。电流互感器有较大嗡嗡声等症状。

以上现象不一定同时都发生，往往取决于开路的二次绕组所供给的负荷以及开路的具体情况。

电流互感器二次侧开路的主要处理方法，即根据故障现象判断究竟是哪一组二次绕组开路。如果是保护用的二次绕组开路，则应立即申请将可能误动的保护装置停用。认真检查开路绕组供电的二次回路设备，注意查看继电器、仪表、端子排等设施有无放电、冒烟等明显的开路现象。如果没有发现明显的现象，可用验电器等绝缘工具，轻轻碰触、按压接线端子等部位。观察有无松动、冒火或信号动作等异常现象。在进行这一检查时，必须使用电压等级相符且试验合格的绝缘安全用具，并戴绝缘手套。

分析电压互感器二次侧断线主要原因。

电压互感器二次回路断线的原因，往往是接线端子松动、接触不良、回路断线等。并且断路器或隔离开关辅助触点接触不良以及熔断器熔断、二次回路开关断开或接触不良，也会造成断线。电压互感器二次回路断线时，所有接入的保护装置都受到影响。没有断线闭锁装置的保护，将会误动作。

电压互感器二次回路断线时，往往会产生相应的信号或现象。距离保护断线闭锁装置动作，发出断线、装置闭锁或故障信号。产生二次回路开关跳闸告警信号，出现电压表指示为零，功率表指示不正常，电能表走慢或停转等现象。

处理电压互感器二次侧断线的方法，即根据信号和故障现象，准确判断电压互感器哪一组二次绕组回路断线。如果保护二次电压断线时，应立即申请停用受到影响的继电保护装置，断开其出口回路连接片，防止断路器误跳闸。如果仪表回路断线，则应注意对电能计量的影响。仔细检查故障点，使用万用表交流电压挡沿断线的二次回路测量电压，根据电压有无来找出故障点，并进行处理。电压互感器二次回路开关跳闸或二次熔断器熔断，往往是二次回路有短路故障。应设法查出短路点，并进行消除。检查短路点，可在二次电源及正常触点断开后，分区分段用万用表电阻挡测量相间及相对地间的电阻，通过相互比较来判断。如果没有查出故障点，可采用分段试送电方法，应在查明有关可能误动的保护装置确已停用后，方可进行。

分析直流回路断线的原因及处理方法。

直流二次回路断线，往往会影响保护电源的正常供电，使操作电源失压或信号及监视装置失灵，从而导致设备失去保护，断路器不能跳闸，操作不能正常进行或运行失去监视，严重威胁安全运行。

当发生直流断线故障时，应通过测量电压来检查直流回路断线点。使用直流电压表，沿有关回路检查有无电压。如果有电压，应检查该点对地电位的正负，判断具体断线点。检查电压时应用内阻较高的直流电压表，其目的是防止检测中直流回路短路或接地，避免导致某些保护误动作。正确掌握操作方法及注意事项，保障安全检修与正确处理。

9. 静电不静　防可预防

某企业用电客户安排员工作业，将工业用的化学液体用泵输送到储罐车上时，没有严格执行安全作业标准及程序，没有对输送设备进行防静电接地，造成塑料导管积聚静电，引发燃爆事故。也曾有油罐车向油罐输送煤油时突发爆炸的事故。在开泵不到 3min，油罐内爆炸了，将罐顶炸飞。其事故原因是这条管线在输送煤油之前，输送过汽油，然后用水来清理的管线。同时与这个管线相连接的汽油管线有微量的汽油泄漏，进而形成爆炸性混合气。在清理过程残留的水分，与煤油一起送进油罐，尽管流量不是很大，但是产生了大量的静电，结果引起了爆炸。

静电是由电荷相互作用的静电力产生的，静电在生产及生活中普遍存在。静电"不静"，其危险性十分活跃。在冬季和比较干燥的环境中，人们在日常活动中，皮肤与衣服之间以及衣服与衣服之间互相摩擦，便会产生静电。当手接触某种物体时，往往会发生静电，瞬间手指会有触电般的痛感。油罐车在行驶过程中，油与油罐摩擦也会产生静电。如果静电积聚过多，会由于火花放电而引起爆炸。供电公司针对静电引起的火灾及爆炸事故，重点开展有关安全宣传工作，普及安全知识，防范静电危害，讲解防静电的安全措施。

静电对现代高精密度、高灵敏度的电子设备，具有很大的影响。如果静电积聚过多，会妨碍电子计算机的运行，甚至会由于火花放电而击穿某些电子器件。

在制药厂等用电客户组织生产过程中，由于静电吸引尘埃，会使药品等产品达不到标准的纯度。在手术台上，静电火花会引起麻醉剂的爆炸，伤害医生和病人。在煤矿矿井内，静电则会引起瓦斯爆炸，导致工人死伤、矿井损毁。因此，应认真落实预防静电危害的安全措施，防患于未然。

用电客户的车间等室内环境，应保持一定的湿度。可以勤拖地，或用加湿器加湿，以消除人体表面积聚的静电荷。在车间等场所，应设置接地体，地表面用一米高的不锈钢管子，上端焊接一金属圆球。员工在工作时触摸圆球，即可消除人体上的静电。

在企事业用电单位，对于流动的易燃易爆物品应特别注意做好静电接地保护，确保管道连接完好，接地电阻不大于 4Ω。在储罐区输送管道较多的情况下，应认真做好防静电的措施。管道法兰连接 4 个以下螺栓时，应当跨接。法兰之间连接时，如果使用绝缘垫片做密封，应实施跨接。用金属垫片，则不用静电跨接。使用螺纹连接时，螺纹内用密封橡胶时，应当跨接。金属管直接连接，可不用跨接。接卸管道时，应用防静电软管。运输甲醇、乙醇、汽油等液体时，储罐与储罐车应连接好，并实施移动接地。放料时，应与接地相连，以消除静电，防止爆炸事故的发生。

环境干燥，粉尘飞扬，往往会因流动摩擦而产生静电，进而产生危险。在相同体积相同质量的情况下，颗粒细粉尘产生的静电荷比较多。粉尘浓度越大，在流动中碰撞摩擦机会就越多，产生的静电荷也就越多。粉尘流动速度的大小，直接影响静电荷电位高低。

静电荷产生的多少，与湿度有关。湿度大时，产生的静电荷比较少；干燥时，产生的静电荷则比较多。空气中的湿度大时，粉尘的湿度随之提高，从而可以降低粉尘的起电能力。预防与消除粉尘静电，应采取行之有效的方法。注重提高粉尘和空气的湿度，加强通风，降低粉尘浓度。经常清扫积落的粉尘，保持设备良好接地。

用电客户在施工、生产等活动中，可燃的压缩气体从管口喷出，往往产生静电。静电荷的多少，取决于气体的流速和含有杂质的数量。气体的流速越大，所含杂质越多，产生的静电荷也越多。因此，预防和消除压缩气体带电，应采用过滤的方法除去气体中所含杂质的方法降低气体的流速，将储存和输送气体的设备和管道全部接地，以防静电的危害，保障人员和设备等安全。

10.　高压验电器　辨识须缜密

电力工作人员经常使用高压验电器，其正确使用直接关系人员的安危。因此，供电公司加强验电器的安全管理，加强有关安全知识、操作技能等方面的实际培训和正确使用。

高压验电器由指示器、绝缘杆和握柄三部分组成，根据指示器的不同，可分为发光型、声光型等类型，用来检测高压电力线路及设备是否带电，进而进行安全检修与作业。正确使用高压验电器，具有重要的意义，电气工作人员应掌握高压验电器的正确使用方法，以保证安全。

正确使用高压发光型验电器。

高压发光型验电器通常由握柄、接地螺钉、绝缘部分、氖灯、工作触头等组成，其是利用电容电流经氖管灯泡发光的原理制成的，因此也称发光型验电器。

验电器的电压等级必须与被试的电力线路及设备的额定电压相对应，验电前应在实际有电的设备上检测验电器，以确保其指示正确可靠。使用发光验电器时，应渐渐靠近带电体，至氖光灯发亮为止，不可直接触及带电部分。高压验电器在使用时一般不应接地，但在木架上验电时，如不接地线不能指示时，则应在验电器上接地线。

正确使用高压声光型验电器。

高压声光型验电器属于电容型交流高压探测装置，整套装置，由电压指示器和全绝缘自由伸缩式操作杆两部分组成。电路采用集成电路屏蔽工艺，集成元件在高压强电场下安全可靠地工作。

验电器电路处于连续监控状态，如果声光讯号正常，只要一按自检测按钮，验电器就具有电路自检功能，即表明验电指示器处于正常监控状态，可进行操作。高压声光型验电器主要用于 6～10kV 电气设备和线路验电，进行高压验电时，应先对指示器进行自检，并将绝缘杆完全拉出，自检无误后方可进行验电操作。

无论使用哪一种高压验电器，只要进行高压验电，操作人员必须戴绝缘手套，并有专人监护。由于高压验电器绝缘手柄较短，使用时，应特别注意手握部位，不得超过隔离环位置，以保障足够的有效绝缘长度。

完好合格的验电器，只要靠近带电体，不用直接接触，就会发光或声光等警示。验电时，应当将验电器渐渐靠近高压线路或设备，如果在移近过程中出现发光或发声等指示，说明线路或设备带电。将验电器渐渐靠近高压设备或线路，直至直接接触设备部位，整个验电过程一直无光、无声等指示，方可判断线路、设备无电。

根据验电的实践经验，应注意区分有电、无电、静电以及感应电等不同情况，注重准确掌握甄别的方法。

验电器靠近设备或线路一定距离，发光或有声光等报警，而且验电器离带电体越近，其亮度或声音等就越强，表明设备带电。验电器靠近设备部位或线路时，验电器不亮，与导体接触后才发光。但是随着导体上电荷的迅速释放，验电器亮度由强变弱，最后熄灭，则表明设备带静电。这种现象，在高压较长电缆上验电时，常常发生。线路或设备上有感应电，在验电时，发生的现象与设备带静电现象差不多。电位较低时，一般情况验电时验电器不亮。

在停电设备的两侧，即断路器的两侧、变压器的高低压侧以及需要短路接地等设施部位，应分相进行验电。对同杆架设的多层电力线路进行验电时，应先验低压，后验高压，先验下层，后验上层。对电容器组验电时，应待其放电完毕后，再进行检验。

户外使用普通不防水的高压验电器时，应在天气良好时进行。遇有雨、雪、雾和湿度很大的情况时，不宜使用普通不防水的高压验电器。否则高压验电器受潮闪络或沿面放电，容易造成人身事故。

当验明线路、设备确无电压后，应立即将停电检修线路、设备接地，并三相短路，以预防工作地点突然来电，应放尽设备部分剩余电荷。验电后，因故中断未及时进行接地，如需继续操作，则应重新验电，以切实保障安全。

11.　户外隔离开关　选择考量维护

户外式高压隔离开关，常运行在较差的环境里，受风雨、冰雪、灰尘的影响较大。在迎峰度冬工作中，供电公司专业人员注重加强户外式高压隔离开关的巡视与维护，在工程施工中正确选择户外隔离开关，确保户外隔离开关的安全可靠运行。

在风雪等恶劣的环境里，户外隔离开关的故障时有发生。运行中出现的问题，主要是绝缘子断裂、导电回路过热和锈蚀等缺陷。因此，日常选型应重点考量绝缘子的设计、导电回路设计以及防锈蚀处理设计等因素。

户外隔离开关绝缘子的选择与考量，主要应查看爬距与材料。大爬距的绝缘子，能在各种复杂的环境下保证良好的电气绝缘性能，抗污秽能力强。对于 10kV 的隔离开关，应选择抗污能力达到 Ⅳ 级的绝缘子。一般情况下，10kV 隔离开关的绝缘子使用较多的是瓷绝缘子以及硅橡胶绝缘子。

瓷绝缘子相对较便宜，但是与硅橡胶绝缘子相比较，则存在一定的不足。硅橡胶绝缘子重量轻，易于安装，还具有良好的疏水性能，可以防止水分和绝缘子表面的污染物混合，避免导电通道的形成和绝缘子的腐蚀，避免闪络，降低维护需求和延长使用寿命。并且硅橡胶绝缘子具有良好的抗热冲击性能，而瓷绝缘子在多次冷热循环后，可能会产生破裂现象。

户外隔离开关导电回路的选择与考量，应注意查看隔离开关导电回路的优劣，查看其采用的是不是高导电率材料，以及主导电回路结构的设计能否使刀闸与静触头可靠搭接、接触电阻小。

对于材料的选择，最好是紫铜且表面镀银。紫铜导电率高，闸刀及静触头采用镀银工艺不但可以减少接触电阻、增强导电性能，而且可以延长使用寿命。导电回路结构，应搭接可靠，由严谨设计来保证。合闸时，刀闸与静触头中心应在同一直线上。并且刀闸的旋转面不应是主导电回路。

户外隔离开关的检查与维护，应突出维护的关键环节，注重加强户外隔离开关的防锈蚀检查，并且及时采取处理措施。因为，隔离开关锈蚀会降低传动部件的机械强度，影响设备的导电性能，造成锈蚀的主要原因，有设备材料、结构设计、制造工艺、检查清理等因素。特别是表面防腐涂覆及维护不当，则不能适应恶劣多变的环境以及气候条件，容易出现锈蚀现象。根据实践经验，碳钢使用热浸锌表面防护，或者采用不锈钢的材料，能够有效提高户外隔离开关的防锈蚀能力，利于安全运行。

12. 直埋电缆　灵活测探

电力电缆采用直埋施工方式，由于投资小、敷设方式简单而被广泛采用。但是，这类电缆在运行中有时会发生故障造成停电事故，而寻测电缆故障点常常遇到困难。对此，供电公司专业人员，认真分析和探讨直埋电缆的故障探测问题，根据不同情况，采取多种有效方式方法。

使用电缆故障定位检测设备，现场使用效果往往不够理想。仪器的研发，滞后于电缆故障类型的变化。仪器在现场定位时，需要粗测和精测两步，而且精测定点时，还需直流高压变压器和音频发生器来辅助进行。接地方式也较复杂，如果设备、仪器接地不当，还会造成仪器的损坏。当电缆埋设较深或穿金属管时，故障性质特殊，外界干扰噪声较大，则无法完成现场精确定点，会大大延长电缆修复时间，影响及时恢复送电。

一些电缆生产厂家，所使用的电缆故障定位设备，大多分高压、低压两部分。但是这两部分都采用分体结构，运至现场必须妥善包装、固定，以防在运输中受到损坏。在没有专用运输车的配合下，技术人员难以顺利完成现场电缆故障定位工作。

电缆故障测试仪是针对不同电缆故障性质而开发出的不同种类的产品，一类仪器只针对某一性质的故障定位特别有效，而对其他类型的故障定位就存在较大的误差，甚至无法定位。针对电缆故障测试仪器的现状，选用电缆故障仪器时应慎重。注重选择高精度、体积小、功能强、便携式的检测仪器，最好在比较多家一起使用效果后，再确定厂家，必要时还应咨询电缆故障测试专家。针对电缆故障仪器的一些不足，进行故障测试时，应充分发挥专业人员的技术优势和丰富的实践经验。人员的安全操作测试判断技能，是起决定性作用的重要因素。

在进行电缆故障定位过程中，电力工作人员应注意详细掌握电缆使用的相关情况。检查清除电缆进货吊装过程中有无机械损伤、敷设过程中有无异常埋设深度及机械损伤、电缆中间有无接头等情况。查清运行中有无其他单位人员沿电缆埋设路径进行开挖、施工等现象。全面掌握情况，快速寻找定位。积极探索电缆故障测试技术和光纤技术、GIS 地理信息系统、GPS 全球定位系统的联合应用，实现电缆故障的自动定位。

在电力抢修过程中，鉴于受管线地理及故障电缆长度长等因素影响和仪器误差容易影响测量精度的实际情况，供电专业人员探索装配车载电缆测试仪。供电专业人员将测试仪测试端子连接到故障电缆以后，在车内操作低压仪器，并读取车内仪器屏幕上显示的电缆波形与数据。通过对波形和数据的分析和对比，找出电缆故障点。此外，通过音频发射机发出的脉冲信号，让电缆识别仪在众多电缆中识别故障电缆，减少故障排查时间。

供电专业人员接到查找电缆故障的通知后，立即赶赴现场，认真检查，发现出现故障的电缆全长 3800 米，中间有 6 个连接头。供电专业人员先对电缆进行绝缘电阻测试，锁定故障相。将测试仪连接到电脑控制台，采用预定位功能，通过示波器上显示的波段，判定故障点的大致位置。然后利用声磁同步法进行精确定点确认，检测出电缆的具体故障点，从而快速排除故障，恢复安全供电。

13. 电流互感器　接线与安装

在冬季进行电力工程施工时，由于电流互感器的接线与安装技术比较复杂，因此，供电公司专业人员应认真落实电流互感器的施工工艺标准，注重规范接线与安装，为电流互感器的安全可靠投入运行打好坚实基础。

在对电流互感器进行接线操作时，应遵守串联的原则，即一次绕阻应与被测电路串联，而二次绕阻则应与所有仪表负载电流互感器串联。二次侧一端必须接地，以防绝缘损坏时，一次侧高压窜入二次低压侧，造成人身和设备事故。并且二次侧绝对不允许开路，因一旦开路，一次侧电流全部成为磁化电流，造成铁心过度饱和磁化，严重发热甚至烧毁绕组。同时，磁路过度饱和磁化后，会增大误差。另外，二次侧开路时电压高达几百伏，一旦触及会造成触电事故。因此，电流互感器二次侧应当备有短路开关，防止一次侧开路而造成危害。

测量用电流互感器的安装，应注意考虑交变大电流的测量，为了便于二次仪表测量，需要将二次电流转换为比较统一的电流，因此电流互感器的二次额定电流为 5A 或 1A。另外，线路上的电压都比较高，如果直接测量非常危险。电流互感器应是电力系统中测量仪表、继电保护等二次设备获取电气一次回路电流信息的传感器，其将高电流按比例转换成低电流，将电流互感器一次侧接在一次系统，二次侧接测量仪表等装置。

保护用电流互感器的安装过程，应充分达到保护用电流互感器与继电装置的协同配合。在线路发生短路过载等故障时，向继电装置提供信号切断故障。保护用电流互感器分为过负荷保护电流互感器、差动保护电流互感器、接地保护电流互感器。保护用电流互感器的工作条件与测量用互感器完全不同，保护用电流互感器只是在比正常电流大几倍或几十倍时才开始有效工作。保护用电流互感器在安装使用中应当达到安全技术要求，确保绝缘可靠，具有足够大的准确限值系数，具备热稳定性和动稳定性，保护电力系统的安全。

线路发生故障时冲击电流产生的热和电磁力，保护用电流互感器应能够承受。二次绕组短路情况下，电流互感器在一秒内能承受而无损伤的一次电流有效值，应达到额定短时热电流的技术要求。二次绕组短路情况下，电流互感器能承受而无损伤的一次电流峰值，应达到额定动稳定电流的技术要求。

电流互感器极性标志应表示其一、二次绕组的缠绕方向及头尾是否一致。由于电流互感器是用来变换电流的，因此，常以一次绕组和二次绕组电流方向确定极性端。在电力系统中，应当按减极性标注，即当一次电流从极性端子流入时，互感器二次电流从同极性端子流出。规范安装，明确标注，以保障电流互感器的安全使用。

14. 冬季空调　如何调用

供电公司结合冬季安全用电特点，开展安全宣传活动，组织专业人员深入社区，针对空调等取暖电器容易出现的安全问题，指导用电客户掌握安全使用方法。

一些用电居民客户在使用空调制热时，采暖效果不佳。对此，供电专业人员帮助检查，发现一些老式空调制热效果不好的原因，是由于空调没有电辅热功能。空调的电辅热功能，是在冬季制热时辅助加热，以免压缩机停机时吹出冷风。有电辅热技术的空调可以自动根据房间温度的变化而改变发热量，可适当调节室内温度，迅速制热。不论是天气寒冷还是电源电压不稳定，都不会影响空调的发热能力和发热量。

检查中发现有些空调用电正常，但是空调匹数与房间大小不匹配。空调匹数较小，而使用的房间较大，出现"小马拉大车"问题。按照常规经验，1 匹挂机空调制热面积约 10～12m²，1.5 匹挂机空调制热面积约 17～23m²，2 匹的柜机则可以保证 20～22m² 客厅的制热。如果房间是顶层，密闭性不好，空调的匹数应当大一些。

与电暖器相比，使用空调制热最大的好处是能够快速升温。因此，空调开机时，应设置为高热以最快速度达到控温目的。等到温度适宜时，再调至中、低挡，以减少能耗，降低噪声。待空调制热稳定时，应小幅度调节室温，保证制热稳定。用空调制热的房间，应当尽量减少门窗开闭的次数，用厚质、透光的窗帘减少房间的内外热量交换，避免挡住空调室外机的出风口，否则会降低制热效果。同时，选择适宜的出风角度，由于暖气流比空气轻，制热时应把出风角度向下调，制热效率会大大提高。

空调使用一段时间后，过滤网、蒸发器和送风系统会积聚灰尘、污垢，产生大量的细菌、病毒。这些有害物质随着空气在室内循环，会污染空气，传播疾病，严重危害人体健康。而且污垢会降低空调的制热效率，增加能耗，缩短其使用寿命。因此，冬季使用空调之前，应当做好清洗保养，以保证制热效果。

清洗分体式空调时首先应断开空调电源，打开盖板，卸下过滤网并洗去灰尘。将专用泡沫清洗剂摇匀后均匀地喷在空调蒸发器的进风面。如果污垢过多，可用湿布抹去，或用少量清水冲洗。装上过滤网，合上面板静置 10min 后，开启空调并把风量及制冷量调至最大，保持开启空调 30min 即可。

清洗柜式空调清洗时，首先将柜机的面板拆下，找到空调的蒸发器，将专用泡沫清洗剂摇匀后均匀地喷在空调蒸发器上，然后盖上面板，静置 10min 左右，开启空调并把风量及制冷量调至最大，保持开启空调 30min 即可。为了避免出风口吹出一些泡沫及脏物，可用一块湿布盖住出风口。

使用变频空调比较省电，但是用电客户在用空调取暖时，应正确使用空调，高效制热，以达到省电的效果。注意避免频繁地开关空调，因为空调启动时也需要室外压缩机的启动，启动压缩机时需要很大的电流，而来回的开关也就意味着空调内外机需要来回地开关，这也就间接地造成了空调的高耗电。空调耗电量与设定的室温有很大关系，制热室温稳定后，每调低 2℃，约省电 10% 以上，而且往往感觉不到这点温度的差别。

空调属于大功率用电器，应选择使用额定电流为 16A 的插座。正规插座产品都标有额定电压和电流，选购和使用时应仔细确认。空调的插头氧化或有油污，容易造成插头与插座接触电阻增大，加上负载功率大，导致插头发热。如果不及时处理，会形成恶性循环，时间久了易引发火灾。因此，应注意擦拭空调插头，防止积尘和产生锈蚀。空调插头接线如果不牢固，接触电阻会增大，也容易导致发热，因此应将接线装接牢固。空调的连接电源插头，应单独接入固定的插座，不可与其他大功率电器使用同一插座。连接空调的插座，超过使用年限后，内部接插的铜件老化，夹持力降低，导致与插头接触不良，容易发热。所以，应注意保持插座的接触良好，以及更换合格的插座，确保空调的安全使用。

15.　维护配变　多方检验

冬季，用电客户的配电变压器时常出现一些故障，供电公司专业人员注重协助客户检查设备，指导维护冬季变压器的安全运行。

在冬季，应加强对变压器运行情况的监控，及时发现和处理变压器的微小缺陷，方能防止和减小更大故障的发生。注重总结和应用安全运行管理经验，讲究巡视检查方法，以起到最佳维护效果。

注意看准油位。变压器的油位应在油标刻度的 1/4～3/4，冬季气温低，油面在下限侧。如果油面过低，应检查是否漏油。若漏油应停电检修，不漏油则应加油至规定的油位。加油时，应注意油标刻度上标出的温度值，根据当时气温，将油加至适当位置。

注意看清套管。观察变压器套管表面是否清洁，有无裂纹、碰伤和放电痕迹，表面清洁是保持套管绝缘强度的先决条件。当套管表面堆积灰尘、煤灰等污染物时，遇到雪或雾天，容易沾上水分引起套管闪络放电。因此，应定期清扫。由于套管遭受碰撞等原因，套管产生裂纹伤痕，也会使绝缘强度下降，造成放电。所以，出现裂纹或碰伤的套管时应及时更换。

关注箱体外表。应当查看变压器运行中是否渗漏油，如果配变箱体因焊接缺陷造成油渗漏，应当采用环氧树脂黏合剂及时进行堵塞。长期运行容易造成密封垫圈老化而引起油渗漏，应当及时更换密封垫圈。低压侧出线套管由于接线端接触不良、过负荷等原因造成过热，往往使密封垫变质，使其起不到密封的作用，也会导致配电变压器漏油。对此，相应排除隐患，防止出现大故障。

注意察言观色。对于装有呼吸器的配电变压器，正常情况下呼吸器内硅胶应呈现白色或蓝色，而一旦吸湿饱和，颜色则变为黄色或红色。对此，应更换呼吸器内的硅胶。

检查接地装置。配电变压器运行时，其外壳接地、中性点接地、防雷接地的接地线接在一起，集中实施良好接地。通过认真检查，当发现导体锈蚀严重，甚至断股、断线时，应及时修复处理。否则会造成电压偏移，使三相输出电压不平衡，严重时会造成客户电器烧坏。因此，应确保接地装置的良好可靠。

诊听运行声音。根据安全工作经验，可以利用绝缘操作棒做"听诊器"。将绝缘操作棒的前端接触配电变压器的外壳，耳朵贴上绝缘操作棒的后端部分，借助绝缘棒的传导作用，仔细听到配电变压器的内部声音。配电变压器的声音如果比平常增大且均衡，可能是配电变压器过负荷。此时应监视配电变压器的温升和温度，必要时调整负荷，保障变压器在额定状态下运行。如果出现不均匀杂音，可能内部个别零件松动。如夹件或压紧铁芯的螺钉松动时使硅钢片振动加剧，造成内部传出不均匀的噪声。这种情况时间长了将会破坏硅钢片的绝缘膜，容易引起铁芯局部过热。若此现象不断加剧，应当停电检修。若听到内部发出叭叭声，可能是铁芯接地线断开，容易造成铁芯感应的高电压对外壳放电或分接开关接触不良放电，应及时检修。如果听到仿佛是烧开水的声音，则应进一步诊断绕组可能存在短路的"病灶"，以及注意诊断分接开关是否因接触不良而存在局部严重过热情况。对于这些异常现象，应及时"就医"，进行检修。

嗅闻有无异味。注意嗅闻配电变压器储油柜部位有没有异味溢出，当变压器的内部发生严重故障时，油温往往急剧上升，同时分解出大量气体。打开储油柜盖，注意闻一闻其内部的气味。如果有明显的烧焦气味，则表明其内部绕组可能出现故障，应停电检修，以保证配电变压器的安全可靠运行。

16. 柱瓷套　堵与疏

电力系统使用的高压少油断路器断口和支柱瓷套的密封结构一般有两种型式：一种是全密封式，另一种是敞开式。一般情况下，敞开式结构容易进水受潮，而全密封结构似乎无进水可能。但是，电力专业人员根据设备现场的运行实践经验分析，全密封式少油断路器，往往会由于进入雪水等而受潮，所引起的事故数量与敞开式结构基本相同。

在实际运行中，支柱瓷套进水受潮具有多种原因。有的是瓷套设计及维修工艺不良。全密封式少油断路器支柱瓷套上部，三角机构箱部分密封点太多，如手孔盖板、油标、导轨盖板及箱顶盖板等部件。一般手孔及油标的位置大部分在油位之下，如果有密封不良现象时，不进行耐油压试漏不容易被发现。特别是箱顶盖板结构，属于平板式，而且是水平安装，如果密封不良，雪水很容易从螺孔中进入三角机构箱。

瓷套的材料质量不佳，也容易引发缺陷问题。在材料质量方面，常见的是钢材或铸件存在砂眼。制造中没有进行检查或检查中没有发现，在运行中导致密封不严。有时在试漏中，发现三角机构箱存在砂眼现象。在制造工艺方面，没有按照先焊接、后加工的方法处理，造成变形。运行现场发现有些密封面变形较严重，在装配或维修中，稍不注意就可能导致密封不良，从而进入雪水。

支柱瓷套及三角机构箱内，存在较严重的负压。由于全密封式少油断路器的支柱瓷套是全密封的，内外气路不通，致使内外压力不平衡。在温度变化较大或取油样后油体积减少而造成支柱瓷套内为负压。

运行实践经验表明，当支柱瓷套加油时的温度为 35～40℃，而运行中温度下降至 0℃时，支柱瓷套内将出现负压。如果再考虑取样 5～10 次，则负压还将增加。如果维修时稍不注意，或者制造工艺、材料质量不良，可能在负压最大的某一瞬间使其密封最薄弱点被破坏，从而导致进气或进水。特别是在多雨多雪的季节，温度变化大的山区，更容易由此引起进水受潮。

进水情况往往在事后很难找到密封不良的进水部位，因为当负压降至一定值时，又会恢复到正常密封。一些进水现象，由于水分没有溶解于油中以及负压影响，有时用仪器检测也不易测出油中含水量，出现所谓无水的假象，通常称为假无水现象。

在分析清楚有关缺陷原因的基础上，电力工作人员注重采取防范支柱瓷套进水的安全措施。注重改善和增强密封性能，严格进行施工安装，保证维修工艺质量，提高各密封面的密封水平。在安装或检修后，认真进行油压试漏。试漏时应当加 0.05～0.08MPa 的油压，以检查安装和维修工艺，发现薄弱环节，及时进行处理。

加装防雨、防雪罩，在三角机构箱顶盖板上加装防水罩，以防止顶盖密封不良引起的进水。通过加装防雨、防雪罩解决进水问题。主动加装呼吸孔道，使支柱瓷套内气路与大气相通，从而实现内外压力相等，以消除支柱瓷套内由于温度变化及取油样造成负压而导致的进水。

采用正确的方法加装呼吸孔道，即在三角机构箱顶盖板上打孔攻丝，然后装上直通式呼吸通道，并在三角机构箱顶盖板上方加装防雨罩；在三角机构箱顶盖板上，装设一个空气过滤式呼吸通道；在三角机构箱上部或顶盖板上装一个小型吊式吸湿器，作为呼吸通道，呼吸的空气经干燥的硅胶及油封过滤，防止潮气进入支柱瓷套。

通过现场运行实践检验，三种方法，各有千秋、各有特点，第一种方法简单易行，第二种方法"自主呼吸"，第三种方法效果尤佳。认真处理与解决高压少油断路器断口和支柱瓷套的密封缺陷问题，促进电力设备的安全稳定运行。

17. 抓安全　重落实

迎峰度冬，安全供电工作繁忙，安全管理千头万绪。供电公司注重突出一个"实"字，认真加强安全生产。立足于"朴实、坚实、踏实、厚实、诚实"，最终将各项安全规制、方案、标准、措施等实打实地落实。

供电公司注重分析电力员工队伍的安全思想动态，尊重员工的需求，关爱员工的健康，关心员工的生活，激励员工的工作热情，恪守原则，把握标准，认真查找队伍及发展中存在的不足问题。

强化领导干部和管理人员的到岗到位制度，不断完善安全管理方式方法，将检查督导与现场管理紧密结合。对于到达现场而没有在"两票"上签字确认行为，应视为"走形式"、"走马观花"以及"管理违章"。因为领导干部和管理人员到现场，不应作秀，而应负安全责任，实行从严要求、从重考核。解决管理漏洞等问题的关键，强化问责，安全管理求真务实，增强纠正各种违章的监督力度，100%现场"交底考问"。凡有施工作业，管理人员必须到岗到位履行安全督导职责，全过程监督现场安全。安排周生产作业计划的同时，根据领导干部和管理人员在岗情况及现场实际需要，统筹合理安排到岗到位计划。

领导干部和管理人员应踏实"跟班"作业，动态了解安全实际情况以及存在的困难与问题。正确引导、规范一线员工安全生产行为，督促做好安全生产的全过程管控，检查施工作业现场各项安全措施落实情况，指导班前、班后会，进行现场反违章纠察和危险点分析预控，及时指出并规范现场应注意的安全事项及防范措施，及时纠正不安全的"细节"行为，消除安全思想等方面的隐患。

注重选拔青年安全生产骨干，建立群众性青年安全监督岗，鼓励青年员工积极参与安全管理，明确青年纠正违章的基本任务，协助宣传贯彻执行安全生产的方针、政策、法令、规程、条例及文件精神。利用集中活动和分散流动等方式，监督检查施工中的不安全因素，制止违犯劳动纪律、违章指挥、违章作业的"三违"现象。及时发现生产中的事故苗头，踊跃提出安全生产的合理化建议。"青年安全监督岗"有权在事故隐患严重威胁安全时停止作业、撤出人员，对"青年安全监督岗"的纠正违章、安全监督工作进行及时总结。加强安全知识、安全规程、操作规程、作业规程、安全监督技能培训，提高岗员工作能力，积极创建"青年安全示范岗"，用青春践行安全誓言，用责任坚守安全，用行动保障安全。

注重维护员工安全权益，诚实开展职工代表督察安全工作。组织职工代表到各班组、重点现场，对安全生产基础管理情况巡视检查，严格督察。开展"送温暖、促和谐、保安全"活动，推进及时更换和配发安全工器具和安全劳动保护用品，努力改善安全生产作业环境和条件。职工代表开展安全生产巡视，创新理念和方式，进班组、下现场、到岗位，勇于"晒"短板、勇于"揭丑"、勇于推进整改，形成"巡前选优组合、巡中督促整改、巡后追踪回访"的闭环管理机制。

实行安全生产动态管控，落实考评、考核制度。对各类安全督导考核意见，及时考评兑现，对安全意识差的员工，重在深入批评、教育。促进严格落实到岗到位职责，强调细化工作环节，确保每个生产现场组织到位、措施到位、责任到位，全面落实人身安全风险管控。强化落实作业风险辨识引导，落实审核完善作业现场施工作业等各项安全措施，确保每一位作业人员对施工现场、作业程序、现场危险点和风险预控措施清清楚楚、明明白白，确保全员遵守安全规程，严格执行"两票三制"，防范误操作等事故。

注重增强员工队伍的安全生产执行力，力求实效，实行差异化、个性化安全培训。培训管理应当注重突出三个层次：一是以新参加工作人员为群体，开展设备材料辨识应用、缺陷分辨等基础技能和理论培训；二是对生产专业员工开展两票应用、标准化指导书编制等培训；三是对具备管理能力的生产人员和管理岗位人员进行管理知识更新，培养综合管理能力。深入开展设备状态检修管理，加强数据评估分析和设备评价，科学制定安全管理策略，实施"三个一"，即公司"每月一考"；管理人员和班站长"每月一课"；班组"每周一讲"，提升专业人员安全素质。

深入拓展安全管理的群众路线，调动和发挥各方面的积极作用。融合开展好有关教育与实践活动，把安全生产的管理权交给员工，让员工各司其职、各尽其责，担当安全的主角，增强安全意识和主人翁精神，保证人身安全和设备安全，提高安全生产管理水平和工程施工质量水平，实现安全生产管理提质提效。创造良好的安全发展环境，构建坚实的安全生产基础。

18.　电缆防火　防微杜渐

运行中的电力电缆在发生短路以及邻近有明火烧灼时，往往会因火焰而引起延燃，对此，供电公司加强冬季电缆防火专项治理工作，根据不同情况及设施，切实采取各项电缆防火措施，防止电缆火灾的发生。供电公司作业人员注重保证电缆的施工质量，特别是对电缆头的制作质量，严格落实技术工艺标准，使其达到符合安全规定的要求。

在敷设电缆时，注意保持与热管路有足够的距离，控制电缆不小于 0.5m，动力电缆不小于 1m。控制电缆与动力电缆实行分槽、分层并分开布置，避免层间重叠放置。

认真落实防火阻燃技术措施，将电缆用绝热耐燃材料包扎。如果电缆自身着火，由于包扎体内缺少氧气可使火自熄，避免火势蔓延到包扎体外。当电缆周围着火时，包扎的电缆被绝热耐燃材料与火隔离，可免遭烧毁。对于穿过墙壁、盘底、竖井的孔洞，在电缆四周将孔洞用耐火材料封堵严密。对于敷设多条电缆的穿孔处，用电缆防火堵料垒堵，以防止电缆着火时，高温烟气扩散和蔓延而造成火灾面扩大。将电缆直接敷设在防火电缆槽架上，防止邻近发生的火灾威胁电缆架上的电缆。对上层电缆架上敷设的电缆，采用防火隔板，避免电缆层间窜燃，以防扩大火情。在电缆通道，设置分段隔墙和防火门，防止电缆火灾蔓延。

认真检查电缆沟、电缆隧道、电缆层的电缆槽架，仔细查看敷设的电缆中间接头和支接头两侧各 2m 范围内所敷设的电缆。使用电缆专用的防火涂料进行涂刷，并使其达到规定的涂膜厚度。对穿越楼板、墙面的电缆，在穿越两侧各 2m 范围内，也分别涂刷防火涂料。加强电缆运行监视，避免电缆过负荷运行。在对电缆进行测试时，发现异常情况，及时处理。

认真清扫电缆上所积粉尘，防止所积粉尘自燃引起电缆着火。加强电缆回路开关及保护的定期校验维护，保证其动作可靠。对防火涂料脱落或损坏的地方，及时进行修补，以保证其具有正常的防火功能

配备必要的灭火器材和设施。架空电缆着火时，使用灭火器材进行扑救。在电缆夹层、竖井、沟道及隧道等处，装设自动或远控灭火装置，安装相应的灭火装置、水喷雾灭火等装置。

加强防火演练，掌握安全要点。电缆燃烧时会产生有毒气体，因此电缆火灾扑救应特别注意防护。电缆起火应迅速报警，并尽快将着火电缆退出运行。火灾扑救前，应先切断着火电缆及相邻电缆的电源。巡视燃烧的电缆，用干粉、二氧化碳、1211、1301 等灭火剂，也可用黄土、干砂或防火包进行覆盖。火势较大时，应使用喷雾水扑灭，装有防火门的隧

道，应将失火段两端的防火门关闭。

在进入电缆夹层、隧道、沟道内的灭火人员，应使用正压式空气呼吸器，以防中毒和窒息。在不能确定被扑救电缆是否全部停电时，扑救人员应穿绝缘靴、戴绝缘手套。扑救过程中，禁止用手直接接触电缆外皮。在救火过程中应注意防止发生触电、中毒、倒塌、坠落及爆炸等伤人事故。扑救结束后，应及时对火灾现场进行记录、拍照、录像，并保存起火处电缆残留段，以便对起火原因进行分析，吸取教训，防止类似事故的发生。

19. 线路施工　管控关键

冬季，由于农田及农作物等影响因素的减小，供电公司不失时机地抓紧时间进行农网建设与改造施工。

在进行电力线路建设与改造的过程中，线路的架线施工环节比较复杂。在比较长的距离施工作业中，现场施工人员较多，有时还要通过一些交叉跨越物等障碍。因此，供电专业人员在电力线路施工中，注重把握关键环节，将安全措施做到位，认真保证线路安全顺利架设。

在立好电杆之后、架设导线之前，应仔细检查导线的型号是否符合设计要求。现场曾经发生过导线型号不符的问题，当导线紧起来后，施工作业人员感觉导线发软，经过认真检查，发现进错了材料，本应有钢芯的铝绞线，实际却没有钢芯。因此，应吸取教训，严格检查导线的具体实际型号，以防失误。注意检查导线有没有严重的机械损伤现象，如断股、破股、背花等情况。对于铝导线，还应查看是否有严重氧化腐蚀现象，以保障导线达到线路架设的标准要求。

在导线开始放线前，应由线路架设现场工作负责人对施工现场的各项情况进行仔细查看。通过认真检查，将线盘尽量放在既交通便利，又便于紧线的耐张杆处，并将长度大致相同的线盘放在一起。注意预先计算好所用导线的长度，放完线后，尽量使剩余导线不多，达到安全、节约等目的，应充分考虑导线的接头和弧垂，一般导线的长度，应比档距适当长一些。

在放线过程中，当导线与铁路、公路、通信线、其他电力线、特殊管道等交叉跨越时，注意保护导线不受损伤，又不影响被跨越物的安全，应提前搭设跨越架，并且做好相关准备工作。搭设跨越架之前，应与被跨越设施的主管部门取得联系，取得沟通和协助后再进行施工。在搭设跨越架的过程中，应保证放线时导线与被跨越物间距大于最小安全距离，跨越架的宽度还应比线路两边宽出一定的距离。

在农村进行电力线路施工放线时，通常在地面进行拖放。放线时，应将放线架设置牢固，然后把线盘安置在放线架上。导线头应从线盘上方抽出，由专人负责和看护。展放导线前，应对导线要经过的线路所存在的障碍物进行彻底清除，以防导线被磨损断股。

放线时应在每基杆塔上悬挂铝制滑轮，将导线放在轮槽内，滑动走线，这样可避免导线磨损。放线速度应适中，不宜过快。每基杆塔处应设专人进行监护，查看杆塔上悬挂导线的铝制开口滑轮转动是否灵活，是否有导线掉槽现象，导线压接管接头经过滑轮时是否有卡住现象。

在现场一旦发现导线磨伤、断股、背花等情况，应及时停止放线，标明记号，然后采取措施进行处理。放线时在各跨越处，均应设专人进行看护，防止出现架子变形、移动或倒塌等现象，保证安全。

20. 电流互感器 使用与维护

电流互感器的应用比较广泛，电流互感器故障，会严重影响电力系统的准确测量，危害保护装置，引发严重事故。因此，供电公司专业人员加强电流互感器的安全技术管理，认真进行检查，加强运行维护，防止电流互感器引发设备故障。并且应注意保障检查维护过程中的人身安全。

正确投入电流互感器的运行方式。在三相三线系统中，当各相负荷平衡时，可在 A 相中装电流互感器，测量该相的电流。采用星形接线，可测量三相负荷电流，监测每相负荷不对称情况。当采用不完全星形接线时，可用来测量平衡负荷和不平衡负荷的三相系统中各相电流，当只需取两相电流时，如三相两元件功率表或电能表，即可采用不完全星形接线，流过公共导线上的电流为两相电流的相量和。正确使用穿心式电流互感器。电流互感器的变流比要满足负荷电流的需要，正常负荷电流应为电流互感器一次额定电流的 $1/3 \sim 2/3$，最好选用准确度等级为 0.2s 或 0.5s 的电流互感器。穿心式电流互感器使用的关键是穿心匝数必须正确，不但要看铭牌上标明的变流比，还要看穿心的匝数。穿心匝数等于穿心一匝时的一次侧电流与采用变流比对应的一次侧电流之比。

实施穿心时，一次回路标有"L1"或"+"的接线柱应接电源进线，标有"L2"或"−"的接线柱应接出线。二次回路标有"K1"或"+"的接线柱要与电能表电流绕组的进线端连接，标有"K2"或"−"的接线柱要与电能表的出线端连接。电流互感器二次回路的"K2"或"−"接线柱、外壳和铁芯都必须可靠接地。

电流互感器的运行检查及维护。在运行中，严禁将电流互感器的二次开路。如果二次开路，一次电流将全部用来励磁，使铁芯饱和，将在二次绕组感应出高电压并使铁芯过热，危及操作人员和仪表安全。因此，电流互感器二次侧不允许开路，并且在二次回路中不允许装设熔断器、断路器或隔离开关。短路电流互感器的二次绕组，应使用短路片或者短路线短接，注意短路应妥善可靠，严禁用导线缠绕。不得将回路的永久接地点断开，二次侧有一端必须保持良好可靠接地。严禁在电流互感器与短路端子之间的回路和导线上，进行任何工作。涉及电流互感器的工作应认真谨慎，进行检查维护时，必须有专人进行监护，操作时应站在绝缘垫上，戴好绝缘手套，使用绝缘工具。

针对电流互感器运行异常现象，查找原因进行处理。在运行中发生二次回路开路时，会使三相电流表指示不一致、功率表指示降低、计量表计转速缓慢或不转。如果是连接螺钉松动，还可能有打火现象。在发现二次回路开路时，应根据现象，判断是属于测量回路还是保护回路。处理前应解除可能引起误动的保护，并尽快在互感器就近的电流端子上用良好的短接线将其二次侧短路，再检查处理开路点。在处理时，应尽量减小一次负荷电流以降低二次回路电压，以保证安全。

21. 谨慎紧线　谨防跑线

进行电力线路施工作业时，紧线是重要的环节之一。紧线的过程，需要较大的动力、拉力和牵引力，杆塔及部件需要承受较大的张力、压力以及剪切力。紧线，是力的角逐、力的扩张、力的集结。因此，紧线存在诸多风险。电力工作人员及施工作业人员，应注意加强紧线环节的安全管控，慎防事故发生。

紧线前，需要先做好耐张杆、转角杆、终端杆的拉线，并在终端杆挂线的另一侧做好临时拉线，目的是防止终端杆朝紧线方向倾倒，在切实做好临时拉线后，方可进行分段紧线。并且在紧线之前，应全面检查导线状况及连接情况，确认是否符合安全技术规定、有无异常现象。应逐基杆塔仔细检查导线是否稳妥放入滑轮槽中，小段紧线也可将导线放在针式绝缘子顶部沟槽中，但不可将导线放在横担上，以免磨伤导线。当所有材料、设施准备完毕，确无异常后，方可进行紧线。

紧线时，应根据导线截面积的大小和耐张段的长短，多方考量，优化方式，可采用人力紧线、紧线器紧线、绞磨紧线等方法进行紧线。注意防止横担扭转，掌控好平衡，同时先紧两边线，后紧中间线，或对几条导线同时进行紧线。紧线过程中，应每基杆塔上都有人，以便及时松紧调整导线，使导线接头顺利通过滑轮或针式绝缘子槽。

紧线作业，必须由有丰富经验的人员进行统一指挥。在指挥时，采用统一的松线和紧线信号。紧线时应根据严寒等气温情况，结合现场实际情况来确定导线的弧垂度。并且应注意导线伸长对弧垂的影响，精确调整导线驰度。

在紧线施工作业中，以往曾发生"跑线"的危险情况。针对"跑线"的危险原因，施工作业人员应注意预先分析、加强防范。电力线路紧线施工中出现"跑线"现象，往往是在紧线最关键的阶段，被拉紧的导线突然滑脱。应提高对"跑线"危害的认识，认真分析和排除各种有关隐患因素。因为，如果突然出现"跑线"现象，极有可能造成倒杆断线、施工人员伤亡、施工线路下方带电线路短路、触电伤人等事故。

出现"跑线"现象的原因有很多。紧线卡头有大有小，大卡头卡小型号导线则卡不牢。架空钢绞线具有弹劲，在卡线时没有将钢绞线破劲，在紧线时就容易出现滑脱现象。紧线绞磨出现故障，卡断钢丝绳。导线滑车闭锁存在缺陷，销子突然开口。使用汽车等机动车辆紧线时，遇到树障等障碍物，受阻的导线突然弹起，会使卡口处突然跑线。紧线施工，不认真检查，拿错用错工器具，以及地锚拔出等也易造成跑线险情。

电力专业人员及现场施工人员应认真执行电力安全工作规程线路部分有关规定，落实有关安全措施，使用合格并且合适的紧线卡头。预先应对卡头做拉力试验，对紧线用的卡头明确标签，严禁与一般用途的卡头混放混用。安装紧线器具时，应认真检查导线是否入槽、卡紧。注意检查绞磨、车辆、牵引钢丝绳等状况，使紧线机械等安全可靠，符合规程要求，不可超负荷使用。铁质地锚出现严重弯曲变形时，不可再使用，木质锚桩应达到木质坚硬完整无损。地锚埋设深度，应考虑土壤情况。如果是沙土层，其阻力小，应进行加固，以保障紧线施工的安全。

22. 严冬施工　严格管控

冬至的早晨，漫天雪飘，遍地结冰。电杆、铁塔、导线等电力设备披上了厚厚的银装，也给供电设备带来了不小的安全隐患。供电公司加强对变电站、输配电线路等设备的地毯式特巡，重点检查重载、过载设备。开展电力设备防风、防雪、防覆冰、防舞动等预防工作，加强电力工程施工安全管理，防止发生人身及设备等事故。

从冬至起，便进入了"数九"寒天。供电专业人员根据节气变化，注重完善冬季施工、检修作业的安全措施，抓好现场勘察、工作许可、安全技术交底、监护等关键环节，加强安全管控。细化现场职责，加强督察。根据天气情况，调整施工作业计划，明确和落实作业组织、现场人员安全职责和作业流程，将防冻保暖工作落到细处。加强对施工作业机械、安全工器具的使用与管理。加大反违章巡查和处理力度，定期对作业现场违章情况进行列表分析，并根据发生的违章情况加强危险点分析与预控。

进入工地施工的作业人员，应戴好安全帽，注意优选戴内部及四周衬棉的安全帽，注意保护好头部和面部，有效防止鼻炎和血管性头痛等发生。

施工用电焊机、振动器等机械以及经常移动的铰磨、放线机等设备不得在地面上进行拖拉，应保持良好绝缘。下雪或大风天气进行露天焊接时，应采取遮蔽防静电及火花飞溅措施。受风面积较大的设备，临时就位应采取可靠防风措施。

恶劣的天气给电力施工带来了许多不便，冬季施工作业之前，应及时清除积雪、冻冰，采取有效防滑措施。在施工现场，机械遇冷，往往会导致发动机不能正常启动。运输电力设施与起重设备器械，注意防冻防冰。尤其是在有冰地面上，当不能保证安全时，严禁起吊。施工作业时，应先对施工现场安全措施进行检查，达到安全条件后方可进行施工作业。运输设备及材料的汽车、拖拉机等轮胎式机械，在冰雪路面上行驶时，应装防滑链或者雪地胎。

下雪天气不得运输仪表及精密控制装置，而其他设备应做好防冻防潮工作。露天放置的设备、仪表，开箱验收后，应用塑料布覆盖，防止设备和仪表的损坏。有关电气设备、开关箱，应有防护罩。对于精密设备，应及时关严盖好，防止雪水、潮气侵进。低温高空作业及使用手锤、大锤时，应佩带防冷用品，以防手脚冻僵而发生危险。

冬季施工工作上、下杆塔时，应采取防滑措施，选择有很深底纹且保暖性好的鞋子，不要穿带钉硬底鞋。在严冬时节施工作业，极易遇雪和缓霜而弄湿手套，手部容易冰冷、发麻，攀抓物体时就不会牢靠，容易发生事故，所以应多备几副棉手套。现场人员应穿好保暖衣物，注意防寒，如果穿得太多，体态臃肿，高空作业不灵便，也容易疲劳，如果穿得太少，寒冷中容易感冒。因此，应选择保暖性好的内衣裤。

施工采暖设施应悬挂明显标示，防止人员烫伤。减压器冻结时，严禁用火烘烤，只能用热水、蒸汽加热或自然解冻。瓶阀冻结时严禁用火烘烤，应浸在 40℃ 热水内并用棉布包裹，使其缓慢解冻。施工作业现场禁止吸烟，施工作业过程中应加强防火措施。

供电专业人员顶风雪、战严寒，认真实施标准化施工作业方案，执行安全预控制度，使各项工作中潜在危险得到有效控制。在冰雪的环境中，施工作业现场应悬挂安全生产图板、标语和电力安全宣传挂图，时刻提醒每位员工安全生产的重要性，强化安全意识和安全生产氛围。

23. 保护装置　掌握参数

用电客户使用的电器设施出现漏电等危险情况，时有发生。对此，供电公司专业人员加强对剩余电流动作保护装置等电器设施的安全检查，指导用电客户掌握剩余电流动作保护装置的安全技术参数，正确选择、安装及使用剩余电流动作保护设施。

广大用电客户通常将剩余电流动作保护器，称为漏电保护器，英文缩写 RCD。当人体触电、设备或线路漏电时，漏电保护器即剩余电流动作保护器能够迅速断开故障电路，避免发生漏电事故，以及防止由此引发的人身伤亡和火灾事故。

按照 GB 13955—2005 国家标准《剩余电流动作保护装置安装和运行》有关规定，用电时必须安装剩余电流动作保护装置。

选购剩余电流动作保护器时，应购买有生产资格厂家的产品，并且产品质量应合格，具有国家强制性"3C"产品认证标志。而市场上销售的一些剩余电流动作保护器并不合格，对此，供电公司专业人员提醒客户，应认真选择。剩余电流动作保护器的技术性能，应符合安全用电的要求，注意掌握剩余电流动作保护器的技术参数。剩余电流动作保护器的额定电压，有交流 220V 和交流 380V 两种。家庭生活用电属于单相电力，故应选择额定电压为交流 220V 的产品。

家用剩余电流动作保护器的额定电流，主要有 6、10、16、20、32、40、63A 等多种规格。额定电流的选择，应尽量接近家用电器使用的电流，这样过电流保护才能起作用。在交流 220V 电压下，可以粗略估算剩余电流动作保护器的额定电流。如果一个家庭用电设备功率总和约为 4kW，则应选用 20A 的单相剩余电流动作保护器。剩余电流动作保护器有二极、三极、四极三种，家庭生活用电应选二极的剩余电流动作保护器。

选择额定剩余动作电流，这种电流是指保障剩余电流动作保护器正确动作的剩余电流值，有 5、10、20、30、50、75、100、300mA 等多种。家庭生活用电，最主要的目的是防止人身触电，故应选用小于或等于 30mA 高灵敏度动作的剩余电流动作保护器。

　　剩余电流动作保护器的动作原理：相线进线的电流与零线返回的电流相比是否一致，决定其是否动作。当线路良好无漏电时，电流从相线通过负载与零线形成回路而不动作。当负载漏电或人体触及相线触电时，相线与零线返回的电流差达到一定数值，一般家用剩余电流动作保护器达到 30mA 时，剩余电流动作保护器便动作而切断电源，起到保护作用。因此，家庭线路装剩余电流动作保护器，可提高用电安全系数。

　　注意掌握额定漏电动作时间，即在制造厂规定的条件下，对应于漏电动作电流的最大漏电分断时间。单相剩余电流动作保护器的动作时间 t，主要有 $t \leq 0.1s$、$0.1s < t < 0.15s$、$0.15s \leq t < 0.2s$ 等几种。动作时间小于等于 0.1s 的快速型剩余电流动作保护器是家庭应选用的保护器，用以防止人身触电。

　　市场上适合家庭用电的单相剩余电流动作保护器，按保护功能分类，主要有漏电专用、漏电和过电流保护、漏电与过电流及短路保护和过压保护兼用等产品，应尽量选用保护功能更多的剩余电流动作保护器。

　　剩余电流动作保护器应当依照产品说明书，正确安装和使用。剩余电流动作保护器应安装在电能表和熔断器之后，应垂直安装，各方向不得超过 5°。安装地点应避开油、气、水汽和尘埃等环境，否则剩余电流动作保护器的使用寿命和可靠性会受到影响。电源进线必须接在保护器正上方，安装好后，手柄在"O"的位置表示分闸。在"Ⅰ"的位置表示合闸，电路接通。

　　在使用中，剩余电流动作保护器如果因为被保护线路或设备发生漏电而分闸，此时漏电指示按钮凸出，应当查明原因，排除故障后，先按下漏电指示按钮，方可进行合闸操作。剩余电流动作保护器在新安装或运行一段时间，一般约隔一个月，应在合闸通电的状态下，按动试验按钮，检查其动作特性是否正常有效。

　　家用剩余电流动作保护器，在接线时通常不分相线和零线。但是，市场销售的一些剩余电流动作保护器，在接线时区别相线和零线。当接线错误，或线路维修后相线和零线接反时，均有可能因为拒动作而失去保护作用，用电客户应特别注意。

　　电子式剩余电流动作保护器，根据电子元件有效工作寿命要求，使用年限一般为 6 年，超过规定年限，应进行全面检测。根据检测结果，决定是否继续运行。不能满足工作条件时，应进行更换。

　　安装剩余电流动作保护器后，仍须重视用电安全。因为，剩余电流动作保护器对相与相之间、相与零线之间发生的电击事故起不到保护作用。当人体同时触及相线和零线时以及负载、线路发生短路故障时，往往不能起到保护作用。由于剩余电流动作保护器的触头是封闭在里边的，没有明显的断开点，这也是其的不足之处。并且不可单纯用剩余电流动作保护器代替其他所有的安全措施，不可代替保护接地等设施。

用电客户在线路上装设剩余电流动作保护器之后，最好再装设隔离闸刀开关或者瓷插。因为，隔离闸刀开关有明显的断开点，而且还可以装熔丝，对短路等故障，能起到剩余电流动作保护器起不到的保护作用，联合使用，优势互补，增强用电的安全可靠性。

24. 化工用电　化解危险

化工企业用电客户在生产过程中存在较多危险因素，特别是在发生故障及事故时，危害物质容易外泄，易扩大设备损毁及人员伤亡范围。因此，供电公司注重加强化工企业用电客户的安全管理，从多方面落实安全措施，以保证化工企业的用电安全和电网系统的可靠运行。

在实际生产工程中，化工企业用电客户有许多高温、高压设备，环境温度相对较高，会加速电气设备绝缘材料的老化。在化工生产中还有许多腐蚀性物质，也能造成电气绝缘层的损坏。化工生产中的冷却、变换过程，需要大量用水，环境非常潮湿，这也会使电气设备绝缘电阻降低而发生漏电。同时，工作人员在潮湿的环境中，人体电阻相对较低，增大了人体在触电的危险性。所以，化工企业的用电安全，必须引起高度重视，必须将安全管理举措落实到位。

针对化工企业用电客户有关安全性、稳定性标准较高的特点，供电公司注重构建安全互动联动机制。组织化工企业有关负责人和电气工作人员，定期学习各项安全规制，与供电专业人员共同交流安全供用电管理经验。

供电公司定期组织专业人员对化工企业进行设备隐患排查，及时送达《安全隐患告知书》，明确提出整改建议，跟踪落实隐患排除。化工企业每年至少进行一次应急演练，半年进行一次主要设备的安全性能、参数等检测，注重确保用电安全万无一失。健全设备安全管理制度，对安全隐患及时进行消除。安全管控，常抓不懈。注重指导化工企业根据有关电力安全工作实际需要，建立相应的安全管理机构和体制，健全各种安全用电规章制度。制定实施电气设备运行规程、检修规程和调整试验规程和岗位操作办法安全管理制度。配备足够的电气专业人员，落实安全职责，加强用电管理。

化工企业用电客户注重完善基础技术资料，设置电气系统模拟图板、供配电系统图、二次接线图、供配电设备及线路的施工和检修的交工资料。组织按季节定期进行电气安全大检查，开展反事故预防演习，落实隐患排查措施。

供电专业人员对化工企业加强安全检查与督导，保持化工企业的高压配电室、工作台整洁，安全制度明晰、安全工器具保管使用有序。认真指导化工企业制定实施"停电应急预案"，从发生突然断电开始，每一个应急操作步骤都清清楚楚、切实可靠、易于操作、利于安全。针对化工企业的电气工作，建立和实施"缺陷整改记录"等制度，加强电气设备的"体检"。对于查出的设备问题，督促尽快解决。及时处理污染腐蚀严重、线路老化等突出问题，注重提升设备的安全运行水平，保证安全可靠运行。

25. 零线归零　不可失灵

一些配电变压器台区，由于故障导致线路设备零线带电，这种现象时有发生。对此，供电公司专业人员深入分析探讨有关原因，采取有效措施，积极防范零线带电造成的危害。

在配电变压器台区三相四线制低压供电系统中，零线的作用是当三相负载不对称时，保证零线上的阻抗为零，用以消除中性点位移，使各相的电压保持对称，即各相负载的相电压恒等于电源相电压，并与负荷变化无关。三相中如果其中有一相发生断路，只影响本相，而其他两相电压仍保持不变，以此确保接在此两相上的电器设备仍能正常运行。

在实际运行中，三相四线中的零线因故断路后，在三相负载不对称时，则会产生变压器中性点位移，致使三相电压不平衡，即有的相电压过高，烧毁电器设备，有的相电压过低，电器设备无法正常使用。

供电公司专业人员认真判断分析零线断路的现象，查找不同的因素。在单相供电范围内发生零线断路时，故障范围内的电灯不亮，其他电器不能使用。这时用数字验电笔进行验电，相线和零线都显示相电压。但是，用电压表测量，却没有电压指示。三相四线制线路，某一分支发生零线断路故障时，在这一分支线路供电范围内，一部分用电客户的电灯亮度不够，电视机图像不清，有欠电压保护的电器，则无法开机或自动关机。而有一部分用电客户的电压明显升高，情况严重的，电器很快烧损。三相配电变压器供电范围内，有时也发生零线断路故障，即零线母线发生断路，主要表现与三相四线分支线路发生零线断路的故障相同。但是，范围更广，危害更重，损失更大。

供电公司专业人员在现场，根据实际情况和运维经验，认真查找零线断路的种种具体原因。分析重点因素，有针对性地采取预防零线断路的措施。

在三相四线制供电系统中，对于单相负载应尽量分配均匀，保持三相负载平衡，加强对三相电流的监视，发现不平衡及时进行调整。对于零线阻抗，应保持为零。零线电流，不能大于相线电流的四分之一。零线的导线截面积，不能小于相线截面的二分之一。应确保零线的连接牢固可靠，配电变压器及配电屏的引入、引出线，如采用铝导线，应使用铜铝过渡线夹，并加强巡视和维护。特别注意进行夜间巡视，比较容易发现接头出现火花现象，从而及时进行处理。三相四线制线路的零线，严禁安装熔断器或单独的开关装置。断开三相四线制线路时，应先断开相线，后断开零线。接线时，顺序与之相反。一旦发生零线断路故障，应尽快切断三相电源进行处理，以减小故障危害。

鉴于配电台区管理点多、线长、面广，客户设备质量参差不齐，受外力破坏等不确定因素影响，供电公司专业人员应加强对零线的检查、维护，注意防患于未然。积极建议用电客户安装及使用多功能电路保护器，以有效降低过电压和漏电等故障的概率，缩小故障查找范围，提高抢修效率，认真维护零线安全运行。

26. 安全用具　何以保安

电气安全用具，是用来保证电气设备的安全运行，防护电气工作人员触电和防止被电弧灼伤及化学和机械伤害的。供电公司加强对电气安全用具保管、检验、使用等环节的规范管理，以保障电气安全用具自身的安全与可靠。

加强基本安全用具的检验与正确使用。

绝缘操作杆是高压线路及设备工作中经常使用的基本安全用具，用绝缘操作杆进行操作时，会直接接触到高压电气设备。因此，必须保证其具有足够的绝缘强度，而且能长期耐受电气设备的工作电压。

可在电气设备带电的情况下，用绝缘操作杆直接操作没有装杠杆传动的闸刀、投入或切断电气设备或进行电气设施测量等。制作绝缘棒的材质应具有耐压强度高、耐腐蚀、耐潮湿、机械强度大、质轻、便于携带等特点，且其绝缘强度应合格。

每半年应对绝缘操作杆进行一次预防性耐压试验，并标贴电气试验合格证。使用前必须对绝缘操作杆进行外观检查，外观上不能有裂纹、划痕、硬伤，不能因受潮而发生弯曲变形。接头之间的连接应牢固可靠，不得在操作中脱落，并且必须按照规定的额定电压等级使用，严禁用电压等级低的绝缘操作杆，去操作电压等级高的电气设备。

操作人员在使用绝缘操作杆时，需要配合辅助安全工器具，按要求戴绝缘手套和穿绝缘靴进行操作。雨雪天气必须在室外进行操作时，应使用带防雨雪罩的特殊绝缘操作杆，操作时应有专人监护。不可在地面上进行绝缘操作杆节与节之间的连接，应远离地面，以防积雪、杂物、泥土等进入丝扣中，或黏附在杆体的外表上，并且应在确保丝扣之间拧紧后方可使用。使用绝缘操作杆进行操作时，姿势应正确，尽量减少对杆体的弯曲力，防止损坏操作杆体。

加强辅助安全用具的检验与正确使用。

绝缘手套是电力行业必不可少的防护用品，通常与绝缘靴、绝缘棒、绝缘夹钳等配合使用。在使用绝缘操作杆停送隔离开关、断路器及直接停送低压闸刀、空气开关等电气设备时，必须使用绝缘手套，以防发生触电伤害或电弧灼伤事故。

绝缘手套应每隔半年送有关部门检验一次，并贴上合格标签。高压绝缘手套要求交流耐压为 8kV，时间为 1min，泄漏电流应小于等于 9mA。应保障绝缘手套不发粘、不发脆、质地柔软、胶质紧密。绝缘手套是用特种橡胶制成的，每次使用时都应进行外观检查。将手套朝手指方向卷曲，卷到一定程度时，内部空气因体积减小、压力增大，各个手指应该鼓起，确定不漏气。再仔细查看有没有破漏、磨损、发粘、发脆等现象，达到合格要求的才能使用。

在使用绝缘手套时，应注意将外衣袖口塞进手套的袖筒里，不要碰到坚硬、锋利的物体，以防损坏绝缘手套。使用后如果发现手套表面有脏污，应用温肥皂水洗涤后擦净、晾干。洒上滑石粉后存放在干燥、阴凉的专用架柜上，最好将其倒置于指掌形支架上，以免粘连。同时要注意与其他工具分开存放，不要在上面堆压物品。

绝缘手套不允许放在过冷、过热、阳光直射和有酸、碱、药品的地方，以防胶质老化，降低绝缘性能。绝缘手套不能用于其他用途，而医用手套、耐酸手套等也不能当作绝缘手套使用。绝缘手套应以"只"为单位进行编号，认真保管。试验不合格的应报废，不得继续使用。

绝缘靴不穿时，应放在木架上，避免阳光直射。检验期为每隔半年送检一次，交流耐压为 15kV，时间为 2min。泄漏电流应小于 7.5mA。

绝缘垫表面应具有防滑纹路，不得与酸、碱和化学物品接触，每年进行一次工频耐压试验，以保障其安全性能。

27. 变电直流系统　处理接地故障

迎峰度冬，加强设备检查与维护，尤其应对重点设备隐患实行集中专项排除与整治。变电站的直流设备系统技术比较复杂，主要为事故照明、控制、信号、继电保护及自动装置等提供可靠的直流动力，还为操作提供可靠的操作电源。因此，直流系统是否安全可靠，直接关系到对变电站的安全运行。对此，供电公司专业人员注重加强直流设备系统的检查与故障分析，开展隐患排查治理，以保障直流设备系统发挥重要的安全作用。

变电站直流系统通过电缆线路与室外配电装置的端子箱、操作机构箱连接及运行过程中，发生接地的概率较高。直流系统接地，是一种易发生且对电力系统危害性较大的故障。

当直流系统发生一点接地时，由于没有短路电流通过，熔断器不会熔断，小型直流断路器也不会动作跳闸，各种设备系统仍能继续运行。但是，这种故障必须及早发现并予以排除，否则当再发生另一点接地时，构成直流两点接地将会造成信号装置、保护装置及断路器的误动或拒动，并且容易将继电器烧毁。

在操作回路中，当发生两点接地时，由于继电器绕组两端触点被短接，因而使断路器跳闸。另外，当有一极发生接地时，如果再发生另一点接地，不仅会导致误动、拒动，还会造成元件损坏及直流供电消失等。因此，不允许直流系统长期带一点接地运行，为此需装设直流绝缘监察装置。

运行过程中发生的直流接地故障，大部分是间接接地和非金属接地。接地故障随气候和环境变化而变化，动态型故障难以查找，尤其是多次改造、扩建后的变电站直流电源接入的控制回路、保护回路、信号回路以及其他回路，纵横复杂。变电站室外设备发生直流接地的概率比较大，开关端子箱、刀闸机构、变压器的温度计绝缘下降或密封不良，都容易引起接地。

变电运维专业人员一旦发现直流系统接地，应确定是正极接地，还是负极接地；是完全接地，还是绝缘电阻降低。判断其具体的原因，分析接地的地点，确定查找接地点的技术方法。应把直流系统分成若干部分进行查找。采用回路的分、合试验，一般分合试验顺序本着从不重要到重要、先室外后室内的顺序。分与合试验顺序，应根据具体情况灵活掌握。凡分、合时涉及的电力调度管辖范围内的设备，均应先取得电力调度的同意。

按照事故照明、信号回路、充电回路、户外合闸回路、户内合闸回路、6～10kV 控制回路、35kV 控制回路、直流母线、蓄电池依次进行。确定接地回路后，应在其一回路上再分、合熔断器，或者拆线，逐步缩小范围，直至找出故障点。

变电站直流系统的隐患排查工作，应与时俱进，积极采用新技术、新方法、新工艺。在变电站主控室装设直流绝缘监测仪，利用直流系统接地故障探测仪器等设施，查找接地故障，并且及时消除缺陷，以保障变电站的安全稳定运行。

28. 同属带电作业　方式方法不同

供电公司经常安排带电检修作业，提升安全供电的可靠性。带电作业涉及的电位以及设备情况不同，采用的方式方法也截然不同。因此，应正确选用带电作业的方式方法。带电作业人员应严格执行有关技术措施，总结带电作业经验，增强带电作业技能，以保障带电检修作业的人身安全及设备安全。

根据人体所处电位的高低，带电作业可分为间接作业、中间电位作业和等电位作业三种。间接作业是指作业人员处于地电位，通过绝缘工具代替人手对带电体进行作业，其特点是工作人员不直接接触带电体。中间电位作业是在人体与地绝缘的情况下，利用绝缘工具接触带电体实施作业，其特点是工作人员处于中间电位，不与带电体直接接触，这种作业常用于 220kV 及以上的电力线路。等电位作业是人体与地绝缘的情况下，工作人员直接到带电体上进行工作，这种带电作业也称直接作业。

供电专业人员认真落实带电作业的安全要求，严格执行有关安全规制和安全标准。带电作业人员，应参加严格的技术培训，经考核合格后方可上岗，作业时应设专人监护。

进行带电作业时应在良好的天气条件下进行。作业中，通过人体的电流，必须限制在安全电流 1mA 以下，应将高压电场强度限制在人身安全和对健康无损害的数值内。工作人员与带电体之间的距离，应保证在电力系统发生各种过电压时，不会发生闪络放电。作业人员与带电体的安全距离不得小于安全工作规程规定的数值。

对于比较复杂、难度较大的带电作业，应经过现场勘察，编制相应操作工艺方案和严格的操作程序，注意采取可靠的安全技术组织措施。

低压带电作业的方式，比较普遍。在作业过程中，应注意落实安全技术措施。进行低压带电作业时，应设专人监护，使用有绝缘柄的工具。工作时，应站在干燥的绝缘物体上进行，并戴绝缘手套和安全帽，必须穿长袖衣衫工作，严禁使用锉刀、金属尺和带有金属物的毛刷等工具。

高低压同杆架设，在低压带电线路上工作时，应先检查与高压线路的距离，采取防止误碰高压带电设备的措施。在低压带电导线没有采取绝缘措施时，工作人员不得穿越。

登杆进行低压带电作业之前，应先分清相线、零线，选好工作位置。断开导线时，应先断开相线，后断开零线。搭接导线时，顺序相反。在低压配电装置上工作时，应采取防止相间短路和单相接地的绝缘隔离措施。实施低压带电作业，人体不得同时接触两根线头，以保障人员作业中的安全。

29. 线路感应电 作业应防范

某工厂用电客户在进行 10kV 电力线路施工时，紧线后，将导线固定在绝缘子上。突然，电杆上有人感觉发生"触电"，立即停止作业。

正在施工的耐张段只有 3 档导线，属于新架设的线路，还没有与其他任何线路相连接。因此，没有装设接地线。然而，现场周边有一条电网系统的 66kV 线路，与企业用电客户新建施工的 10kV 线路比较近，但却保持足够的安全距离。工厂客户电气工作负责人初步判断，很有可能是现场周边的 66kV 线路引起了感应电。作业人员在电杆上测试有无感应电，戴上线手套，利用绝缘良好的钢丝钳，触碰新紧起的导线，结果测试人员的手部瞬间感到痛麻，手中的钢丝钳差点扔掉。因此，现场判断确实是由现场周边的 66kV 带电线路引起了感应电。线路施工作业负责人，立即安排人员在新建施工线路的各端，装设接地线。

感应电压，往往比较高。按照试验规程规定，低压使用带绝缘护套的钢丝钳，1min 的耐压为 3kV。在电杆上测试有无感应电的人员应戴着线手套，冬季干燥天气里，混凝土电杆本身也不易导电，测试人员的手部遭到感应电压的"放电"而发麻，表明感应电压比较高。

在进行电力线路检修、施工、作业中，往往会发生感应电的现象。电力系统曾发生过感应电导致人身伤亡的事故。对于感应电造成的危害及事故，供电公司专业人员在现场讲解安全知识，提示和指导用电客户认真吸取教训，增强对于感应电的安全认识，注意防范感应电的危害。

新建线路工程，在采用人工放线方式时，人员拽着导线往前走，导线与地面接触消除了感应电压，而当紧线后，施工作业人员在电杆上，将导线固定于绝缘子上时，导线继而又带上了感应电。

根据实践经验，并行线路感应电压的高低，与带电线路的电压等级以及之间距离有着密切的关系。在进行线路设计时，应尽量避免和高电压等级线路并行或交叉。无法避免时，应采取可行有效的安全措施消除感应电。

施工过程中，应将普通放线滑轮下端的螺母拧下来，把便携式接地线的绝缘棒拆卸后，将接地线的铜接线"鼻子"固定在放线滑轮下端螺杆上，将接地线的接地端打入地下。将连接固定有接地线的放线滑轮，挂在放线侧第一基杆塔的金属构件上，在放线过程中即可有效防止感应电。

进行线路紧线及安装附件金具作业时，也可使用专用的接地放线滑轮。接地滑轮的使用比较方便，可将施放导线的感应电流安全有效泄入大地。在紧线器收紧导线后，应装设常规接地线，并且使用个人保安线，方可剪断多余的导线，采取必要的措施，切实防止感应电伤人事故。

认真执行安全工作规程相关规定，在施工作业地段，如果有邻近、平行、交叉、跨越及同杆架设线路，为防止停电检修线路上感应电压伤人，在需要接触或接近导线工作时，应使用个人保安线，以保证作业安全。

30. 抵御暴风雪　强化配电网

暴风雪来袭，供电公司积极组织人员进行配电网故障抢修。暴风雪是导致配电网受损的主要原因，但是配电网自身的结构与健康水平是抵御侵袭、减少危害的内在素质。因此，供电公司注重改善配电网的结构，加强技术改进措施，提升配电网的安全运行水平。

注重规范配电网的改造与施工，合理调整线路档距。认真落实《低压电力技术规程》有关规定，铝绞线、钢芯铝绞线档距一般集镇和村庄为 40~50m，田间为 40~60m；线间距离为 0.40~0.45m，靠近电杆的两线间距离为 0.5m。在实际立杆架线工作中，如果档距增大，导线弧垂也将相应较大，当暴风雪达到一定速度及力度时，应注意避免由于碰线而引起的相间短路故障。积极防范这类故障的发生，对配电线路严格按规程规定进行施工与调整，平时注重排除安全隐患。如果线路档距大，则应采取相应的技术措施，增大线间距离，防止碰线。

及时检查和处理缺陷，规范固定线路导线。按照相关规程要求，三相四线制配电线路水平排列应达到弧垂一致。在电杆上采用四线横担，将每条导线分别固定于蝶式绝缘子上。如果弧垂不一致，或固定方式不规范，当暴风雪达到一定速度时，容易造成碰线，引起相间短路烧断导线。

在抢修线路故障时，由于导线固定不规范，容易引起暴风雪"乘虚而入"导致故障断电的发生。有一条 10kV 旧线路，档距中间有一根低矮电杆，采用高低压线路同杆架设。但是，没有按照规程规定用四线横担固定低压导线，而是用了一根两线横担，只固定了中间两条导线，旁边两条导线没有作固定，因而造成四条导线弧垂不一致，在遭受暴风雪侵袭时摆动幅度也不同步，因此碰线引起短路烧断导线。

对于这类故障，应引以为戒，采取切实可行的防范措施。配电线路施工必须遵守规程，不能因为是临时线路就放低安装标准，也应防止由于材料不到位，留下线路安全隐患。在配电线路施工中，不可存在装置性缺陷，以免造成线路带病运行。

注重安全细节，规范设置拉线。按照规程规定，在电力线路施工中使用水泥电杆架设导线时，在转角杆、耐张杆、终端杆等设计拉线，保持电杆受力平衡。

在抢修终端电杆无拉线造成的断线故障过程中，起初配电线路在建设施工时装设了终端拉线，但是由于道路扩建，受地理环境影响拉线被拆除。因此在暴风雪中电杆向线路侧倾斜，线路导线下垂，导致两条导线被烧断。

对于这类故障，应加强防范。配电线路应按规程要求做装设拉线，在受地理位置限制时应做一根"弓"字拉线或采用顶杆方式保证安全。如果现场情况不宜做拉线和使用顶杆，则应使用加强型电杆，采用"杯口"基础的方法施工。或者使用钢管杆，其性能和效果稳定可靠。

在风雪中，外力环境对配电线路安全稳定运行的影响不容忽视。常常发生广告牌被风刮下碰到线路，引起线路短路烧断导线的事故。蔬菜大棚塑料布被风刮到线路上缠绕导线，引起短路故障。车棚铁皮被风刮到线路上引起线路短路损坏导线事故。

提高配电网的绝缘化率，使用绝缘导线，防止因碰线引起短路故障，以及避免断线故障的发生。加强配电线路的运行巡视，对线路通道内的广告牌、蔬菜大棚、车棚、树木等进行安全检查，注重消除隐患，提前做好安全防范措施。

31.　总结安全年　谋划新方略

一年有三百六十五天，历经春、夏、秋、冬四季变幻。电力企业遵循二十四节气规律，不断加强管控安全生产。值至年底之日，电力企业认真开展检查评比和总结安全工作，积极谋划来年的工作部署，明确新一年的二十四节气规律，深入践行科学发展观，持续依据节气特点实施各项安全措施，强化安全生产全员、全方位、全过程闭环管理。

安全工作是根本，是一切工作的重要基础。在安全管理上，只有起点，没有终点。变化的是周而复始的二十四节气，不变的是电力工作人员坚定的信念和永恒的安全工作主题。

实践经验验证，安全工作不可能一劳永逸，安全成果不会凭空而降，而需要付出辛勤的努力。越是取得安全工作目标成果之际，越应保持高度的警惕，防止产生松懈和麻痹的思想。

岁末，严寒。各项工作进入繁忙的收官和承先启后阶段，安全工作持续面临着考验。电力工作人员应克服年终事情多、安全任务繁忙等不利因素，严格把好年终安全关。收好尾、开好头，促进新一年工作的安全顺利进行。

电力工作人员应注重科学辩证地总结安全工作，实事求是、客观公正地分析安全管理。谨防重表轻里，应当既看到安全问题表象，又探究其深层原因。在对取得的成绩进行肯定和记录的同时，又对存在的问题进行反思。防止只说成绩，不说问题。注重将安全工作成绩摆够，对问题看透、说透。特别是对处理起来相当棘手的安全问题，不可回避，不可绕道而走。总结安全工作，重点查找安全"病症"，集思广益开出解决"药方"。面对直接公之于众的问题，电力人员应有强烈的责任感。

认真进行安全工作总结，防止脱离实际、空洞无物、形式主义。注重求真务实，带动安全思想作风变化和提升。回顾单位、部门、专业、个人全年安全工作情况，审视安全生产责任，增强履职尽责意识。检查、考评安全工作质量和效率，明确对策和安全生产管理新思路，制定相应安全工作方略和措施，对新年的安全工作进行安排部署。鼓舞斗志，增强士气，提升安全工作管理水平和效能。

面对新一年、新形势、新任务、新要求，应注重谋求电力安全生产的新方法、新方案、新举措、新突破、新格局。电力系统员工应尽职尽责，创新发展，集中智慧，深入探讨，加强安全生产形势分析和研判。注重落实安全和稳定责任，强化安全保障措施，激发广大电力人员的主人翁意识，调动安全生产建言献策的积极性和主动性，推进安全工作合理化，建议制度化、规范化和常态化。加强电力企业班组建设和技能培训，深入开展安全劳动竞赛、安全技术比武、安全创新创效活动。安全生产管理实行依法决策、民主决策、科学决策，统筹安排，抓住关键，明确重点，细化措施，积极做好新一年电力安全生产与供电优质服务等各项工作的坚实稳妥准备与顺畅启动。

杆塔矗立向上的梦想，攀登书写光明动力的诗行；银线织就欢快的线谱，作业奏响安全的乐章。城乡灯火，辉映东西南北春光；电流奔涌，情系春夏秋冬芬芳。同悦同习同行电力安全 365，天天平安祥和增强发展力量。